石膏干混建材生产及应用技术

赵云龙　徐洛屹　编著

中国建材工业出版社

图书在版编目（CIP）数据

石膏干混建材生产及应用技术/赵云龙，徐洛屹编
著.—北京：中国建材工业出版社，2016.11（2020.5重印）
ISBN 978-7-5160-1652-7

Ⅰ.①石… Ⅱ.①赵… ②徐… Ⅲ.①石膏-干混料-
建筑材料-生产工艺 Ⅳ.①TU521.2

中国版本图书馆 CIP 数据核字（2016）第 219715 号

内 容 简 介

本书重点阐述石膏干混建材的生产，包括对石膏干混建材原料和骨料的要求，
添加剂、掺合料在产品中的应用，产品参考配方，以及生产过程中的注意事项等；
本书分别对抹灰石膏，石膏保温砂浆，粘结石膏，石膏刮墙腻子，嵌缝石膏，石膏
自流平材料的组成、性能和施工应用等方面，从实际操作的角度进行了详述。

本书可供石膏干混建材的研究、生产、施工人员阅读，也可以作为相关技术培
训的参考教材。

石膏干混建材生产及应用技术
赵云龙 徐洛屹 编著

出版发行：中国建材工业出版社
地　　址：北京市海淀区三里河路 1 号
邮　　编：100044
经　　销：全国各地新华书店
印　　刷：北京雁林吉兆印刷有限公司
开　　本：787mm×1092mm　1/16
印　　张：18
字　　数：440 千字
版　　次：2016 年 11 月第 1 版
印　　次：2020 年 5 月第 3 次
定　　价：**88.00 元**

本社网址：www.jccbs.com　　微信公众号：zgjcgycbs
本书如出现印装质量问题，由我社网络直销部负责调换。联系电话：(010)88386906

前　言

　　石膏干混建材是我国开展绿色、环保、节能、利废工程的重要组成部分，石膏干混建材品种较多，在我国生产与应用起步较晚，无论是产品还是施工，目前还存在各种各样的问题没有解决，从原材料到产品的生产工艺都有待进一步研究与完善，行业需要新产品的开发，需要现代化施工技术的推广和提高。

　　同时，因为石膏原材料品种较多，品质不一，再加上国内很多企业采取的是粗放式的深加工工艺，对原料的适应性没有充分了解，从而导致了产品的不稳定，直接影响了石膏干混建材的发展速度。

　　本书的出版宗旨在于普及干混建材的生产及应用技术知识，为广大业内人员解决在石膏干混建材生产、应用过程中的疑难问题，从而促进此行业健康快速地发展。

　　本书在编写过程中参考和引用了业内专家学者的观点和技术资料，在此表示诚挚的谢意。

　　本书得到以下七家单位和企业的大力协助，在此表示真诚的感谢。

　　本书由赵云龙、徐洛屹编著，参加编写的人员还有王卫军、刘鹏强、钟文、李婕。由于编者水平有限，书中难免不当与疏漏之处，敬请各位读者批评指正。

支持单位：山西省建筑材料设计研究院
　　　　　中国建材联合会石膏建材分会
　　　　　成都蓝鼎新材料有限公司
　　　　　吉林富洋新型建材有限公司
　　　　　太仓培福德机械设备有限公司
　　　　　山东先罗新型建材科技开发有限公司
　　　　　上海可耐建筑节能科技有限公司

编著者

2016 年 8 月

目　　录

第一章 总 论

石膏胶凝材料是一种多功能气硬性材料，也是传统的三大胶凝材料之一。它的原料可分为天然石膏和工业副产石膏，其主要成分是二水硫酸钙和无水硫酸钙。生产半水石膏胶凝材料一般要将二水硫酸钙经过不同温度和压力脱水而除去部分或全部结晶水。用脱水后的建筑石膏或无水石膏为主要原料制成的各种石膏建筑材料，具有质量轻、凝结硬化快、生产周期短、易实现大规模产业化生产的特点。石膏建筑材料可以防火，并具有一定的隔声、保温和调湿功能，施工文明快速，使工期大为提前，因此，石膏建筑材料被公认为是一种生态建材、环保建材、绿色建材及功能性建材。

石膏胶凝材料，虽然都是主要由硫酸钙组成的化合物，但晶体结构及其反应性能则是多种多样的，这些脱水化合物制作成品时要经过水化与硬化过程。因此可以说，石膏材料的脱水、水化与凝结硬化机理是整个石膏工业的理论基础。所以国内外的许多学者都对这些基础理论研究十分重视，到目前为止，仍有许多问题有待解决。

随着社会和经济的快速发展及城市化进程的加快，现代化的建筑对材料的质量要求越来越高，功能要求越来越多样化，生态环境保护也已提到了不容忽视的高度，而这些要求在很大程度上，要靠建筑功能材料来实现。建筑材料的功能化主要靠适应功能的外加剂及添加掺合料来实现，这方面石膏建筑材料与水泥混凝土是相同的。

由纯建筑石膏制造的石膏建筑制品耐水性能低，随着湿度增加，石膏制品的强度降低和蠕变性增大，由于其动态水溶性差，所以最适合室内使用。为了扩大其应用面，引发了采用水硬性掺合料配制石膏复合胶凝材料的探索研究。选择的水硬性材料主要有水泥、水泥熟料、矿渣与火山灰等。

从某种角度来看，初接触石膏建筑材料时，总认为它是一种简单的材料，但只要开始研究它，很快就会被它的复杂性所征服，越研究越会发现它的多变性。

由于各种熟石膏的性质不同，其水化机理也各异。要根据市场需要，选择熟石膏的焙烧方式和粉磨方法。之后再通过加入可调整熟石膏的粘结性、流动性和保水性的外加剂，或者根据使用要求加入调整其他各项性能的材料来改变熟石膏的性能。

石膏胶凝材料得到广泛应用和快速发展，是因为其具有一系列优良性能。石膏胶凝材料的性能特征如下：

1）凝结硬化快

建筑石膏与水拌合后，在常温下数分钟即可初凝，而终凝一般在 30min 以内。在室内自然干燥的条件下，达到完全硬化约需要一个星期。建筑石膏的凝结硬化速度非常快，其凝结时间随着煅烧温度、磨细程度和杂质含量等的不同而变化。凝结时间可按要求进行调整：若需要延缓凝结时间，可掺加缓凝剂，如亚硫酸盐酒精溶液、硼砂或者用灰活化的骨胶、皮胶和蛋白胶等，以降低半水石膏的溶解度和溶解速度；如需要加速建筑石膏的凝结，则可以掺加促凝剂，如氯化钠、氯化镁、氟硅酸钠、硫酸钠、硫酸镁等，以加快半水石膏的溶解度和溶解速度。

2）硬化时体积膨胀

建筑石膏在凝结硬化过程中，体积略有膨胀，硬化时不会像水泥基材料那样因收缩而出现裂缝。因而，建筑石膏可以不掺加填料而单独使用。硬化后的石膏制品，表面光滑、质感丰满，具有非常好的装饰性。水泥类材料在凝结硬化过程中，会出现较高的体积收缩，因而水泥基材料在凝结硬化及失水干燥过程中不可避免地会出现体积收缩，在材料中出现宏观或微观的裂缝，使材料性能受到削弱。石膏胶凝材料凝结硬化后不收缩的特性是该材料能够作为各种室内建材所必备的性质，这种性质对石膏胶凝材料应用于自流平地坪具有重要意义。

3）硬化后孔隙率较多、表观密度和强度较低

建筑石膏的水化在理论上的需水量只有石膏质量的 18.6％，但实际上为了使石膏浆体具有一定的可塑性，往往需要加入 60％～80％的水，多余的水分在硬化过程中逐渐蒸发，使硬化后的石膏结构中留下了大量的孔隙，一般孔隙率为 50％～60％。因此，建筑石膏硬化后，强度较低、表观密度较小、热导率小，吸声性较好。

4）防火性能良好

石膏硬化后的结晶物 $CaSO_4 \cdot 2H_2O$ 遇到火焰的高温时，结晶水蒸发，吸收热量并在表面生成具有良好绝热性能的无水物，起到阻止火焰蔓延和温度升高的作用，所以石膏具有良好的防火性。

5）具有一定的调温、调湿作用

建筑石膏的热容量大、吸湿性强，故能够对环境温度和湿度起到一定的调节和缓冲作用。

6）耐水性、抗冻性和耐热性差

建筑石膏硬化后具有很强的吸湿性和吸水性，在潮湿的环境中，晶体间的粘结力减弱，导致强度降低。处于水中的石膏晶体还会因为溶解而引起破坏。在流动的水中破坏更快，建筑石膏的软化系数只有 0.3。若石膏吸水后受冻，则孔隙内的水分结冰，产生体积膨胀，使硬化后的石膏晶体破坏。此外，若在温度过高（例如超过 70℃）的环境中使用，二水石膏会脱水分解，造成强度降低。因此，建筑石膏不宜应用于潮湿环境和温度过高的环境中。

在建筑石膏中掺加一定量的水泥或者其他含有活性 CaO、Al_2O_3 和 SiO_2 的材料，如粒化高炉矿渣、石灰、粉煤灰或者掺加有机防水剂等，可不同程度地改善建筑石膏的耐水性。提高石膏的耐水性是改善石膏性能、扩展石膏用途的重要途径。

总之石膏建材是最节能、最环保、最舒适的室内绿色建材。

第二章 石膏原料

第一节 天然石膏

一、天然石膏的形成

以沉积物形式形成的硫酸钙，在自然界中以二水石膏和硬石膏的形态存在，但如果它们所处环境的温度和压力发生变化，就会出现晶体的转变过程。

硬石膏（也称天然无水石膏）的储量随矿床的深度而增加，二水石膏埋藏较浅。在地壳内部温度和压力作用下，二水石膏脱水转变成结核状硬石膏。

二、天然石膏的定义及分类

天然石膏是自然界中蕴藏的石膏石，其主要成分是硫酸钙，按其所含结晶水的多少又分为天然二水石膏（$CaSO_4 \cdot 2H_2O$）和天然硬石膏（$CaSO_4$）两种，并常含有各种杂质和附着水（又称游离水），是一种重要的、具有广泛用途的非金属矿物。

1. 天然二水石膏

天然二水石膏又称为二水硫酸钙，化学分子式为 $CaSO_4 \cdot 2H_2O$，是由两个结晶水的硫酸钙复合组成的层积岩石，一般层积在地表 $8\sim800m$ 深处。二水石膏的理论质量组成为：CaO 32.56%，SO_3 46.51% 和 H_2O 20.93%。

石膏依其结晶结构有以下主要晶体：有细粒状的密实石膏或杂乱无章、无定向粗粒状的雪花石膏；也有带丝光色泽、按规律分布的线状结晶复合而成的纤维石膏；还有蕴藏着平扁状的透明晶体的塑性石膏。

2. 天然硬石膏

天然硬石膏，又称无水石膏，主要是由无水硫酸钙（$CaSO_4$）所组成的沉积岩石。这种矿石根据化学组成、矿层和成因分为数种石膏。硬石膏的矿层一般位于二水石膏层下面。硬石膏通常在矿物水作用下变成二水石膏，二水石膏在硬石膏中占 5%～10% 以上。纯硬石膏的化学组成为：CaO 41.2%，SO_3 58.8%。硬石膏的结晶格子每个网格的单元结构是由四个分子组成的，结晶格子紧密，比其他种类硫酸钙的结晶格子有更高的稳定性。

硬石膏不同于二水石膏，硬石膏晶体的折射率 $Ng=1.614$，$Np=1.57$。纯硬石膏为白色，但它与二水石膏一样，由于含有不同的杂质因此可呈现出不同的颜色。同二水石膏相比，硬石膏是一种比较致密的坚硬岩石，其密度达 $2.9\sim3.1g/cm^3$。

三、天然石膏的质量要求

各类天然石膏按照品位分为特级、一级、二级、三级、四级五个级别，应符合表 2-1 中的质量要求。

表 2-1　天然石膏质量要求

级　别	品位/质量分数%		
	二水石膏	硬石膏	混合石膏
特级	≥95	—	≥95

级　别	品位/质量分数%		
	二水石膏	硬石膏	混合石膏
一级		≥85	
二级		≥75	
三级		≥65	
四级		≥55	

在确定类别时，应先进行化学成分分析，根据所得 CaO、SO_3 和结晶水的百分含量分别计算 $CaSO_4 \cdot 2H_2O$ 的量，然后取三个计算值中的最小值作为定级的依据。

第二节　工业副产石膏

工业副产石膏也称化学石膏，是在工业产品生产中由化学反应生成的以硫酸钙为主要成分的副产品，其中占主要地位的是磷肥生产过程中排放的二水磷石膏，其次为烟气脱硫石膏和氟石膏，还有少量的钛石膏、盐石膏、柠檬酸石膏等。工业副产石膏在生产过程中含有多种杂质，须经过一定处理后才能得到较好的利用。

从工业副产石膏的品质分析来看，大多数工业副产石膏（二水硫酸钙或无水硫酸钙）的品质都在 80% 以上，是一种非常好的可再生资源。综合利用工业副产石膏，既有利于保护环境，又能节约能源和自然资源，符合我国可持续发展战略要求。为了充分合理利用工业副产石膏，需要对不同种类、不同工艺和不同产地的工业副产石膏进行综合品质评价分析，以达到选择最佳处理工艺、节约处理成本的目的。

一、脱硫石膏

脱硫石膏又称排烟脱硫石膏或 FGD 石膏，是对含硫燃料（煤）燃烧后产生的烟气进行脱硫净化处理而得到的工业副产石膏。

1. 脱硫石膏同天然石膏的差异

脱硫石膏与天然石膏都是二水硫酸钙，其物理、化学特征有共同规律，煅烧后得到的建筑石膏粉和石膏制品在水化动力学、凝结特性、物理性能上也无太显著的差别。但作为一种工业副产石膏，它具有再生石膏的一些特性，和天然石膏有一定的差异，表现在原始状态、机械性能和化学成分上，特别是杂质成分上与天然石膏有所差别，导致了各类型工业副产石膏在脱水特征、易磨性及力学性能、流变性能等宏观特征上与天然石膏有所不同。脱硫石膏与天然石膏的主要矿物相、转化后的五种形态物化性基本一致，脱硫石膏完全可以代替天然石膏用于建筑材料和陶瓷模具，脱硫石膏和天然石膏两者均无放射性，不危害健康。

1）外观

一般根据燃烧的煤种和烟气除尘效果不同，脱硫石膏从外观上呈现不同的颜色，常见颜色是灰黄色或灰白色，灰色主要是由于烟尘中未燃尽的碳质量分数较高的缘故，其中含有少量 $CaCO_3$ 颗粒。天然石膏粉与之相比，呈白色粉状，化学成分与脱硫石膏相差不大，杂质主要以黏土类矿物为主。

2）形成过程

脱硫石膏形成过程与天然石膏完全不同。天然石膏是在缓慢、长期的地质历史时期形成的，其中的杂质基本分布于晶体表面，黏土类矿物晶体结构完整且发育良好；脱硫石膏是在浆液中快速沉淀形成的，可溶性盐和惰性物质在晶体内部和表面都有分布。

3）性质

脱硫石膏同天然石膏相比较有以下几个方面的性质差异：

（1）原始物理状态不一样，天然石膏是粘合在一起的块状，而脱硫石膏以单独的结晶颗粒存在；

（2）脱硫石膏、天然石膏中的杂质与天然石膏之间的易磨性相差较大，天然石膏经过粉磨后的粗颗粒多为杂质，而脱硫石膏其粗颗粒多为石膏；

（3）颗粒大小与级配不一样，烟气脱硫石膏的颗粒大小较为平均，其分布带很窄，颗粒主要集中在 $20 \sim 60 \mu m$ 之间，级配远远差于天然石膏磨细后的粉体材料；

（4）脱硫石膏含水量高、流动性差，不适合斗式提升机输送；

（5）脱硫石膏和天然石膏在杂质成分上的差异，导致脱硫石膏在脱水特性及煅烧后的建筑石膏在力学性能、流变性能等宏观特征上与天然石膏有所不同。

由于脱硫石膏和天然石膏的性质差异，因此脱硫石膏的煅烧设备和生产工艺并不能完全按照天然石膏为原料的建筑石膏的煅烧设备和生产工艺来设计，要采用针对不同工业副产石膏设计的不同生产工艺和相应的煅烧设备；脱硫石膏粒径分布非常狭窄，加工成建筑石膏后，必须要对其进行粉磨改性，产生级差，才能使其具有更好的凝结强度；而在粉磨改性中，碾压力形成级差产生的改性效果不太好，而使用劈裂力形成的效果最好，碰撞力次之，因此，改性磨的选择要注意它的力学特点。

2. 脱硫石膏的颗粒特性分析

天然石膏由于开采及加工过程的原因，一般情况下，石膏颗粒细度不会超过 200 目，在石膏粉磨后，粗颗粒所含的杂质较多，而这些杂质又与纯石膏的易磨性相差较大。但在脱硫石膏中，因为脱硫工艺对石灰石的特殊要求及其加工工艺，脱硫石膏颗粒直径一般为 $20 \sim 60 \mu m$，由于颗粒细度比表面积分布面窄小而带来流动性和触变性问题，在加工中应进行处理，改善晶体结构。

表 2-2 为天然石膏和某电厂脱硫石膏粒度分布测试结果。

表 2-2　天然石膏和脱硫石膏的粒径分布

粒径/μm	80	60	50	40	30	20	10	5
天然石膏筛余/%	10.9	4.7	9.5	4.9	14.4	15.5	20.0	12.7
脱硫石膏筛余/%	5.0	15.5	8.3	21.9	31.0	15.7	1.7	0.4

脱硫石膏虽是细颗粒材料，但颗粒粒径多集中在 $20 \sim 60 \mu m$ 之内，粒度分布曲线窄瘦，这种颗粒级配会造成煅烧后建筑石膏加水量不易控制，流变性不好，颗粒离析、分层现象严重，制品表观密度会偏大、不均。

脱硫石膏呈湿粉状，含水率高，颗粒级配不合理，因此使用脱硫石膏时，要对其进行烘干处理，由于脱硫石膏的差异及其杂质的影响，导致其生产的建筑石膏粉在水化性能、凝结特征、力学性能、流变性能等方面与天然建筑石膏相比均有不同之处。

3. 影响脱硫石膏质量因素

1）脱硫石膏的质量要从源头抓起

脱硫剂（石灰石粉）要选择含钙量大于 52% 的，细度采用 $280 \sim 325$ 目较为理想，严格控制钾、钠、镁杂质含量，这对熟石膏在颗粒级配与强度方面有一定的保障和改善，同时对脱硫效益也有益而无害。

2）关注脱硫石膏生产过程中氧化程度对其生产的影响

湿法石灰石膏烟气脱硫工艺中，石灰石浆液在吸收塔内对烟气进行逆流洗涤，生成半水亚硫酸钙，利用空气将其强制氧化生成二水硫酸钙。强制氧化是脱硫过程中的一个重要环节，氧化风量必须能够满足脱硫系统要求、分布均匀并达到一定的利用率；否则石膏浆液中亚硫酸盐会超标，无法生成合格的石膏晶体。如果控制不当，就会引起氧化不足，石膏中亚硫酸钙和碳酸钙增多，一是造成二水硫酸钙指标下降，二是造成石膏品质不稳定。

3）重视影响脱硫石膏含水率的主要因素

石膏浆液中杂质过多：杂质主要指氯离子以及石灰石中带来的杂质等，较多的杂质夹在石膏晶体之间，会堵塞游离水在石膏晶体之间的通道，使石膏脱水变得困难。

如果废水系统不能正常投用，系统中杂质就会累积，导致石膏脱水越来越困难。

石膏浆液过饱和度如果控制不好，就会导致结晶颗粒过细或出现针状及层状晶体增多。

4）烟气脱硫石膏的出厂检验

烟气脱硫石膏的出厂检验项目为：附着水含量、二水硫酸钙含量、氯离子含量。

4. 等级分类及技术要求

按烟气脱硫石膏中二水硫酸钙等成分的含量可将脱硫石膏分为一级品（代号 A）；二级品（代号 B）；三级品（代号 C）三个等级。

烟气脱硫石膏的技术性能应符合表 2-3 的规定。

表 2-3　烟气脱硫石膏的技术要求

序号	项　目		指　标		
			一级（A）	二级（B）	三级（C）
1	气味（湿基）		无异味		
2	附着水含量（湿基）/%	≤	10.00		12.00
3	二水硫酸钙（$CaSO_4 \cdot 2H_2O$）（干基）/%	≥	95.00	90.00	85.00
4	半水亚硫酸钙（$CaSO_4 \cdot 1/2H_2O$）（干基）/%	≤	0.50		
5	水溶性氧化镁（MgO）（干基）/%	≤	0.10		0.20
6	水溶性氧化钠（Na_2O）（干基）/%	≤	0.06		0.08
7	pH 值（干基）		5～9		
8	氯离子（Cl^-）（干基）/（mg/kg）	≤	100	200	400
9	白度（干基）/%		报告测定值		

5. 试验方法

引用 JC/T 2074—2011《烟气脱硫石膏》标准，重要性能指标检测如下：

1）附着水含量

按 GB/T 5484—2012 石膏化学分析方法中 7.1 的规定方法进行。

2）二水硫酸钙含量

（1）分析步骤

按 GB/T 5484—2012 中的规定方法进行结晶水三氧化硫、氧化钙的测定。

（2）结果计算

二水硫酸钙含量以质量分数 R_0 计，数值以 10^{-2} 或％表示，按公式（2-1）计算

$$R_0 = \frac{X_1}{20.9275} \times 100 \tag{2-1}$$

式中　X_1——烟气脱硫石膏中结晶水含量，单位为百分数（％）。

计算结果精确至 0.01％。

3）氯离子

分析步骤按 GB/T 176—2008 第18章进行。

4）半水亚硫酸钙

（1）分析步骤

称取约 1g 试样（m_3）于 150mL 烧杯中，精确到 0.1mg，随后加入过量的碘溶液 V_7（见 GB/T 5484 中 5.61），50mL 去离子水，5mL 硫酸溶液（见 GB/T 5484—2012 中 5.12）。

用硫代硫酸钠溶液（见 GB/T 5484 中 5.60）回滴过量的碘溶液至黄色后再加入 5mL 浓度为 2％的淀粉溶液（见 GB/T 5484 中 5.74），继续滴至溶液颜色由蓝色变为无色（V_8）。

（2）结果计算

1mL 碘溶液相当于 3.203×10^{-3} g 二氧化硫，烟气脱硫石膏中的半水亚硫酸钙含量以质量分数 X_5 计，数值以 10^{-2} 或％表示，按公式（2-2）计算：

$$X_5 = \frac{3.203 \times 10^{-3} \times (V_7 - V_8)}{m_3} \times f_4 \times 100 \tag{2-2}$$

式中　m_3——所测试样质量的数值，单位为克（g）；

　　　V_7——所用碘溶液的体积的数值，单位为毫升（mL）；

　　　V_8——所用硫代硫酸钠溶液的体积的数值，单位为毫升（mL）；

　　　f_4——计算校正因子（$f_4 = 2.0161$）。

计算结果精确至 0.01％。

5）pH 值

（1）分析步骤

室温下，在 90mL 已去除二氧化碳的水中加入约 10g 试样，精确到 0.1g，搅拌该悬浊液 1min，随后静置约 5min 得到待测液。

用缓冲溶液（见 GB/T 5484—2012 中 5.29，5.30，5.31）校正 pH 计，随后对待测液的上层清液进行 pH 值的测定。

（2）结果表示

结果精确至 0.1。

6）白度

按 GB/T 5950—2008《建筑材料与非金属矿产品白度测量方法》的规定方法进行。

6. 应用

脱硫石膏是最好的工业副产石膏，几乎可以用于所有的石膏建材应用领域。

国内脱硫石膏目前主要用于水泥缓凝剂、纸面石膏板和抹灰石膏原料，其中对于脱硫石膏在纸面石膏板和抹灰石膏中的应用研究较多。在水泥生产中除用脱硫石膏作水泥缓凝剂之外，还有用脱硫石膏取代石灰石低温制备水泥熟料的研究。

在石膏粉体建材产品中，可用脱硫石膏生产建筑石膏、抹灰石膏、石膏腻子、钢结构防火涂料，也可用脱硫石膏生产高强石膏、自流平石膏等。

在石膏墙体材料及制品方面，用脱硫石膏生产石膏砌块、石膏条板、石膏保温板、石膏刨花板、纸面石膏板、石膏纤维增强板及石膏模合、石膏线条，石膏装饰板等。

在石膏复合胶凝材料方面，可用脱硫石膏与粉煤灰、矿渣微粉、水泥、石灰等无机活性材料生产复合型石膏胶凝材料，也有直接使用二水脱硫石膏与粉煤灰、矿渣粉、高活性炉渣等压制生产小型石膏砌块的。

在农业方面可用脱硫石膏改良碱化土壤，脱硫石膏对紫花苜蓿、高粱等农作物有增产的作用。

在化工方面，有烟气脱硫石膏催化还原为硫化钙的。

二、磷石膏

磷石膏是湿法磷酸生产过程中排放的工业废渣。其主要成分是二水硫酸钙，此外，还含有少量未分解的磷矿粉以及未洗涤干净的磷酸、磷酸铁、磷酸铝和氟硅酸盐等杂质，通常每生产 1t 磷酸约排放 5t 左右的磷石膏。

1. 特性

1) 磷石膏大多具有较高的附着水，呈浆体状或湿渣排出，其附着水的含量在 10%～40%；

2) 磷石膏粒径较细，磷石膏一般所含成分较为复杂，有些杂质的含量少，但是对石膏水化硬化性能有较大影响，pH 值呈酸性而非中性，给工业副产石膏的有效利用带来较大难度；

3) 在磷石膏中，有效成分二水石膏的含量一般均较高，可达 85%～95%，可作为优质的石膏生产原料。因此，如果采用合适的技术和设备，能够消除磷石膏中有害成分的影响，磷石膏就会成为一种高品位、环保的优质生产原料。

4) 杂质

可溶磷、氟、共晶磷和有机物是磷石膏中的主要有害杂质，磷是磷石膏中的主要杂质，也是影响其性能的主要因素，同时磷的流失还造成了磷资源的浪费。磷有三种存在形态：一种是可溶磷，吸附于磷石膏晶体的表面，呈粒状，且粒状物中含有少量的硅、铝等不溶态杂质；第二种是共晶磷，它不溶于水，但水化时从晶格中释放出来，使石膏水化产物晶体粗化、结构疏松，进而影响水化物的强度；第三种是不溶磷，即少量未参与反应的磷矿石粉，其中可溶磷对磷石膏的影响最大。

磷石膏中的氟来源于磷矿石，磷矿石经硫酸分解时，其中的氟有 20%～40% 以可溶氟（NaF）和难溶氟（CaF_2、Na_2SiF_6）两种形式存在。影响磷石膏性能的是可溶氟，可溶氟会使建筑石膏促凝，使水化产物二水石膏晶体粗化，晶体间的结合点减少、结合力削弱，致使其强度降低。它在石膏制品中将缓慢地与石膏发生反应，释放一定的酸性，含量低时对石膏制品的影响不大。

磷石膏中碱金属主要以碳酸盐、磷酸盐、硫酸盐、氟化物等可溶性盐形式存在，含量（以 Na_2O 计）在 0.05%～0.3% 范围。碱金属会削弱纸面石膏板芯材与面纸的粘结，对磷石膏胶结材有轻微促凝作用，对磷石膏制品强度影响较小。当磷石膏制品受潮时，碱金属离子会沿着硬化体孔隙迁移至表面，水分蒸发干后在表面析晶，使制品表面产生粉化和泛霜现象。

磷石膏中含有 $1.5\%\sim7.0\%$ 的 SiO_2，以石英形态为主，少量与氟配成 Na_2SiF_6。它们在磷石膏中为惰性，对磷石膏制品无危害。因其硬度较大，含量高时会对生产设备造成磨损。

磷石膏中还含有少量的 Fe_2O_3、Al_2O_3、MgO，它们由磷矿石引入，可降低磷酸回收率，对二水石膏晶体形貌有所影响，是生产磷酸的有害杂质，但对磷石膏制品并无不良影响。而且以磷石膏制备 II 型无水石膏时它们有利于胶结材水化、硬化。

磷石膏中还含有铀、镭、镉、铅、铜等多种杂质，这些杂质来源于磷矿石，铀、镭属于放射性元素，如果磷矿石中放射性元素含量高，则磷石膏中放射性元素含量也高，因此磷石膏也带有一定的放射性。放射性污染对人体的危害是众所周知的，对磷石膏的放射性应高度重视，但也不应使其成为磷石膏利用的障碍。

2. 磷石膏的基本要求

磷石膏的基本要求应符合表 2-4 的规定。

表 2-4 磷石膏的基本要求

项 目	指 标		
	一 级	二 级	三 级
附着水（H_2O）质量分数/%	≤25		
二水硫酸钙（$CaSO_4 \cdot 2H_2O$）质量分数/%	≥85	≥75	≥65
水溶性五氧化二磷（P_2O_5）质量分数/%	≤0.80		
水溶性氟（F）质量分数/%	≤0.50		

3. 磷石膏中杂质对粉体建材的影响

可溶磷、氟、共晶磷和有机物是磷石膏中主要有害杂质。可溶磷、氟、有机物主要分布于二水石膏晶体表面，其含量随磷石膏粒度增加而增加。共晶磷含量则随磷石膏粒度增加而减少。

可溶氟使磷石膏促凝，其含量低于 0.3% 时，对胶结材强度影响较小。含量超过 0.3% 时，使胶结材强度显著降低。

有机物使磷石膏胶结材需水量增加、凝结硬化减慢，削弱二水石膏晶体间的接合，使硬化体结构疏松、强度降低。

调整 pH 值时碱组分过高会使磷石膏制品表面起霜和粉化。

国内现行的磷石膏杂质的处理方法是：干燥、分级、中和等。

4. 应用

我国是磷石膏排放量大国，也是磷石膏应用研究、应用较多的国家。现已将磷石膏用于水泥缓凝剂、纸面石膏板、建筑石膏、抹灰石膏，石膏砌块、石膏墙板、化工原料、道路路基、矿山充填、陶瓷生产、石膏纤维生产、土壤改良等工业副产石膏的应用领域。

三、柠檬酸石膏

柠檬酸石膏是生产柠檬酸过程中，利用硫酸酸解柠檬酸时的一种工业废渣。它的主要成分为二水硫酸钙，每生产 1t 柠檬酸可生产 2.4t 柠檬酸石膏。

柠檬酸石膏因柠檬酸生产工艺的不同，呈现不同的颜色，一般为白色、灰色、黄色等；含水率为 25% 左右，有些好的柠檬酸生产厂其含水率能达 15%；pH 值为 5.0～6.5，二水硫酸钙含量达95%以上。柠檬酸石膏由于含有一定的残余酸和有机物，使生产出的半水石膏强度偏低、凝结时间变长、利用困难。柠檬酸石膏化学分析见表2-5。

表2-5　柠檬酸石膏化学成分　　　　　　　　　　（质量分数%）

成分	SiO$_2$	Al$_2$O$_3$	Fe$_2$O$_3$	CaO	MgO	SO$_3$	Na$_2$O	结晶水	灼烧量
含量/%	2.1	0.8	0.03	31.06	0.01	42.87	0.88	19.25	22.25

从柠檬酸石膏的化学分析可以看出，柠檬酸石膏的品位较高，二水硫酸钙含量在92%以上，其纯度完全能满足建筑石膏粉的要求。柠檬酸石膏的灼烧量比较大，其主要原因是结晶水和有机物（如柠檬酸盐以及菌丝体）造成的。由于生产工艺的特殊性，柠檬酸石膏的主要杂质为柠檬酸，pH值在2.5～4.3之间，有较强的酸性。

四、氟石膏

氟石膏是利用萤石和浓硫酸制取氢氟酸后的副产品，每生1t氢氟酸就有3.6t无水氟石膏生成，生产氟化氢所用的原料酸级萤石纯度很高，反应过程处于无水状态，副产的氟石膏为Ⅱ型无水石膏，其中CaSO$_4$含量高达90%以上。

氟石膏从反应炉中排出时，料温为180～230℃，燃气温度为800～1000℃，新排出的氟石膏主要成分为无水硫酸钙，属于Ⅱ型无水石膏。

氟石膏长时间露天堆放后可慢慢水化，晶粒结果由原来的粒状结构变成针状、片状或板状结构，颗粒逐渐变粗，转化成部分或全部二水石膏。

表2-6　氟石膏化学成分　　　　　　　　　　（质量分数%）

品种	CaO	SO$_3$	SiO$_2$	Al$_2$O$_3$	Fe$_2$O$_3$	MgO	CaF$_2$	H$_2$O（400℃）
干法石膏	40～45	50～58	0.3～2.2	0.1～0.8	0.08～0.6	微量	1.2～4.0	0～0.2
湿法石膏	33～39	40～51	0.62～4.1	0.1～2.2	0.05～0.27	0.12～0.9	2.7～6.8	0.1～1.5

氟石膏与天然硬石膏相似，都属于Ⅱ型无水石膏，因此其化机理和水化活性也相似，是难溶或不溶的无水石膏，具有潜在的水化活性，但水化速率缓慢。硬石膏的活性低、水化硬化极慢是限制其开发利用的重要原因，必须通过掺加复合外加剂对氟石膏进行改性。改性后的氟石膏大部分由Ⅱ型无水石膏转化为二水石膏。

五、钛石膏

钛石膏是采用硫酸法生产钛白粉时，为治理酸性废水，加入石灰（或电石渣）以中和大量的酸性废水而产生的以二水石膏为主要成分的废渣。用硫酸法生产钛白粉时，每生产1t钛白粉就产生5～6t钛石膏。

钛石膏的主要成分是二水硫酸钙，含有一定的杂质，一般有如下几方面的性质：

1）含水量高、黏度大、杂质含量高；

2）pH值6～7，基本呈中性；

3）钛石膏从废渣处理车间出来时，先是灰褐色，置于空气中后，二价铁离子逐渐被氧化成三价铁离子而变成红色（偏黄），又名红泥或红、黄石膏。

有时会含有少量放射性物质（铀、钍），在我国尚未见有放射性超标的报道。钛石膏的化学组成见表2-7。

表 2-7　钛石膏的化学组成

成分名称	SO_3	CaO	MgO	Fe_2O_3	Al_2O_3	K_2O	SiO_2	结晶水	附着水
含量/%	33.89	28.26	1.80	10.74	2.27	0.05	2.88	17.20	31.0

六、盐石膏

在海水制盐过程中排放的固体废渣通常称为盐石膏。每生产 20t 原盐大约产生 1t 盐石膏废渣。盐石膏的成分组成见表 2-8。

表 2-8　盐石膏的成分组成　　　　　　　　　　（质量分数%）

组分	泥沙	结晶水	CaO	SO_3	MgO	Fe_2O_3	Al_2O_3	SiO_2	酸不溶物	Cl^-
海盐	30	13.62	21.17	28.37	0.98	0.32	0.48	—	5.05	—
海盐	—	20.04	37.30	24.99	1.15	0.98	1.62	8.91	—	—
井盐	—	20.8	32.91	44.14	0.50	0.66	0.35	—	0.64	1.15

海盐石膏主要成分是 $CaSO_4 \cdot 2H_2O$，多为柱状晶体，并含有 Mg^{2+}、Al^{2+}、Fe^{2+} 等无机盐类杂质。井盐所排出的盐石膏颗粒细小，晶体形状主要呈白色的不等粒状菱形晶体，少部分为矩形及粒状晶体。各种晶体的石膏不太均匀地混合在一起，含水大，呈泥浆状，所含水分中存在大量盐分。

目前开发的盐石膏的用途有：用作水泥缓凝剂、生产硫铝酸钙水泥、加工成半水石膏生产建材（纤维石膏板、空心条板、石膏灰砖）、加工成陶瓷模具用的陶瓷模具石膏粉；另外还有用盐石膏制硫酸、制硫脲、制硫酸钾、制石膏晶须的研究。

第三章 建 筑 石 膏

建筑石膏是以 β-半水石膏（β-CaSO₄·1/2H₂O）为主要成分，不预加任何外加剂的粉状胶结材料，主要用于制作石膏建筑制品。

建筑石膏也称熟石膏，它是二水石膏在 130～180℃ 的温度下脱水而成。可用来生产抹灰石膏、粘结石膏、石膏腻子、石膏砌块、各种石膏墙板、天花板、装饰吸声板与其他装饰部件等，是一种在建筑工程上应用广泛的建筑材料。石膏制品质轻，对火灾、噪声、电磁辐射等具有较强的抵御能力，在制造和使用中无毒、无味、无公害，因而是一种理想的绿色建筑材料。

目前，国内外的建筑石膏及制品工业已向轻质、高强、复合、多功能、绿色环保等方向发展，正在逐步取代传统的墙体材料和装饰、装修材料，从而成为建材制品中的主导产品，应用相当普遍。我国经过多年的推广，现也有不少人认识了石膏建筑制品的舒适性（隔热、隔声、调节湿度）和安全性（防火），使得近几年来建筑石膏的研究与开发得到迅速发展。随着我国建筑业和建材工业的发展，对石膏及石膏建筑制品的需求量将会越来越大，尤其是具有节能和环保特点的石膏基复合墙体材料必将成为我国建筑材料的支柱产品。发展建筑石膏制品，定会大有可为。

第一节 建 筑 石 膏

一、定义

建筑石膏是天然石膏或工业副产石膏经脱水处理制得的、以 β-半水硫酸钙（β-CaSO₄·1/2H₂O）为主要成分的气硬性胶凝材料，其半水硫酸钙的含量（质量分数）应不小于 85.0%。

二、分类

建筑石膏按原料种类可分为天然建筑石膏（N）、脱硫建筑石膏（S）、磷建筑石膏（P）三类。按 2h 强度（抗折强度/MPa）可分为 3.0、2.5、2.0 三个等级。

按原料的种类分为三类，见表 3-1。

表 3-1 分类

类 别	天然建筑石膏	脱硫建筑石膏	磷建筑石膏
代号	N	S	P

三、性能要求

物理力学性能建筑石膏的物理力学性能应符合表 3-2 的要求。

表 3-2 建筑石膏的物理性能

等 级	细度（0.2mm 方孔筛筛余）/%	凝结时间/min		2h 强度/MPa	
		初凝	终凝	抗折	抗压
3.0				≥3.0	≥6.0
2.0	≤10	≥3	≤30	≥2.0	≥4.0
1.6				≥1.6	≥3.0

四、特性

建筑石膏有以下特性：

1）水化快

由于建筑石膏具有凝结硬化快的特点，料浆便于成型，在较短时间内能达到很高的强度，因而被广泛应用于建筑装饰、室内墙材、陶瓷模具等行业中。

2）标准稠度大

建筑石膏的比表面积大，因而工作时标准稠度用水量大（＞65％），使产品强度偏低。

3）不稳定性

建筑石膏具有很大的活性，容易吸潮，吸潮后转化为二水石膏，具有促凝作用，因此包装运输和存放时要注意避免吸潮。

4）要经陈化使性能趋于稳定

刚炒制的半水石膏性能很不稳定，必须在一定条件下进行陈化后才能够使其性能趋于稳定，在陈化过程中晶体表面的裂隙有一定的弥合，物料的比表面积明显减少，所引起的标准稠度需水量降低，使试件的密实度增大、物理力学性能得到改善。

五、试验方法

引用 GB/T 9776—2008《建筑石膏》标准，重要性能指标检测如下：

1. 试验条件

试验条件应符合 GB/T 17669.1—1999《建筑石膏一般试验条件》中 2.2 的规定。

2. 试样

试样应在标准试验条件下密闭放置 24h，然后再行试验。

3. 试验步骤

1）组成的测定

称取试样 50g，在蒸馏水中浸泡 24h，然后在（40±4）℃下烘至恒量（烘干时间相隔 1h 的两次称量之差不超过 0.05g 时，即为恒量），研碎试样，过 0.2mm 筛，再按 GB/T 5484—2012 中 10 的测定结晶水含量。以测得的结晶水含量乘以 4.0278，即得 β-半水硫酸钙含量。

2）细度的测定

按 GB/T 17669.5—1999 的相应规定测定。称取约 200g 试样，在（40±4）℃下烘至恒量（烘干时间相隔 1h 的两次称量之差不超过 0.2g 时，即为恒量），并在干燥器中冷却至室温。在筛孔尺寸为 0.2mm 的筛下安上接收盘，称取 50.0g 试样倒入其中，盖上筛盖，按 GB/T 17669.5—1999 中 5.2 规定的操作方法进行测定。当 1min 的过筛试样质量不超过 0.1g 时，则认为筛分完成。称量筛上物，作为筛余量。细度以筛余量与试样原始质量之比的百分数形式表示，精确至 0.1％。重复试验，至两次测定值之差不大于 1％，取二者的平均值为试验的结果。

3）凝结时间的测定

按 GB/T 17669.4—1999 第 6 章，首先测定试样的标准稠度用水量并记录，然后按第 7 章测定其凝结时间。

4）强度的测定

按 GB/T 17669.3—1999 中 4.3 条制备试件，按标准 4.4 条存放试件，然后按标准第 5

章和第 6 章分别测定试样与水接触 2h 后试件的抗折强度和抗压强度，抗压强度试件应为 6 块。试件的抗压强度用最大量程为 50kN 的抗压试验机测定。试件的受压面积为 40mm×40mm，按式（3-1）计算每个试件的抗压强度 R_c。

$$R_c = \frac{P}{1600} \qquad (3-1)$$

式中　R_c——抗压强度，单位为兆帕（MPa）；

　　　P——破坏荷载，单位为牛顿（N）。

试验结果的确定按 GB/T 17671—1999 中 10.2 条进行。

5）放射性核素限量的测定

按 GB 6566—2010 规定的方法测定。

6）限制成分含量的测定

按 GB/T 5484—2012 第 16 章测定氧化钾（K_2O）、氧化钠（Na_2O）的含量，按第 12 章测定氧化镁（MgO）的含量，按第 21 章测定五氧化二磷（P_2O_5）的含量，按第 20 章测定氟（F）的含量。

第二节　建筑石膏的生产

由二水石膏经过一定的温度加热煅烧，使二水石膏脱水分解，得到以半水石膏（$CaSO_4 \cdot 0.5H_2O$）为主要成分的产品，即为建筑石膏。

一、煅烧工艺

生产建筑石膏过程中，由于干燥煅烧设备不同，影响石膏中半水石膏含量的因素也不同。如果不对这些因素加以分析和控制，产品中就可能夹杂过量的二水石膏或无水石膏，会直接影响产品质量。

1）建筑石膏低温慢速煅烧是指煅烧时物料温度＜170℃，物料在炉内停留几十分钟或 1h 以上的煅烧方式。如连续炒锅、沸腾炉流化床式焙烧炉。这种煅烧方式使二水石膏受热时逐步脱水而成半水石膏，根据二水石膏纯度，选定最佳脱水温度，自控系统将炉内温度、水蒸气分压、物料停留时间等调整到最佳稳定状态，使煅烧产品质量均一而稳定。其煅烧产品中绝大部分为半水、极少量的Ⅲ型无水石膏和二水石膏，结晶水含量一般在 4.5%～5.2%之间。

2）建筑石膏快速煅烧指煅烧物料温度远＞160℃，物料在炉内停留十几秒到十几分钟的煅烧方式。产品广泛用于高速的纸面石膏板生产线、石膏砌块、石膏条板、石膏模盒等生产。

这种煅烧方式使二水石膏遇热后急速脱水，很快生成半水或无水石膏，由于料温较高导致Ⅲ型无水石膏的比例较大，也会产生部分Ⅱ型无水石膏。而Ⅲ型无水石膏是不稳定相，在含湿空气中很容易吸潮而转化成半水相，因此在这种煅烧方式中加有冷却装置。对于快速煅烧，炉内的气温很重要，当炉内热气体的含湿量很小时，煅烧的成品物相中Ⅲ型无水石膏相对较多，产品处于"过火"状态，经过冷却陈化后，相组成有所改变，半水相增加。另外，含湿"废气"的合理循环利用可使炉内水蒸气分压加大，有利于相组成的转变和稳定。因此，快速煅烧方式除应调整最佳脱水温度外，还应根据燃料的种类，计算出燃烧气体的含湿量，判断炉内水蒸气分压的大小，若湿度很小，则应采取外加湿的方法以提高湿度，加快Ⅲ型无水石膏转化为半水石膏，从而提高产品质量。

快速煅烧最突出的特点是生产效率高，生产中通过良好的冷却和陈化环节才能使产品质量能得到保证。

3）建筑石膏中速煅烧是使物料在炉内停留时间为十几分钟至三十几分钟，物料温度在140～160℃之间。这种方式介于慢速与快速二者之间。典型的煅烧设备是回转窑加良好的陈化措施，产品质量就会有保证。

煅烧工业副产石膏时，除在设计煅烧时考虑一定的干燥外，还应根据物料的颗粒级配选择合适的粉磨设备，以改进煅烧前后颗粒级配的比例，使产品物性更加稳定。

二、煅烧形式

1）采用炒锅煅烧，炒锅以高温烟气或导热油为热源，可使热能与物料进行间接换热，在煅烧石膏时物料温度比较容易控制，一般控制在145～165℃，生产工艺控制稳定、但炒锅的有效换热面积、搅拌转速和搅拌翅的搅拌方式以及进料的粒度和结构等对炒锅的传热效率影响很大，而且必须保证石膏粉料在达到一次沸腾时保持流态化，否则炒锅内部会出现脱水速度不匀的情况，从而影响建筑石膏物理化学性能的稳定性。

2）粉磨煅烧一体化的彼得斯磨，由于烟气与物料直接接触，换热强度较高，煅烧出的建筑石膏中可溶性无水石膏含量很高，占到 1/2～2/3，同时较难控制彼得斯磨内部脱水速度的均匀性，从而影响建筑石膏相组成的稳定性。可溶性无水石膏具有很强的吸水性，彼得斯磨煅烧出的建筑石膏经过合理的陈化处理后，将可溶性无水石膏转化为半水石膏，方可得到较为理想的建筑石膏产品，彼得斯磨设备简洁紧凑、占地面积小、能耗较低，但用于工业副产石膏煅烧时，需对彼得斯磨设备进行改进才能适用。

3）采用蒸汽回转窑煅烧石膏，煅烧产品具有活性好、强度高的特点。由于用蒸汽作为热介质，温度较低，反应速度慢，料温极易控制，煅烧出的建筑石膏中极少含有可溶性无水石膏，绝大部分为半水石膏，其力学性能、相组成等物理化学性能稳定，从而使石膏产品的生产工艺控制稳定，如果把蒸汽余热再用于工业副产石膏的预烘干，可进一步降低煅烧能耗。与工业副产石膏烘干、煅烧两步法相比，蒸汽回转窑煅烧能耗较低，初、终凝时间与炒锅煅烧基本相似。

4）快速气流煅烧与彼得斯磨煅烧基本类似，都属于快速煅烧，其煅烧质量基本相同，其优点是设备全部国产化，与彼得斯磨设备相比投资更省，也更容易维护和控制。

5）沸腾炉也是采用低温间接换热煅烧，其热源可用蒸汽、导热油、高温烟气等，石膏不易过烧，煅烧出的建筑石膏中不再含有难溶性无水石膏，绝大部分为半水石膏。但有时受物料流量的稳定性、二水石膏的纯度、物料停留时间等因素的影响，制备出的建筑石膏中易存有少量的可溶性无水石膏。

尽管煅烧设备有多种，但影响煅烧产品品质的主要因素是"换热方式"——即直热换热和间接换热。采用前者所获得的建筑石膏是多相组成的混合物，若用来制备石膏粉体建材，应进行陈化、冷却，使其相组成达到一定稳定性后再使用。采用后者，一般生产出的建筑石膏冷却到一定温度（60℃）以下使用较好。

总体来说，无论采用哪种煅烧设备，只要工艺制度合理、生产控制严谨，都可生产出合格的建筑石膏。

三、煅烧设备

国内外建筑石膏煅烧设备的概况如下：

国外对石膏煅烧设备的选择主要随着石膏制品，特别是抹灰石膏的快速发展和节能、环保的要求不断提高、改造。其机械化和自动化程度要求越来越高，能耗较低，煅烧质量稳定。

国内对规模化、现代化煅烧设备的开发，伴随着抹灰石膏类制品的发展和节能减排等宏观政策的指导，已经取得了长足的发展。

现就石膏流化煅烧机和其他常用煅烧设备作简要介绍。

1. 沸腾炉（石膏流化煅烧机）

1）工作原理

石膏流化煅烧机的床层状态属于鼓泡床，因此将这种炉子形象地称作"沸腾炉"。其主体部分为一个立式箱式容器，在底部装有一个气体分布板，目的是在停止工作时支撑固体粉料不致漏粉，在工作时使气流从底部均匀地进入床层。在床层的上界面以上装有连续进料的投料机。在床层上界面处的侧壁上有溢流孔，用于出料。在床层内装有大量的加热管，管内的加热介质为蒸汽或载热油，热量通过管壁传递给管外处于流态化的石膏粉，使石膏粉脱水分解。在煅烧设备上部，装有一个静电除尘器，气体离开流化床时带出来的少量粉尘，由静电除尘器收集后自动返回流化床，已除尘的尾气由袋式除尘器净化后排入大气。

2）沸腾炉的特点

（1）设备小巧，生产能力大

沸腾炉生产能力的大小实质上由热源通过加热器壁表面的表面传递给物料的热量多少来决定。由于物料实现了彻底的流态化，炉内不需要安装搅拌设备。在主体内就可以高密度地安装很多加热管，尺寸不大的炉子就可以有非常大的传热面积。另外，沸腾炉采用的热源为蒸汽或导热油，其传热系数比热烟气热源的传热系数高出一个数量级。从传热方程式就可看出，由于传热系数和传热面积都较大，总传热量也就大。这就是沸腾炉生产能力比较大的原因，比如产量为 20t/h 的石膏沸腾炉，其直径也只有 3m 就足够了。

（2）结构简单，不易损坏

由于物料实现了流态化，石膏沸腾炉就不需要有转动的部件，主体的结构就简单得多。不但制造方便，投产后也几乎不需要维修保养。由于用的是低温热源，设备使用寿命也长。

（3）设备紧凑，占地少

沸腾炉是立式布置的设备，除尘器也可装在炉体上方，与炉子连成一个整体，设备非常紧凑。不但占地少，除尘粉料直接落入主体内，还可以避免除尘器结露。

（4）能耗较低

沸腾炉的热能消耗和电能消耗都较低。

热能方面：从热源传递给物料的热能，除了小部分用于加热炉底鼓入的冷空气以及少量的炉体散热损失外，几乎都有效地用于物料的脱水分解，炉子本身的热效率在 95% 以上。目前石膏流化煅烧机的热耗指标为 $7.7 \times 10^5 kJ/t$ 建筑石膏。

电能方面：沸腾炉不需要转动，也没有搅拌机，物料主要是靠石膏脱水产生的水蒸气来实现流态化的，需要在炉底鼓入的空气也很有限，因此鼓风机的功率也很小，沸腾炉的电能消耗比传统的煅烧设备少得多。如生产 10 万吨建筑石膏粉所用沸腾炉的装机容量为 20kW 左右。

（5）操作方便，容易实现自动控制

操作中只要控制几个设定温度，就可以连续稳定地生产出合格产品。单一的控制参数，很容易实现自动控制。

（6）产品质量好，熟石膏相组成比较理想，物理性能稳定

由于采用低温热源，石膏不易过烧，只要控制出料温度合适，成品中二水石膏、Ⅲ型无水石膏都可以控制在 3％以内，其余均为半水石膏。这样的相组成很理想，物理性能也很稳定。

（7）地基建投资省，运行费用低

由于沸腾炉设备小巧、结构简单、占地少，因此基建投资较同等生产规模的其他类型煅烧设备节省。投产后，由于能耗较低、维修工作量少、使用寿命长，因此运行费用也较省。

3）能耗

对于化学石膏小时产量为 7t/h（年产 5 万吨/年的装置）的装置，当游离水为 15％时，热耗为 35～45 万千卡/吨，电耗为 25～35kW·h/t。

2. 内加热管式回转窑

回转窑内设有许多内管，管内通热蒸汽、热烟气或导热油，物料在窑内间接受热，料在窑内停留时间较长，属低温煅烧，产品质量均衡稳定。日本的部分公司采用此法煅烧天然和工业副产石膏。下面对石膏管式煅烧窑进行介绍：

1）热烟气管式煅烧窑

（1）简介

该煅烧设备主要由物料预热烘干段、管式换热段、高温闪烧段、传动系统、密封系统、出料系统、测温控制系统等组成，该设备可采用逆流、顺流、混合等多种布置形式，天然二水石膏的煅烧可采用先磨后烧和先烧后磨等多种工艺形式。

该设备适用于各种原料的煅烧，尤其适合利用天然石膏原料和各类副产石膏原料生产各类建筑石膏产品。

该设备采用外烧的煅烧形式，采用高温烟气在烟气管道中循环流动、物料将高温管道埋入的高效换热形式，通过对出料端物料温度的控制和末端挡料板的调节来控制物料的煅烧时间和煅烧后的物相成分，通过对物料煅烧时间、温度、窑转速、喂料量等的调节达到生产多种性能产品的目的。

（2）具体技术参数

① 原料消耗：副产石膏原料含水率＜10％时，原料消耗为 1.3 吨/吨产品；天然石膏原料消耗为 1.18 吨/吨产品。

② 煤耗：按照优质 β-石膏产品计算，产品的煤耗按照同类生产线测定，为 38kg 左右标煤/吨产品（天然石膏原料），副产石膏为 50kg 左右标煤/吨产品（含水 10％）。

2）蒸汽管式煅烧窑

（1）简介

石膏蒸汽管式烘干煅烧窑生产产品质量稳定、环保标准高，且具备生产工艺参数易于调整和控制、操作简单、设备故障率低、维修方便等优点。

图 3-1　设备外形图

管式换热设备的特点如下：

① 单位容积处理量大

换热设备为内部设置加热管片，因搅拌过程中与物料直接接触，则传热系数大、传热面积也大，单位容积传热量与一般直接加热方式相比，约大 2 倍。

② 热效率高

干燥时不需使用多余热空气，故排气所带走的热损失不大。炉体表面的散热损失，整体热效率可达 80％～85％，具有较高的经济性。

③ 可以在一定温度下进行干燥煅烧，也可根据物料煅烧要求调整使物料在一定温度范围内（如 140～175℃）的任意温度进行稳定煅烧。

④ 物料在煅烧设备内的停留时间可以根据要求进行任意调整，通过对转数等的调整，得到最有利于每一种产品煅烧的物料停留时间，以及所需要最佳相组成的产品；通常物料容积比为 8％～15％；物料停留时间可在 45～60min 内调整。

⑤ 排出尾气中粉尘携带量小

因为在煅烧系统内，热系统与物料系统分离运行，物料系统的环境为微负压，即煅烧设备内风速很小，排气过程带走的粉尘量就很小，除尘设备或气固分离设备要求较低。

（2）主要技术参数

年产 10 万吨蒸汽烘干煅烧窑的主要技术参数如表 3-3 所示：

表 3-3　主要技术参数

项目名称	单　位	参　　数
基本参数		
类型		石膏蒸汽管式烘干窑
型号		ZQGSY-10
窑体有效内径	mm	φ2600
喂料水分	mm	＜15％
出料水分		0
要求能力（合格成品）	t/h	14.0～15.0

续表

项目名称	单 位	参 数
最大喂料量	t/h	20t
转速范围	r/min	0～4.2
电机调速方式		变频调速
驱动功率	kW	75
配套供热设备		
喂料机		
电机驱动方式		
驱动功率	kW	11
热源参数		
热介质		0.7～1.2MPa，180～220℃的饱和或过热蒸汽
耗气定额	吨/吨	0.2～0.3
输出物料性能		
正常能力	t/h	14
最大能力	t/h	15.0
细度		<15mm
输出物料		半水石膏
输出物料温度	℃	140～160

（3）蒸汽煅烧系统的工艺流程

工艺流程如图 3-2 所示，可根据具体情况和产品设置进行调整。

（4）技术经济参数说明

以设计规模为年产 10 万吨建筑石膏、脱硫石膏附着水含量＜12 计算，蒸汽按照 1.0MPa、210℃为基准。

① 原料消耗：1.4 吨原料/吨产品；

② 蒸汽消耗：0.5 吨蒸汽/吨产品；

③ 电消耗：16 度电/吨产品（产品不进行改性粉磨时）；

④ 产品性能：2 小时抗折强度大于 3MPa；凝结时间 6～10min，可调整；

⑤ 半水石膏相比例：大于 94％。

（5）过热蒸汽用于煅烧脱硫石膏热耗的分析

① 过热蒸汽的热能释放特点

目前，燃煤电厂用脱硫石膏生产建筑石膏时，为了不增加新的燃烧热源污染，往往采用电厂自有的过热蒸汽作为生产建筑石膏的热源；但是过热蒸汽的热能释放并不是随温度的变化均匀分布，而是当蒸汽转化（或冷凝）成水时，85％的热能才能释放出来。例如：常压下，100℃的液态水的热熔为 100kcal/kg，而 100℃蒸汽的热熔为 639kcal/kg，其汽化热为 539kcal/kg，即 100℃的蒸汽转化为液态水时，释放出的热能占蒸汽总热能的 84.35％。

不同温度的过热蒸汽和 100℃热水的热熔值如表 3-4 所列。

19

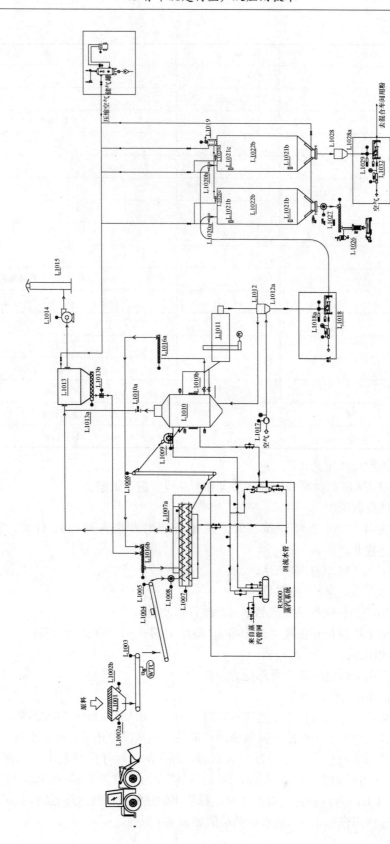

图 3-2　年煅烧 10 万吨脱硫石膏粉（蒸汽）工艺流程图

图 3-3　蒸汽煅烧窑外形图

表 3-4　不同温度的过热蒸汽和 100℃热水的热焓值

温度/℃	热焓 kcal/kg	温度/℃	热焓 kcal/kg
100（液体）	100	220～260	680
100（蒸汽）	639	280～320	710
200	650		

　　所以，在建筑石膏粉生产过程中，如果要最大限度地利用过热蒸汽的热能，就必须获得过热蒸汽释放的汽化热热能，这样才可以将 84％以上的热能提供给建筑石膏的生产中，成为有效能源。

　　② 过热蒸汽热能的利用值和利用率

　　如果过热蒸汽换热后排出 100℃的热水，根据表 3-5 可计算出 300℃左右的过热蒸汽可利用的热能值为 600kcal/kg，其中汽化热为 539kcal/kg，汽化水热焓释放比例为 88.7％，蒸汽降温释放出的热能为 61kcal/kg，比例为 11.3％；而 250℃左右的过热蒸汽可利用的热能值为 580kcal/kg，其中汽化热为 539kcal/kg，汽化水热焓释放比例为 92.4％，蒸汽降温释放出的热能为 41 千卡/kg，比例为 7.6％。

　　③ 半水石膏生产工艺中的温度要求和过热蒸汽的换热温度

　　生产半水石膏需要的温度范围，如图 3-4 所示：

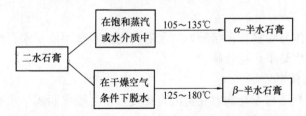

图 3-4　一般工业常见的石膏脱水转变温度

　　为了克服蒸汽换热装置的缺点、提高换热温度，蒸汽换热装置的散热管的末端部分也具有较高的压力，从而在蒸汽温度较高时就释放出水化热的热能来，如表 3-5 所示：

表 3-5 过热蒸汽温度、压力一览表　　　　　　　　　　　（kJ/kg）

T/℃	0.1/MPa	0.5/MPa	1.0/MPa
100	2676.5	419.4	419.7
120	2716.8	503.9	504.3
140	2756.6	589.2	589.5
160	2796.2	2767.3	675.7
180	2835.7	2812.1	2777.3
200	2875.2	2855.5	2827.5
220	2914.7	2898.0	2874.9
240	2954.3	2939.9	2920.5
260	2994.1	2981.5	2964.8
280	3034.0	3022.9	3008.3
300	3074.1	3064.2	3051.3

例如，140℃的蒸汽在正常压力（0.1MPa）下的热焓值是 2756.6kJ/kg，如果压力增为 0.5MPa，它的热焓值降为 589.2kJ/kg，这说明增压的过程中有 2167.4kJ/kg 的热能作为水化热释放出去了，即 78.6％的蒸汽热能在 140℃时就释放出来了。

生产 α-半水石膏和 β-半水石膏的能耗相近，见表 3-6 石膏脱水相的有关热工参数。利用过热蒸汽做热源，生产 α-半水石膏和生产 β-半水石膏。

表 3-6 石膏脱水相的有关热工参数

脱水相及变体	摩尔热容量 Cp/ (cal/(mol·℃))	298.1K 时的熵 S298.1/ (cal/(mol·℃))	水化热焓 ΔH 水化/ (kcal/mol)	蒸发热焓 ΔH 蒸发/ (kcal/mol)
$CaSO_4 \cdot 2H_2O$	21.84+0.074T	46.4±0.4	−483.06	
$\alpha\text{-}CaSO_4 \cdot H_2O$	16.95+0.039T	31.2±0.6	−4100	
$\beta\text{-}CaSO_4 \cdot H_2O$	11.48+0.016T	32.1±0.6	−4600	
$CaSO_4$（各相及变体）	14.1+0.033T	25.5±0.4	−342.42	
水蒸气	7.45+0.002T	45.13	−57.798	
水溶液	18.02	16.8	−68.317	10499

注：表中 T 表示绝对温度。此表摘自中国建材工业出版社出版的《建筑石膏及其制品》P45，由武汉工业大学向才旺编著。

3. 气流煅烧方式

气流煅烧即热气体与粉料直接接触，二水石膏迅速脱水而成半水石膏。这种方式热利用合理，设备紧凑，使用简单，功效高。

4. 直热内烧式回转窑

其煅烧方式是热介质与石膏物料在窑内直接接触使之脱水而成半水石膏或无水石膏。石膏物料在水平带小角度倾斜的圆筒中旋转前进，热介质与其同方向或反方向运动，在运动过程中完成石膏脱水，喂料与出料为连续作业。由于采用直火，其热效率要比外烧回转窑高，燃料可用气、油、煤。若用直热式回转窑煅烧工业副产石膏，在煅烧前可不必进行干燥处理，但应有一定长度的干燥带，排湿和收尘要重点设计。

5. 流化床式煅烧炉

流化床式煅烧炉外形为立式圆柱体，一侧中部进料，炉体下部为流化床，床底部设有气流分配器，使热气流从炉的另一侧下部进热风，并按要求达到不同速度梯度，将石膏粉吹起使之处于悬浮状态，同时进行热交换，使其脱水而成半水石膏。该工艺的关键技术是严格控制床层温度和气体压力，使床层中的料层温度和停留时间控制在二水石膏最大限度地转化为半水石膏的范围内，从而保证了产品的质量，如澳大利亚的石膏煅烧炉。

四、煅烧除尘

从煅烧的工艺条件考虑，如煅烧气体温度在500℃以上的高温煅烧，这种温度下布袋除尘可想而知是不适合的；另外，由于气体中 SO_2 的存在，气温稍稍偏低就会结露。从工业副产石膏特性考虑，石膏的水分含量大，又有结晶水存在，所以排放气体中水分很大，温度又偏高，用布袋除尘，容易造成糊袋使生产无法正常，维修费用也大。所以在使用布袋除尘时，一定要做好防结露措施。

如从硫酸净化和整体工程的角度考虑，布袋除尘加静电除尘能够更好得达到除尘效果。

石膏中杂质颗粒一般在 $120\sim500$ 目之间，且 $200\sim250$ 目左右的颗粒（即粒径 $25\sim150\mu m$）居多，这种颗粒的粉尘使用电除尘，可以达到比较好的效果，收尘效率可达95%～98%。但实际收尘效率又与石膏粉尘的性质有着密切关系，所以要了解以下几点：

1. 粉尘颗粒的影响

根据不同的石膏粉磨和煅烧工艺，粉尘的粒径不统一。一般，粉尘的粒径越大，沉降速度越大，黏附性小，收尘效率越高；粒径越小，电除尘因絮流气体扰动，被电场捕集的概率越小，就越容易从除尘器中逃逸。

2. 废气含尘浓度影响

废气的含尘浓度太高，会影响电除尘器的性能，废气的含尘浓度太低，粉尘不易收集。因此，对于排放粉尘浓度较大的工艺和部位，可以采取电除尘后再进入袋除尘效果更佳。

3. 废气的温、湿度影响

由于石膏煅烧后排放的废气都具有一定的温度和湿度，因此废气的温、湿度对除尘器的除尘效果也有一定影响。

4. 废气成分的影响

在利用烟气直接煅烧石膏的工艺中，石膏粉尘和烟气粉尘如共用一台除尘器，这样废气中 SO_2、CO_2 的含量高，会对电除尘时放电极起晕产生有利影响，有利于电除尘效率的提高。

5. 气流速度的影响

气流速度的大小对除尘效率有较大影响，风速增大，粉尘在除尘器内停留的时间缩短，因此电除尘加袋除尘工艺是确保粉尘达标的可行工艺。

五、煅烧粉磨效应

脱硫石膏中二水石膏晶体粗大、均匀，其生长较天然二水石膏晶体规整，多呈板状。脱硫石膏的这种颗粒特征使其胶凝材料流动性很差。即使采用高效减水剂，其流动性改善也很有限。石膏经粉磨处理后，晶体的规则外形和均匀尺度遭到破坏，颗粒形貌呈柱状、板状、糖粒状等多种样式。因此，从胶凝材料工作性和水化硬化角度看，改性粉磨是改善脱硫石膏颗粒形貌与级配的有效途径。

建筑石膏的粉磨改性效应是：

1）使石膏中石膏晶体规则的板状外形和均匀尺度遭到破坏，使其颗粒形状呈多样化；

2）通过粉磨，石膏颗粒级配趋于合理；

3）粉磨不能太细。随粉磨时间增加，建筑石膏初凝时间增长，初终凝时间间隔加大。粉磨时间过长，胶凝材料硬化体呈局部粉化状，力学性能就会有所降低；

4）比表面积的改善使脱硫建筑石膏胶凝材料流动性提高、水的需求量降低，其标准稠度从 0.65 降至 0.55，从而使石膏胶凝材料孔隙率高、结构疏松的缺陷得以根本解决。但粉磨不能消除杂质的有害作用，因此需考虑添加改性剂进一步改善其性能。

1. 细度对建筑石膏的影响

天然建筑石膏抗折强度、抗压强度与细度的关系是：细度从 80～100 目，强度几乎一样；由 100～120 目，强度迅速下降；120～160 目，强度下降的速度变缓：160～180 目，强度又有所回升。

天然建筑石膏的细度与半水石膏水化过程中标准稠度用水量的关系：在 80～100 目时用水量变化较小；100～120 目时，用水量急剧增加；120～160 目，用水量增加速度放缓。

天然建筑石膏制品孔隙率与细度的关系：从 80～120 目，孔隙率几乎呈线性下降；在 120～160 目时，孔隙率有所上升；磨细到 180 目时，又有所下降。

经过粉磨后的天然半水石膏细度为 80 目和 100 目的标准稠度需水量基本不变。大小粒子搭配适当，搭接点多。制品中晶粒分布均匀，晶粒尺寸起伏不大，且在此细度范围内，一般大颗粒的比例较多。大颗粒中，可能存在一定比例的二水石膏，对结晶过程有诱导加速作用，标准稠度需水量小。大颗粒会造成制品孔隙率较高，降低其强度。然而，此时由孔隙率引起的强度下降，并不能起主导作用，因而在此粒度范围内，总的效应导致了制品强度较高。

天然建筑石膏细度在 100～120 目范围内，强度对粒度的变化很敏感，标准稠度需水量改变也非常迅速。此时，由于粒子变小，粒子表面较粗糙，松散密度较大，比表面积增加，导致吸水量增大。同时，细小颗粒在脱水过程中产生的过烧现象相应增加，有Ⅲ型无水相出现，吸水量也增加，制品强度下降。

天然建筑石膏细度在 160～180 目范围内，粉末变得更细，制品致密度显著增加，孔隙率下降，标准稠度需水量随细度增加而趋于饱和。此时，孔隙率对强度的影响起主导作用。由于孔隙率的下降，导致制品强度有所上升。

天然建筑石膏当细度在 100～120 目内，标准稠度需水量对细度变化敏感，在生产中很不易控制。稍有不慎，水量过多，引起制品孔隙率过高，强度下降；水量过少，则凝结时间过短，一方面工艺操作困难，另一方面制品内可能出现裂纹，强度下降。因此，天然建筑石膏的细度最好选在 120～160 目内，对提高制品强度和改善其工艺均有利。

2. 针对细度对脱硫建筑石膏的性能影响试验如下：

1）细度对脱硫建筑石膏标准稠度、凝结时间以及比表面积的影响，见表 3-7。

表 3-7　细度对脱硫建筑石膏标准稠度、凝结时间以及比表面积的影响

编号	粉磨时间/min	标准稠度/mL	初凝时间	终凝时间	比表面积/(m²/kg)
1	0	63.33	4′20″	9′50″	182.95

续表

编号	粉磨时间/min	标准稠度/mL	初凝时间	终凝时间	比表面积/(m²/kg)
2	3	63.33	3′15″	8′25″	656.15
3	6	64	3′05″	8′15″	766.95
4	9	65	2′45″	8′00″	854.00
5	12	65.67	2′35″	7′30″	915.05
6	15	66.67	2′25″	6′40″	1388.05
7	20	69	2′50″	7′20″	1403.40
8	25	75.3	3′00″	7′00″	1769.50

从表 3-7 中发现：脱硫建筑石膏随着粉磨时间的延长，标准稠度用水量开始增长比较缓慢，后来急剧增加，总体呈现出不断上升的趋势。比表面积在一定程度上反映出脱硫建筑石膏水化时比表面积与水的接触面积变化，即粉磨时间越长，石膏颗粒越细，比表面积越大，与水的接触面积也越大，要达到一定流动度时的需水量就越多。

从表 3-7 中看出：凝结时间随着粉磨时间的延长不断缩短，但达到一定细度时变化缓慢，影响不大。没经过粉磨的脱硫建筑石膏比表面积为 $182.95 m^2/kg$，初终凝时间分别为 $4′20″$ 和 $9′50″$。经过 15min 的粉磨，脱硫建筑石膏的比表面积达到 $1388.05 m^2/kg$，其凝结时间最短，初终凝时间分别达到 $2′25″$ 和 $6′40″$，而后小幅变化。因此，判断粉磨脱硫建筑石膏的细度并不是越细越好。

2）细度对脱硫建筑石膏强度的影响

从图 3-5 中可以看出：在粉磨之前，脱硫建筑石膏的 2h 抗压、抗折强度分别为 6.8MPa 和 3.05MPa；当粉磨时间增加至 6min 时，建筑石膏的抗压、抗折强度分别为 7.2MPa 和 3.35MPa，强度有所上升。对脱硫建筑石膏继续粉磨，强度随之大幅下降，粉磨时间为 15min 时，强度达到最低，分别降到 4.6MPa 和 2.75MPa。随着粉磨时间的延长，脱硫建筑

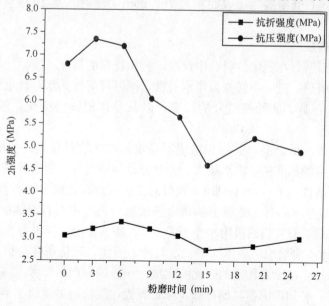

图 3-5　粉磨时间对脱硫建筑石膏 2h 强度的影响

25

石膏强度小幅变化。

图 3-6 中脱硫建筑石膏的绝干强度变化规律与 2h 强度变化规律大致相同,在粉磨 6min 时,抗压、抗折强度达到最大,分别为 17.25MPa 和 4.35MPa;而后强度下降。

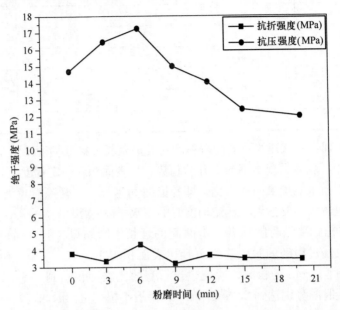

图 3-6　粉磨时间对脱硫建筑石膏绝干强度的影响

因此,我们可以得到一些结论:

(1) 粉磨使得脱硫建筑石膏的粒径分布范围变宽,改善了颗粒级配;

(2) 随着粉磨时间的不断延长,比表面积不断增大,脱硫建筑石膏标准稠度用水量逐渐增大,凝结时间逐渐缩短;

(3) 当脱硫建筑石膏粉磨后比表面积为 766.95m²/kg 时,其 2h 强度、绝干强度较大,效果较为理想。

六、煅烧陈化效应

新煅烧得到的石膏,在密闭的料仓中存放,利用物料的温度(110℃以上),可以使物料中残留的二水石膏吸热,进一步转变为半水石膏,同时可溶性无水石膏也可以吸取物料周围的水分转变为半水石膏,这种相组分的转变,以及晶体的某些变化,就是熟石膏陈化的实质。

对于一般刚煅烧出的产品,其物相组成不稳定,内含能量较高,分散度大,吸附活性高,从而出现熟石膏的标准稠度需水量大、强度低及凝结时间不稳定等现象。改善这种状况的办法是尽量将可溶性无水石膏(AⅢ)、残留的二水石膏转化成半水石膏。在潮湿空气中,AⅢ吸收气态水而成半水石膏。熟粉中的残余热量也可使二水石膏继续脱水而成半水石膏。一般陈化条件是:建筑石膏粉的吸附水小于 1.5%,是 AⅢ转化半水石膏的有效期;若吸附水大于 1.5%,半水石膏就会吸收水而成二水石膏。因此,陈化条件是很重要的。陈化的方法有自然法和机械法,甚至添加剂的强化陈化法。一般煅烧产品要考虑陈化环节,特别是对高温快速煅烧方式,必须考虑物料的冷却及陈化装置,使物料尽量趋于半水石膏,保证性能的稳定。

1. 陈化效果

1) 石膏的粒度与熟石膏陈化过程中相组成的变化速度关系比较大。高分散度的建筑石膏相组成变化速度比低分散度的熟石膏快；AⅢ型无水石膏转变为半水石膏的速度随颗粒的增大而减慢。在这三种石膏中，AⅢ型无水石膏的吸水能力最强，在其微孔内，由于水蒸气分压低，存在少量的凝聚水，AⅢ型无水石膏将与水化合而成为半水石膏，导致无水石膏的减少。石膏颗粒越细，比表面积越大，单位重量的石膏暴露于空气中的微孔越多，对空气中水的吸附能力越强，石膏水化越快，导致颗粒越细，石膏的相组成变化越快。

2) 在陈化前期，AⅢ型无水石膏明显减少，半水石膏含量明显增加，而二水石膏的含量却不明显变化，对此，主要原因在于AⅢ型无水石膏对水的强吸附能力，它不仅可以从空气中吸取水分，甚至能够在110℃以上环境中从再生或残存的二水石膏中吸取水分，使二水石膏脱水而成为半水石膏。

3) 熟石膏标准稠度用水量先随陈化期的延长而降低，然后又升高，与熟石膏的相组成结合来看，当AⅢ型无水石膏全部或大部分转化为半水石膏时，标准稠度用水量达到最低值，此时强度达到最高值，陈化作用的效果才明显表现出来。此时物料本身形态变化进一步趋向稳定，石膏的微小晶体进一步由高能态向低能态转变，当陈化后期，受潮湿空气的影响，二水石膏的含量迅速增加，标准稠度用水量又增大，石膏硬化体内的孔隙增多，强度开始下降。对此，石膏的陈化可分为陈化有效期和陈化失效期，在有效期内，可溶性的AⅢ型无水石膏转化为半水石膏，在此过程可能会发生二水石膏含量减少的现象；在失效期内，AⅢ型无水石膏已经基本转化为半水石膏，半水石膏吸水成为二水石膏。在这两个过程中间，半水石膏含量达到最高值，强度也达到最高值。陈化有效期的长短受诸多因素的影响，如粒度、湿度、温度、料层厚度等。

2. 陈化时间对建筑石膏的影响

1) 陈化时间对强度的影响

陈化时间对建筑石膏抗折强度、抗压强度的影响。当陈化时间在30d左右时，出现强度极大值。

建筑石膏强度随陈化时间变化，原因与其相组成的变化有关。开始时，各种相的组成比例变化较大，二水相在粉磨后的余热下有向半水相转变的倾向，而AⅢ型无水相吸收空气中的气态水分后可继续转变成半水相。在开始，二水相相对多一些，致使标准稠度需水量较小、凝结时间较短，随着相成分的变化，强度和凝结时间均发生变化，会引起石膏性能不稳。当陈化超过一段时间后，随着时间增长，各组成相比例趋于恒定，材料性能也变得稳定。在陈化过程中，AⅢ型无水相转变成β-半水相，比由二水直接脱水的半水相水化速度缓慢、凝结时间稍有增加，强度稍低。

2) 陈化时间对标准稠度需水量的影响

石膏水化过程中，标准稠度需水量受陈化时间的影响。陈化时间在前几天内，随时间延长，标准稠度需水量直线下降；当陈化时间>7d后，标准稠度需水量几乎不变。

3. 在生产粉体建材时，AⅡ型无水石膏存在对半水石膏的影响

半水石膏在高温煅烧时，可能会产生AⅡ型无水石膏，由于其中的半水石膏水化快，所以基材熟石膏可在短期内达到很高强度，而后，其中AⅡ型无水石膏缓慢水化，可使基材熟石膏完全结晶加强晶格的内聚力，补偿干燥所造成的收缩，从而避免出现裂纹。再者，半水石膏和AⅡ型无水石膏混合物的凝结时间能满足施工中的理想要求，因为AⅡ型无水石膏遇水时仅表现惰性填料性质，延缓了熟石膏的凝结速度，延长了凝结时间，这不仅有利于拌合，与其他填料（如石灰石）相比，这种惰性填料使抹面的外观显得更细腻和富有光泽，是其他填料所不具备的特点。还有做完抹面后，只要熟石膏灰浆尚未干透，这种AⅡ型无水石膏还能缓慢水化，进一步增强熟石膏抹面的力学性能。

当水膏比一定时，随着Ⅱ型石膏掺量增加，凝结时间再延长，强度提高，AⅡ型无水石膏掺量一般在 10%～20% 为宜。

在煅烧建筑石膏时，石膏脱水过程中质量的变化与煅烧温度和排放出的水蒸气分压都有一定的关系，即在煅烧温度偏高、水蒸气分压偏低时会产生较多的可溶性无水石膏；但在水蒸气分压增高时，又会吸收水蒸气中的气态水而转化成半水石膏。

在建筑石膏中当残留二水石膏>4%时，缓凝剂对延长建筑石膏凝结时间的调整效果不理想、并且自身凝结时间较短，但其 2h 抗折、抗压强度比二水石膏含量少的建筑石膏的强度要高；其绝干强度低于二水石膏含量少的建筑石膏。在生产建筑石膏过程中可溶性无水石膏和残留二水石膏都比较高时，一般陈化过程只能减少可溶性无水石膏的含量，对残留二水石膏的效果不会太明显，只有在保持石膏料温>120℃以上恒温超过 24h 后才能减少，大多转化为半水石膏。

对用于石膏砌块、石膏墙板类产品的建筑石膏，在煅烧时可以欠烧一点；但用于石膏粉体建材的建筑石膏，一定要控制好残留二水石膏和可溶性无水石膏的含量，都<2%为好，这样有利于减少外加剂的使用量、降低成本，同时也保证了产品质量。

七、高温烟气直接煅烧建筑石膏时产生杂质对其质量的影响

一氧化碳对石膏会产生强烈的还原作用，煅烧温度达到 750～800℃ 时，还原作用才开始显示出来；温度达到 900℃ 时，还原作用将全部结束。石膏与煤在高温下首先形成的是亚硫酸钙，当温度继续升高时，不稳定的亚硫酸钙继续分解成游离的氧化钙与硫酐，一般用直烧形式煅烧石膏时，在游离氧化钙形成的同时，也生成一定数量的硫化钙，当建筑石膏从煅烧炉内排出冷却时，硫酸钙反而会形成硫酸盐和部分氧化钙，而另有一部分存在石膏中，对建筑石膏的性能将会引起一定的影响。

石膏中硫化钙的含量超过 0.75% 时，就会引起建筑石膏在硬化时体积变化不均，这主要是由于硫化钙与水作用后使石膏产生内应力的缘故，根据沃尔任斯基的试验研究结果证明：建筑石膏中硫化钙的含量最好是在 0.07% 以下。

当采用一般形式的立窑煅烧石膏时，须加强窑内热空气的流动速度，否则会使产品中形成过多的硫化钙，导致建筑石膏性能的恶化。因此在选择煅烧工艺最好采用间接煅烧的方法来生产建筑石膏。

由碳酸盐分解产生的氧化钙和氧化镁，一般是以疏松的无定形状态存在于产品中，它与空气中 CO_2 有着强烈的作用。随着逆反的碳化作用和产品中游离氧化钙的消失，使得建筑石膏性能自然而然地降低，苏联学者 Ｂ·Ｎ·谢尔丘科夫的试验证明，在石膏中的碳酸盐杂质经高温煅烧分解出来的氧化钙，由于是以玻璃状态存在，因此它对空气中 CO_2 的碳化作用来说，具有一定的稳定性。

八、数据指导石膏的煅烧生产

1）在实际生产建筑石膏时，一般检测建筑石膏的结晶水、标准稠度、初终凝时间和 2h

强度，这些理化指标的变化与煅烧建筑石膏中物相组分有着直接的关系，简单地说：

（1）可溶性无水石膏（AⅢ）含量偏多，一般标准稠度用水量偏大，初凝时间快而终凝时间慢，2h强度偏低，通过陈化处理的强度也较直接煅烧成半水石膏（HH）的强度差点，但初凝时间有所缓慢。

（2）在难溶型无水石膏（AⅡ）含量偏多的情况下，脱硫建筑石膏一般标准稠度较小，初凝慢，终凝也慢，2h强度低，但在有活性激发剂的条件下后期强度高。

（3）在二水石膏含量偏大时，标准稠度用水量偏小，初凝快，终凝也快，2h强度低，干强度也低，综合以上情况，相分析数据是正确指导建筑石膏生产的必要手段之一。

2）理想的建筑石膏其物相组成应以半水石膏（HH）为主，二水石膏（DH）含量一般要<3%，最好是0%。陈化前允许有10%左右的可溶性无水石膏（AⅢ），经陈化后大多可转化为半水石膏（HH）。在高温煅烧的情况下，可溶性无水石膏的含量要控制在3%左右；如果建筑石膏煅烧后产品中可溶性无水石膏（AⅢ）含量大于20%以上，则说明煅烧温度高，俗称过火；如果产品中含量大于残留二水石膏（DH）5%时，说明煅烧温度偏低，俗称欠火；通常在高温快速煅烧中产品常出现可溶型无水石膏（AⅢ）和残留二水石膏（DH）数量都有点大、还有难溶型无水石膏（AⅡ）的产生的现象，则说明建筑石膏质量不理想，后期陈化和产品应用时都要采取必要手段进行处理，方可达到石膏制品的使用要求。

3）特别要关注建筑石膏中残留二水石膏含量：二水石膏在建筑石膏的水化过程中使其标准稠度用水量上升，促进水化加快，凝结时间缩短，这对建筑石膏的应用会产生不利影响，如在抹灰石膏的生产中，二水石膏含量>5%的建筑石膏，所用缓凝剂是正烧建筑石膏用量的3倍以上，甚至更多，这不但增大了生产抹灰石膏的成本，而且大大影响抹灰石膏的性能，使其强度下降，凝结时间不能满足要求，施工性能变差，也会产生裂纹、掉粉现象，如在脱硫建筑石膏中二水石膏含量>10%以上，根本不能用来生产抹灰石膏，这种石膏并不能通过陈化、粉磨、复合改性来提高建筑石膏的性能，只有回炉进行低温脱水，使二水石膏绝大多数都脱水脱至半水石膏，方可用于抹灰石膏类产品。

4）巧用陈化效应，修正质量数据：陈化是生产建筑石膏不可缺少的重要环节。当建筑石膏在煅烧后出现残留二水石膏（DH）较多时为"欠烧"；在可溶性无水石膏（AⅢ）过多时称"过烧"；当DH、HH、AⅢ以及AⅡ都存在时为多相石膏。针对这些情况，我们的陈化方法就应是：欠烧陈化要保温，仓内蒸汽急排抽；过烧陈化要见风，潮湿环境细调整；多相组分并存时，陈化保温要密封。这样通过不同的陈化手段，使煅烧后的熟石膏转化为优质的建筑石膏，满足客户的使用要求。

5）二水石膏是由两个结晶水的硫酸钙（$CaSO_4 \cdot 2H_2O$）所组成的。石膏的理论重量组成（%）为：氧化钙32.56，三氧化硫46.51和结晶水20.93。如二水硫酸钙的含量为90的石膏原料，经加工成建筑石膏后的结晶水应该是4.71左右，即煅烧后建筑石膏的结晶水控制在5.0～4.5之间比较理想。

利用结晶水分析建筑石膏煅烧温度是否正常，是每个建筑石膏生产企业必备的检测手段之一。

九、煅烧应考虑的问题

1）根据市场及下游产品对建筑石膏性能及产量的需求，决定建筑石膏的生产规模和煅烧工艺，年生产能力在5万吨以下的生产规模可采取一步法煅烧，大于5万吨以上的生成规模应采用二步法煅烧工艺；下游产品是墙体类石膏制品，可采用快速煅烧工艺和快速干燥、慢速煅烧工艺来生产建筑石膏；类似纸面石膏板产品生产，应采用"快速干燥＋慢速煅烧"工艺或"慢速干燥＋慢速煅烧"工艺来生产脱硫建筑石膏；如果是抹灰石膏类产品必须采用"慢速干燥＋慢速煅烧"工艺生产脱硫建筑石膏。

2）要了解不同石膏的煅烧特征，工业副产石膏与天然石膏的脱水过程有明显差别，工业副产石膏脱水时前半部分是游离水的干燥，后干部分为结晶水的煅烧。在同一煅烧温度下前部物料干燥温度上升速率较慢，排潮量大；后部物料温度在前部干燥阶段的基础上，上升速率较快。而天然石膏无论产量多大，都可在一个煅烧设备内完成，排潮量不如脱硫石膏大。

3）煅烧设备的选择：要将工业副产石膏煅烧成建筑石膏，只要该套设备在温度、流量、石膏煅烧过程的停留时间是可调的，无论采用哪一种煅烧设备均可。只要工艺及设备设计合理，在慢速煅烧中换热面积充足，都可以生产出合格的建筑石膏。但要说所有煅烧设备生产的建筑石膏，都能适应各种石膏制品的要求，那就不好办到了，如生产石膏砌块、石膏条板，石膏模合类产品，无论是间接加热或是直接加热的煅烧设备，采用"快速干燥＋快速煅烧"工艺还是"快速干燥＋慢速煅烧"工艺，生产出的建筑石膏都可以满足产品的应用，因石膏砌块、条板、模合类产品对建筑石膏的要求一般是初凝时间在 3～5min、终凝时间是5～7min，对石膏产品外观没有白度要求，且采用的燃煤熟风炉是直烧式设备，有时带进小量的烟尘也不会影响质量；但用在纸面石膏板生产上就不适合了，因纸面石膏板中烟尘增大会影响石膏与护面纸的粘结，而且其初凝时间要求在 4～6min、终凝时间要求在 5～8min；生产抹灰石膏的建筑石膏质量要求就更不一样了，生产抹灰石膏要求建筑石膏的初凝时间在8min 以上，只要能在保证强度的基础上，凝结时间越长越好，这样所选用的设备就要求采用间接加热式，"慢速干燥＋慢速煅烧"工艺，最好煅烧脱水过程能在设备内部"闷"的时间长点的设备来生产建筑石膏，才可满足产品的质量要求。

4）生产工艺的选择：有了适合产品需要的石膏品质和相应的石膏煅烧设备，还离不了对生产建筑石膏过程中正确的工艺布置及陈化要求，如对改性磨、冷却装置、物料输送等设备在生产中的先后位置，设备的适应性能，陈化均化工艺要求，都要根据所需建筑石膏的性能要求和石膏产品的特点结合煅烧设备的方式进行逐一修正，以便达到所需建筑石膏的质量要求，比如改性磨在石膏煅烧系统中的布置一般有两种方式，一是布置在煅烧炉的出口，经粉磨后进入陈化仓；二是布置在陈化仓后，经粉磨后进入成品库。现在还有一种是装在成品仓后，经粉磨后在短时间内（1h 之内）投入产品生产线，进入水化、硬化反应阶段（这种形式在国内还未采用），因这种工艺对建筑石膏水化、硬化效果比前面的方式要好，制品的强度更高。目前国内采用的前两种方式也各有特点，其主要考虑两点：一是考虑经济性，因刚从煅烧炉出来的建筑石膏流动性大、石膏颗粒在较高温度时易磨性好，对磨机耗电量小；二是考虑适用性，经陈化仓陈化后的建筑石膏，性能得到改善，此时在进行粉磨改性的同时，还可起到进一步均化的作用，达到改善建筑石膏性能的目的，在此基础上也可根据用户要求的特点指标调整粉磨时间，及通过粉磨工序加入各类无机矿物材料进行建筑石膏功能的改性，使不同要求的产品进入不同的成品仓，以满足不同用户要求。

5）煅烧温度对生产建筑石膏的影响

生产建筑石膏过程中脱水温度与建筑石膏强度有着密切的关系，一般情况下在脱水过程中，石膏物料温度在低于135℃温度下煅烧的熟石膏脱水不够彻底，因煅烧温度偏低；石膏料温在145℃～165℃下经慢速煅烧工艺煅烧后的熟石膏结晶颗粒较粗大，完整性能较好；石膏料温在大于165℃温度以上煅烧的熟石膏比表面积会增大，标准稠度用水量增加，水化反应加快，在石膏硬化干燥后会产生较多的气孔，降低了石膏制品的强度，但对建筑石膏的粘结性能有好的作用，煅烧温度与煅烧时间及陈化效应等方面，都将影响与改变建筑石膏的性能，要想保证建筑石膏的质量，就要结合石膏本身材料的特点，优化生产工艺及相关数据，才能生产出好的建筑石膏。

6）节能煅烧

节能从以下几方面进行：

多年来，人们对干燥工程中的节能技术研究一直在进行之中。人们通过理论研究、实验和工业化生产积累了许多节能经验。虽然目前可利用的节能方法有多种，但从大的方面划分只涉及两个方面，一是优化系统设计，二是优化操作条件。

（1）干燥系统的优化

以对流干燥系统为例，通过空气将热量传递给物料，水分蒸发后水蒸气又迁移到空气中并带离干燥器。在这个过程中，产生的蒸汽通过物料表面的气膜以对流方式向空气中扩散，与此同时，在热空气与物料温差的作用下，热量还要向物料内部传送。另一方面，由于物料表面水分的不断汽化，物料内部和表面产生了湿度差，从内向外依次降低。在浓度差的作用下，内部水分将以液态或气态形式向外表扩散。干燥速率的差异、干燥热效率取决于物料内部或外部传热传质能力的强弱。如果物料外部对流传热传质速率小于内部，即干燥过程由内部因素控制。此时提高热效率的方法就是强化外部的对流传热传质过程，使之适应内部传热传质速率，可以降低尾气排出温度，热效率能够提高。相反，如果干燥过程由内部条件控制，则应强化内部的传热传质过程，从而有效地提高总体热效率。事实上，改变外部条件比较容易做到，而改变物料内部条件相对难一些。

（2）尾气部分循环

利用尾气部分循环，是节能的另一个措施。方法是把尾气排出的热气体中的一部分热量回收，重新与冷空气混合送入加热器中，加热到同样温度后再送入干燥器中作为干燥介质。因尾气温度高于新鲜空气的温度，所以可以回收部分尾气中的余热。但从另一个角度分析，回收尾气中也带回了一些水分，使进入干燥器介质总的湿度增加，干燥过程推动力降低了，干燥速率减慢。因此，若保持相同的蒸发能力，就必须在干燥过程中强化物料外部对流传热传质作用，或者增大干燥室的尺寸。前者可能要消耗部分能量，后者也要增加系统投资。所以在采取方案时，要进行经济核算，否则会效果平平。

（3）回收余热

由于尾气带走的大部分热量，造成能量的大量流失，如果能回收余热，则可以有效地提高干燥热效率。对尾气余热回收装置的研究也在不断地探索之中，目前，比较成熟的设备如热管、热泵等在工业装置中都有应用。

（4）操作条件的控制

① 控制进出口气体温度

对流干燥进出口热风温度与水分蒸发量有密切关系，在相同干燥容积、相同出口温度下，空气进口温度高则蒸发强度也高，水分蒸发量也越大。

② 进料含水量、湿度与能量消耗的关系

在相同生产能力条件下，减少水分含量，就意味着在干燥过程中减少水分蒸发量，从而减少能量消耗。

7）建筑石膏生产的能耗指标

建筑石膏综合能耗是在统计期内生产建筑石膏所消耗的各种能源折算成标准煤所得到的能耗。其技术要求为：

（1）既有建筑石膏生产企业的单位产品能耗限定值

既有建筑石膏生产企业的建筑石膏单位产品可比综合能耗限定值应不大于 43kg。

（2）新建建筑石膏生产线企业的单位产品能耗准入值

新建建筑石膏生产线企业的建筑石膏单位产品可比综合能耗准入值应不大于 39kg。

（3）建筑石膏生产企业的单位产品能耗先进值

建筑石膏生产企业应通过节能技术改造和加强节能管理，力争使建筑石膏单位产品可比综合能耗达到先进值，即不大于 33kg。

8）在生产建筑石膏投资建厂前必须掌握和确定的几个问题（以脱硫石膏为例）：

（1）设备选型重环保：我们必须了解当地的环保排放政策及排放标准，对烟尘排放采用什么手段可达标在设备选型的同时必须提出并要求落实，如是通过"旋风除尘＋电除尘"，还是袋式除尘或"电除尘＋袋式除尘"等。在除尘的选择上还要根据当时气候温度（夏季、冬季的最高与最低温度）、湿度条件来分析选择适应的除尘设备。

（2）节能减排不可少：比如在热能选择方面，首先考虑电厂过热蒸汽能不能给用和能不能用、价格是多少？如可以连接电厂蒸汽，在设备投资和环保上就有了好的条件。但蒸汽压力一定要在 10kPa 以上、温度大于 210℃ 的条件下才能满足建筑石膏的煅烧要求。再就要看每吨蒸汽的价格，在满足蒸汽压力都能达到要求的情况下，一般每吨建筑石膏的消耗在 0.5～0.5t 蒸汽范围之内。要与导热油炉和燃煤、燃气、燃油热风炉的特定条件进行分析，来选定设备热源方式。

（3）降低成本看长效：在煅烧过程中要充分利用余热，将热能尽最大可能回收利用，降低能耗成本，同时实施落实节能减排的原则。考虑生产成本，分析一次性投资费用与日常生产能耗及其他消耗费用，如维修、管理及原料与成品的运输费用、每吨成本的对比。

（4）质量稳定最重要：建筑石膏的质量要求关键在稳定性。原料品质、游离水含量、生产物料流量、热源温度的平稳，陈化、改性、冷却工艺的实施方法，设备运转的连续稳定性，每一步都关系着建筑石膏的质量好坏。有的单位煅烧设备产量过大，陈化仓成品仓建的又少又小，又没有袋装仓库，原以为生产出来就能马上运走，结果造成三天开七天停的状况。这一停一开，使产品成本及产品质量都受到很大的影响，直接关系到企业命运。

第三节　脱硫建筑石膏的原料与生产

一、脱硫石膏的产生及特性

1. 脱硫石膏的定义

脱硫石膏又称排烟脱硫石膏、硫石膏，是来自排烟脱硫工业，颗粒细小、品位高的湿态二水硫酸钙晶体。

烟气脱硫石膏呈较细颗粒状，平均粒径约 $40 \sim 60 \mu m$，其中二水硫酸钙含量较高，一般都在 90％以上，含游离水一般在 15％左右，其中还含有飞灰、碳酸钙、亚硫酸钙以及由钠、钾、镁或氯化物组成的可溶性盐等杂质。

2. 烟气脱硫石膏的生产工艺

烟气脱硫工艺分类

1) 按吸收剂的状态划分

（1）干法：利用固态吸收剂、吸附剂或催化剂脱硫的方法。烟气循环流化床脱硫工艺，是目前我国在中小型发电锅炉上推广的工艺。

（2）半干法：采用液态吸收剂，利用烟气的热量，在脱硫反应的同时，蒸发吸收剂中的水分，使脱硫产物成为固态。

（3）湿法：采用液态吸收剂吸收烟气中的 SO_2。如湿式石灰石—石膏法等。

国内外，湿式石灰石-石膏法占湿法的 80％，我国已将湿式石灰石—石膏法作为大容量机组（$\geqslant 200MW$）的电厂烟气脱硫优先考虑的方法。

2) 按脱硫产物划分（主要是根据对吸收产物的处理划分）

（1）抛弃法：在采用碱性浆液如石灰、石灰石等作吸收剂时，生成的是亚硫酸盐和硫酸盐，将这些产物抛弃。

（2）回收法：将脱硫产物作为可利用资源进行回收的方法。如回收石膏、稀硫酸、硫酸铵和硝酸铵。

3) 按脱硫原理划分

（1）吸收法；

（2）吸附法；

（3）催化转化法。

3. 湿式石灰石—石膏法烟气脱硫

湿式石灰石—石膏法是将石灰石粉制成浆液，在吸收装置中将烟气中的 SO_2 脱除而形成副产石膏的方法。该方法是目前应用最广的一种烟气脱硫方法，脱硫率可达 95％以上。

1) 湿式石灰石—石膏法烟气脱硫工艺特点

根据吸收法的原理，利用石灰石浆液做吸收剂，在吸收塔内吸收脱除烟气中的 SO_2，最终生成石膏。

湿式石灰石-石膏法优点如下：

技术最成熟、应用范围广（适应高、中、低硫煤）、脱硫效率高（可达 95％以上）；

原料来源广泛、价廉易得；

系统运行可靠，负荷运行特性优良；

副产品可充分利用，是良好的建筑材料。

2) 系统包括以下 4 个主要工艺过程

向循环槽中加入新鲜浆液；

吸收 SO_2 并进行反应生成亚硫酸钙；

亚硫酸钙氧化生成石膏（二水硫酸钙）；

从循环槽中分离出石膏。

4. 脱硫石膏与建筑用天然石膏的比较

相同点：主要成分和天然石膏一样，都是二水硫酸钙。其物理、化学特征和天然石膏具有共同的规律，在经过转化的过程中同样可以发生五种形态的变化。

脱硫石膏和天然石膏经过煅烧后得到的熟石膏粉和石膏制品在水化动力学、凝结特性、物理性能上也无显著的差别。

不同点：主要表现在原始状态、机械性能和化学成分（特别是杂质成分）上的差异，导致其脱水特征、易磨性及煅烧后的熟石膏粉在力学性能、流变性等宏观特征上与天然石膏有所不同。

脱硫建筑石膏与天然建筑石膏的复掺试验，结果如表 3-8 所示：

表 3-8　脱硫石膏与天然石膏的复合

	1	2	3	4	5	6	7	8	9
脱硫石膏 kg	1000	0	800	700	600	500	400	300	200
天然石膏 kg	0	1000	200	300	400	500	600	700	800
初凝时间/min	3	5	3	4	5	4	4	4	5
终凝时间/min	7	15	10	11	14	14	13	12	16
2h 抗折强度/MPa	3.66	2.97	4.46	4.17	4.25	3.88	3.38	3.22	3.42
2h 抗压强度/MPa	12.74	9.44	13.89	11.62	12.58	11.53	10.57	11.16	10.35
干抗折强度/MPa	5.89	6.06	7.43	7.78	7.78	7.36	7.35	7.09	6.99
干抗压强度/MPa	25.82	15.54	24.69	24.13	24.30	22.23	21.50	18.41	19.35

通过上表发现：随着脱硫石膏掺量的减少、天然石膏的增多，我们可以看出：

1）天然石膏较脱硫石膏的初、终凝时间较长，因此，随着上述掺量的变化，初、终凝时间逐渐延长；

2）脱硫石膏较天然石膏的强度较高，因此，随着上述掺量的变化，其 2h 强度、干抗折强度、干抗压强度整体上呈现出递减的趋势；

3）当脱硫石膏掺量为 80%、天然石膏掺量为 20%时，其 2h 强度、干抗折强度、干抗压强度较纯脱硫石膏或天然石膏的强度都高。

5. 脱硫石膏的特征

二、脱硫石膏原料相关标准要求及质量控制

1. 脱硫石膏的质量控制

1）脱硫石膏生成过程工艺条件控制（图 3-7、图 3-8）

粒度控制：为了生产具有商业价值的石膏，必须控制石膏的结晶条件，使之生成粗颗粒和棱形结构的石膏晶体，且其颗粒不能太细。

形貌控制：在脱硫石膏的生产过程中，如果工艺条件控制不好，往往会生成片状或是针状晶体，并进一步向块状甚至毡状结构发展，使得生成的石膏极难脱水，细颗粒石膏还容易引起系统结垢；同时，较小的石膏晶体中，还会存在少量的亚硫酸钙、氯化钙等杂质，影响石膏纯度。

工艺参数控制：在烟气脱硫石膏的生成过程中，影响脱硫石膏质量的因素很多，如石膏在浆液中的过饱和度、浆液的 pH 值、石膏的结晶温度、氧化空气用量、浆液搅拌强度以及

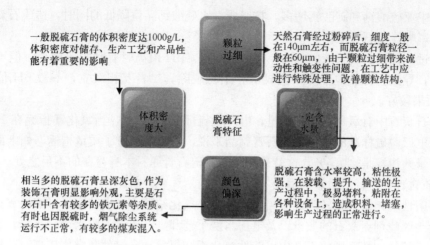

图 3-7 脱硫石膏特征

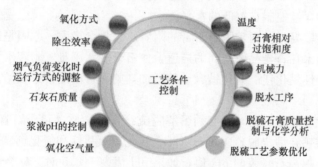

图 3-8 工艺条件控制

石膏的脱水工序等。此外，晶体的总表面积以及晶体的生长时间，也会影响脱硫石膏的质量。

2）石灰石粉（脱硫剂）是脱硫石膏质量好坏的第一环节，石灰石的纯度越高，形成的高品位脱硫石膏越有基础保证，只有采用纯度＞85％的石灰石，才能获得品位高于85％的二水脱硫石膏，石灰石中的惰性成分陶土矿物质增多会降低石灰石的反应活性，影响石膏浆的脱水性能。

通常石灰石中碳酸钙的重量百分含量应高于85％，含量太低会由于杂质较多给运行带来一些问题，造成脱硫剂耗量和运输费用增加、石膏纯度下降。石灰石中氧化镁含量要＜5％，细度在320～380目范围内，石灰石反应活性不好会影响吸收剂的溶解速率，从而影响到脱硫率，活性较高的石灰石在保持相同石灰石利用率的情况下，可以达到较高的SO_2脱除效率，同时也可得到纯度较高的脱硫石膏产品。

3）加强脱硫系统的运行调整

在脱硫系统运行的过程中，要监视好脱硫系统的各种运行参数，并及时调整，以保证石膏品质。需要控制的参数除有石灰石的品质外，还要控制烟气含尘量、燃煤硫分，需要调整的参数有pH值、吸收塔浆液池液位、石膏浆液密度，特别注意氧化风量和浆液循环量等。在脱硫运行中往往需要处理相对矛盾的问题有：

（1）电厂从节能角度考虑，就会减少氧化风机的运行台数，如果控制不当就会引起氧化不足，石膏中亚硫酸钙和碳酸钙增多，在造成二水硫酸钙品位降低的同时，造成石膏品质不稳定，严重影响脱硫石膏质量。

（2）通过调控石灰石浆液的方法，控制 pH 值，pH 值高时有利脱硫效率，但不利于石膏晶体发育，导致石膏品位下降，造成水分不易脱除，二者互相对立，一般 pH 值控制在 5.5～6.0 效果较好。

（3）在石灰石中对氧化镁指标含量，电厂脱硫标准为<2%，当氧化镁指标在 1.5% 时，是完全符合电厂脱硫标准的，但是对石膏制品来说，是大大超过了质量指标，如纸面石膏板对氧化镁含量的指标是<0.5%，这就是对建筑脱硫石膏原料本身存在的不足之处。

4）杂质对脱硫石膏质量影响因素

（1）可溶性氧化镁含量较高的脱硫石膏可溶性氧化钠的含量也较高，可溶性氧化镁和氧化钠的含量与脱硫剂石灰石的质量以及电厂水洗工艺和真空皮带的脱水运行有关。如果水洗工艺不能正常运行，那么脱硫石膏中可溶性氧化镁和氧化钠含量就都会比较高，这样就可能引起脱硫石膏制品的起粉或泛霜；因此电厂必须控制好水洗工艺和真空脱水的运行，将可溶性氧化镁和氧化钠的含量控制在较低的水平。

（2）氯离子含量较高时，通常脱硫石膏的附着水含量会增大，原因是氯离子与钙离子形成氧化钙，堵塞游离水在石膏晶体之间的通道，使石膏脱水困难，附着水含量较高，同时也导致脱硫石膏的可溶性氧化镁、氧化钠含量的增加，给石膏制品带来粘结、膨胀、泛霜等质量问题。

（3）要想得到优质脱硫石膏，就必须了解脱硫石膏中杂质含量对石膏质量有什么影响，如部分碳酸镁和碳酸钙在煅烧脱硫建筑石膏时会转化成氧化镁和氧化钙，这种建筑石膏在生产纸面石膏板时，会提高石膏浆的 pH 值，如果 pH 值大于 8.5 时，就会影响纸面与石膏硬化体的粘结，因此在脱硫石膏中的碳酸镁和碳酸钙的含量要限制在 1.5% 以下。

（4）电厂在脱硫石膏生产过程中，要意识到石膏晶体对提高石膏质量的重要性，石膏晶体在脱硫塔中形成的停留时间除了对脱硫的性能有影响外，也直接影响到石膏的品质。停留时间短，生成石膏晶体颗粒细小，石膏晶体大多为薄片状；停留时间长点，石膏晶体可以完整结晶，形成纤维针状晶体形态，这样有利于提高脱硫建筑石膏的质量。

（5）强制氧化是脱硫过程中的一个重要环节，氧化风量必须能够满足脱硫系统要求，分布均匀并达到规定的利用率，否则石膏浆液中亚硫酸钙超标，无法生成合格的脱硫石膏，直接影响脱硫石膏的质量与应用。

（6）烟灰是脱硫石膏中含量居第三位的杂质成分，烟灰在脱硫石膏中一般不能超过 0.1%，脱硫烟气中的烟灰在一定程度上阻碍了二氧化硫与脱硫剂的接触，降低了石灰石的溶解，导致 pH 值降低、脱硫效率下降，石膏品位不高。另在生产脱硫建筑石膏时其中的烟灰不会发生变化，当烟灰超过 0.1%、用脱硫建筑石膏制备石膏制品时，建筑石膏与水搅拌成石膏料浆时，由于烟灰密度比较轻，很容易浮在料浆表面，因此在生产纸面石膏板时，烟灰存在石膏板芯与护面纸的界面处，严重影响石膏层与护面纸的粘结；同时烟灰还会破坏泡沫，影响加在纸面石膏中发泡剂的作用，增加石膏板容重；另外烟灰在脱硫系统中影响石膏的结晶，使石膏浆液中的大颗粒比例下降，脱水效果变差，还影响石膏制品的粘结力，引起表面粉化等。

2. 脱硫建筑石膏配制建材产品时的影响因素及改善措施

用脱硫建筑石膏配制各种建材产品时，会发现石膏原料不同、煅烧条件不同、细度不同、强度不同以及凝结时间不同，都会影响产品的稳定性。产品的稳定性是我国目前最主要的问题。

1）影响因素

（1）脱硫建筑石膏自身的稳定性对产品的影响

使用性能稳定的脱硫建筑石膏非常重要，因为石膏煅烧时很容易产生多相混合，各相对石膏的凝结时间影响极大。

抹灰石膏在实际生产中，如果缓凝剂不能正常地调节凝结时间（有时增加大量缓凝剂都不能将抹灰石膏的凝结时间延长至所需要的时间）的情况下，必须首先检查建筑石膏粉中是否含有较多的Ⅲ型无水石膏，温度超过 60℃ 的建筑石膏不可用于粉刷石膏的生产，因其直接影响外加剂在抹灰石膏中所产生的作用。

（2）脱硫建筑石膏晶体对产品配比的影响

脱硫建筑石膏颗粒细小，水化时需水量大，浆体中游离水分多，从而导致脱硫石膏基粉刷石膏保水性较差。解决保水性差的问题，一方面可以从外加剂入手；另一方面可以采取改善脱硫石膏颗粒级配的方法，或在脱硫石膏中掺入一定量的天然建筑石膏。如掺入 20％ 的天然石膏可使脱硫石膏基粉刷石膏的保水性、粘结性都有明显改善；同时，适用于天然建筑石膏的缓凝剂一般都对脱硫建筑石膏有缓凝效果。

（3）脱硫建筑石膏的相变对产品稳定性的影响

在一般情况下生产的建筑石膏往往是半水石膏和Ⅲ型无水石膏或带有残留二水石膏的混合物。此处的Ⅲ型无水石膏并不是混合相粉刷石膏中所指的无水石膏，混合相抹灰石膏所需的是Ⅱ型无水石膏，也称难溶无水石膏或慢凝无水石膏。Ⅲ型无水石膏又称脱水半水石膏，其晶相结构与原半水石膏相同。Ⅲ型无水石膏与空气中的水分相遇会很快水化成半水石膏，是不稳定相。由于生产半水石膏时，不可避免地存在这种不稳定相，如果不注意这一点，利用建筑石膏配制抹灰石膏时易造成抹灰石膏性能的不稳定性，其主要表现为当采用相同缓凝剂掺量时，抹灰石膏每批的凝结时间都不同。原因在于建筑石膏中的Ⅲ型无水石膏在石膏水化过程中起促凝作用，当Ⅲ型无水石膏在建筑石膏中的所占比例不同时，促凝效果也有所不同。这正是很多生产企业在利用建筑石膏配制抹灰石膏时，不能得到性能稳定产品的主要原因。

2）改善措施

在煅烧石膏过程中，为了不残留二水石膏（因二水石膏也是半水石膏水化中的促凝剂），生产石膏时，应使煅烧温度高于理论值（160～180℃），产生部分Ⅲ型无水石膏之后可通过陈化过程使其转化为半水石膏。生产企业必须建立严格的均化和陈化制度，即确定陈化仓中料层的厚度、陈化仓的温度、陈化时间等。通过测定陈化期内石膏结晶水的含量，从理论上确定均化效果。一般当半水石膏的结晶水控制在 4.5％～5％ 时，可用于配制抹灰石膏，这样有利于产品质量的稳定以及缓凝剂用量的相对稳定。

三、加强对脱硫建筑石膏的基础性研究

脱硫石膏基础性研究是石膏工业有效发展的基础，是提高石膏产品科技含量的根本，是要对生产与应用密切相关问题进行本质研究的工作。为了对生产和应用中出现的现象和问题作出有科学根据的解释，从而指导生产与应用，脱硫石膏基础性研究主要对脱硫石膏的形成、结构、性质以及脱水、活化、复合、改性、水化、硬化过程中发生的物理化学作用进行测试和分析研究，如脱硫石膏脱水相的形成和转化等，研究对于脱硫石膏生产和应用技术的提高和创新有重要意义，能使脱硫石膏得到更好的推广应用，促进市场的发展。

第四节　磷建筑石膏的原料与生产

一、磷石膏中杂质及对其性能的影响

由于磷酸生产厂家的不同，生产工艺、控制条件差异，造成磷石膏中的杂质成分如氟、磷等的差异较大。即使是同一生产厂家，由于生产时间不一样，以及磷石膏长期露天堆放，也会产生同样问题，其中对磷石膏性能影响最大的是磷含量具有不确定性和多样性。磷对磷石膏性能影响的具体表现为磷石膏凝结时间延长、硬化体强度降低。磷组分主要有可溶磷、共晶磷、沉淀磷三种形态，以可溶磷对其性能的影响最大。

磷石膏中可溶磷主要分布在二水石膏晶体表面，其含量随磷石膏粒度增加而增加。不同形态可溶磷对磷石膏的性能影响存在显著差异，H_3PO_4影响最大，其次 H_2PO^{4-}。可溶磷在磷石膏复合胶结材水化时转化为 $Ca_3(PO_4)_2$ 沉淀，覆盖在半水石膏晶体表面，使其缓凝，使石膏硬化体早期强度大幅降低。磷石膏中酸性杂质越多，凝结时间越长，产品性能越差，主要原因是磷石膏在酸性介质中形成了不溶于水的硬石膏。共晶磷是由于 HPO_4^{2-} 同晶取代部分 SO_4^{2-} 进入 $CaSO_4$ 晶格而形成的，其含量随磷石膏颗粒度的增大而减小。共晶磷对磷石膏性能的影响规律与可溶磷相似，只是影响程度较弱而已。

除了磷对磷石膏性能的影响外，氟的影响也不可低估。氟来源于磷矿石，在生产磷石膏的过程中，氟以可溶氟和难溶氟两种形式存在。可溶氟有促凝作用，其含量低于 0.3％时对胶结材料强度影响较小，但是含量超过 0.3％时，会显著降低磷石膏的凝结时间和强度。有机物使磷石膏胶结材料需水量增加，削弱了二水石膏晶体间的结合，使硬化体结构疏松、强度降低。

二、磷石膏的预处理

磷石膏中的杂质对其资源化再利用非常不利，如果能够在添加磷石膏前就进行预处理或者改性，不仅能减少杂质的有害影响，还能改善生产工艺、提高产品的性能。目前，用于磷石膏预处理的方法有：

1. 水洗、浮选

水洗或浮选不仅能使磷石膏中的可溶磷溶解于水中，还可去除覆盖在二水石膏表面的有机物。水洗至中性的磷石膏，其可溶磷、氟与有机物含量为零。但是水洗、浮选不能消除共晶磷、难溶磷等杂质。

水洗工艺如下：来自堆场的磷石膏经皮带输送机送到制浆槽，配成浆后泵送到真空带式过滤机过滤，过滤时进行多次洗涤，洗涤液分离后进制浆槽用来配制料浆，料浆过滤液送滤液槽，用泵输送返回到磷酸车间做洗涤水，还有一部分用氨中和后，再进行精过滤分离，分离液进入球磨机，经过滤渣回收，洗涤干净后的磷石膏随输送设备进下道工序（图3-9）。

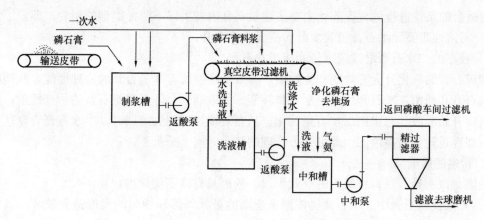

图 3-9　磷石膏水洗工艺流程图

2. 碱改性或石灰中和改性

通过在磷石膏中掺入石灰等碱性物质，改变磷石膏体系的酸碱度，使磷石膏中可溶性磷、氟转化成惰性的难溶盐，从而降低对磷石膏胶结材的不利影响，使磷石膏胶结材的凝结硬化趋于正常。石灰中和工艺简单、投资少，效果显著，是非水洗预处理磷石膏的首选工艺，特别适用于品质较稳定、有机物含量较低的磷石膏。

3. 煅烧

磷石膏只有在 600～800℃下煅烧，才可以消除有机物的影响。在 600～800℃下煅烧时，有机物与在一般预处理条件下不能去除的共晶磷一起从晶格中析出，转化为惰性的Ⅱ型无水石膏，其性能与同品位天然石膏制备的无水石膏接近。

4. 筛分处理

磷、氟、有机物等杂质并不是均匀分布在磷石膏中，不同粒度磷石膏的杂质含量存在显著差异。可溶磷、总磷、氟和有机物的含量随磷石膏颗粒粒径的增加而增加，共晶磷的含量随磷石膏颗粒粒径的减小而增加。筛分工艺取决于磷石膏的杂质分布与颗粒粒径，只有当杂质分布严重不均、筛分可大幅度降低杂质含量时，该工艺才是好的选择。

5. 球磨处理

球磨是改善磷石膏颗粒级配的有效手段。试验结果表明，球磨使磷石膏中二水石膏晶体规则的板状形貌和均匀的尺度遭到破坏，其颗粒形貌呈现柱状、板状、糖粒状等多种形式。这种对颗粒形貌和级配的改善，提高了磷石膏胶结材的流动性，使其标准稠度水固比大大降低，解决了硬化体孔隙率高、结构疏松的缺陷。但是球磨不能消除杂质的有害影响，因此，球磨应与石灰中和、筛分、水洗等预处理手段相结合。

6. 将磷石膏进行陈化

磷石膏的短期陈化对其使用性能的改善不明显，而随时间的延长，陈化效果才能突显出来。特别是与生石灰进行中和后长期陈化，效果会更加明显。

7. 用柠檬酸处理磷石膏

柠檬酸可以把磷、氟杂质转化为可以水洗的柠檬酸盐、铝酸盐以及铁酸盐。

三、影响磷建筑石膏性能的主要因素

1. 陈化时间的影响

陈化是指熟石膏的均化，也指能够改善建筑石膏物理性能的储存过程。在这个过程中，应创造适合的条件进行陈化。陈化主要使建筑石膏内发生以下两种类型的相变，即：

1）可溶性Ⅲ型无水石膏吸收水分转变成半水石膏；

2）残存的二水石膏继续脱水转变成半水石膏。

建筑石膏的陈化分为有效期和失效期。有效期能够改善建筑石膏的物理性能，此期间Ⅲ型无水石膏和残留二水石膏均向半水石膏转变；失效期则会降低建筑石膏的物理性能，此时半水石膏开始吸收气态水向二水石膏转化。从有效期过渡到失效期时，半水石膏含量达到最高值，强度也达到最高值。由此可知，合理的陈化时间十分重要。

2. 粉磨的影响

粉磨是改善磷石膏颗粒级配的有效手段。粉磨具有以下优缺点：

1）粉磨使磷石膏中二水石膏晶体原来规则的板状外形和均匀的尺度遭到破坏，其颗粒呈现柱状、板状、糖粒状等多种形貌；

2）粉磨使磷石膏颗粒级配趋于合理；

3）粉磨使磷石膏胶结材流动性提高、需水量降低，从而使磷石膏胶结材孔隙率高、结构疏松的缺陷得以解决；

4）但粉磨不能消除磷石膏中杂质的有害作用。其影响有：

（1）粉磨工艺的影响

粉磨在磷石膏陈化前后均可进行。磷石膏的陈化粒度对建筑石膏陈化过程中相组成的变化速度影响比较大，粒度小的建筑石膏相组成变化速度比粒度大的建筑石膏快。Ⅲ型无水石膏转变为β-型半水石膏的速度随颗粒的增大而减小。在二水石膏、半水石膏、无水石膏中，Ⅲ型无水石膏的吸水能力最强。在其微孔内，由于水蒸气分压低，存在少量的凝聚水，无水石膏将与凝聚水化合而成为半水石膏，导致无水石膏的减少。建筑石膏颗粒越细、比表面积越大，单位重量的石膏暴露于空气中的微孔越多，对空气中水的吸附能力越强，建筑石膏水化越快，导致颗粒越细，石膏的相组成变化越快。因此，宜采用先粉磨再陈化的工艺。

（2）粉磨细度的影响

磷石膏的颗粒级配、形貌与天然石膏存在明显差异。磷石膏中二水石膏晶体的生长较天然二水石膏晶体粗大、均匀、规整，多呈板状，长宽比为 2∶1～3∶1。磷石膏的这一颗粒特征是磷酸生产过程中，为便于磷酸过滤、洗涤而刻意形成的。这种颗粒结构使其胶结材流动性很差、水固比高，硬化体物理力学性能变坏，是磷建筑石膏性能劣化的重要原因。

石膏颗粒细度大小同样在某种程度上影响石膏的性能。一方面，建筑石膏细度不同，标准稠度用水量就会有变化，颗粒细度越大，则标准稠度用水量就会增加，水化后孔隙率就会增加，石膏硬化体强度必受到影响；另一方面，建筑石膏颗粒度小，则熟石膏与水接触的面积大，形成过饱和溶液也就较快，有利于石膏晶体的成核，从而提高石膏硬化体的强度。但随着细度的进一步减小和比表面积的增加，颗粒在液体中团聚程度明显增加，难以分散，且其标准稠度用水量对细度变化较为敏感，细度增加，标准稠度用水量也相应增加，导致石膏硬化体缺陷的增加。这两方面的作用对石膏强度均有影响。

3. 煅烧时间的影响

煅烧时间的长短对磷石膏吸收热量的多少、微观结构和物质组成发生变化的程度都有影响，而这些变化又对磷建筑石膏的水化硬化产生影响。在磷石膏煅烧失去结晶水变为β-半水石膏时，往往都伴随着Ⅲ型无水石膏的产生，造成煅烧的β-半水石膏的成分较复杂。如果煅烧时间增加，煅烧后的建筑石膏中部分β-半水石膏继续脱水转化为Ⅲ型无水石膏的量也随之增加；如果煅烧的时间过短，大部分二水石膏还没来得及脱水成半水石膏。可见，煅烧时间过长或过短，都会影响建筑石膏的性能。

4. 生石灰掺量的影响

磷石膏中由于含有未反应的硫酸及残余的磷酸或氢氟酸而呈酸性，酸性物质会延迟二水硫酸钙的水化、硬化凝结，影响其硬化体的早期强度等。采用石灰中和法与水洗预处理法均可消除可溶磷、氟的影响，使无水石膏凝结硬化加快、强度提高。石灰中和的效果与水洗基本相当，但水洗预处理工艺不仅要消耗大量的水资源，而且投资较大。因此，我们以石灰中和为预处理方式。磷石膏中含自由水20%左右，生石灰的加入能与可溶性磷组分发生中和反应，从而提高磷石膏的pH值。加入生石灰不仅能中和磷石膏里面的酸性物质，还能激发建筑石膏形成复合胶凝材料，增加强度。生石灰的加入在磷石膏脱水前后均可进行。

第五节　柠檬酸建筑石膏的生产

本节主要介绍利用二水柠檬酸石膏生产柠檬酸建筑石膏的方案。

一、工艺方案

采用"回转式干燥＋沸腾炉煅烧＋冷却陈化＋粉磨混合"的工艺，回转式干燥系统产量大，热源可二次利用，干燥后的柠檬酸二水石膏进入导热油或用蒸汽作热源的沸腾炉煅烧成为熟石膏，熟石膏进入陈化仓陈化，经陈化后的熟石膏再经改性粉磨和冷却，即可得柠檬酸建筑石膏。

二、工艺流程图及简述

1. 原料输送

由装载机将含有游离水的二水柠檬酸石膏送进喂料仓，经计量皮带秤按设定给料量稳定地供料，计量装置可实现物料的超重和空载报警，喂料仓料斗下部可装有下料器，防止二水柠檬酸石膏的粘仓，实现系统生产起始称重，做好产品生产量的控制和统计，经计量后的二水柠檬酸石膏通过皮带机输送到后续工段。

2. 均匀干燥

计量后的二水柠檬酸石膏经打散装置打散，进入干燥机进行干燥，干燥要按设定的运转速度，使物料在干燥窑内均匀受热，干燥后二水柠檬酸石膏的含水率一般控制在0.5%左右，二水柠檬酸石膏经干燥后要再次进行打散，将干燥中残留的小块状二水柠檬酸石膏全部打散成粉状物料，之后送入煅烧设备。

3. 煅烧脱水

干燥打散后的粉状二水柠檬酸石膏进入煅烧炉，经过约45min左右的煅烧，在二次沸腾期间生成建筑石膏，煅烧温度以物料出口温度为依据，调整炉内各控制数据，尽量做到在少量产生可溶性无水石膏（AⅢ）的情况下，完全没有二水石膏（DH）的存在，大多为半水石膏（HH）相的建筑石膏。

4. 物相调节

根据煅烧后熟石膏三相分析的数据，确定蒸汽返入熟石膏的用量，如AⅢ过多时，需引入少量回收蒸汽，促使AⅢ大多吸潮转化为HH，引入蒸汽宁少勿多，因有少量AⅢ可通过陈化后再行转化，但决不能有多的 DH 产生，因 DH 的产生会引起柠檬酸建筑石膏质量的下降。

5. 冷却均化

经物相调节使柠檬酸石膏大多转化为半水石膏后，产品进入稳定阶段，物料应尽快降温，达到 110℃左右，进入均化工序，物料在陈化仓的时间要大于 24h。

6. 粉磨增强

经陈化后的建筑石膏需进一步粉磨，经过研磨的物料其强度能增大一倍左右，而初凝时间将缩短一倍以上，标准稠度用水量大量下降，所以此工序完全适应柠檬酸建筑石膏的需要，粉磨是生产柠檬酸建筑石膏的主要工序之一。

7. 外加剂改性

经粉磨后的柠檬酸建筑石膏现阶段并不一定能够满足产品要求，因此还要复合少量外加剂，进一步提高强度，调整凝结时间。外加剂的加入一定混合均匀，确保产品质量的稳定。

8. 成品包装

已达到产品性能的柠檬酸建筑石膏进入成品仓，成品仓下设包装设备和预留散装出口。

柠檬酸建筑石膏生产工艺流程如图 3-10 所示。

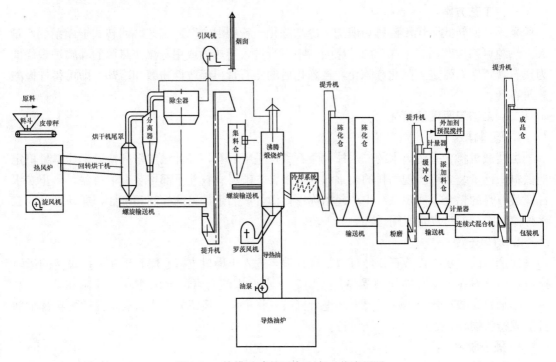

图 3-10　柠檬酸建筑石膏生产工艺流程图

第四章 高 强 石 膏

石膏是一种多功能的气硬性胶凝材料，也是使用历史最悠久的胶凝材料之一。根据二水石膏脱水条件的不同，可得到两种不同的变体，即β-半水石膏和α-半水石膏。这两种变体的半水石膏化学分子式均为 $CaSO_4 \cdot 1/2H_2O$，但其硬化体的各项性能却有明显的差异。所谓的高强石膏，对于石膏本身而言，是由二水硫酸钙通过饱和蒸汽介质或在某些盐类及其他物质的水溶液中进行热处理所获得的一种α-半水石膏的变体。

α-半水石膏脱水方式一般有以下两种：一种是在饱和蒸汽介质中进行脱水；另一种是在某些酸类或盐类水溶液中脱水。

第一节 α型高强石膏的技术性能

α型高强石膏的技术性能，一种是采用蒸压法生产的α型高强石膏，这类半水石膏性能介于β型半水石膏和水热法生产的α-半水石膏之间。它既可作建筑石膏使用，也可作一般模型石膏使用（如陶模石膏）。其基本技术性能指标为：细度、标准稠度用水量、凝结时间、固化后的力学强度等。这类石膏可参照 JC/T 2038—2010《α型高强石膏》标准测定。

生产α型高强石膏用的二水石膏应符合 GB/T 5483—2008 中一级品（二水硫酸钙含量≥85%）以上的要求。

一、技术要求

1. 细度

α型高强石膏的细度以 0.125mm 方孔筛筛余量百分数计，筛余量不大于 5%。

2. 凝结时间

α型高强石膏的初凝时间不小于 3min，终凝时间不大于 30min。

3. 强度

α型高强石膏分为 a30、a40、a50 三个强度等级，且均不小于表 4-1 规定的数值。

表 4-1 强度等级

等 级	2h 抗折强度/MPa	烘干抗压强度/MPa
a30	4.0	30.0
a40	5.0	40.0
a50	6.0	50.0

二、试验方法

根据 JC/T 2038—2010《α型高强石膏》标准，重要性能指标检测如下：

1. 仪器和工具

1）试验筛

筛孔边长为 0.125mm 的方孔筛，筛底有接收盘，顶部有筛盖盖严。

2）稠度仪

采用 GB/T 17669.4—1999 中的稠度仪。

3）搅拌器具

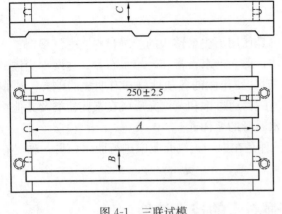

图 4-1　三联试模

采用 GB/T 17669.4—1999 中的搅拌器具。

4）凝结时间测定仪

采用 JC/T 727—2005 中的凝结时间测定仪。

5）成型试模

强度测定试件采用 JC/T 726—2005 中的胶砂试模。

膨胀率测定试件采用图 4-1 的三联试模。试模为铸铁制成的，可以拆卸，每联试模内壁的有效尺寸如表 4-2 所示。模具两端具有安置测量钉头的小孔，小孔位置必须保证测量钉头在试体的中心线上。

表 4-2　三联试模内壁有效尺寸　　　　　　（mm）

编号	制造尺寸	磨损后允许尺寸
A	280	
B	$25_{-0.1}^{0}$	$25_{0}^{+0.2}$
C	$25_{0}^{+0.1}$	$25_{-0.2}^{0}$

钉头用不锈钢或铜制做，其规格尺寸如图 4-2 所示。测量钉头深入试体深度为（15±1）mm，钉头内侧之间应保证试体的有效长度为（250±2.5）mm。

6）电热鼓风干燥箱

控温范围：0℃～300℃，控温器灵敏度为±1℃。

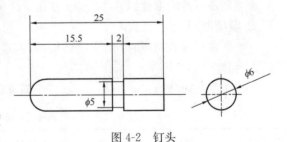

图 4-2　钉头

7）抗折试验机

采用精度为±1.0%的抗折试验机。

8）抗压试验机

采用最大载荷为 300 kN、精度为±1.0%的抗压试验机。

9）抗压夹具

采用 JC/T 683—2005 中的 40mm×40mm 抗压夹具。

10）膨胀率测定仪

由百分表及支架组成，百分表刻度值最小为 0.01mm、量程为 10mm。采用满足图 4-3

要求的膨胀率测定仪。

11）变形测定仪（图4-4）

2. 试验条件

采用 GB/T 17669.1 中规定的试验条件。

3. 试验步骤

1）细度的测定

称取试样 50g，采用 GB/T 17669.5—1999 规定的筛孔尺寸为 0.125mm 的试验筛测定筛余。当 1min 的过筛试样质量不超过 0.1g时，则认为筛分完成。称量 0.125 试验筛的筛上物，作为筛余量，精确至 0.1g。

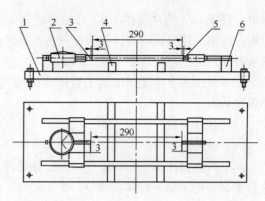

图 4-3　膨胀率测定仪示意图（单位为 mm）
1—底座；2—百分表；3—左顶头；4—试件支撑架；
5—右顶头；6—导轨支撑座

细度以筛余量的百分数表示，如两次测定结果的差值小于 1%，再取二者的平均值。如两次测定结果的差值大于 1%，应重新进行上述试验。

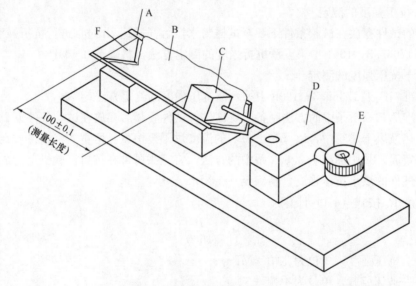

图 4-4　变形测定仪

A—内边长为 30mm，互呈 90°角的等边凹槽。凹槽的最小尺寸为：长度 140mm，厚度 4mm，槽的一端用固定端板 F 挡住；B—0.1～0.2mm 厚的聚四氟乙烯薄膜；C—边长约 30mm，质量为（200±10）g 的立方体挡块；D—刻度计支座；E—刻度计或者当测量时施加的外力不超过 0.1N（98g）时，能测定 0.01mm 以内位移的装置；F—端板

注：仪器的全部材料应为不腐蚀和不吸收的材料。

2）标准稠度用水量的测定

称取试样 400g，采用 GB/T 17669.4—1999 中的相应规定测定。

3）凝结时间的测定

采用 GB/T 17669.4—1999 中的测定方法。

4）浇注时间的测定

称取试样 400g，按标准稠度用水量称量水，并把水倒入搅拌碗中。在 5s 内将试样倒入水中，静置 5s，快速搅拌 30s。在注浆前 30s，边搅拌边迅速将料浆注入稠度仪筒体，用刮刀刮去溢浆，使浆面与筒体上端面齐平，将筒体迅速向上垂直提起，测量料浆扩展成的试饼两垂直方向上的直径，不小于 160mm。

以试样倒入水中至筒体提去后所测试饼直径不小于 160mm 的时间间隔表示浇注时间，精确至 min。

5）强度的测定

（1）试件成型

从密封容器内取出 1500g 试样，充分拌匀。称取试样（1400±1）g，按标准稠度用水量称量水，并把水倒入搅拌容器中。在 10s 内将试样均匀地撒入水中，静置 20s，用拌合棒在 30s 内搅拌 30 圈。接着以 30r/min 的速度搅拌，使料浆保持悬浮状态，然后搅拌至料浆开始稠化，用料勺将料浆灌入预先涂有一层矿物油的试模内。试模充满后，将模具的一端用手抬起 10～30mm，使其自由落下，如此振动 10 次，用同一操作将试模另一端振动 10 次，以排除料浆中的气泡。在初凝前，用刮平刀刮去溢浆，但不必抹光表面。待水与试样接触开始至 1h 时，在试件表面编号并拆模、备用。

（2）2h 抗折强度的测定

脱模后的试件存放在试验条件下，至试样与水接触开始达 2h 时，进行抗折强度的测定。采用 GB/T 17669.3—1999 中第五章抗折强度的测定方法，精确至 0.1MPa。

（3）烘干抗压强度的测定

采用标准 GB/T 17669.3—1999 中第六章抗压强度的测定方法。

采用标准 7.3.5.1 条中的方法制备三块试件，试件脱膜后存放在试验条件下 24 h，再将试件放入电热鼓风干燥箱中，以（40±1）℃的温度烘干至恒重。恒重后将试件放在试验条件下，冷却至室温。采用标准 7.3.5.2 条中的方法，将三头试件在抗折试验机上折成六个半块试件，测试试件的烘干抗压强度，精确至 0.1 MPa。

抗压强度 R_c 按式（4-1）计算：

$$R_c = \frac{P}{1600} \tag{4-1}$$

式中　R_c——抗压强度，单位为兆帕（MPa）；

　　　P——破坏荷载，单位为牛顿（N）。

注：当有效烘干时间相隔 1h 的两次称量之差不超过 0.5 g 时即为恒重。

6）硬度的测定

按标准 7.3.5.1 条成型三块试件，按标准 7.3.5.3 条烘干，采用 GB/T 17669.3—1999 中第七章石膏硬度的测定方法。

7）结晶水含量的测定

采用 GB/T 17669.2 中的测定方法。

8）膨胀率的测定

（1）方法 A

采用图 4-3 所示的膨胀率测定仪进行，测试方法如下：

按标准稠度用水量称量水，并把水倒入搅拌碗中。将 350g 试样在 5s 内倒入水中，静置 5s，用拌合棒搅拌，得到均匀的料浆，将料浆完全充满在模具中。用手将试模一端提起 10

~30mm，使其自由落下，振动 10 次，用同一操作将试模另一端振动 10 次，刮平试件表面，在终凝前 1 min 内拆除模具两端挡板及底座，并将试件和两侧挡板一起置于测定仪中，读取试件的初始数值。让试件无约束膨胀至 2h，读取试件最后的数值，数值精确至 0.01mm。膨胀率 E 按式（4-2）计算，结果精确至 0.01%。

$$E=\frac{L_2-L_1}{L}\times100 \tag{4-2}$$

式中 E——膨胀率，单位为百分数（%）；

　　L_1——试件的初始读数，单位为毫米（mm）；

　　L_2——试件的 2h 读数，单位为毫米（mm）；

　　L——试件的有效长度，250mm。

上述试验进行两次，计算两次试验结果的平均值，精确至 0.01%。

（2）方法 B

采用图 4-4 所示的变形测定仪进行，测定方法如下：

将挡块放在适当的位置，使槽的长度不小于 100mm，按标准稠度用水量称量水，并把水倒入搅拌碗中。将 300g 试样在 5s 内倒入水中，静置 5s，用拌和棒搅拌，得到均匀的料浆，将料浆完全充满槽并从刻度计中测得长度。在试样上放一片橡胶薄膜，尽量减少水分蒸发。在终凝前 1min 读取最初值，将试样的一端无约束地膨胀 2h，读取最后的数值，并测得其长度的变化，精确至 0.01mm，计算凝固膨胀率，以原始测量长度的百分数表示，精确至 0.01%。

上述试验进行两次，计算两次试验结果的平均值，精确至 0.01%。

9）白度的测定

采用 GB/T 5950—2008 中的测量方法。

第二节　影响 α 型高强石膏性能的因素

影响 α 型半水石膏性能的若干因素如下：

一、转化温度与转化时间

二水石膏在水溶液中转化为半水硫酸钙并能稳定存在的主要条件是温度。当温度达到 107℃（理论值），二水石膏开始分解转化为半水石膏，此时蒸汽压力是平衡的，而且二水石膏与半水石膏也会保持平衡状态。然而这仅是一个平衡温度，实践表明只有二水石膏的温度远远超过平衡温度时，才能很快地完成二水石膏的脱水过程。另外从分解原理来看，显然温度升高将会加快二水石膏的分解速度，尤其是在媒晶剂的存在下，更有利于上述转化过程。但转化温度过高会导致半水石膏脱水形成无水石膏，因此压力釜内液相温度一般控制在 135~145℃为宜。

此外，对其有影响的是转化时间（恒温时间）。当纯水作为介质时，二水石膏分解后基本按原有结晶习性进行结晶，其晶形为针状晶体［如图 4-5（a）所示］，此时转化速度很快，基本在 30min 转化完毕；反之当一种或多种媒晶剂存在时，由于媒晶剂对二水石膏转化到半水石膏起到了抑制作用，改变原有结晶习性，使结晶中心减少，结晶速度迟缓从而达到粗大晶体目的，因此转化时间将会大幅度延长，最长可达2～3h之久（包括升温时间）。表4-3为在实际生产中所得到的数据。

表 4-3　α-半水石膏的转化温度与时间

序号	转化温度 /℃	恒温时间 /min	结晶形态	凝固时间/min 初凝	凝固时间/min 终凝	结晶水 /%	干燥抗压强度 /MPa
1	135	120	晶体形状不规则，轮廓模糊	3	10	9.35	36.7
2	140	120	粒状晶体和大量聚合团以及少量粒状大晶体	10	15	5.39	62
3	145	120	基本均为粒状大晶体	11	14	5.72	55
4	140	30	发育极不完善的结晶体	无法测定	无法测定	15.84	没有强度无法成型
5	140	60	粒状晶体但轮廓模糊	10	12	5.68	50
6	140	180	大部分结晶聚合体			5.25	56

注：二水石膏与水的比例以及改性剂不变的情况下。

从表4-3看出，1♯由于温度过低，二水石膏分解不完全，因此结晶水达到9.35%（理论值6.21%），凝固时间极快，而导致制品强度很低；3♯温度过高，同样对强度增长不利。3♯温度仅升高5℃，但制品强度明显从62MPa降到55MPa；显然2♯恒温120min、140℃较合理。确定转化温度同恒温时间是至关重要的，寻求最佳转化时间不仅有利于半水石膏结晶形态的发展，而且也有利于节能。

二、媒晶剂

二水石膏在纯水中经"水热法"处理，其结晶形态为针状小晶体。若在具有改变石膏结晶形态的有机或无机盐类（媒晶剂）存在情况下，最终效果完全不一样，这一点在"水热法"制作α-半水石膏章节中对媒晶剂的作用机理曾作过叙述。但由于石膏晶体各个交界面上发生添加物的不同吸附作用，因此不同媒晶剂作用结果会引起半水石膏晶体形态和大小以及性能均有明显差异。图 4-5（b）、（c）、（d）、（e）分别采用 LLS（双组分的有机酸与无机盐复合）、HP（单组分表面活性剂）、SL（碱金属盐类）、SLS（三组分的有机盐、表面活性剂、有机酸等）四种媒晶剂掺入纤维石膏中（其掺量为0.05%～0.15%），所获得的结晶形态显然不同，从而导致四种制品强度差别悬殊。表4-4为不同结晶形态与强度关系。

表 4-4　不同种类媒晶剂对同类二水石膏重结晶的结晶形态影响

编号	煤晶剂	结晶形态	水膏比/%	干燥抗压强度/MPa
图 4-5（a）	0	针状	135	0.96
图 4-5（b）	LLS	粒状	38	55
图 4-5（c）	HP	棒状	40	39.6
图 4-5（d）	SL	纤维状	73	16
图 4-5（e）	SLS	短柱状	30	70.8

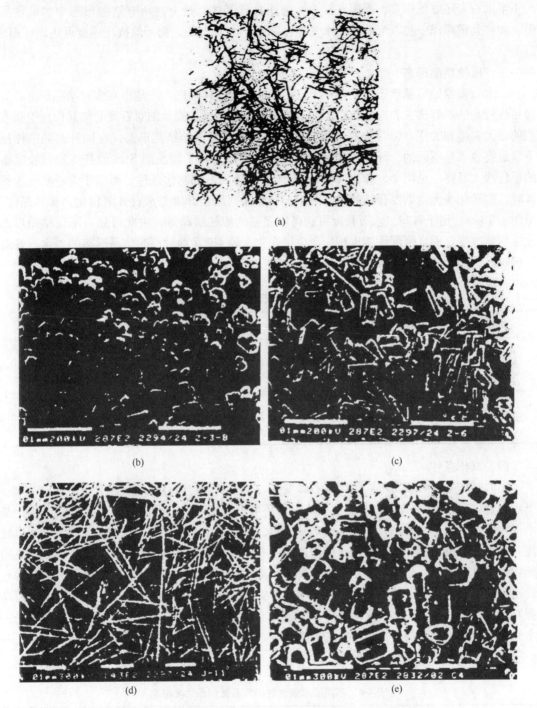

图 4-5　掺不同媒晶剂经"水热法"处理后的 α-半水石膏结晶形态

（a）未掺媒晶剂的偏光显微镜照片；（b）掺 LLS 媒晶剂；（c）掺 HP 媒晶剂；

（d）掺 SL 媒晶剂；（e）掺 SLS 媒晶剂

　　上述试验表明，半水石膏结晶形态与媒晶剂种类有密切关系，更是提高制品强度的关键。由图 4-5（a）可看出，在溶液中无媒晶剂存在时，其结晶形态为针状小晶体，制品强度

比 β-半水石膏还要低很多；而图 4-5（e）为短柱状晶体，是上述所有结晶形态中的最佳晶形，如将其颗粒作一些级配处理，水膏比可降到 21%～22%，而干燥抗压强度可达 100MPa以上。

三、原始结晶形态

二水石膏原始结晶形态很复杂，不仅不同产地是这样，同一产地也有多种结晶形态，一般品位较高的是纤维状和雪花状结晶的二水石膏。近年来，媒晶剂对石膏的结晶作用引起人们的极大兴趣和关注，但很少有人研究不同的二水石膏原始结晶形态，在同种媒晶剂作用下，最终效果是不同的。纤维二水石膏原始结晶形态采用了媒晶剂 SLS 能获得发育较完整的短柱状大晶体，见图 4-5（e）；但采用同样媒晶剂 SLS 和制作条件，而用于雪花状二水石膏时，则转化为无规则混合结晶体。采用 HP 媒晶剂用于纤维二水石膏则转化为棒状晶体，见图 4-5（c）；用于雪花二水石膏则可获得较完整的短柱状晶体。由此可见，不仅结晶形态发生明显改变，而且强度性能也相应产生了变化。表 4-5 为两种原始结晶形态的二水石膏对同种媒晶剂的作用效果以及与强度的关系。

表 4-5　同种媒晶剂对不同二水石膏原始结晶形态的重结晶影响

编号	二水石膏名称	媒晶剂	结晶形态	水膏比/%	干燥抗压强度/MPa
图 4-5（e）	纤维二水石膏	SLS	短柱状	30	70.8
	雪花二水石膏	SLS	无规则粒状	36	45.9
图 4-5（c）	雪花二水石膏	HP	短柱状	35	52.7
	纤维二水石膏	HP	棒状	40	39.6

四、制作条件

不同制作条件可获得不同的半水石膏变体，不仅如此，而且结晶形态有明显差异，如 β-半水石膏一般在 130～180℃大气中和缺水气环境下进行脱水，因此物料无重结晶过程，基本保持原始二水石膏形态，如图 4-6（a）所示。这种半水石膏内表面积特大，故水膏比也特高，因此制品的机械强度无疑是很低的。如若在大量水蒸气介质（蒸压法）中脱水所生成的β-半水石膏，具备一定的溶解再结晶的条件，其制品的机械强度提高了 4 倍。但由于二水石膏不是在溶液中进行溶解再结晶，故晶体发育仍不完全，如图 4-6（b）所示。为了获得超高强石膏，首先要使物料在大量的水溶液中进行"水热"处理，使其充分溶解重结晶。这是一个先决条件，当然还需再添加一定量的媒晶剂，这样就可获得完整的短柱状晶体（如图4-6、4-7 所示），有较高的强度，如表 4-6 所示。

表 4-6　不同脱水条件对半水石膏制品强度影响

名称	制作条件	结晶形态	水膏比/%	干燥抗压强度/MPa
β-半水石膏	干法脱水	鳞片状和少量板状	65	10.8
α-半水石膏	蒸压法	无规则结晶体	31	43.5
α-半水石膏	水热法	短柱状	30	70.8

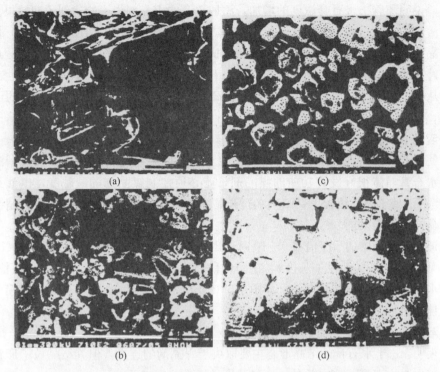

图 4-6 媒晶剂对不同石膏原始结晶形态的作用情况（SEM 照片）

（a）纤维二水石膏形态；（b）雪花二水石膏形态；（c）掺 SLS 由雪花石膏转变的形态；
（d）掺 HP 由雪花石膏转变的形态

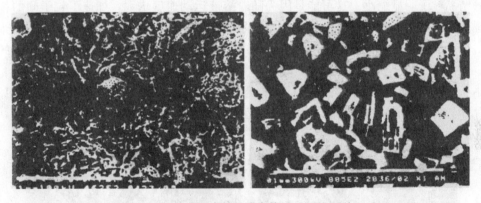

图 4-7 β-半水石膏结晶形态特征（SEM 照片）

五、溶液中二水石膏含量

水热法制 α-半水石膏的基本原理是一个溶解再结晶的过程，而结晶粒子大小和发育情况与性能有直接关系，若采用同样制作条件和同种原始结晶的二水石膏以及媒晶剂，结晶粒子的大小和发育情况在很大程度上还取决于溶液中的二水石膏含量。试验证明，随着浓度递增，相应结晶中心增加、导致结晶粒子逐渐减小而且发育不完全，图 4-8（a）表明，在添加同种媒晶剂的情况下，由于二水石膏的含量逐渐递增，制品性能明显下降，当二水石膏含量从 15％提高到 30％，半水石膏水膏比明显增加，其干燥抗压强度从 70.8MPa 下降到

57.4MPa，说明随着二水石膏浓度的增加，添加单一的媒晶剂尚不能达到预期效果。为了进一步提高溶液中二水石膏的含量，不仅要提高二水石膏的溶解度和增加其饱和度，同时，尚需抑制结晶中心的增加以及减小粒子间互相干扰作用，促使晶体缓慢发育壮大。因此，除添加媒晶剂外，尚需添加一种表面活性剂，图 4-8（b）表明，由于添加了表面活性剂，二水石膏含量从 30％提高到 35％，而制品强度提高到 74.5MPa，高于 15％浓度时的干燥抗压强度。

六、溶液 pH 值

为了使 α-半水石膏在溶液中更好地定向生长，不仅要选择具有提高二水石膏溶解度和有助于半水石膏晶体很好发育功能的媒晶剂，还必须控制媒晶剂的酸碱度，也就是溶液的 pH 值。当溶液处于碱性情况下，则半水石膏晶体向纵向发展；反之，处于酸性情况下，则半水石膏晶体向横向发展。

实践证明当溶液中的 pH 值在 9～10 时，半水石膏晶体呈纤维状，如图 4-5（d）所示，其细长比可达 1∶100（直径∶长度），在国外称之为石膏晶须。而当溶液的 pH 值在 2～3 时，则半水石膏晶体呈短柱状晶体，如图 4-5（e）所示，也就是制作 α 型超高强模型石膏所需要的最佳结晶形态。

七、溶液的运动速度

试验表明，α-半水石膏的结晶形态主要取决于媒晶剂的选择，但其结晶粒子形状与大小除了与溶液中二水石膏浓度有关外，还与溶液的运动速度有关。

这里采用同种形式的桨叶和转速，分别在 30L、250L 反应釜中进行试验，由于容器的容量改变，则溶液的运动速度相应发生了变化，即随着容量的增大，溶液运动速度加快，半水石膏结晶粒子明显缩小。这可能是因为随着溶液运动速度增大，加速了粒子间的相互摩擦，提高了表面能，导致了结晶中心增加以及硫酸钙分子与晶坯结合的机会相应受到干扰的缘故。图 4-8（a）、（b）是分别采用 250L 和 30L 反应釜，在相同形式桨叶和转速下的结晶结果。

由于 250L 的反应釜容量约是 30L 的 8 倍，因此 250L 反应釜获得的晶体小于 30L 反应釜的晶体，前者生成短柱状晶体，而后者接近于粒状晶体。这两种晶体的性能也不同，如表 4-7 所示。

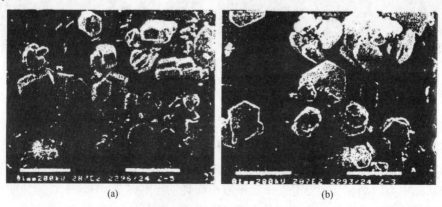

(a)   (b)

图 4-8 反应釜容积对结晶形态的影响（SEM 照片）
(a) 250L 反应釜；(b) 30L 反应釜

表 4-7　两种不同粒径的半水石膏性能对比

编号	媒晶剂	桨叶转速/(r/min)	结晶形态	水膏比/%	干燥抗压强度/MPa
图 4-8 (a)	MLS	60	短柱状	30	67.7
图 4-8 (b)	MLS	60	粒状	33	52.1

八、粉磨与颗粒级配

α-半水石膏之所以比 β-半水石膏制品强度高，主要原因是前者颗粒的比表面积比后者颗粒比表面积小得多（为 2/5～1/2），从而大大降低了水膏比。但对 α-半水石膏结晶原粒而言，由于形成了完整的大晶体，因此粒子间孔隙较大，有相当一部分水是填充空隙的，这对进一步降低水膏比不利。为了要制作一种在强度、硬度、耐磨性方面均优越的制品，要降低空隙率，提高致密度。首先要从颗粒级配着手，即必须合理地制备各种大小不均的半水石膏颗粒来填满原有的颗粒空隙，最大限度地降低空隙率，进一步降低水膏比。因此一般将干燥好的 α-半水石膏再进行粉磨，并将其颗粒调整到最佳级配。表 4-8 展示了一组粉磨前与粉磨后的颗粒分布及其物理力学性能的变化。

表 4-8　粉磨前后的颗粒分布及物理力学性能对照表

粒径/μm	粒径分布								水膏比/%	密度/(g/cm³)	孔隙率/%	布氏硬度/HB	凝固膨胀率/%	抗压强度/MPa
	60～40	30～20	10～9	8～7	6～5	4～3	2～1	<1						
粉磨前	16.5	49.4	13.4	17.5	2.1	0.4	0	0	31	1.87	22.15	19.7	0.75	66.23
粉磨后	0	0	9.0	11.2	10.6	35.4	31.8	0.8	22	2.04	15.36	23.16	0.54	91.86

表 4-8 表明 α-半水石膏经粉磨处理后，改变原有粒径分布，形成了一定程度的自然级配，从而大大降低了空隙率，提高了制品密实度，因此强度得到提高。

第三节　α 型半水石膏的生产

一、蒸压法

1. 生产工艺流程

采用汽相转化法生产高强石膏所使用的主要设备是蒸压釜，分为立式和卧式两种形式。下面介绍采用卧式蒸压釜来研制 α-半水石膏的方法。工艺流程如图 4-9 所示。

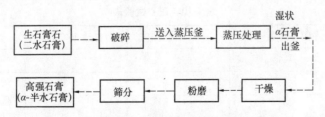

图 4-9　用卧式蒸压釜生产 α-半水石膏工艺流程图

1）破碎

为了考察蒸压处理时原料粒径对 α-半水石膏性能的影响，研制中对生石膏块进行了破碎，并选择一定粒径的物料进行试验。

2）蒸压处理

试验采用的是卧式电蒸压釜，容积为 $0.4m^3$（$\phi700\times1600mm$）。样品送入蒸压釜之后，即可加热升压。经一定时间恒压处理之后，快速降压、降温，蒸压处理即告完成。

3）干燥

干燥是生产 α-半水石膏的重要环节。从蒸压釜出来的石膏是湿状的，应立即送入（100±5）℃的烘箱中进行烘干，以避免冷却和存放过程生成"次生"的二水石膏，从而影响 α-半水石膏的质量。这里需特别注意，烘干温度不宜过高，烘干时间也不宜太长，否则将会生成可溶性无水石膏。

4）粉磨、筛分

α-半水石膏经烘干之后，即投入球磨机中进行粉磨。粉磨时间因投入料的粒径不同而不同，但最终的粉磨细度应大致相同，要求能通过孔径为 0.2mm 的筛。

2. 工艺参数的研究分析

α-半水石膏性能的好坏，取决于它的形成条件，也就是取决于生产的工艺参数，主要指蒸汽压力、温度及蒸压时间等。一般资料介绍 α-半水石膏是由二水石膏在 0.13～0.15MPa 压力下的饱和蒸汽介质中恒压一定时间而制得的，也有的资料介绍是在 0.4～0.5MPa 或 0.2～0.7MPa 下恒压一定时间而制得。

影响 α-半水石膏形成的条件及因素较多，如压力、时间、粒径、烘干温度、粉磨时间及细度等。但主要的因素则应该是蒸压处理阶段的各种条件，因为这直接影响着 α-半水石膏的生产。至于蒸压处理之后的烘干、粉磨等因素，虽然也会多少影响到 α-半水石膏的最终质量，但和 α-半水石膏的形成条件比较还是次要的。因此，以恒压压力、恒压时间、生产石膏粒径三因素进行了三水平的正交试验。因素和水平对应表见表4-9：

表4-9 因素和水平对应表

水平因素	恒压压力 A/MPa	恒压时间 B/h	石膏粒径 C/cm
1	0.15	4	3
2	0.35	6	7
3	0.55	8	10

试验数据见表4-10。

表4-10 正交试验表

试验号	恒压压力 A/MPa	恒压时间 B/h	石膏粒径 C/cm	绝干抗压强度/MPa
1	1	1	1	18.6
2	1	2	2	20.1
3	1	3	3	27.4
4	2	1	1	21.1

续表

试验号	A	B	C	绝干抗压强度/MPa
5	2	2	2	22.1
6	2	3	3	28.5
7	3	1	1	22.8
8	3	2	2	24.4
9	3	3	3	24.4
Kl	66.1	62.5	71.5	
K2	71.7	66.6	65.5	
K3	71.6	80.3	72.3	
R1	22.0	20.8	23.8	
R2	23.9	22.2	21.9	
R3	23.8	26.8	24.1	

对以上正交进行方差分析。经方差分析计算后，得出正交试验方差分析结果如表 4-11 所示。

表 4-11　正交试验方差分析表

方差来源	平方和	自由度	均方	F
恒压压力	6.9	2	3.5	0.60
恒压时间	58.0	2	29.0	5.09
石膏粒径	9.0	2	4.5	0.79
误　差	11.3	2	5.7	
总　和	85.2	2		

由表 4-11 可以看出，只有恒压时间的影响比较显著。

在进行最优水平的选择时，方差观点认为，只需对显著的因素进行选择就可以了，不显著的因素，原则上可选在试验范围的任意一点，或由其他指标来确定。最优水平取 K1、K2、K3 中最大的数，即 A2、B3、C3。为了直观，用直观分析法画出因素与指标之间的关系图，如图 4-10 所示。

因此得出最佳工艺水平为 A2、B3、C3，这与方差分析的结果是一致的。

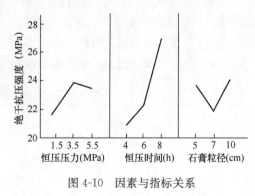

图 4-10　因素与指标关系

由以上的正交试验的方差分析可知，压力和粒径对绝干抗压强度的影响并不显著，最优工艺参数还应由高强石膏的其他性能指标来确定。表 4-12 为 9 次试验的所有物理力学性能指标。

表 4-12　正交试验性能分析表

项目序号	细度/%	标准稠度/%	初凝/min	终凝/min	松散密度/(kg/m³)	抗折强度/MPa	抗压强度/MPa	绝干抗折强度/MPa	绝干抗压强度/MPa	干密度/(kg/m³)
1	1.0	58.5	9	11	705	2.63	8.7	6.13	18.6	1195
2	1.2	56	12	15	720	2.93	9.4	6.20	20.1	1233
3	1.1	52	9	12	730	3.43	10.7	8.05	27.4	1285
4	1.5	54	14	18	700	3.23	9.5	5.70	21.1	1249
5	1.0	54	15	19	685	3.10	10.1	6.30	22.1	1264
6	1.6	57	6	8	715	4.50	9.7	6.30	28.5	1228
7	1.3	55	11	13	725	4.03	10.8	7.15	22.8	1241
8	1.7	55	13	15	710	3.75	10.1	7.50	24.4	1254
9	1.2	55	11	11	740	3.30	10.7	6.73	24.4	1260

由表 4-12 数据可以明显看出，正交试验 3 的各项数据是最好的，标准稠度为 52%，最小干密度最大，绝干抗压强度处于第 2 位，绝干抗折强度则处于第 1 位。因此，综合 9 次试验的各项性能指标，同时从节能的角度考虑，粒径为 10cm 的生石膏，在 0.1MPa 压力下，恒压 8h 后所得的 α-半水石膏的各项性能最为优良。

3. α-半水石膏微观结构分析

二水石膏的晶体大多为不规则的粒状结构形态，由二水石膏煅烧脱水生成的 β-半水石膏基本上保持了原始二水石膏的颗粒裂隙。这就决定了 β-半水石膏具有内比表面积较高、标准稠度需水量大、制品结构疏松、强度低等特点。

α-半水石膏的结晶形态对制品和强度起着决定作用。采用蒸压汽相转化法生成的 α-半水石膏为棒状或柱状的结晶形态，轮廓清晰、晶型完整，这与 β-半水石膏的晶体形成了比较明显的差异，因而也就决定了 α-半水石膏与 β-半水石膏在物理力学性能上的差异。表 4-13 为 α-半水石膏与 β-半水石膏的性能比较，由表中数据可以看出，α-半水石膏具有需水量小、制品强度高、密度大等特点，α-半水石膏在强度上远远高于 β-半水石膏。

表 4-13　α-半水石膏与 β-半水石膏性能比较

名称项目	标准稠度需水量/%	初凝/min	终凝/min	2h抗折强度/MPa	2h抗压强度/MPa	绝干抗折强度/MPa	绝干抗压强度/MPa	干密度/(kg/m³)
β-半水石膏	62	10	17	1.82	6.4	3.58	12.5	1140
α-半水石膏	52	9	12	3.43	10.7	8.05	17.4	1285

4. 生产

目前国内外蒸压法生产 α-半水石膏主要有汽相和液相转化法两种，它们各有优缺点。

采用液相转化法生产的 α-半水石膏，其物理力学性能优良、强度很高，但却有生产工艺复杂、原材料要求严格、需要性能优良的外加剂、生产成本高等缺点；由汽相转化法生成的 α-半水石膏，其物理力学性能不如液相的好，但却具有生产工艺简单、原材料要求不高、不需任何外加剂、生产成本低等优点。因此，国内大部分高强石膏生产厂家均采用汽相转化法。陶瓷行业标准 QB/T 1639—2014《陶瓷模用石膏粉》规定的 α-半水石膏性能指标与研制的 α-半水石膏比较见表 4-14。

表 4-14　标准指标性能比较

名　称	初凝/min	终凝/min	2h抗折强度/MPa	45℃烘干抗折强度/MPa	标准稠度需水量/%
QB/T 1639—2014（Ⅰ级指标）	>7	<30	2.4	5.0	<65
正交试验3样品	9	12	3.4	8.1	52

由表 4-14 可以看出，研制的 α-半水石膏在性能指标上远远超过 QB/T 1639—2014 中规定的指标，因此完全可以满足陶瓷行业的需要。

采用汽相转化法生产 α-半水石膏，虽然具有工艺简单、生产成本低等优点，但存在的问题也不容忽视。在对原材料二水石膏进行蒸压处理后，从蒸压釜出来的是湿状的 α-半水石膏，而且还具有较高的温度，这就会因急速冷却而形成冷凝水，如不及时将产品送入干燥设备就会形成"次生"的二水石膏，这是 α-半水石膏内特别不希望出现的，将会大大降低 α-半水石膏的强度，因此，在实际生产中需特别注意防止该情况。另外，在对湿状 α-半水石膏进行干燥时，也会因干燥温度过高或干燥时间过长而使产品部分形成可溶性无水石膏，即 Ⅲ 型 α-CaSO$_4$。

众所周知，Ⅲ 型 α-CaSO$_4$ 能很快地从空气中吸收水分而水化，它们较 α-半水石膏凝结快，同时其标准稠度需水量要较 α-半水石膏提高 25%～30%，所以强度也较低。如果在 α-半水石膏内有许多 Ⅲ 型 α-CaSO$_4$ 形成，就会造成 α-半水石膏的标准需水量增大、强度大幅度下降等缺点，从而使产品质量下降。为此生产中应严格控制干燥温度和时间，以避免形成 α 型可溶性无水石膏。

下面以立式蒸压釜为例，说明蒸压法生产 α 型半水石膏粉方法。

1）简介

蒸压法生产 α 型高强石膏的方法是指以一定温度和压力的饱和水蒸气为热介质，在封闭设备内对二水石膏矿石进行蒸压转晶处理，然后通过干燥和粉磨制得以 α-半水石膏为主要成分的粉状产品。该方法根据设备及工艺形式一般分为一步法和二步法，一步法是蒸压和烘干在一个设备内完成的工艺方法，不需要另行设置烘干设备，即块状石膏在蒸压釜内首先完成蒸压转晶，再继续在釜内完成烘干工艺形式；二步法是蒸压和烘干在两个不同的设备内完成的工艺方法。下面主要介绍一步蒸压法的生产工艺及设备。

2）工艺流程及生产方法简述

（1）蒸压法生产 α 型高强石膏的工艺流程如图 4-11 所示；

（2）生产方法简述

该工艺主要适用于天然石膏矿石。主要是将经过选矿的纯度较高的二水石膏矿石经颚式

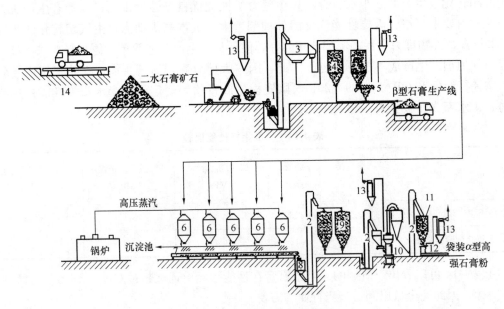

图 4-11 试蒸压釜工艺流程图

1—颚式破碎机；2—斗式提升机；3—振动筛；4—细料仓；5—块料仓；6—蒸压釜；7—熟料输送机；
8—锤式破碎机；9—陈化储存仓；10—磨机；11—成品仓；12—包装机；13—除尘器；14—地磅

破碎机破碎为粒径＜80mm 的块状，破碎后的块状石膏经过筛分系统分级，将＜30mm 的小颗粒去除，＜30mm 的小颗粒石膏可输送至 β 石膏线作为原料使用；40～80mm 的块状石膏直接装入立式蒸压釜，该立式蒸压釜由两套系统组成，釜腔内为石膏蒸压系统，夹套及加热管网为烘干系统；装入石膏后，向釜腔内通入 0.13～0.25MPa 的饱和水蒸气（根据矿石类别），经过 5～7h 的保压后，打开夹套及管网的蒸汽阀，向夹套及管网输入 0.5～0.6MPa 的饱和水蒸气，并同时打开釜腔的排气阀，将釜内的蒸汽排出，同时保持排气阀一直处于打开状态，以便于排出釜内烘干过程产生的水汽；经过 10～13h 的烘干后，停止加热系统的蒸汽，排出蒸汽，打开釜门卸出石膏，卸出的石膏为干态的半水石膏；该半水石膏经过破碎、粉磨后包装，即为 α-半水石膏成品。

3）生产设备——立式蒸压釜

蒸压法生产 α 型高强石膏的主要生产设备是立式蒸压釜，属于压力容器设备，利用该设备制作 α 型高强石膏的技术简单可靠、易于掌握，设备投资少，维护保养费用低，生产的产品质量稳定可靠，现国内用天然石膏生产高强石膏的企业大部分均采用该设备。

设备及产品的具体参数如下：

该设备主要由两部分组成，其设计压力分别为 0.25MPa 和 0.75MPa，属 I 类压力容器。设备以热源（工业锅炉）提供的饱和水蒸气为介质完成石膏的物理化学反应过程，釜体有效填充容积为 7.2m³，二水石膏（粒度 4～10cm）的填充量为 9～10 吨/釜，立式蒸压釜工作周期为 18～22h（不含进、出料时间），设备单机年产量一般为 2500t，生产线一般采用多台并用以达到合适的产量，设备规格性能见表 4-15。

采用立式蒸压釜及其配套的相关工艺生产的 α 型高强石膏，质量稳定、性能优良、成本低廉，具有很强的市场竞争优势，产品性能指标见表 4-16。

表 4-15　立式蒸压釜设备规格性能

型号	8T	处理物料	二水石膏
设计压力/MPa	容器 0.25 夹套 0.75	工作周期/h	18～20（不含进、出料时间）
工作温度/℃	120～130 145～160	单机产量	2500t/年
工作介质	蒸汽	进料粒度/cm	3～10
有效容积/m³	7.2	出料粒度/cm	3～10
设备体积	12.75	配用锅炉	每 2 台蒸压釜配用 1t 蒸汽锅炉
设备外形尺寸	ϕ2.2m×5.0m	设备重量/t	8.5

表 4-16　产品性能指标

序号	类别		性能指标
1	凝结时间/min	初凝	＞6
		终凝	＜30
2	标准稠度/%		38～45
3	2h 强度/MPa	抗折	5～7
		抗压	15～25
4	恒干强度/MPa	抗折	8～12
		抗压	35～50

4）该工艺方法的经济技术参数

以二水石膏矿石纯度为 90％的矿石为基准，以 5000 大卡的煤为热源时，以 1 万吨生产线为例，其生产经济技术参数如下：

（1）矿石消耗：1.2 吨/吨产品；

（2）煤消耗：80kg 煤/吨产品，或 0.4 吨蒸汽/吨产品，因考虑生产时间、升压时间等因素，锅炉能力配置会加大；

（3）电消耗：55 度电/吨产品；

（4）产品凝结时间：初凝 8～12min，终凝 10～15min；

2 小时抗折强度：大于 5MPa；

干抗压强度：大于 40MPa；

标准稠度：38％～45％；

二、水热法

随着对环境污染整治力度的加大，工业副产石膏的排放量急剧增长，利用工业副产石膏生产石膏胶凝材料越来越受到重视。目前已有大量的科研力量与生产企业投入到工业副产石膏制作石膏胶凝材料及石膏制品的研究开发与生产应用中。

1. 利用柠檬酸石膏制取 α 型高强石膏

柠檬酸石膏是生产柠檬酸所排放的废渣。其生产工艺是：将山芋粉经高压蒸煮成糊状后，用黑曲菌等菌种进行发酵，滤出柠檬酸发酵液，再用碳酸钙粉与发酵液中和，生成纯度较高的柠檬酸三钙白色沉淀，经热水冲洗过滤后，再用硫酸进行酸解生成纯度较高的柠檬酸和副产二水硫酸钙，即柠檬酸石膏。柠檬酸石膏中二水硫酸钙含量较高，表 4-17 为柠檬酸石膏化学组成。

表 4-17　柠檬酸石膏化学组成

化学组成	CaO	SO_3	SiO_2	MgO	Fe_2O_3	结晶水	$CaSO_4 \cdot 2H_2O$
百分含量/%	31.20	45.60	0.34	0.19	微量	20.29	98.62

柠檬酸石膏中的二水石膏不仅纯度高、细度细，采用水热法工艺处理时，其中残余柠檬酸本身也起到一定的转晶作用，同时选用双组分的媒晶剂 SL，可获得理想的效果。图 4-12 (a) 为二水柠檬酸石膏原始晶体，图 4-12 (b) 为水热处理后的 α-半水石膏结晶形态。表 4-18 为例用柠檬酸石膏制取 α-高强石膏的物理力学性能。

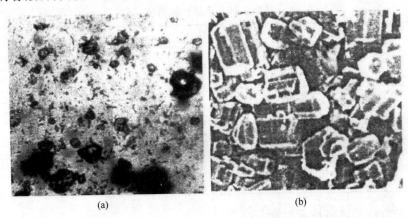

(a)　　　　　　　　　　　(b)

图 4-12　两种柠檬酸石膏结晶状态

(a) 二水柠檬酸石膏原始晶体；(b) α-半水柠檬酸石膏结晶形态

表 4-18　α-半水柠檬酸石膏物理力学性能

原料名称	水膏比/%	凝结时间/min	结晶形态	抗压强度/MPa	备注
柠檬酸石膏	30	34	短柱状晶体为主	64.54	本实验原料为上海酵母厂柠檬酸石膏

柠檬酸石膏的纯度较好，杂质的危害对 α-半水石膏晶体的形成影响较小，是制取 α-高强石膏的理想原料。

2. 利用化学石膏制作 α-超硬石膏

可采用水热法制取 α-超硬石膏。关于二水石膏在不同条件下进行脱水可得到两种不同的变体，即 β-半水石膏（$β\text{-}CaSO_4 \cdot 1/2H_2O$）和 α-半水石膏（$α\text{-}CaSO_4 \cdot 1/2H_2O$）是众所周知的问题，但我们要进一步说明的是：就 α-半水石膏而言，其制作工艺不同，同样会导致在制品强度方面有较大的差异。如采用饱和水蒸气（简称蒸压法）作为介质进行脱水（这种方法国内行业中较普及），以及采用某种酸类或盐类的水溶液进行脱水（简称水热法），这两者之间的制品性能相差很大，前者的制品强度一般在 30～40MPa（与水调和时不掺任何添加剂），后者可达 50～70MPa（方法同上）。原因在于其晶体的结晶形态有较大的差异。前者在重结晶过程中晶体发育极不完善，如图 4-13 所示；而后者能发育成极其完善的短柱状六面体，如图 4-14 所示，从而导致强度的差别。

图 4-13　采用蒸压法脱水得到的晶体

图 4-14　采用水热法脱水得到的晶体

上海建筑科学研究院将天然二水纤维石膏作为原料，其化学组成见表 4-19。

表 4-19　天然二水纤维石膏化学组成

化学组成	CaO	SO_3	SiO_2	MgO	Fe_2O_3	结晶水	$CaSO_4 \cdot 2H_2O$	备注
百分含量/%	31.90	45.80	0.29	0.19	0.01	20.91	99.10	天然二水纤维石膏

采用水热法处理制品的干燥抗压强度可达 60MPa 以上，其工艺流程如图 4-15 所示。

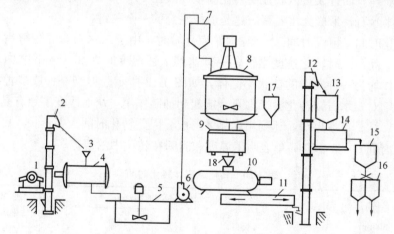

图 4-15　水热法制作 α 型高强石膏工艺流程图示意图

1—颚式破碎机；2—提升机；3—加料斗；4—料浆磨；5—料浆池；6—料浆泵；7—
混料桶；8—反应釜；9—离心机；10—干燥器；11—摆式输送机；12—提升机；13—
熟料桶；14—粉磨机；15—过渡舱；16—剂量包装；17—洗涤桶；18—下料桶

1）水热法制作 α-超硬石膏转化机理

二水石膏之所以能在水溶液中脱水为半水石膏，取决于二水石膏在水溶液中的过饱和度和二水石膏的溶解度，这二者是缺一不可的。大家知道二水石膏在常温下（20℃）的溶解度只有 2.05g/L，但随着温度升高，其溶解度也相应递增。根据这一现象，人们将二水石膏放置到压力容器里，然后进行升温，当温度升到 107℃时发现溶液中所生成的半水石膏

（$CaSO_4 \cdot 1/2H_2O$）与二水石膏（$CaSO_4 \cdot 2H_2O$）两者基本共存，$CaSO_4 \cdot 2H_2O = CaSO_4 \cdot 1/2H_2O + 3/2H_2O$，于是人们把这一温度称之为平衡温度。低于这个温度，半水石膏就要吸水向二水石膏转化；反之，高于此温度，则二水石膏就要脱水转化为半水石膏。那么显然只有超过平衡温度，二水石膏方能不断脱水，而且温度愈高，则脱水转化过程的速度愈快（当然温度提高还是有一定局限的），当温度到 140~150℃时，此时的半水石膏在溶液中是一个稳定相，但发现在纯水溶液中转化的半水石膏的结晶体并非是我们需要的短柱状晶体，而是一些参差不齐的针状小晶体，如图 4-16 所示。而且这种结晶形态需水量极大，其水膏比可达 100%以上，因此强度比 β-半水石膏还要低得多，一般在 1MPa 以下。显然采用水热法生成 α-半水石膏如果没有特殊外加条件是不能成为高强石膏的，为此采用水热法生产的 α-超硬石膏如前者所述，必须在水溶液中添加外加剂来抑制针状晶体的产生并诱导和改变结晶习性，方能成为以上所说的理想的结晶形态（短柱状晶体）。

综上所述，似乎用水热法制作 α-超硬石膏只要把握好温度和媒晶剂（转晶剂）的掺入，即可生产出理想性能的半水石膏，但实际并非如此。大量试验证明，在这一转化过程中发现有好多不利因素需要去注意和探讨。

2）影响 α-超硬石膏性能若干因素

影响 α-半水石膏制品性能除生产工艺外，尚存在不少其他因素和改善途径：

（1）转化温度与转化时间

二水石膏在水溶液中转化为半水石膏并能稳定存在主要取决于温度，这在前文转化机理中已阐明这一原理。而且大量试验证明转化温度一般在 140~145℃为宜，当温度超过 150℃以上则会导致半水石膏形成无水石膏，这是值得注意的一个关键。

其次是转化时间（恒温时间）。当纯水作为介质时，由于二水石膏经分解后基本按原始结晶习性进行结晶，此时转化速度很快，一旦达到上述温度时在 3~5min 之内基本转化完毕，而且其晶体均为一种典型的针状小晶体，如图 4-18 所示。但当一种或多种媒晶剂存在下，由于媒晶剂对二水石膏转化为半水石膏能起到抑制作用，从而改变了原有晶体习性，使结晶中心减少、结晶速度迟缓，达到粗大晶体形成。因此转化时间大幅延长，可达 2~3h 之久（包括升温时间），表 4-20 简单表明了温度和时间在转化中的规律。

表 4-20　转化温度和转化时间

序号	转化温度/℃	恒温时间/min	结晶形态	凝固时间/min		结晶水/%	干燥抗压强度/MPa	备注
				初凝	终凝			
1	135	120	结晶形状不规则，轮廓模糊	30	50	9.35	36.7	
2	140	120	粒状晶体和大量柱状聚合团	10	15	5.39	61.2	
3	145	120	基本均为粒状大晶体	11	14	5.72	55.2	此组试验媒晶剂将用 LLS
4	150	120	基本同 3	9	11	5.15	51.3	
5	140	90	以柱状晶体为主，少量粒状晶体	9.8	14.5	5.42	61.0	
6	140	60	柱状晶体和大量轮廓不清晰的杂乱柱状体	4	5.5	7.8	35.6	

从表 4-20 可明显看出，转化温度和转化时间对 α-半水石膏制品强度的影响是不可忽视

的因素。温度过低，转化不完善，温度过高，部分半水石膏进一步脱水，最终导致制品强度下降，而且就 140℃ 与 145℃ 而言，仅高 5℃，已经有下降趋势，虽然差距不大，但从节能的角度也是不利的。从上述事例来看，显而易见 140℃ 恒温 90～120min 范围最佳。

（2）媒晶剂

在同一种转化制度下，不同的媒晶剂其作用效果是不同的。原因是由于石膏晶体各个交接面发生添加物的不同吸附作用，因此不同媒晶剂作用，结果会引起半水石膏晶体形态和大小以及性能均有明显差异。图 4-16、图 4-17、图 4-18、图 4-19 分别采用 LLS（双组分有机酸与无机盐复合）、HP（单组分表面活性剂）、SL（碱金属盐类）、SLS（三组分的有机盐、表面活性剂有机酸等）四种媒晶剂分别掺入应城纤维石膏中，可获得的结晶形态显然存在很大差别，从而导致四种制品强度差别悬殊。表 4-21 为不同种类媒晶剂其结晶形态与强度的关系。

图 4-16　采用 LLS 媒晶剂

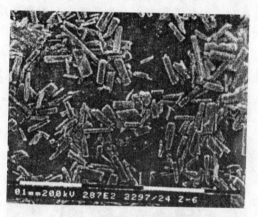

图 4-17　采用 HP 媒晶剂

图 4-18　采用 SL 媒晶剂

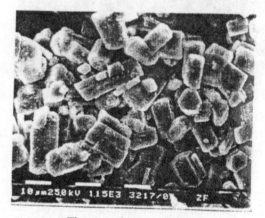

图 4-19　采用 SLS 媒晶剂

表 4-21　不同种类媒晶剂对同类二水石膏结晶形态的影响

序号	媒晶剂	结晶形态	水膏比/%	干燥抗压强度/MPa
图 4-16	LLS	粒状	38	55
图 4-17	HP	棒状	40	39.6
图 4-18	SL	纤维状	73	16
图 4-19	SLS	短柱状	30	70.8

上述实验表明，半水石膏结晶形态与媒晶剂种类有密切关系，同时也是提高制品强度的关键。当水溶液中无媒晶剂存在时，其结晶形态为针状小晶体（图 4-18），制品强度比 β-半水石膏强度制品还要低 2/3～1/10 倍。而图 4-19 为短柱状晶体，是上述所有晶体形态中最佳结晶形态。如将这种短柱状晶体颗粒做一些级配处理，水膏比可降到 21%～22%，而干燥抗压强度可达 100MPa 以上。

（3）原始结晶形态与媒晶剂的关系

二水石膏原始结晶形态很复杂，不仅不同产地是这样，而且同一产地也有多种结晶形态，一般常见的有以纤维状、雪花状、鳞片状、板状、天然纤维状二水石膏为原料的。但这里要指出的是，当选择了一种认为是最佳的媒晶剂时，可能只适应在实验中的那种二水石膏效果最佳，而不一定适用于所有不同原始结晶的二水石膏。就雪花二水石膏为例，将 SLS 媒晶剂添加到雪花二水石膏溶液中，发现原本在纤维二水石膏中能获得非常完整的短柱状晶体变成了无规则混合结晶体（图 4-20）；而采用 HP 媒晶剂添加到雪花二水石膏中，则由棒状晶体变成了特大短柱状晶体和不规则块状晶体（图 4-21），其制品的强度也产生了明显的改变。表 4-22 为同类媒晶剂对不同二水石膏原始结晶形态的重结晶影响。

图 4-20　添加 SLS 的雪花冰石膏得到的晶体　　　　图 4-21　添加 HP 的雪花二水石膏得到的晶体

表 4-22　同类媒晶剂对不同二水石膏原始晶体的重结晶影响

二水石膏名称	媒晶剂	结晶形态	水膏比/%	干燥抗压强度/MPa
纤维二水石膏	SLS	短柱状	30	70.8
雪花二水石膏	SLS	无规则块状	40	45
雪花二水石膏	HP	约 40% 特大短柱状，其余为不规则块状	35	52
纤维二水石膏	HP	棒状	40	39.6

（4）溶液 pH 值

为了使 α-半水石膏在溶液中更好地定向生长，不仅要选择具有提高二水石膏溶解度和有助于半水石膏晶体很好发育功能的媒晶剂，还必须控制媒晶剂的酸碱度，也就是溶液中的 pH 值。当溶液处于碱性浓度下，则半水石膏晶体主要趋于纵向发展；反之，处于酸性浓度下，则半水石膏晶体横向发展。因此上述所介绍的一系列的媒晶剂其 pH 值一般在 4～5 之间，当溶液中 pH 值提高到 9～10 时，则半水石膏晶体呈纤维状，如图 4-18 所示，其细长比可达 1：1000（直径：长度），这种晶体称为晶须；而当溶液中 pH 值降到 3～4 时，则半水石膏呈现短柱状晶体，如图 4-19 所示。

（5）粉磨与颗粒级配

α-半水石膏之所以比 β-半水石膏制品强度高，主要原因是颗粒的比表面积比 β-半水石膏颗粒比表面积小得多（约小 1/4～1/2 倍），从而大大降低了水膏比。但对 α-半水石膏结晶原颗粒而言，由于形成了较完整的大晶体，因此粒子间空隙较大，有相当一部分水是填充空隙的，这对进一步降低水膏比不利。为了要制作一种在强度、硬度、耐磨性方面均优越的制品，需要进一步降低空隙率和提高致密度，首先则要从颗粒级配着手，即必须合理地制备各种大小不均的半水石膏颗粒来填充原有的空隙，最大限度地降低空隙率，并进一步降低水膏比。因此一般将干燥好的 α-半水石膏进行粉磨，并将其颗粒调整到最佳级配。表 4-23 展示了一组粉磨前后颗粒分布及其物理学性能的变化。

表 4-23 粉磨前后颗粒分布及物理力学性能对照

粒径 μ	颗粒分布 μ								水膏比 /%	容量 /(g/cm³)	孔隙室 /%	硬度 /HB	凝固膨胀率 /%	抗压强度 /MPa
	60～40	30～20	10～9	8～7	6～5	4～3	2～1	1 以下						
粉磨前 /%	16.5	49.4	13.4	17.5	2.1	0.4	0		31	1.87	22.15	9.7	0.75	91.86
粉磨后 /%	0	0	9.0	11.2	10.6	35.4	31	0.8	22	2.04	15.36	23.16	0.54	

表 4-23 表明：α-半水石膏经粉磨后改变了原有分布，形成了一定程度的自然级配，从而大大降低了孔隙率，提高了制品密度，因此强度提高。

3. 利用各种工业副产石膏制取 α 高强石膏

1）利用水热法制取 α-高强脱硫石膏

可采用水热法制取 α-半水脱硫石膏，与天然石膏相比，其工艺流程变得简化，天然石膏需经破碎和粉磨，使二水石膏颗粒处理到 180 目以上方可使用；而脱硫石膏原本为粉状，无需进行上述两道工序（而且省掉了破碎和粉磨设备投资）。因此从电厂取来的二水脱硫石膏直接进入反应釜进行热处理，这时必须注意的是媒晶剂的选择，前文曾在"水热法制取 α-超硬石膏的转化机理"章节里提到石膏晶体各个交界面没有相同的表面性，因此不同的媒晶剂经常以不同形式在界面上发生添加的不同吸附作用，结果导致半水石膏晶体形状和大小均呈现出明显差异。表 4-24 为几家电厂二水脱硫石膏的化学组成，表 4-25 为其物理力学性能比较。

表 4-24 上述四家电厂二水脱硫石膏的化学组成

产地	CaO	SO₃	SiO₂	MgO	Fe₂O₃	Al₂O₃	结晶水	CaSO₄·2H₂O
山西大同二电厂	29.13	42.17	2.47	0.88	0	1.07	25.66	96.96
湖南益阳电厂	29.51	39.17	3.36	0.99	0	0.62	27.24	5.92
北京国华电厂	32.01	45.72	2.44	0.42	0	0.89	19.98	97.71
浙江长兴电厂		30.46		0.58		0.61	29.05	97.49

表 4-25　分别为以上四家物理力学性能

产地	媒晶剂	水膏比 /%	结晶形态	凝结时间/min		干燥抗压强度 /MPa	备注
				初凝	终凝		
山西大同二电厂	SF	32	大多为短柱状和部分棒状		32	51.3	
湖南益阳电厂	SF	33	大多为短柱状和部分粒状		34	52	
北京国华电厂	SF	31	以短柱状为主其余为粒状和棒状		31.5	53.1	
浙江长兴电厂	SF	33	大多为短柱状和部分粒状		33	52.3	
山西大同二电厂	SLS	35	不规则的粒状晶体	24	35	50.2	

与天然纤维石膏为原料比较，二水脱硫石膏的性能尚有一定差距，其主要原因是杂质含量与原始结晶不一样，此外，选择的媒晶剂也有差异，均导致了性能的差异。

2）α-高强柠檬酸石膏

所谓柠檬酸石膏是生产柠檬酸所排放的废渣。柠檬酸二水石膏中二水硫酸钙含量较高，表 4-26 为柠檬酸石膏化学组成。

表 4-26　柠檬酸石膏化学组成

化学组成	CaO	SO_3	SiO_2	MgO	Fe_2O_3	结晶水	$CaSO_4 \cdot 2H_2O$	备注
百分含量/%	31.20	45.60	0.34	0.19	微量	21.29	98.62	上海酵母厂

这种二水石膏不仅纯度高，细度细，而且在热处理时其中残余的柠檬酸本身也起到一定转晶作用，与此同时，再加上双组分媒晶剂与其组合，从而获得理想的效果。图 4-22 为柠檬酸二水石膏原始晶体，图 4-23 为其热处理后的结晶形态。

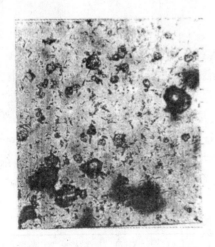

图 4-22　柠檬酸二水石膏原始晶体　　　图 4-23　柠檬酸二水石膏热处理后晶体

在诸种化学石膏中可以说柠檬酸石膏制取 α-高强石膏是很理想的原料之一，表 4-27 为 α-高强柠檬酸石膏物理力学性能。

表 4-27 α-高强柠檬酸石膏物理力学性能

原料名称	水膏比/%	凝结时间	结晶形态	抗压强度/MPa	备注
柠檬酸石膏	30	34′50″	短柱状晶体为主	64.54	本实验原料为上海酵母厂柠檬酸石膏

三、常压盐溶液法

建筑行业广泛适用的高强度 α-半水石膏由二水石膏脱水制得，制取方法除蒸压法、水热法外，还有常压盐溶液法（煮沸法）等。盐溶液法同其他方法相比，虽然工艺较为复杂，但具有常压、温度低的特点，是高强石膏材料研究的方向之一。北京建科院进行了系统的研究，实验方法如下：

1. 将石膏原料（组成见表 4-28）粉碎到一定粒度

加入 15%（质量分数）的 KCl 水溶液、媒晶剂，并控制石膏浆料质量比为 1∶4（石膏∶盐溶液），维持一定 pH 值；于反应釜内在一定温度下热处理数小时；然后趁热过滤、98℃以上热水洗涤，并用乙醇固定；在 110～130℃ 条件下干燥；然后磨细，使产品粒度控制在 4～7μm，得 α-半水石膏粉成品。再测定其抗压强度（将成品在室温下水化初凝再放置 7d 后测定）。石膏原料在盐溶液、常压下反应方程式为：

$$CaSO_4 \cdot 2H_2O \longrightarrow CaSO_4 \cdot 1/2H_2O + 1.5H_2O$$

表 4-28 原料组成 （质量分数%）

CaO	SO₃	Al₂O₃	Fe₂O₃	MgO	结晶水	折合 CaSO₄.2H₂O
34.03	43.15	0.10	0.25	0.03	19.02	96.20

2. 影响 α-半水石膏性能的因素分析

在实验中发现，影响 α-半水石膏性能的因素有：热处理时的媒晶剂及其添加量、热处理温度和时间、石膏浆料质量比（实验中定为 1∶4）与 pH 值、原料粒度、盐介质的种类及添加量等，以及过滤洗涤的温度、产品干燥温度、产品粒度等。其中媒晶剂的选择及其添加量的确定是一个很关键的因素，它直接关系到 α-半水石膏材料力学性能，如抗压强度等。因此，应首先进行媒晶剂的筛选；再通过单因素实验确定 15%（质量分数）的 KCl 水溶液为盐介质溶液、洗涤水温度为 98℃以上，产品干燥温度为 110～130℃、产品粒度控制在 4～7μm；而其他工艺条件通过正交试验获得。

3. 媒晶剂及其添加量

虽然生石膏的纯盐溶液在常压下进行热处理，可以得到 α-半水石膏，但只有在合适的媒晶剂的作用下才能形成理想的晶体，水化后方能具有较好的力学性能，媒晶剂的种类很多，应用较广的主要有：1）表面活性物质，如烷基芳基磺酸钠，CMC（羧甲基纤维素）等；2）多元有机酸（盐），如柠檬酸、琥珀酸、草酸、酒石酸、马来酸、丙二酸等；3）蛋白质水解物，如角蛋白、酪蛋白、白（清）蛋白的水解物；4）高价阳离子，如 Al^{3+}、Fe^{3+}；5）亚硫酸盐；6）复合媒晶剂，如多元有机酸与高价阳离子的复合物。

第五章 石膏干混建材外加剂

第一节 石膏干混砂浆添加剂的选用基本原则

生产干粉砂浆产品时，使用添加剂的目的主要是为了满足不同产品的品质要求、改善产品的施工性能，同时获得高性价比的优良产品。因此添加剂的使用往往需要综合考虑多种因素，但前提是必须保证产品质量符合设计要求。通常的选用原则是：

1）尽可能使用高效能、高品质的产品，性能稳定，以最低的添加量得到最高的性能改善和品质提高。

2）添加剂必须适合生产设备工艺。不同厂家的生产设备和工艺的差别，可能影响添加剂的分散效果，从而不能很好地发挥效能。

3）多种添加剂同时使用时必须考虑相互的匹配性。

4）尽可能使用环保型的添加剂。

第二节 化学外加剂

一、调凝剂

半水石膏用水调和时，由于水化作用，温度迅速提高。在石膏颗粒膨胀时，由于在颗粒表面生成凝胶体的影响，水化速度减慢，温度逐渐下降。石膏颗粒继续水化，以及在经过一段诱导期（诱导期可长可短，这决定于加入化学外加剂的性能）后，凝胶体生成晶核，引起二水化合物迅速结晶，混合体的温度重新上升，石膏的体积增大。盐、酸、碱、复盐或络盐溶液可以剧烈地改变热曲线的特征——使石膏的凝结过程的延缓或加速。这种现象是由于石膏二水化合物溶解度的增高和降低，导致胶凝速度发生改变；在某些情况下，生成的复盐和石膏与加入物间发生置换反应的缘故。由此，石膏的调凝剂可分为缓凝、促凝两种。

1. 缓凝剂

国内的建筑石膏主要以半水石膏为主，含有少量的过烧石膏与欠烧石膏，半水石膏遇水后的凝结时间通常在 3～10min，由于凝固太快，给粘结强度和最终产品质量带来很多不利影响，因此有效地控制和延长石膏产品的凝固时间显得非常重要。对于石膏基产品的施工要求来讲，开放时间至少需在 1h，才能保证施工的正常进行。在现场施工时，接近于凝固的石膏产品是不能再加水重新使用的。因此，石膏缓凝剂就成为所有石膏基干混建材产品中必不可少的添加剂之一。

常用的石膏缓凝剂主要以变质蛋白、柠檬酸盐、酒石酸盐、磷酸氢钾基为主，虽然这些缓凝剂都能有效地延长石膏产品的开放时间，但是同时也会影响到石膏产品的后期强度。

石膏缓凝剂可以任何形式添加至石膏产品中，由于各地石膏的特性有所差异，对产品的凝固时间有一定影响，因此，具体添加量的多少必须通过试验加以确定。高质量的石膏缓凝剂产品由于价格昂贵，在使用上受到了一定的限制。石膏缓凝剂在存放中要避免受潮结块，应放置在通风干燥处，使用开包后应立即封好保存。

1）缓凝剂的分类

（1）分子量大的物质，其作用是胶体保护剂。如：胶、酪朊、角朊、蛋白朊、阿拉伯树胶、明胶、水解朊、淀粉渣、糖蜜渣、畜产品水解物、氨基酸与甲醛的化合反应物等。

（2）降低石膏溶解度的物质，如：丙三醇、乙醇、丙酮、乙醚、醋、葡萄糖酸钙、柠檬酸、酒石酸、醋酸、硼酸、乳酸以及相应的盐类。

（3）改变石膏结晶结构的物质，如：醋酸钙、碳酸钠和碳酸镁。

（4）其他，如锶化合物，有硝酸锶、氯化锶、碘化锶、溴化锶、氢氧化锶、醋酸锶、蚁酸锶和水杨酸锶等。硫酸锶和碳酸锶等化合物不具备缓凝效果。

2）缓凝剂的应用

由于大量的石膏制品主要是采用半水石膏作原料，为适应生产工艺需要，对半水石膏必须进行缓凝处理。石膏的凝结时间取决于石膏的品位、煅烧的条件、陈化时间、调和水的温度、加水量、浆体的搅拌延续时间以及所用外加剂的性质等诸多因素；此外，大多缓凝剂对石膏的最终强度有不利影响，因此在调整凝结过程时，应注意强度的变化。

（1）加酸法

酸类中的硼酸、蚁酸、醋酸、柠檬酸和酒石酸都是缓凝剂。尤其是柠檬酸的缓凝效果较佳，但如果石膏内加了润湿剂或增塑剂之类的外加剂，则酒石酸的效果比柠檬酸的效果还大。酒石酸主要是用酒石生产的，价格比较昂贵。因此，有柠檬酸和酒石酸混合使用的外加剂，但柠檬酸的用量比酒石酸大，其结果见表 5-1。

表 5-1　柠檬酸和酒石酸的缓凝效果

缓凝剂	加入量/%	初凝/min	终凝/min
无水柠檬酸	0.10	34	55
酒石酸	0.10	63	104
酒石酸	0.14	84	139
酒石酸	0.20	108	190
柠檬酸+酒石酸	0.075+0.075	87	160
柠檬酸+酒石酸	0.10+0.05	83	149
柠檬酸+酒石酸	0.17+0.025	83	140
柠檬酸+酒石酸	0.1535+0.0215	75	145

（2）加盐类法及其他

已知几种酸的钠盐，如酒石酸钠、柠檬酸钠、醋酸钠、磷酸钠以及三价金属盐中的硫酸铁、硫酸铝和硫酸铬的溶液对石膏起缓凝作用。此外，胶（如骨胶和动物皮胶）、酪素、鞣酸、硼砂以及类似纸浆废液的某些具有缓凝效果的减水剂都是石膏良好的缓凝剂。也可在上述几种缓凝剂的基础上，特别对蛋白质类的缓凝剂，与某些增强、减水剂等复合配制成适用性良好的高效缓凝剂。这类缓凝剂不仅有极好的缓凝效果，而且能不降低或少降低石膏的强度，有时还略有提高，对配制抹灰石膏或石膏刮墙腻子等制品，起到了良好的效果。

针对柠檬酸钠对脱硫建筑石膏的性能影响做了相关试验，结果见表 5-2：

① 不同柠檬酸钠掺量对脱硫建筑石膏的缓凝作用

表 5-2　不同柠檬酸钠掺量对脱硫建筑石膏凝结时间的影响

编号	水膏比	柠檬酸钠掺量 /%	初凝时间 /min	延长率 /倍	终凝时间 /min	延长率 /倍
1	0.63	0	4	0	8.5	0
2	0.63	0.05	10	1.50	17	0.89
3	0.63	0.10	18	3.50	27	2.00
4	0.63	0.15	26	5.50	42	3.67
5	0.63	0.20	27	5.75	46	4.11
6	0.63	0.25	29	6.25	55	5.11
7	0.63	0.30	30	6.50	58	5.44
8	0.63	0.35	33	7.25	60	5.78

　　柠檬酸钠对建筑石膏具有显著的缓凝效果，由表 5-2 可见，随着柠檬酸钠掺量的增加，建筑石膏的凝结时间显著增加。当掺量小于 0.15% 时，建筑石膏初凝时间的增加几乎呈直线上升状态；当掺量超过 0.15% 时，建筑石膏初凝时间的延长变得平缓，而终凝时间则随着缓凝剂掺量的增加，一直呈现增长状态。

　　没有掺柠檬酸钠时，建筑石膏的初、终凝时间分别为 4min 和 8.5min；当掺量为 0.10% 时，建筑石膏的初凝时间为 18min，终凝时间为 27min；掺量增加至 0.15% 时，初、终凝时间相对于空白建筑石膏的凝结时间分别延长了 5.5 倍和 3.9 倍，时间增幅最为显著。故柠檬酸钠掺量为 0.10%～0.15% 时对建筑石膏的缓凝效果最为突出，其后凝结时间增速开始变缓，缓凝效果增加不太显著。掺量为 0.35% 时，建筑石膏的初、终凝时间分别成为 33min 和 60min，相对于掺量为 0.15% 时的建筑石膏，分别延长了 27% 和 43%，时间增幅不大，故柠檬酸钠掺量为 0.15～0.35% 时，对建筑石膏的缓凝效果不显著。

　　② 不同柠檬酸钠掺量对建筑石膏的强度影响

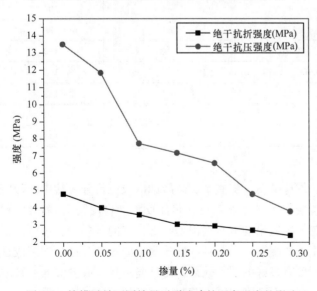

图 5-1　柠檬酸钠不同掺量对脱硫建筑石膏强度的影响

　　柠檬酸钠对建筑石膏的抗折、抗压强度的影响关系如图 5-1 所示，可以看出，随着柠檬酸钠掺量的增加，建筑石膏的绝干抗折、绝干抗压强度均呈现逐渐降低的趋势。以柠檬酸钠掺量为零的建筑石膏强度为基准强度，在柠檬酸钠掺量分别为 0.05%、0.10%、0.15%、0.20%、0.25%、0.30% 时，抗折强度损失率分别为 17%、25%、36%、39%、44%、50%；抗压强度损失率分别为 12%、43%、47%、51%、64%、72%。由此可见，柠檬酸钠对建筑石膏抗压强度降低程度明显大于对其抗折强度的降低幅度。并且当柠檬酸钠的掺量大于 0.15% 时，其抗折、抗压强度的损失率降低幅度明显减缓。

柠檬酸钠缓凝剂的掺入不同程度地降低了石膏硬化体的强度，随着掺量的增加，强度不断降低。如图 5-1 所示，缓凝时间越长，强度损失越大。因此，柠檬酸钠掺量的选择要综合考虑脱硫建筑石膏的凝结时间和强度，建议使用量不超过 0.10%。

最后，在使用盐类外加剂时，对某些外加剂的特殊效果必须加以注意：

使用钠、镁和铁等的盐类物质会使石膏凝结后的颜色发花；使用酸类及酸性盐类会使石膏膨胀，并在内部形成较大的孔隙。

柠檬酸钾的掺入，既对石膏起缓凝作用，又能提高石膏强度。当掺量在 0.01%～0.05% 时，可减少用水量 5%，并提高强度 10% 左右。

使用尿素或其衍生物，可改善铸模的和易性、延长凝结时间 1 倍，并提高强度 10%～15%；但含有 1% 尿素时，制品干燥减慢。

（3）二亚乙基三胺五乙酸的钠盐

近年来，我国在研发和生产石膏缓凝剂方面获得了不少进展，其产品成分主要以二亚乙基三胺五乙酸的钠盐为主，具有成本低、缓凝时间长、强度损失小的特点。使用该产品时，对体系中的 pH 值有一定要求，其缓凝机理需要在一定的碱度下，降低生成结晶胚芽的速度，降低半水石膏的溶解度，从而使半水石膏对于所生成的二水石膏的饱和度减小，减少饱和度则会减缓结晶过程，从而延缓石膏的凝固时间。因此，在使用这种石膏缓凝剂的同时，需要在配方体系中加入 0.5% 的白水泥来调节产品的碱度，使整个产品体系的 pH 值为 8 左右。在这种碱性环境下，再任意改变石膏缓凝剂的掺量，控制凝固时间。石膏缓凝剂和白水泥的掺量可参考表 5-3 的数值，0.5% 的白水泥掺量在整个配方体系中可作为一个定值，而相应的石膏缓凝剂作为一个变量。

表 5-3　国产石膏缓凝剂和白水泥的建议掺量

石膏缓凝剂掺量/%	白水泥掺量/%	凝固时间/h
0.1	0.5	0.5～1
0.15	0.5	1～2
0.2	0.5	2～2.5
0.3	0.5	3～4
0.4	0.5	5～6

（4）高蛋白缓凝剂

高蛋白缓凝剂对脱硫建筑石膏的性能影响试验如下：

① 对建筑石膏的影响

表 5-4　在不同添加量及不同 pH 值的情况下对脱硫建筑石膏性能的影响

高蛋白缓凝剂用量/%	建筑石膏 pH 值	标准稠度/%	凝结时间/min	
			初凝	终凝
0.25	7	48	222	243
	9	48	214	240
	11	48	252	329
	13	45	272	356

高蛋白缓凝剂用量/%	建筑石膏 pH 值	标准稠度/%	凝结时间/min	
			初凝	终凝
0.3	7	48	266	307
	9	47	204	326
	11	48	262	360
	13	44	296	436
0.4	7	47	486	351
	9	47	312	490
	11	48	280	370
	13	44	380	562

表 5-5　在不同 pH 的情况下对建筑石膏性能的影响

缓凝剂及用量/%	建筑石膏 pH 值	标准用水量/%	凝结时间/min		强度/MPa	
			初凝	终凝	干抗折	干抗压
高蛋白缓凝剂 0.15	7	52	97	123	3.68	13.27
	9	52	130	155	3.93	11.85
	11	51	132	154	3.66	12.00
	13	51	133	200	3.65	12.14

表 5-4 中表明：对于高蛋白缓凝剂来说，碱性越强，其缓凝效果越好，缓凝时间越长。

在不同 pH 值的条件下，缓凝效果及强度也都有所不同，不同的石膏缓凝剂都有一个最佳作用效果的 pH 值范围，调配合理的 pH 值有利于发挥缓凝剂的最佳效果。对大多缓凝剂来说，在偏碱条件下缓凝剂效果较好，试验结果同时表明：缓凝剂用量越大，建筑石膏的凝结时间越长、强度越低，泌水现象越严重。因此我们要创造最佳条件，进行 pH 值的调整，降低缓凝剂的使用量，提高产品质量（表 5-5）。

② 对抹灰石膏的影响

理想的石膏缓凝剂应具有高效、价低、性能稳定等优点，选用适宜的缓凝剂，对提高抹灰石膏质量是非常重要的。

表 5-6　不同缓凝剂在抹灰石膏的应用对比

名称	1	2	3
脱硫建筑石膏/kg	750	750	750
粉煤灰/kg	230	230	230
生石灰/kg	20	20	20
EPMC/kg	2	2	2
木质纤维/kg	3	3	3
柠檬酸/kg	2	0	0
高蛋白缓凝剂/kg	0	2	0
骨胶类缓凝剂/kg	0	0	2

续表

名称		1	2	3
测试结果				
标准稠度/%		48	47	48
凝结时间/min	初凝	110	123	98
	终凝	164	169	103
可操作时间/min		105	110	97
强度/MPa	抗折	2.22	3.51	3.32
	抗压	8.81	11.92	11.22
保水性/%		97.33	97.23	98.13

表 5-7 不同缓凝剂的不同配制用量在抹灰石膏的应用对比

名称		1	2	3
天然建筑石膏/kg		975	975	975
水泥/kg		20	20	20
生石灰粉/kg		5	5	5
EPMC/kg		2	2	2
木质纤维/kg		3	3	3
高蛋白缓凝剂/kg		2	0	0
骨胶复合缓凝剂/kg		0	2	0
柠檬酸/kg		0	0	2
测试结果				
标准稠度%		46	47	48
凝结时间/min	初凝	124	96	103
	终凝	187	136	140
可操作时间/min		120	92	100
干强度/MPa	抗折	4.06	4.00	2.60
	抗压	14.60	14.08	10.70
保水率%		99.39	98.31	98.17

由表 5-6、表 5-7 看出，在相同条件下，不同缓凝剂对抹灰石膏的性能影响不同。试验表明，高分子蛋白质缓凝剂效果最好，其次是骨胶复合缓凝剂，最差的是柠檬酸。

通过以上试验表明，用柠檬酸配制抹灰石膏远不及高分子蛋白缓凝剂，为了配制优质的抹灰石膏，在使用缓凝剂的同时，最好复合相应的缓凝减水剂来改变单一缓凝剂的使用。

根据试验结果，抹灰石膏在配方体系中，需要加入一定量的水泥、石灰粉来调节产品的 pH 值，使整个产品体系的 pH 值在 8～11 左右，在这样的碱性环境中，可改变缓凝剂的掺量，控制好凝结时间。

缓凝剂要有合理的用量，在保证抹灰石膏凝结时间的同时，还要注意对强度的影响，高分子蛋白缓凝剂或骨胶复合缓凝剂对石膏起保护胶体的作用，从而改善抹灰石膏的强度，有助提高保水性，减少泌水现象的发生。

总之，目前可供生产应用选择的缓凝剂不下数十种，有缓凝时间短又降低强度的（此类已不再选用）；有缓凝时间长而降低强度的；也有缓凝时间短不降低强度和缓凝时间长也不降低强度的；另有缓凝兼保水的；更有缓凝兼减水的等。只要按生产和施工需要进行选择，基本能满足要求，但在选择和应用中，切莫忽视凝结快是石膏建材的一大特点，由于其凝结快的特性，在施工中加速了施工进度。因此应该在延长其凝结时间的同时，保持其这个特性。以抹灰石膏为例，施工需要具有较长的凝结时间，这是施工操作的需要，也是质量保证的需要，但决不能按水泥砂浆的凝结时间为标准。抹灰石膏的技术标准是经过科学实验制定的，它所规定的凝结时间控制下限，在正常情况下已足够施工所需时间。因此在配制抹灰石膏时应尽可能地将凝结时间控制在下限范围，这不仅保证了抹灰石膏的操作时间，更保持了石膏的优良性能，同时也避免了因外加剂量增多，而增加抹灰石膏的成本，还会造成产品强度下降的不良后果。

石膏缓凝剂在我国石膏制品中用量大的有纸面石膏板及其相配套的石膏嵌缝剂和建筑抹灰用的抹灰石膏。尤其是最近几年，抹灰石膏作为内墙抹灰材料得到了广泛的应用，这对传统的抹灰砂浆是一个极大的挑战。抹灰石膏除了具有轻质、防火、隔音的特点外，还有不空鼓、不开裂、落地灰少、粘结强度高等优点。特别在气温较低的情况下，仍可以较好地施工。并且抹灰石膏可以在各种加气混凝土砖、粉煤灰砖等多孔基面上施工，无需做界面处理，可一次完成抹灰工作。

抹灰石膏加入了缓凝剂，抑制了半水石膏的水化过程，延长了凝固时间。但在实际施工中，施工基面是多种多样的，例如由加气混凝土砖、空心砖、加气混凝土砌块砌筑的墙体，墙面由多孔材料构成，通常墙体的吸水率较高。因此，必须加入甲基纤维素醚作为保水剂和增稠剂，以保证抹灰石膏具有足够的水化反应时间和粘结性能，甲基纤维素醚的掺量一般为 $0.2\%\sim0.4\%$。为了防止开裂，还可加入 $0.3\%\sim0.5\%$ 的木质素纤维。甲基纤维素醚和木质素纤维除了保水和增稠作用之外，可以改善抹灰石膏的和易性、抗流挂和防开裂性能。

2. 促凝剂

常用的促凝剂有各种硫酸盐（硫酸铁除外）、硫酸、硝酸、含碱和铵的氯化物、硝化物、溴化物和碳化物、二水硫酸钙、氯化铝、氯化钾、水玻璃（硅酸钾）、高浓度的酒石酸盐和草酸盐、皂类等。

二、增强、增稠剂

1. 可再分散乳胶粉

1）可再分散乳胶粉的基本概念

可再分散乳胶粉是水泥基或石膏基等干混砂浆的主要添加剂。

可再分散性乳胶粉是醋酸乙烯-乙酯的聚合体，经喷雾干燥，从起初的 $2\mu m$ 颗粒聚集在一起，形成了 $80\sim100\mu m$ 的球形颗粒。因为这些粒子表面被一种无机的抗硬结构的粉末包裹，所以我们得到了干的聚合物粉末。当粉末与水、水泥或石膏为底材的砂浆混合时便可再分散，其中的基本粒子（$2\mu m$）会重新形成与原来胶乳相当的状态，故称之谓可再分散性乳胶粉。

2）可再分散乳胶粉在砂浆中的作用

（1）提高施工性能；

（2）改善流动性能；

（3）增加触变与抗流挂性；

（4）改进内聚力；

（5）延长开放时间；

（6）增强保水性。

3）再分散乳胶粉在砂浆固化以后的作用

（1）提高拉伸强度；

（2）增强抗弯折强度；

（3）减小弹性模量；

（4）提高可变形性；

（5）增加材料密实度；

（6）增进耐磨强度；

（7）提高内聚强度；

（8）减少材料吸水性；

（9）使材料具有极佳憎水性（加入憎水性胶粉）。

4）可再分散乳胶粉在干混砂浆中的作用

在石膏砂浆中加入可再分散乳胶粉是对石膏砂浆的改性，通过聚合物改性，使得石膏砂浆的脆性等弱点得到改善；赋予石膏砂浆较好的柔韧性及拉伸粘结强度，以抵抗或延缓石膏砂浆裂缝的产生。由于聚合物与石膏砂浆形成互穿网络结构，在孔隙中形成连续的聚合物膜，加强了集料之间的粘结，堵塞了石膏砂浆内的部分孔隙，所以硬化后的聚合物改性砂浆的各种性能都比普通砂浆要好很多。其主要表现在以下几个方面：

（1）强度

一般来说，聚合物改性石膏砂浆的抗拉伸强度和抗折强度比普通石膏砂浆有明显的提高；但抗压强度则没有明显改善，甚至有所下降。抗拉和抗折强度的提高，主要归因于聚合物本身较高的抗拉强度和石膏水化产物与集料之间粘结性的改善。

随着可再分散乳胶粉的用量提高，石膏聚合物改性砂浆的抗拉强度一般先提高，然后呈下降趋势，说明可再分散乳胶粉存在一个最佳的掺量范围，下降的原因一般是加入过量的可再分散乳胶粉，导致引入过多的气泡，造成抗压强度呈下降趋势。另外，由于聚合物砂浆的弹性模量比纯石膏砂浆低，聚合物砂浆柔性大，当复合体受压时起不到刚性支撑作用，造成改性石膏砂浆的抗压强度随可再分散乳胶粉的提高而降低。因此提高抗压强度的主要手段，还是通过调整灰砂比、水灰比、集料级配及集料种类来实现；而提高抗拉伸强度、抗折强度，改善柔性、抗裂性能、憎水性能，是通过添加一定量的可再分散乳胶粉来完成，但不是添加量越多越好。

（2）延伸率

添加可再分散乳胶粉砂浆的延伸率和韧性比普通砂浆要好得多，断裂能是普通水泥砂浆的 1.5 倍，抗冲击韧性随聚灰比提高而增大。随着可再分散乳胶粉的掺量的增加，聚合物的柔性缓冲作用能有较好的应力分散。

（3）粘结性能

加入可再分散乳胶粉石膏砂浆的粘结能力比普通石膏砂浆的粘结性能要好得多，主要归因于聚合物的特性表现出来粘结能力，粘结强度随掺量的增大而提高，但存在一个最佳的掺量范围和成本上的考虑。

高的粘结强度对收缩能产生一定的抑制作用，所以粘结强度对提高抗裂性能非常重要。甲基纤维素醚和可再分散乳胶粉的协同效应有利于提高石膏砂浆的粘结强度。聚合物的粘结机理，更多是靠大分子在粘结表面的吸附和扩散，同时聚合物具有一定的渗透性，和甲基纤维素醚能一起充分浸润基层材料的表面，使基层材料表面与新抹砂浆的表面性能接近，从而提高了新抹灰砂浆与基层材料的吸附性，使粘接性能大大加强。除了能改善与光面基材粘结性以外，聚合物改性后的石膏砂浆还具有封闭基材表面孔隙的作用，特别对那些多孔基材表面，可以提高基层抗冻融的能力。

（4）耐磨性

改性石膏砂浆的耐磨性与可再分散乳胶粉的种类、聚灰比有关。一般来说，聚灰比增大，耐磨性提高，主要是由于在磨损表面上有一定数量的有机聚合物存在，聚合物起粘结作用，聚合物形成的网膜结构可穿过石膏砂浆中的孔洞、裂隙，改善了集料与石膏水化产物的粘结，从而提高了耐磨性。

（5）耐水性

在聚合物改性砂浆中，由于聚合物充填形成的网膜结构封闭了石膏砂浆中的孔洞和裂隙，减少了硬化体中的孔隙率，从而提高了石膏砂浆的抗渗性、耐水性及抗冻性，这种效应随聚灰比提高而增大。

需要指出的是不同类型的可分散乳胶粉在耐水性上有较大的区别，通常醋酸乙烯胶粉VAC（俗称白乳胶，经喷雾形成的可再分散乳胶粉）的耐水性较差。目前，VAC通常适用于石膏基产品和不含水泥的腻子粉中。

（6）透气性

聚合物改性砂浆的吸水率低，耐水性得到了提高，但仍然可使一定的水蒸气透过，其水蒸气的透过性将随聚合物掺量的增加而降低，同时还可复配一些憎水材料以提高其综合性能。

（7）抗冻融性

由于聚合物改性砂浆的吸水率大大降低，并由于其充填作用，使得孔隙率降低。而可再分散乳胶粉又具有一定的引气作用，随着乳胶粉掺量的增大，砂浆冻融循环前后的粘结抗拉强度也呈现出增大的趋势。冬季施工时，还可适量加入甲酸钙，可提高石膏砂浆的早期强度和抗冻性能。

可再分散乳胶粉在石膏砂浆中的掺量并不是越多越好。灰砂比、水灰比、集料的级配和种类、集料的特性都会最终影响产品的综合性能。当可再分散乳胶粉的掺量变化时，聚合物改善的石膏砂浆表现出不同的性能。当乳胶粉掺量太低时，聚合物对石膏砂浆仅起到一定的塑化作用，当聚合物掺量适中时，既增加了抗变形能力、拉伸强度及粘结强度，又提高了抗渗性，表现出良好的抗裂性。当乳胶粉掺量过大时，聚合物在石膏砂浆中占主导地位，使石膏砂浆连续相发生中断，最终导致强度下降。

在石膏干混砂浆的实际运用中，添加何种类型的乳胶粉至关重要，对于干粉涂料、抹灰石膏、嵌缝石膏而言，适合选择憎水型乳胶粉。

2. 聚乙烯醇粉末

聚乙烯醇粉末作为一种水溶性的成膜粘结物质，近年也被广泛使用在一些石膏干混砂浆的产品中，粉状聚乙烯醇产品的出现，为石膏腻子提供了较廉价的粘结材料。虽然聚乙烯醇粉末可以像可再分散乳胶粉那样添加到石膏干混砂浆产品中，增加其粘结强度，但其综合性能不能和可再分散乳胶粉相比。在生产一些石膏干混砂浆产品时，也可以使用聚乙烯醇粉末，但由于聚乙烯醇亲水性强，所以耐水性较差。

聚乙烯醇粉末的醇解度为 88％左右，可以在水中很好溶解，水溶性黏度也较大。因此，聚乙烯醇粉末极易被配制成石膏类胶粘剂使用。

1）聚乙烯醇在建筑行业中的应用主要有以下几个方面：

（1）在水溶性涂料中作为成膜物质；

（2）在醋酸乙烯乳液中做乳化剂；

（3）在可再分散乳胶粉中做保护胶体；

（4）在干粉砂浆产品中，加入聚乙烯醇粉末，可改善石膏砂浆的粘结度，改善抹灰石膏开裂、脱落现象。

2）聚乙烯醇的基本特性

（1）黏度：其黏度随品种、浓度、温度变化。浓度提高，黏度值急剧上升；温度升高，黏度值明显下降。

（2）粘结性：聚乙烯醇对于亲水多孔表面材料，如木材、混凝土、砂浆及平滑不吸水的表面都有较强的结合力。

（3）成膜性：能形成较好的柔韧性膜，聚乙烯醇膜的机械强度可通过增塑剂来调整。

（4）气体的不透性：聚乙烯醇成膜后，对许多气体有高度的不透气性，特别对氧气、二氧化碳、氢气、氮气、硫化氢等都有很好的隔气性。但对于氯气和水蒸气等，透气性高。

（5）耐化学性：对氢氧化钠、乙酸、大多数无机酸、硝酸钠、氯化铝、氯化钙、碳酸钙、硫酸钠、硫酸钾都有较高的耐蚀性。

（6）水溶性：聚乙烯醇的溶解性和产品的醇解度大小有很大关系。醇解度 87％～89％的产品水溶性最好，如聚乙烯醇 PVA 24-88，它的醇解度为 88％，无论在冷水还是在热水中都能很好溶解。当然，在实际生产中，使用热水可以加快溶解速度；醇解度在 89％～90％以上产品，为了完全溶解，一般需加热至 60～70℃；醇解度在 90％以上的产品，只溶于 95℃的热水。

目前，使用最多的聚乙烯醇的产品有 PVA 17-88、PVA 24-88。PVA 17-88 表示该产品的聚合度为 1700，醇解度为 88％。PVA 24-88 表示聚合度为 2400，醇解度为 88％。一般来讲，聚合度越大，水溶性黏度越大，成膜后的强度和耐溶剂性越好，醇解度越大，在冷水中的溶解度下降，而在热水中的溶解度提高。因此，PVA 24-88 的综合性能优于 PVA 17-88。

表 5-8 列出了聚乙烯醇 PVA 24-88 的产品特性。

表 5-8　聚乙烯醇 PVA 24-88 的产品特性

黏度/(MPa·s)	43～48	平均聚合度	2400～2500
挥发分（质量分数）以下	5	醇解度/％	88
灰分（质量分数），以下	0.5	分子量	117000～122000
pH 值	5～7	粒径/目	80～120

为了保证产品质量，现采用石膏基干混建材的形式，即在工厂预混、现场加水直接搅拌即可使用。为此必须使用粉状的聚合物胶粘剂，主要是粉状聚乙烯醇粉末（PVA）和可再分散乳胶粉（EVA 或 VAlE）。

3）聚乙烯醇对建筑石膏的影响，试验结果如表 5-9 所示：

表 5-9　聚乙烯醇对建筑石膏影响的试验结果

	1	2	3	4	5
建筑石膏（g）	1000	1000	1000	1000	1000
聚乙烯醇（g）	0	2	4	6	8
初凝（min）	5	5	6	7	7
终凝（min）	16	18	19	20	21
干抗折强度（MPa）	4.43	4.65	5.38	6.16	6.44
干抗压强度（MPa）	12.06	12.57	14.03	13.79	14.08

通过上述试验，我们可以看出：

（1）随着聚乙烯醇掺量的不断增大，其初、终凝时间均得到不同程度的延长。当掺量为 8‰时，其初、终凝时间分别为 7min 和 21min，分别较纯石膏凝结时间延长 40％和 31％，缓凝效果较为明显。

（2）随着聚乙烯醇掺量的不断增大，石膏强度不断增大。当掺量为 8‰时，其绝干抗折、抗压强度分别为 6.44MPa 和 14.08MPa，分别较纯建筑石膏强度提高 45％和 17％，提高较为显著。

三、保水剂

保水性能的高低是石膏基干混建材的一项主要指标，特别是在薄层施工中尤为重要，保水性的增加可有效防止石膏干混建材发生过快干燥和水化不够引起强度下降和开裂等不良现象。而保水剂又以纤维素醚为主，起保水、增稠、分散、粘合等作用，同时也起到稳定、悬浮、乳化、成膜剂的作用。

纤维素醚的合理应用要适量，如其掺量过大，不仅使石膏干混建材的产品强度降低，而且成本也上升较多，因此我们做了一些相关试验：

1）纤维素醚掺量对石膏力学性能的影响

（1）对抗压强度和抗折强度的影响

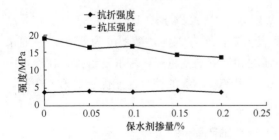

图 5-2　纤维素醚掺量对石膏砂浆 7d
抗压和抗折强度的影响

固定石膏复合胶凝材料与中砂的配比为 1∶2.5。改变纤维素醚用量，调整用水量的试验结果如图 5-2 所示。由图 5-2 可知，随着纤维素醚掺量的增加，抗压强度有明显下降趋势，抗折强度没有明显变化。

随着纤维素醚掺量的增加，砂浆 7d 抗压强度呈下降趋势。这主要是因为：①当砂浆中加入纤维素醚后，便增加了砂浆孔隙中的柔性聚合物，这些柔性聚合物在复合基体受压时，起不到刚性支撑作用，从而使砂浆的抗压强度下降（纤维素醚聚合物所占体积很少，在受压时所作出的影响可以忽略）；②随着纤维素醚掺量的增加，其保水效果越来越好，这样砂浆试块成型后，砂浆试块中的孔隙率增大，降低了硬化体的致密性，减弱了硬化体抵抗外力的能力，从而使得砂浆抗压强度下降；③当干拌砂浆加水混合时，纤维素醚颗粒首先吸附在水泥颗粒表面，形成乳胶膜，减少了石膏的水化，从而也降低了砂浆的强度。随着纤维素醚掺量的增加，材料的压折比下降。但当其掺量过大时，会使砂浆工作性能降低，表现在砂浆浆体过于黏稠、易粘刀、施工时难以涂抹摊开。

（2）对拉伸粘结强度的影响

纤维素醚作用是提高保水率，目的是保持石膏浆体里所含的水分，特别是石膏浆体上墙后，水分不被墙体材料吸收，保证界面处石膏浆体的水化反应，从而保证界面的粘结强度。保持石膏复合胶凝材料与中砂的比例为 1∶2.5。改变纤维素醚用量，调整用水量的试验结果如图 5-3 所示。

由图 5-3 可知，随着纤维素醚掺量的增加，虽然抗压强度降低，但其拉伸粘结强度逐渐增加。纤维素醚的加入可使纤维素醚和水化颗粒之间形成一层很薄的聚合物膜，纤维素醚聚合物膜会溶解于水，但在干燥条件下，由于其致密性，具有防止水分挥发的作用。该膜具有封闭效应，使砂浆的表干现象得到改善。由于纤维素醚良好的保水性，使得足够的水分保存在砂浆内部，从而保

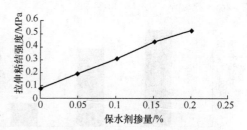

图 5-3 纤维素掺量对石膏砂浆强度的影响

证了水化变硬及其强度的完全发展，提高了浆体的粘结强度。另外，纤维素醚的加入提高了砂浆的黏聚性，并使得砂浆具有良好的可塑性和柔韧性，这也使得砂浆能够很好地适应基材的收缩变形，从而提高了砂浆的粘结强度。随着纤维素醚掺量的增加，石膏砂浆对基材的粘结力增大。通过试验得出：

（1）纤维素醚掺量的增加使石膏砂浆保水性提高。

（2）纤维素醚的掺入使得石膏砂浆的抗压强度降低，使其与基材的粘结强度有所提高。

（3）纤维素醚对砂浆抗折强度影响不大，因此砂浆的压折比降低。

目前在石膏干混建材中常用的有两种纤维素，其主要用途如下：

1. 甲基纤维素醚

甲基羟乙基纤维素醚（MHEC）和甲基羟丙基纤维素醚（HPMC）一起统称为甲基纤维素醚，简称 MC。甲基纤维素醚是干粉砂浆中非常重要的添加剂之一，主要起保水和增稠的作用。

甲基纤维素醚是以木质纤维或精制短棉纤维作为主要原料，径化学处理后，通过氯化乙烯、氯化丙烯或氧化乙烯等醚化剂发生反应所生成的粉状纤维素醚。纤维素的分子结构是由无水葡萄糖单元分子键组成的，每个葡萄糖单元含有 3 个羟基。当在一定条件下，羟基被甲基、羟乙基、羟丙基等基团所取代，生成各类不同的纤维素品种。被甲基取代的称为甲基纤维素，被羟乙基取代的称为羟乙基纤维素，被羟丙基取代的称为羟丙基纤维素。由于甲基纤维素是一种通过醚化反应生成的混合醚，以甲基为主，但含有少量的羟乙基或羟丙基，因此被称为甲基羟乙基纤维素醚或甲基羟丙基纤维素醚。

1）甲基纤维素醚（MC）的特性

（1）优良的保水性

保水性的高低是衡量甲基纤维素醚质量的重要指标之一，特别在石膏基产品的薄层施工中显得尤为重要。增强保水性，可以有效地防止过快干燥和水化不够引起强度下降和开裂的现象。此外，甲基纤维素醚在高温条件下保水性的优良是区分甲基纤维素醚性能的重要指标之一。通常情况下大部分普通的甲基纤维素醚随着温度升高，其保水性下降，当温度升至40℃时，普通甲基纤维素醚的保水性则大大降低，这对在炎热干燥地区及夏季向阳面的薄层施工带来严重影响；而通过高掺量来弥补保水性不足，又会因掺量高造成材料的高黏性，给施工造成不便。

图 5-4 和图 5-5 显示了普通和优良甲基纤维素醚保水性和温度变化之间的关系。从图中可以看出，温度的变化将会严重影响普通甲基纤维素醚的保水性，而使用优良的甲基纤维素醚系列产品，则可有效地解决高温下的保水性问题。

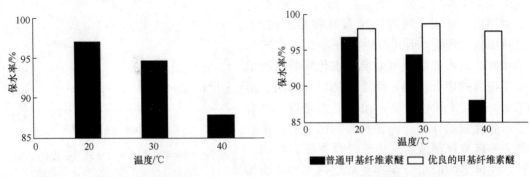

图 5-4　普通甲基纤维素醚的保水率与　　　　图 5-5　优质甲基纤维素醚与普通甲基
　　　　　灰浆温度的关系　　　　　　　　　　　　纤维素醚的保水性对比

保水性对于优化矿物胶凝体系的硬化过程非常重要。在纤维素醚的作用下，水分在一段延长的时间内才被逐步释放到基层或空气中去，这样就保证了胶凝材料（水泥或石膏）有足够长的时间与水逐步结晶硬化。

保水性取决于不同甲基纤维素醚产品的性能，如添加量、黏度和细度。图 5-6 是保水性与上述各项性能的关系。

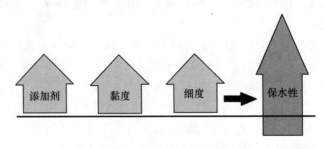

图 5-6　保水性与各项性能的关系

在添加量为 0.05%～0.4% 的范围内，保水率随着添加量的增加而增加；当添加量进一步增加，保水率增加的趋势变缓，如图 5-7 所示。

保水率与黏度也有类似的关系。当纤维素醚的黏度上升时，保水率也上升，当黏度达到一定的高度时，保水率增加的幅度趋于平缓，如图 5-8 所示。

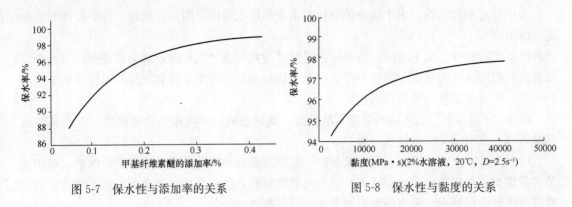

图 5-7　保水性与添加率的关系　　　　　图 5-8　保水性与黏度的关系

优质的甲基纤维素醚产品是经过特殊醚化工艺处理，具有优异的分散和保水性作用，能使纤维素有效而又十分均匀地分布在水泥砂浆和石膏基产品中，并包裹所有的固态颗粒，且形成一层润湿膜，使整个体系变得十分稳定。包裹的水分在相当长的一段时间内才逐步释放，其中部分水分由于干燥蒸发而脱离毛细孔；而大部分剩余水分继续和水泥、石灰或石膏发生水化作用，即使在炎热高温环境下，也有充足的水分和时间发生水化反应，从而保证了材料的粘结强度和抗压强度。甲基纤维素醚的保水性还与它的黏度、细度、溶解度以及添加量有关，一般黏度越高，细度越细，添加量越大，保水性越好。

（2）粘结力强、抗流挂性好

甲基纤维素醚另一个重要特性是具有非常好的增稠效应，在于粉砂浆产品中加入甲基纤维素醚，可以使黏度增大数百倍。特别是使用优质的甲基纤维素醚，可以获得比使用普通甲基纤维素醚高得多的黏度，使其具有更好的抗流挂性和更好的黏结性。在实际应用中，甲基纤维素醚可以精确地控制产品的稠度，这些稠度可由加入甲基纤维素醚的类型及添加量进行调节。

优质的甲基纤维素醚的增稠作用与其特殊的流变性密切有关，尤其是其黏度将影响材料的粘结强度、流动性、结构稳定性和施工性。

（3）溶解性好

由于高质量的甲基纤维素醚的表面颗粒经特殊处理，无论在水泥砂浆、石膏中还是涂料体系中，溶解性都非常好，不易结团，溶解速度快。特别是在 pH 值较大的砂浆体系中，对快速溶解有明显的促进作用，通常几分钟便可完全溶解；在涂料体系中，甲基纤维素醚可配制成 2％～3％ 的增稠水溶液，作为涂料的增稠剂、保水剂、乳化剂，比羟乙基纤维素（HEC）有更好的溶解性、和易性、保水性，并有助于涂料的流平，避免刷痕，成膜均匀，减少飞溅，触变性更好。

2）甲基纤维素和羟丙基甲基纤维素的性质

（1）加热至 200℃ 以上，熔化而分解，烧灼时灰分约 0.5％，用水调成浆时，呈中性。至于它的黏度，则视其聚合度的高低而定。

（2）在水中的溶解度与温度成反比，温度高溶解度低，温度低溶解度高。

（3）能溶于水与有机溶剂的混合物中，如甲醇、乙醇、乙二醇、甘油及丙酮等。

（4）当其水溶液中存在金属盐或有机电解质时，溶液尚可保持稳定，当电解质加入量很大时，就会发生凝胶或者沉淀。

（5）具有表面活性。由于其分子中存在亲水和憎水基团，因此有乳化、保护胶体和相稳定性作用。

（6）热凝胶性。当水溶液升高至一定温度（凝胶温度之上）时，就会变混浊，直至凝胶或沉淀，使溶液失去黏度，但经冷却又可回到初始状态。发生凝胶和沉淀的温度取决于产品的种类、溶液的浓度以及加热的速度。

（7）pH 值稳定。水溶液的黏度不易受酸、碱的影响。加入相当量的碱后，不论高温或低温，也不致引起分解或链状分裂。

（8）溶液在表面上干燥后可形成透明、坚韧及具有弹性的薄膜，能耐有机溶剂、脂肪类及各种油类，暴露在光中也不泛黄，也不起毛状裂缝，能重新溶解于水中。如在溶液中加甲醛或用甲醛作后处理，则薄膜即不溶于水，但仍能部分膨化。

（9）增稠性。可使水和非水体系增稠，且有良好的抗流挂性能。

（10）增黏性。其水溶液有较强的粘结性，可提高水泥、石膏、涂料、颜料、壁纸等的粘结性。

（11）悬浮性。可用于控制固体粒子的凝固。

（12）保护胶体。能防止液滴和颜料聚积、凝结，有效防止沉淀。

（13）保水性。因属亲水性，水溶液有较高的黏度，当添加至灰浆中时使其保持较高的含水量，有效地防止了水分被底材（如砖、混凝土等）过度吸收，可降低水分的蒸发速度，并调节凝固时间。

（14）和其他胶体溶液一样，被蛋白沉淀剂、硅酸盐、碳酸盐等所凝固。

（15）可以任何比例与羧甲基纤维素相混合，得到特殊的效果。

（16）溶液的贮藏性能良好，如制备及贮藏时能保持干净，可贮藏几星期而不会分解（注：甲基纤维素并不是微生物的培养介质，但如果它沾染了微生物，也不能阻止它们繁殖。如将溶液加热过久，特别是有酸存在时，链状分子也可能分裂，这时黏度即降低。在氧化剂，特别是在碱性溶液中，也能引起分裂）。

3）羧甲基纤维素的性质

（1）为白色粉状（或粗粒、纤维状）、无味、无害、易溶于水，并形成透明粘状、中性或微碱性溶液，有良好的分散力和结合力。

（2）其水溶液可作油/水型和水/油型的乳化剂，对油及蜡质亦具有乳化能力，是一种强力乳化剂。

（3）溶液遇醋酸铅、氯化铁、硝酸银、氯化亚锡、重铬酸钾等重金属盐类时，能产生沉淀。但除醋酸铅外，仍能重新溶于氢氧化钠溶液中，而其中钡、铁及铝等沉淀物，极易溶于1%氢氧化铵溶液内。

（4）溶液遇有机酸及无机酸的溶液能产生沉淀，根据观察 pH 在 2.5 时，已开始有混浊、沉淀现象。

（5）对钙、镁及食盐这一类的盐类，均不生沉淀，但黏度要降低，如加入 EDTA 或磷酸盐类等物质可防止沉淀。

（6）温度对其水溶液的黏度高低有很大影响。温度上升，黏度相应地下降，反之，则相应地上升。水溶液在室温下黏度的稳定性不变，但长时间加温在 80℃以上，黏度能逐渐降低。一般加温不超过 110℃，则虽然持续保温 3h，再冷却至 25℃，黏度仍恢复原状；只是当加温至 120℃并持续 2h 后，虽然温度再复原，黏度将下降。

（7）pH 值对其水溶液的黏度也会产生一定影响。一般低黏度溶液，当 pH 偏离中性时，对其黏度影响不大；而中黏度的溶液，若其 pH 偏离中性，则黏度开始逐步下降；高黏度溶液，若 pH 偏离中性，其黏度会急剧下降。

（8）与其他水溶性胶、软化剂及树脂均有相溶性，如与动物胶、阿拉伯树胶、甘油及可溶性淀粉等，均能相溶；又与水玻璃、聚乙烯醇、脲甲醛树脂、三聚氰胺甲醛树脂等亦能相溶，但程度稍差。

（9）制成的薄膜在紫外光线照射 100h，仍无变色、变脆等情况。

（10）根据用途有三种黏度范围可供选择：石膏一般用中黏度，即 2% 水溶液的黏度，在 300~600mPa·s 以上。

（11）其水溶液在石膏中起缓凝和降低强度作用。

（12）细菌和微生物对其粉状作用不明显，但对其水溶液有作用，染菌后出现黏度下降和霉变现象，预先加入适量防腐剂，可长期保持其黏度和不霉变。可用的防腐剂有：BIT（1,2-苯并异噻唑啉-3-酮）、赛菌灵、福美双、百菌清等。水溶液中参考添加量为 0.05%~0.1%，以抑制霉变及避免黏度下降。

4）纤维素的应用

羧甲基纤维素和甲基纤维素都可作石膏的保水剂，但羧甲基纤维素的保水效果远低于甲基纤维素，且羧甲基纤维素对石膏具有缓凝作用，并降低石膏强度。而甲基纤维素除个别品种在掺量大时有缓凝作用外，它还是一种集保水、增稠、增黏、不降低强度于一身的理想石膏外加剂，但其价格大大高于羧甲基纤维素。为此，大多数粉刷石膏生产者采用羧甲基纤维素和甲基纤维素复合使用的方法，既发挥各自的特点（例如羧甲基纤维素的缓凝作用、甲基纤维素的增黏作用），又发挥它们的共同优点（例如它们的保水和增稠作用）。这样达到既提高石膏保水性能、又提高石膏的综合性能，而成本的提高却控制在最低点。

纤维素醚在砂浆中的特性包括：保水性、增稠性、引气性、影响凝结时间、增强粘结性。在抹灰石膏中加入适量的 HPMC，砂浆具有很好的和易性，对基层具有较好的润湿作用，一定程度上提高砂浆与基层的粘结力，因此可以减少砂浆空鼓、脱落等问题，砂浆具有较长的施工时间。在普通抹灰石膏及机械喷涂抹灰石膏中，常常选择中等黏度或中高等黏度的 HPMC 作为砂浆的保水增稠剂。纤维素醚 HPMC 的特点简单归纳如下：

（1）纤维素醚的增稠保水功能，随着掺量的增大而逐渐提高；

（2）纤维素醚的增稠保水功能，随着环境气温或砂浆温度的升高而逐渐降低，凝胶温度越高的 MC，其高温保水性越好，反之越差；

（3）同等掺量下，纤维素醚的细度越细，保水增稠性能越好；

（4）同等掺量下，纤维素醚的黏度越高，保水增稠性能越好，和易性较好，引气性越大，但对砂浆强度的负面影响也越强烈；

（5）同等掺量下，纤维素醚的黏度越高，对砂浆的缓凝作用越强，砂浆的开放时间也越长；

（6）同等掺量下，纤维素醚的溶解速度越快，对砂浆保水增稠的作用也越快。纤维素醚在抹灰石膏中具有举足轻重的作用，是不可缺少的材料。与不添加纤维素醚的抹灰石膏相比，HPMC 的添加会使抹灰石膏的抗流挂性下降，且高温时保水和增稠性会降低甚至失效降解。因此，对抹灰石膏砂浆，不同季节、不同产品应选择不同黏度、不同掺量的纤维素醚。

2. 羧甲基纤维素（CMC）的应用实践

纤维素经羧甲基化后得到羧甲基纤维素（CMC），其水溶液具有增稠、成膜、粘结、水分保持、胶体保护、乳化及悬浮等作用，广泛应用于石膏腻子、粘结石膏、嵌缝石膏等产品中，是最重要的纤维素醚类之一。

CMC复合粉煤灰及水泥对脱硫建筑石膏的性能影响试验见表5-10。

表5-10　CMC复合粉煤灰及水泥对脱硫建筑石膏性能的影响

实验组号	试样编号	用料配比/g					标准稠度用水量/%	凝结时间/min		干强度/MPa	
		脱硫石膏	缓凝剂	CMC	粉煤灰	水泥		初凝时间	终凝时间	抗折	抗压
第一组	A1	100	0.25	0.3	—	—	83	44	65	1.55	6.42
	A2	100	0.25	0.4	—	—	83	149	172	1.16	5.51
	A3	100	0.25	0.5	—	—	78	305	327	0.45	3.77
	A4	100	0.25	0.6	—	—	85	155	182	0.26	3.60
第二组	B1	96	0.25	0.3	4	—	73	88	102	2.0	7.17
	B2	92	0.25	0.3	8	—	71	89	126	2.22	7.66
	B3	88	0.25	0.3	12	—	68	100	183	2.04	7.29
	B4	84	0.25	0.3	16	—	66	107	225	2.16	8.48
	B5	80	0.25	0.3	20	—	65	130	207	1.67	6.90
第三组	C1	94	0.25	0.4	4	2	74	74	125	2.77	11.27
	C2	88	0.25	0.4	8	4	73	47	77	3.08	12.11
	C3	82	0.25	0.4	12	6	70	32	45	3.29	12.31
	C4	76	0.25	0.4	16	8	69	18	25	2.76	12.89
	C5	70	0.25	0.4	20	10	61	16	23	3.37	14.24

结果分析：

1）从第一组试验中，我们可以看出：

在掺入缓凝剂的量一定的情况下，随着CMC掺量的增加，脱硫建筑石膏的初、终凝时间逐渐延长；在掺量为0.5%时，初、终凝时间达到最长，而后时间开始缩短。

在强度方面，随着CMC掺量的增加，脱硫建筑石膏的强度不断下降，掺量越大，强度下降越多。

2）从第二组试验中，我们可以发现：

在CMC掺量和缓凝剂掺量一定的前提下，加入粉煤灰，对于石膏的强度有明显的增强作用。这是因为石膏对于粉煤灰也有一定的激发作用。

随着粉煤灰掺量的不断增大，标准稠度不断减少，凝结时间不断延长。当粉煤灰掺量为16%时，强度较高。

3）从第三组试验中，我们可以发现：

在CMC掺量和缓凝剂掺量一定的前提下，按相同比例加入粉煤灰和水泥。随着掺量的不断增大，标准稠度不断减少，凝结时间不断缩短，强度不断增大。

综上所述，对比第二组和第三组试验可以看出，第三组比第二组的凝结时间要缩短很多，但其强度却比第二组的要好。

CMC通常仅用于中性石膏体系，如纯石膏基内墙腻子、粘结石膏，不能用于碱性较强的体系中，其保水、增稠效果相对 HEC、HEMC、HPMC 较差，但 CMC 相对而言价格比较低廉。在碱性石膏砂浆中，如石膏石灰砂浆、石膏水泥砂浆等，最常用保水剂及增稠剂是HPMC。

四、纤维

1. 抗裂纤维

抗裂纤维是以聚丙烯、聚酯为主要原料复合成的新型混凝土和砂浆的抗裂纤维，在水泥砂浆和混凝土中掺入体积率为 $0.05\%\sim0.2\%$ 的抗裂纤维时，即能产生明显的抗裂、增韧、抗冲击、抗渗、抗冻融及抗疲劳等效果。这些优良的性能在各类干混砂浆、内外墙腻子和嵌缝剂的抗裂、增韧、抗渗方面起非常重要的作用。抗裂纤维在路桥工程、混凝土高速路、隧道工程上有着非常广泛的应用。

1）抗裂纤维的特性

（1）抗拉性能好；

（2）抗老化性好；

（3）抗酸、碱性强；

（4）抗裂、增韧，抗冲击，抗渗，抗冻融；

（5）比重轻，用量少，分散性好；

（6）成本低。

2）适用范围

抗裂纤维适用于干混砂浆的产品种类很多，主要包括保温砂浆、抹面砂浆、内外墙腻子、石膏板及轻质混凝土板的嵌缝腻子、水泥基—石膏基抹灰砂浆等。

3）适用规格尺寸

抗裂纤维在不同产品中的适用规格尺寸如表 5-11 所示。

表 5-11 抗裂纤维在不同产品的适用规格尺寸

纤维长度	内外墙腻子粉	嵌缝剂	水泥基—石膏基抹灰砂浆	混凝土
≤3.5mm	●	●	●	
≤7.0mm			●	●
≤10mm			●	●

2. 木质纤维

天然木质纤维和甲基纤维素醚在实际应用中是两个截然不同的产品。木质纤维是从山毛榉和冷杉木中经过酸洗中和，然后粉碎、漂白、碾压、分筛而得到不同长度和细度的产品，是一种不溶于水的天然纤维，这与遇水溶解的甲基纤维素醚有着本质的区别。虽然木质纤维的某些功能，如增稠性、保水性与甲基纤维素醚相类似，但其增稠和保水的效果远远低于甲基纤维素醚，不能单独作为增稠剂和保水剂使用。木质纤维最大的特点是其材料本身的柔韧性和独特的三维网状结构，这些特性决定了木质纤维在粉砂浆体系中起到一个增强和抗裂、抗流挂的作用，而不是起增稠和保水的作用。而甲基纤维素醚的生产原材料也是木质纤维或短棉纤维，但其生产工艺与生产木质纤维有很大的不同。因此，两者的价格也相差很大，在实际应用中，甲基纤维素醚的主要功能是保水和增稠，因此用户在使用时要注意区分这两者的用途。

表 5-12 为甲基纤维素醚与木质纤维的性能比较。

表 5-12　甲基纤维素醚与木质纤维的性能比较

性能	甲基纤维素醚	木质纤维
水溶性	是	不
粘结性	是	不
保水性	连续性	短时
黏度增加	是	是，但低于甲基纤维素醚

1）木质纤维的基本性能

木质纤维在干粉砂浆中应用十分广泛，如生产瓷砖胶粘剂、勾缝剂、干粉涂料、内外墙腻子、界面剂、保温砂浆、抗裂抹面砂浆、防水砂浆及抹灰石膏等。由于木质纤维是一种不溶于水的有机溶剂的天然纤维，具有优异的柔韧性、分散性。在干粉砂浆产品中添加适量不同长度的木质纤维，可以增强抗收缩性和抗裂性，提高产品的触变性和抗流挂性，延长开放时间和起到一定的增稠作用。

木质纤维有不同的长度，长度介于 $10\sim2000\mu m$ 不等，不同长度的木质纤维用于不同的干粉砂浆产品。对于较长的木质纤维，往往固化后在体系中具有"毯状"效应；由于木质纤维产品无毒无害，还常被作为石棉产品的替代品，而添加量仅是石棉正常添加量的 30%～50%。另外，木质纤维还具有一定的耐高温性、耐酸碱性和抗冻性，因此用途十分广泛。

2）木质纤维的特性

（1）纤维增强和增稠效应

木质纤维具有明显交联效应的三维网状结构，如图 5-9 所示，该结构可有效地附着液体结构，如水、乳胶、沥青等不同稠度的液体，其增稠性取决于纤维的长度，纤维越长，其增稠效果越大。由于其结构的特殊性，因此可以完全取代石棉产品。

（2）改善可施工性

当剪切力作用在木质纤维的三维网状结构上时，如刮抹、搅拌、泵送等，该结构中吸附的液体会释放到体系中，纤维结构发生变化并沿运动方向排列，导致黏度下降，和易性提高。当剪切力停止后，纤维结构又回到原来的三维网状结构，并吸收液体，回到原有的黏度状态。

① 木质纤维三维网状结构图（静态体系）；

② 受剪力作用，框架结构被破坏，纤维结构沿运动方向排列，黏度下降（动态体系）；

③ 一旦剪力消失，三维网状结构立即恢复（静态体系）。

（3）良好的吸收液体功能

木质纤维可以通过自身的毛细管作用吸收和输送液体。一旦三维网状结构处于静止状态，如水泥砂浆固化后，木质纤维可以紧紧地黏附在水泥砂浆中，作为一种封闭层，可防止潮气和雨水的渗透。

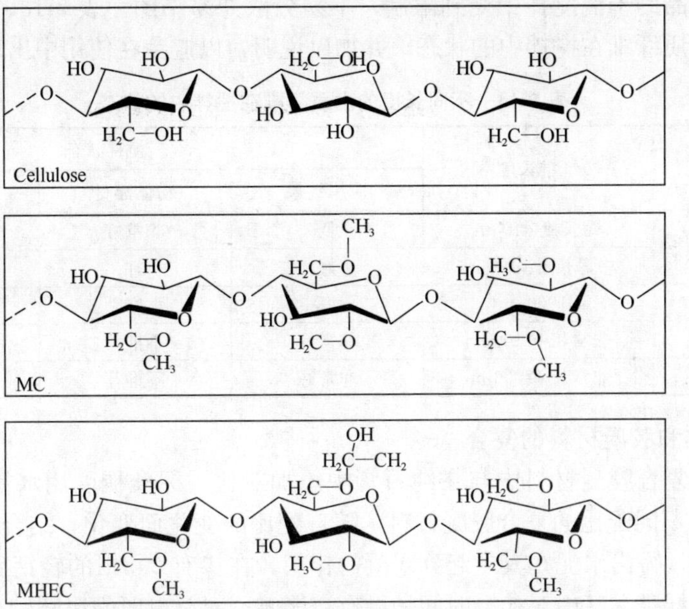

图 5-9 木质纤维、甲基纤维素醚和羟丙基甲基纤维素醚的分子结构

（4）优异的抗流挂性

由于木质纤维的增强性和增稠性，当加入适量的木质纤维后，使得较厚的抹灰可一次性完成，不会出现下坠现象，这一特性在施工中显得非常重要。对于喷涂和涂刷的干粉涂料和乳胶漆来讲，不会产生流挂现象。

（5）抗裂性

木质纤维的三维网状结构能有效地吸收和减弱在固化和干燥过程中所产生的机械能。

（6）减少收缩性

由于木质纤维的尺寸稳定性很好，可大大减少干燥后的收缩性和提高抗裂性。

（7）延长开放时间

在施工过程中，水泥砂浆的水化反应，会释放大量热量而吸收水分。如果开放时间很短，干燥时间很快，会导致水泥砂浆体积收缩较快和开裂现象发生。

因此，木质纤维的特殊三维网状结构和具有一定的保水性显得尤为重要，其纤维通过自身的毛细管作用可吸收液体。当固化时，再通过毛细管将内部的水分输送到介质表面，减少了结皮现象的发生，在木质纤维素与保水剂（如甲基纤维素醚）的双重作用下，使水分均匀分布于水泥砂浆中，可大大减缓水化反应过程中水量的快速消耗，避免失水过快带来的强度下降和开裂，从而使材料的粘结强度和表面强度明显提高。

木质纤维不能单独作为保水剂、增稠剂使用，需和甲基纤维素醚一起使用，才能达到保水、增稠、增强、抗裂的最佳效果。

3）木质纤维的长度选择

木质纤维产品有不同的种类，用于不同的产品，具有不同的长度和细度，分别适用于不同的应用领域。中短木质纤维的长度一般为 $40 \sim 1000 \mu m$，可用于干粉砂浆的产品中；而长度为 $1100 \sim 2000 \mu m$ 的长纤维，通常只用于乳液型的胶粘剂和膏状腻子中，这是由于长纤维在干粉砂浆产品的干混搅拌中受到限制，不易分散并易结团。表 5-13 中列出了几种具有代表性长度的木质纤维在搅拌中的状态，并加以说明，以避免在使用中出现质量问题。

表 5-13　不同长度的木质纤维在搅拌中的状态

产品	纤维长度	搅拌状态		
		应用效果	粉体建材	乳液体系
BE600/30PL	短长度 $\phi40\mu m$	低	非常好	非常好
PWC500	中等长度 $\phi100\mu m$	好	好	非常好
ZZ8/2 CA1	$\phi1000\mu m$	好	好	非常好
ZZ8/1	非常长 $\phi1100\mu m$	非常好	不推荐	好
FIF400	非常长 $\phi2000\mu m$	非常好	不推荐	好

3. 木质纤维和胶凝材料的复合

木质纤维在复合胶凝材料中与在纯石膏中添加对比，标准稠度用水量稍有减少。从图 5-10 中可看出，不同配比的复合胶凝材料，随着配比的变化而变化，结合表 5-14，A4 配比的凝结时间最长，得出水泥在其中起到缓凝的作用，在掺有 0.3% 的轻钙后，凝结时间出现降低趋势。木质纤维在其中对初凝时间稍微有点影响，对终凝时间影响较小，且大于纯石膏的凝结时间。

表 5-14　掺有木质纤维对不同掺量的复合胶凝材料性能的影响

编号	用料配比/%						标准稠度用水量/%	凝结时间/min		强度/MPa	
	天然石膏	脱硫石膏	双飞	水泥	轻钙	木质		初凝	终凝	干抗折	干抗压
A0	100	—	—	—	—	0.2	66	4.17	17	4.47	14.07
A1	—	100	—	—	—	0.2	59	3	12.5	7.42	23.04
A2	50	50	—	—	—	0.2	53	4	13	5.90	20.12
A3	40	40	20	—	—	0.2	52	5	20	5.26	16.23
A4	40	40	20	2	—	0.2	52	6.33	22	5.62	18.41
A5	40	40	20	2	0.3	0.2	52	5.5	19	6.13	19.28

从图 5-11 可看出，随着复合胶凝材料配比的不同，木质纤维对强度的影响也不同，结合表 5-14 的配比得出，木质纤维单独添加在脱硫建筑石膏中比天然建筑石膏中对强度要好，通

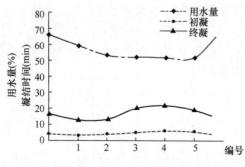

图 5-10　木质纤维对不同掺量的复合胶凝
材料用水量及凝结时间的影响

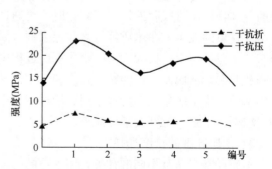

图 5-11　木质纤维对不同掺量的复合胶凝
材料强度的影响

过不同复合胶凝材料的配比及部分无机矿物填料，从图 5-11 可明显看出，其对抗折强度的影响较小，对抗压强度影响较大。

总之，在石膏干混建材中，木质纤维的特点有：

1）提高砂浆的抗裂、抗收缩性；

2）对砂浆具有一定增稠和保水作用；

3）对砂浆具有纤维增强功能；

4）提高砂浆的流变性、稳定性和抗流挂性；

5）良好的导水性，可有效防止砂浆表面结皮现象；

6）因有保水作用，可适当延长砂浆的可操作时间。

五、改性剂

1. 淀粉醚

淀粉醚是干粉砂浆中重要的添加剂之一。由于对淀粉醚的认识不深，施工人员经常忽视了它的重要性。生产淀粉醚的主要原料是来自大自然丰富的马铃薯淀粉，通过在淀粉的多糖链中引入非离子键，使它能够在强碱体系中保持稳定状态和快速融解。另外，可以调整淀粉的分子量，使其获得特殊的触变性能。

1）主要特性

（1）淀粉醚通常和甲基纤维素醚配合使用，显示了两者较好的协同效应，在甲基纤维素醚中加入适量的淀粉醚，可以明显提高砂浆的抗流挂性和抗滑移性，具有较高的屈服值。

（2）在含有甲基纤维素醚的砂浆中，添加适量的淀粉醚，能明显增加砂浆的稠度，提高流动性能，使施工更顺畅、刮抹更平滑。

（3）在含有甲基纤维素醚的砂浆中，加入适量的淀粉醚，可以增加砂浆的保水性，延长开放时间。

（4）淀粉醚是一种可溶于水的化学改性淀粉醚，可与干粉砂浆中其他添加剂相容，广泛用于瓷砖胶粘剂、修补砂浆、抹灰石膏、内外墙腻子、石膏基嵌缝及填充材料、界面剂、砌筑砂浆中，同时也适用于水泥基或石膏基的手工或喷涂施工、抹灰砂浆及外保温体系的粘结砂浆和抹面砂浆中。

表 5-15 列出了进口产品 VP-ST-2793 淀粉醚的产品特性。

表 5-15　VP-ST-2793 淀粉醚的产品特性

化学结构	羟丙基可冷水溶解的淀粉醚	化学结构	羟丙基可冷水融解的淀粉醚
黏度，5% 20℃水溶液中/MPa·s	300～800	有效成分/%	90
颜色	白色或浅黄色	pH 值	4.8～7.2
颗粒度/g/L	细粉状，500～650		

推荐使用量：0.03%～0.05%。

2）淀粉醚对抹灰石膏的性能影响

（1）使石膏浆体性能增加稠度，降低抹灰石膏的流动性。

（2）可以增加石膏料浆的粘结强度，但影响抹灰石膏的抗折与抗压强度。

（3）可使抹灰石膏需水量增加，对产品性能有缓凝作用。

（4）淀粉醚不具有保水功能，添加后对砂浆的保水性影响不大。

（5）对抹灰石膏的施工性有抗滑移功能。

2. 干粉消泡剂

本文以干粉消泡剂为例进行说明。

这是一种专为干粉砂浆产品设计的粉状消泡剂，与乳胶漆中使用的液体消泡剂的功能很相似，在干粉砂浆中起到消泡和抑泡的作用。

干粉消泡剂是一种非离子型的表面活性剂，这种非离子聚乙二醇型的表面活性剂，可广泛用于中性和碱性体系中，并和大多数其他添加剂相容，稳定性好，消泡和抑泡功能强。

在施工中，由于干粉料与水搅拌时，经常会产生气泡，影响产品的美观性。如干粉涂料，在粉刷和喷涂后会产生针孔，像麻子一样分布在漆膜表面。自流平砂浆施工后，表面形成的气孔和弹孔会影响最终产品的表面质量和美观性。而防水砂浆产生气泡又可能会影响砂浆的抗渗性能等，因此，添加适量的干粉消泡剂，在干粉砂浆产品中能有效地消除气泡、针孔，消除泵送、刮涂、喷涂时的气孔和空腔，同时又不会影响砂浆的抗渗性能。表 5-16 列出了干粉消泡剂的产品特性。

表 5-16　干粉消泡剂的产品特性

外观	白色流动性粉末
有效活性物/%	63～67
pH 值	6.5～8.5
水溶性	可乳化
体积密度/g/L	375～425

干粉消泡剂的主要功能是消泡、抑泡，使产品表现更均匀、更美观，同时提高产品的抗渗性能和增加强度。

添加剂淀粉醚是抹灰石膏砂浆中提高浆体抗流挂性的最佳材料。淀粉醚是淀粉经过醚化后的产物，其在砂浆中的效果和水溶液黏度没有直接的关系，对砂浆有增稠作用，但不增黏，对砂浆的保水性作用很弱，最大的优点是具有很好的抗下垂性和抗下滑性。此外，无论是手工施工的抹灰石膏还是机械喷涂的抹灰石膏中，添加适量的淀粉醚会使得砂浆的施工滑爽性很好，抹平和压光时砂浆不粘抹子。还正因为淀粉醚能提高抹灰石膏的滑爽性，在一定程度上也可以减少抹灰石膏机械喷射时砂浆与管壁的阻力，提高砂浆的可泵性。

3. 引气剂

引气剂也称之为加气剂，是一种粉末状的阴离子型表面活性剂，是专为水泥基和石膏基产品的应用而开发的。使用引气剂可在产品中引入大量均匀分布、稳定而封闭的微小气泡，有助于降低砂浆中水的表面张力，从而导致更好的润湿性和分散性，提高施工性和泵送性及防冻性。

在干粉砂浆产品中，通常将引气剂和润湿分散剂配合使用，以达到最佳的产品效果。引气剂可广泛用于水泥基和石膏基的抹灰砂浆及内外墙腻子、砌筑砂浆、自流平砂浆中，改善产品的施工性、光滑性、塑性等，有利于各种颜填料的润湿分散。同时引气剂可以提高产品在低温环境下的抗冻性能，提高防水砂浆的抗渗性能，减少混凝土和砂浆的泌水性。可用于轻质集料砂浆、普通砂浆和混凝土中，但不宜用于蒸养混凝土及预应力混凝土产品中。

德国拜耳公司生产的 IP-WI 引气剂适合于中性和碱性体系，与大多数添加剂相容。引气剂的掺加量很少，要严格控制，过高的掺量将导致产品后期强度下降。因为引入空气会降低砂浆的强度，强度下降与孔隙总体积成正比关系，引入 1％的空气将使砂浆强度降低 5％左右。

目前使用最普遍的引气剂是松香聚合物、烷基苯磺酸钠盐、十二烷基硫酸钠、脂肪醇磺酸钠等，这些产品均可溶解于水。

1）主要特征

（1）提高砂浆和混凝土的耐久性，掺入引气剂的砂浆的抗冻性要比普通砂浆提高数倍。

（2）增加砂浆拌合物的稳定性和黏性，降低泌水和离析现象的发生。

（3）能补偿级配不良砂粒的细粒部分，从而改善砂浆的质量。

（4）添加引气剂的砂浆更容易抹面。

（5）减少砂浆表面的缺陷，如麻面、陷坑等。

2）用量

一般使用量介于 0.005％～0.02％之间。

3）以 K12 引气剂为例

K12 引气剂，即十二烷基硫酸钠，属于阴离子型硫酸酯类表面活性剂，呈中性，易溶于水，起泡力强，有优良的乳化性能。它主要是通过降低表面张力、增加气泡膜的弹性以及双电层的排斥作用来稳定气泡，具有较好的发泡和稳泡效果，是市场上使用广泛的粉体引气剂。

表 5-17　引气剂对抹灰石膏凝结时间和可操作时间的影响

编号	1	2	3	4	5	6
引气剂掺量/‰	0	0.04	0.08	0.16	0.32	0.64
凝结时间/min	260	260	255	260	270	260
可施工时间/min	120	165	107	107	165	175

从表 5-17 和曲线图 5-12 可以看出，引气剂的掺入对抹灰石膏的可施工时间影响较大。随着引气剂的加入，可施工时间均延长了 40min 以上。虽然抹灰石膏料浆在放置一段时间后，料浆水分会部分蒸发且石膏缓慢结晶，会造成料浆黏度增加，影响施工性，但是在重新搅拌的过程中，料浆会再次产生大量微小的封闭气泡，这些微小气泡如同滚珠一般，会降低料浆内部的摩擦力，使放置一段时间后的抹灰石膏料浆重新获得较好的和易性和流动性，进而延长料浆的使用时间。

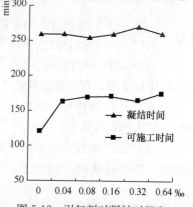

图 5-12　引气剂对凝结时间和可操作时间的影响

（1）力学强度和体积密度

引气剂对力学强度和体积密度的影响如表 5-18 所示。

表 5-18　引气剂对力学强度和体积密度的影响

编号	1	2	3	4	5	6
引气剂掺量/‰	0	0.04	0.08	0.16	0.32	0.64
抗折强度/MPa	4.00	2.60	0.15	1.70	1.55	1.65
抗压强度/MPa	8.50	5.33	4.52	3.17	3.41	3.70
体积密度/kg/m³	1695	1582	1414	1253	1337	1332

从表 5-18 以及图 5-13 力学强度变化曲线可以看出，加入的引气剂使力学强度下降较快，抗折强度下降了 30％以上，抗压强度下降了 20％以上。而图 5-14 则显示抹灰石膏硬化体的体积密度在相应地逐步降低。随着引气剂掺量的逐步增加，硬化体中的晶体排列由致密转向疏松，同时硬化体内部也开始出现不同程度的空洞（即宏观上的气泡），因此在抹灰石膏中加入引气剂后，影响了石膏的结晶以及晶体排列，增加了石膏硬化体内部的孔隙率，降低了抹灰石膏硬化体的密实度，进而降低了抹灰石膏的力学强度。虽然引气剂的引入对抹灰石膏的强度有比较大的影响，但是当引气剂掺量＜0.16‰时，力学强度依然能满足 GB/T 28627—2012《抹灰石膏》标准的要求。另一方面，引气剂的引入，同时降低了抹灰石膏的体积密度，比水泥砂浆低 200～800kg/m³，能有效地减轻建筑物的自身负重。

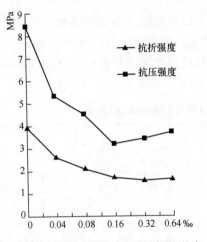
图 5-13　引气剂掺量对力学性能的影响

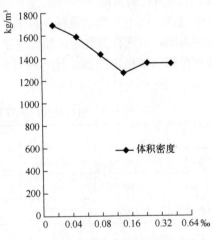
图 5-14　引气剂掺量对体积密度的影响

（2）对 K12 引气剂的作用效果如下

① K12 引气剂能有效改善抹灰石膏料浆的和易性，延长料浆的可施工时间；

② 在抹灰石膏中掺入低于 0.16‰的 K12 引气剂能增加抹灰石膏的产浆量，进而增加建筑物的抹灰面积，有效地降低施工成本，具有一定的经济效益；

③ K12 引气剂掺量在低于 0.16‰时，可在符合 GB/T 28627—2012 标准的强度条件下，降低建筑物的自身负重。

④ K12 引气剂掺入后对抹灰石膏的强度影响很大，结合扩散度试验，可以考虑适当减少抹灰石膏的标准稠度用水量，尽可能地减少因加入引气剂而导致的抹灰石膏力学强度损失。

4. 触变润滑剂

触变润滑剂是一种纯无机片状的硅酸盐类的添加剂，由无数个纳米级的小片组成，并带有明显的正负离子，能被石膏、水泥粒子的表面吸附，当加入水量并给予一定剪切力搅拌时，这些片状体形成润滑层从而使各粒子分离，使粒子不必克服粒子间的高剪切压力而易于移动。

干粉砂浆产品中使用量最大的触变润滑剂是德国南方化学公司生产的 Optibent 系列触变润滑剂。触变润滑剂使产品能够减少流动阻力，获得良好的润滑性及施工性，提高触变性、抗垂性和抗沉淀性，有利于干粉砂浆产品的搅拌和泵送。

触变润滑剂可与大多数添加剂、颜料与填料相容，广泛用于石膏及水泥基抹灰砂浆和腻子中，如乳胶漆、自流平砂浆等产品。

触变润滑剂应用于石膏及水泥抹灰砂浆和腻子中，可以改善产品表面的光滑性，减少粘连性，并具有极好的泵送性，减少泵送损耗和能耗，延长开放时间，推迟凝固时间，增加润滑性能。

触变润滑剂应用于自流平砂浆中，可以防止产品分层和沉降，使自流平系统结构均匀，同时还可增加其表面强度。表 5-19 列出了触变润滑剂的产品特性。

表 5-19　触变润滑剂的产品特性

外　观	灰白色流动性粉末
体积比重/g/L	800±100
pH 值	9～11
含水率/%	最大 13

不同的触变润滑剂适用于不同的干粉砂浆产品，以德国南方化学公司的产品为例，其产品 Optibent M987 主要用于水泥及石膏基的各种抹灰砂浆和内外墙腻子、瓷砖胶粘剂、自流平砂浆和乳胶漆及膏状腻子中，可改善产品的施工性，增加抗垂性，增加润滑性，使产品易搅拌、易泵送。

抹灰石膏砂浆中，砂子的掺量通常达到 60%。高砂子含量的抹灰石膏，对于手工刮抹问题不大，但对于机械喷涂施工，砂浆对泵送管道的摩擦阻力就比较大，很容易造成砂浆离析和堵管，不仅严重影响施工效率，而且泵送管道因堵管导致报废的经济代价也是很高的。

在机械喷涂施工抹灰石膏过程中，即便是砂浆中添加了一定量的纤维素醚用以保水和增稠，但是喷射时砂浆的反弹率仍然很高。砂浆反弹率高，造成砂浆的浪费会比较大，而降低喷射施工的反弹率，除了应密切关注砂浆的级配及 MC 的添加量外，在抹灰石膏砂浆中添加适量的触变润滑剂，可以大大地降低反弹率。

所谓触变性是指某些体系在外力作用下，流动性暂时增加，外力撤销后，具有缓慢的可逆复原的性能。简单地说，加入触变剂后的砂浆浆体，在有外力作用时具有流动性并产生蠕变，外力撤销时保持其状态，大大降低了喷射砂浆的反弹。龙湖科技代理销售的德国毕克（BYK）公司的系列触变润滑剂，如 602、987、1008、NT-10、MF 等，这类触变润滑剂是一种纳米级分散性片层状硅酸盐材料，是由一种十分薄的（大约 1nm）和直径为 50nm 左右的盘片状材料组成，在水泥基及石膏基砂浆系统中具有极好的分散性能。在水性介质中，这些层状的溶胀性硅酸盐能够形成凝胶（即所谓的卡屋结构）。这种结构可以提高体系的基本黏度，与石膏砂浆体系具有很好的兼容性，同为无机材料，对砂浆强度没有影响。触变剂在石膏砂浆中的应用特点：

1）保水性：其保水性虽不能与纤维素醚相提并论，但是遇水后也有一定的膨胀性，对砂浆的稠度和流动度有一定的保持性，可减少砂浆的沉淀和分层。

2）触变增稠性：在砂浆中具有很好的触变性和良好的增稠作用，可以替代淀粉醚并提高砂浆的抗滑移性，改善砂浆的施工爽滑性且不粘刀。

3）降低喷射砂浆反弹率：抹灰石膏砂浆中添加触变剂，减小砂浆喷射时与设备及管道的阻力，从而降低砂浆的反弹率，提高了施工效率，减少了浪费。

4）提高抹灰石膏砂浆的稳定性：触变润滑剂的适量添加，可有效提高砂浆的温度稳定性、耐候性和耐水性。

5. 减水剂

由于石膏化学反应需要的水量为 18.6%，而实际拌合时要使石膏达到标准稠度或石膏基砂浆达到合适的施工性，用水量是化学反应需水量的 3～4 倍，多余的水分将在石膏及石膏砂浆硬化过程中挥发掉。大量的拌合水挥发后将给石膏制品或石膏砂浆中留下空隙，降低了石膏砂浆的密实度和强度。添加适量的、对石膏体系适应性良好的减水剂，可以不同程度地减少石膏砂浆拌合用水量，改善砂浆的施工性，改变石膏砂浆硬化体的孔结构，提高硬化体的密实度和强度。

减水剂的选择方面应关注其适应性，有些用于水泥的减水剂可以用于石膏砂浆中，但也有不适宜石膏砂浆使用的，在减水剂用于抹灰石膏砂浆之前，生产企业应做减水剂适应性试验。减水剂对石膏砂浆是否起作用及其作用的强弱，与石膏的成分含量、石膏粉的细度、所含杂质的类型、中性还是碱性石膏体系等都有关系。常用的减水剂有密胺系和聚羧酸系高效减水剂，如龙湖科技的 F10（密胺系）和 P29（聚羧酸系），对机喷抹灰石膏砂浆具有良好的减水、增强和改善施工性的作用。

第六章 骨 料

砂和石子统称为骨料，亦称集料。骨料是砂浆的主要组成材料，砂浆所用的骨料，从粒径来分，可分为细骨料和细填料两大类。

细骨料还可以进一步细分为普通骨料、装饰骨料和轻质骨料等三类。普通骨料是粒径在0～4mm的骨料，如石英砂、石灰石破碎砂、白云砂、河砂等；装饰骨料是指粒径在0～4mm的具有特定颜色和花纹的骨料，例如石灰质园石、侏罗纪石灰石、大理石、云母等；轻质骨料是指粒径在0～4mm的轻质类骨料，例如陶粒、膨胀珍珠岩、膨胀蛭石、浮石、泡沫玻璃珠等。

细填料即我们平时称呼的矿物外加剂，根据其活性，又可细分为惰性细填料和活性细填料两类。惰性细填料没有活性，主要有石灰石粉、石英粉、重质碳酸钙、轻质碳酸钙等；活性细填料本身不具有水化活性或仅具有微弱的水化活性，但在碱性环境或存在硫酸盐的情况下可以水化，并产生强度，主要有粉煤灰、粒化高炉矿渣粉、硅灰等。

第一节 普通骨料

普通骨料是指粒径在0～4mm的骨料。从粒径上看，其最大粒径较GB/T 14684—2011《建筑用砂》中规定的砂的最大粒径（4.75mm）。

1. 普通骨料的分类

适用于建筑砂浆的普通骨料，按其来源可分为天然砂和人工砂。

天然砂是指由自然风化、水流搬运和分选、堆积形成的粒径<4.75mm的岩石颗粒，但不包括软质岩、风化岩石的颗粒，天然砂可分为河砂、湖砂、山砂、淡化海砂。人工砂是指经除土处理的机制砂和混合砂的统称，机制砂是指由机械破碎、筛分制成的，粒径<4.75mm的岩石颗粒，但不包括软质岩、风化岩石的颗粒；混合砂是指由机制砂和天然砂混合制成的砂。砂的分类如图6-1所示。

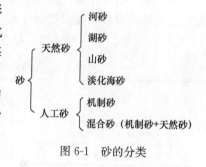

图6-1 砂的分类

2. 技术要求

1）颗粒级配

颗粒级配是指砂中不同粒径颗粒之间搭配的比例情况，在砂中，砂粒之间的空隙是由砂浆来填充的，为了达到节约胶结料和提高砂浆的强度，就应尽量降低砂粒之间的空隙，如采用相同粒径的砂，其空隙率则最大；如采用两种粒径的砂，其空隙率则减小；如采用三种粒径的砂搭配，其空隙率则更小。因此，要减少砂的空隙率，就必须采用粒径大小不同的颗粒进行搭配，方可达到良好的颗粒级配砂。

表6-1为砂的颗粒级配规定。

表 6-1　砂的颗粒级配（GB/T 14684—2011）

砂的分类	天然砂			机制砂		
级配区	1 区	2 区	3 区	1 区	2 区	3 区
方筛孔	累计筛余/%					
4.75mm	10～0	10～0	10～0	10～0	10～0	10～0
2.36mm	35～5	25～0	15～0	35～5	25～0	15～0
1.18mm	65～35	50～10	25～0	65～35	50～10	25～0
600μm	85～71	70～41	40～16	85～71	70～41	40～16
300μm	95～80	92～70	85～55	95～80	92～70	85～55
150μm	100～90	100～90	100～90	97～85	94～80	94～75

砂的颗粒级配可采用筛分析法来测定，用一套孔径分别为 4.75mm、2.36mm、1.18mm、600μm、150μm 的方孔标准筛，将 500g 干砂由粗到细依次过筛，称取各筛上的筛余量，并计量出分计筛余百分率 $a1$、$a2$、$a3$、$a4$、$a5$（即为各筛筛余量与试样总量之比）及累计筛余百分率 $A1$、$A2$、$A3$、$A4$、$A5$（即为该号筛的筛余百分率与该号筛以上各筛筛余百分率之和）。分计筛余与累计筛余的关系见表 6-2。

表 6-2　分计筛余与累计筛余之间的关系

筛孔尺寸	分计筛余（%）	累计筛余（%）
4.75mm	a_1	$A1 = a_1$
2.36mm	a_2	$A2 = a_1 + a_2$
1.18mm	a_3	$A3 = a_1 + a_2 + a_3$
600μm	a_4	$A4 = a_1 + a_2 + a_3 + a_4$
150μm	a_5	$A5 = a_1 + a_2 + a_3 + a_4 + a_5$

砂的颗粒级配用级配区表示，见表 6-1，使用时以级配区来判定砂级配的合格性。普通混凝土用砂的颗粒级配只要处于表 6-1 中的任何一个级配区中均为级配合格。

2）含泥量、泥块含量和石粉含量

表 6-3　天然砂的含泥量和泥块含量（GB/T 14684—2011）

项目	指标		
	Ⅰ类	Ⅱ类	Ⅲ类
含泥量（质量分数%）	<1.0	<3.0	<5.0
泥块含量（质量分数%）	0	<1.0	<2.0

表 6-4　人工砂的石粉含量（GB/T 14684—2011）

项目			指标		
			Ⅰ类	Ⅱ类	Ⅲ类
亚甲蓝试验	MB 值<1.40 或合格	石粉含量（质量分数%）	<3.0	<5.0	<7.0[1]
		泥块含量（质量分数%）	0	<1.0	<2.0
	MB 值≥1.40 或不合格	石粉含量（质量分数%）	<1.0	<3.0	<5.0
		泥块含量（质量分数%）	0	<1.0	<2.0

注：1）根据使用地区和用途，在试验验证的基础上，可由供需双方协商确定。

含泥量是指天然砂中粒径<$75\mu m$的颗粒含量；泥块含量是指砂中原粒径>1.18mm，经水浸洗、手捏后<$60\mu m$的颗粒含量；石粉含量是指人工砂中粒径<$75\mu m$的颗粒含量。

砂中的泥和石粉颗粒极细，会黏附在砂粒表面上，阻碍水泥石与砂子的胶结，降低混凝土的强度及耐久性，砂中的泥块在混凝土中会形成薄弱部分，对混凝土的质量影响更大，因此对砂子中含泥量、泥块含量和石粉含量必须严格限制。天然砂的含泥量和泥块含量应符合表 6-3 的规定；人工砂的石粉含量和泥块含量应符合表 6-4 的规定。

3）杂物、有害物质的含量

砂子中不应混有草根、树叶、树枝、塑料、煤块、炉渣等杂物。

砂子中的有害物质主要是云母、轻物质、有机物、硫化物以及硫酸盐、氯化物等。云母为表面光滑的小薄片，轻物质是指体积密度小于 $2000kg/m^3$ 的物质，它们会黏附在砂子的表面，与水泥浆粘结，影响砂的强度及耐久性，有机物、硫化物及硫酸盐则对水泥石有侵蚀作用，而氯化物则会导致混凝土中的钢筋锈蚀。

有害物质其含量应符合表 6-5 的规定。

表 6-5　砂的有害物质含量（GB/T 14684—2011）

项 目		指 标		
		Ⅰ类	Ⅱ类	Ⅲ类
云母（质量分数%）	<	1.0	2.0	2.0
轻物质（质量分数%）	<	1.0	1.0	1.0
有机物（比色法）		合格	合格	合格
硫化物及硫酸盐（SO_3 质量分数%）	<	0.5	0.5	0.5
氯化物（氯离子质量分数%）	<	0.01	0.02	0.06

4）坚固性

天然砂采用硫酸钠溶液法进行试验，砂样经 5 次循环后，其质量损失应符合表 6-6 的规定；人工砂采用压碎指标法进行试验，压碎指标值应小于表 6-7 的规定。

表 6-6　砂的坚固性指标

项 目		指 标		
		Ⅰ类	Ⅱ类	Ⅲ类
质量损失/%	<	8	8	10

表 6-7　砂的压碎指标

项 目		指 标		
		Ⅰ类	Ⅱ类	Ⅲ类
单级最大压碎指标/%	<	20	25	30

5）表观密度、堆积密度、空隙率

砂的表观密度为：>$2500kg/m^3$；砂的松散堆积密度为：>$1350kg/m^3$；砂的空隙率

为：$<47\%$。

6）碱集料反应

经过碱集料反应试验后，由砂制备的试件无裂缝、酥裂、胶体外溢等现象，在规定的试验龄期膨胀率应小于 0.10%。

3. 砂的细度模数

砂的细度模数 M_x 是划分用砂粗细程度的指标。在砂浆配合比设计中，要以它调整砂率与用水量，以保持稠度不变。细度模数愈大，砂愈粗，根据其大小可将砂划分为粗、中、细三种。现将划分指标与相应平均粒径 d_{cp} 指标展示如表 6-8 所示。

表 6-8　划分指标与相应平均粒径 d_{cp}

砂组	粗砂	中砂	细砂
细度模数 M_x	3.7～3.1	3.0～2.3	2.2～1.6
平均粒径 d_{cp}/mm	>0.5	0.35～0.49	0.25～0.34

在砂浆配合比设计中，水灰比、单位用水量、砂率是三个基本设计参数。除水灰比应根据砂浆配制强度与耐久性要求确定外，单位用水量与砂率的确定均由规范中以中细砂为基准提供参考值。在砂浆混合料坍落度、粗集料最大粒径、水灰比等其他条件一定的前提下，若使用中砂，则单位用水量可适当减少，而砂率则应适当增加；采用细砂则反之。这是因为集料的品种、粒径、级配均与砂浆混合料的需水量有关。对于细集料，砂的细度模数愈小，颗粒愈细，在相同用量下总表面积大，用以包裹其表面并填充砂子空隙的石膏浆需要量也愈多，单位用水量与石膏用量就愈大。细集料的性质与用量又和抹灰石膏砂浆混合料的和易性密切相关，所谓最佳砂率是指满足一定水灰比（亦即一定强度）与施工和易性要求的前提下石膏用量为最小时的砂率；或是水灰比与石膏用量一定的前提下能获得最大流动性时的砂率。最佳砂率的确定关系到砂浆配合比设计应满足的强度、施工和易性与经济性，所以它是很重要的设计参数。在确定时应考虑集料最大粒径、品种、水灰比、砂的粗细等一切与施工和易性有关的因素，因此在试配过程中应十分重视砂的细度模数与砂率取值之间的关系。若采用较高砂率，细集料总表面积将大大增加，在相同水灰比与石膏用量时，石膏浆就不能有效地包裹砂粒并填充空隙，从而不能获得粘结性较好的砂浆，因而事与愿违，砂率增大反而无法满足和易性要求；而且在相同水灰比的情况下，增大砂率，使砂浆的坍落度增大，必然降低砂浆强度。为此，在进行砂浆配合比试配时，不仅仅考虑砂的组属，还需根据砂的细度模数具体值大小来选择合适的砂率值。

相同的细度模数和平均粒径可由各种不同的级配来获得，因此在使用时必须同时考虑砂的级配，才能将砂的颗粒性质完整的表达出来。而且当砂的细度模数与平均粒径同为一个组属时，要比两值各属一个砂组时级配要好得多。

砂的细度模数对所配制的抹灰石膏砂浆性质有着如此重要的影响，而其值的确定仅借助于最简单的筛析方法，每个试验室和施工工地都很容易做到，所以控制砂浆用砂的细度模数是设计配合比保证砂浆工程质量的一个十分有效的途径。

为确保砂浆和易性，不至于产生离析现象，又要保证砂浆强度，砂率的选择尤为重要。

第二节　轻集料（轻质骨料）

1. 分类

轻集料是堆积密度小于 1200kg/m³ 的天然或人工多孔轻质集料的总称。轻集料按原材料来源可分为天然轻集料、人造轻集料和工业废料轻集料，见表 6-9。

表 6-9　轻集料按材料来源分类

类　别	原材料来源	主要品种
天然轻集料	火山爆发或生物沉积形成的天然多孔岩石	浮石、火山渣、多孔凝灰岩、珊瑚岩、钙质贝壳岩等及其轻砂
人造轻集料	以黏土、页岩、板岩或某些有机材料为原材料加工而成的多孔材料	页岩陶粒、黏土陶粒、膨胀珍珠岩、沸石岩轻集料、聚苯乙烯泡沫轻集料、超轻陶粒等
工业废料轻集料	以粉煤灰、矿渣、煤矸石等工业废渣加工而成的多孔材料	粉煤灰陶粒、膨胀矿渣珠、自燃煤矸石、煤渣及轻砂

下面简要介绍市场上常见的几种轻集料。

1）膨胀珍珠岩

膨胀珍珠岩是在酸性熔岩喷出地表时，由于与空气温度相差悬殊，岩浆骤冷而具有很大黏度，使大量水蒸气未能逸散而存于玻璃质中从而形成的。焙烧时，珍珠岩突然升温达到软化点温度，玻璃质结构内的水汽化，产生很大压力，使黏稠的玻璃质体积迅速膨胀，当它冷却到其软化点以下时，便凝成具有孔径不等、蜂窝状物质，即膨胀珍珠岩。

膨胀珍珠岩颗粒内部呈蜂窝结构，具有质轻、绝缘、吸声、无毒、无味、不燃烧、耐腐蚀等特点。除直接作为绝热、吸声材料外，还可以配制轻质保温砂浆、轻质混凝土及其制品等。膨胀珍珠岩一般分为两类：粒径＜2.5mm 的称为膨胀珍珠砂；粒径为 2.5～30mm 的称为膨胀珍珠岩碎石，习惯上统称为膨胀珍珠岩。

但由于大多数膨胀珍珠岩含硅量高（通常超过 70％），多孔并具有吸附性，对隔热保温极为不利，特别是在潮湿的地方，膨胀珍珠岩制品容易吸水致使其热导率急剧增大，高温时水分又易蒸发，带走大量的热，从而失去保温隔热性能。因此，需采取一些措施降低其吸水率，提高保温隔热性能。

2）膨胀蛭石

膨胀蛭石是由黑云母、金云母、绿泥石等矿物风化或热液蚀变而来的，自然界很少产出纯的蛭石，而工业上使用的主要是由蛭石和黑云母、金云母形成的规则或不规则层间矿物，称之为工业蛭石。膨胀蛭石是将蛭石破碎、筛分、烘干后，在 800～1100℃ 的温度下焙烧膨胀而成。产品粒径一般为 0.3～25mm，堆积密度为 80～200kg/m³，热导率为 0.04～0.07W/(m·K)，化学性质较稳定，具有一定机械强度，最高使用温度达 1100℃。

蛭石被急剧加热煅烧时，层间的自由水将迅速汽化，在蛭石的鳞片层间产生大量蒸汽。急剧增大的蒸汽压力迫使蛭石在垂直解理层方向产生急剧膨胀。在 850～1000℃ 的温度煅烧时，其颗粒单片体积能膨胀 20 多倍，许多颗粒的总体积膨胀 5～7 倍。膨胀后的蛭石中细薄的叠片构成许多间隔层，层间充满空气，因而具有很小的密度和热导率，成为一种良好的保温隔热和吸声材料。

同膨胀珍珠岩一样，采用膨胀蛭石制作保温砂浆时，由于其吸水率高造成水分不易挥发，容易引起涂层鼓泡开裂和保温性能的下降。

3）玻化微珠

玻化微珠是一种无机玻璃质矿物材料，经过特殊生产工艺技术加工而成，呈不规则球状体颗粒，内部多空腔结构，表面玻化封闭，光泽平滑，理化性能稳定，具有质轻、绝热、防火、耐高温、抗老化、吸水率小等优异特性，可替代粉煤灰漂珠、玻璃微珠、膨胀珍珠岩、聚苯颗粒等传统轻质集料，在保温材料中使用。

2. 技术要求

1）颗料级配

骨料的公称粒径为 0～8mm，按粒径可分为：0～0.3mm、0.3～0.6mm、0.6～1.18mm、1.18～2.36mm、2.36～4.75mm 以及 4.75～8mm 等六个级别，可根据商品砂浆的种类选择适当的粒径和颗粒级配。

2）表观密度

轻质骨料的表观密度应不大于 $1200kg/m^3$。

3）含水率

轻质骨料的含水率（质量分数）应小于 0.2%。

4）有害物质含量

轻质骨料的有害物质含量应符合表 6-10 的规定要求。

表 6-10　有害物质含量

项目名称	质量指标	备　注
烧失量/%　　≤	5	天然轻骨料不作规定，煤渣允许值为 20
硫化物和硫酸盐含量(按 SO₃ 计)/%　≤	1.0	自然煤矸石允许含量≤1.5
含泥量/%　　≤	3	
有机物含量	不深于标准色	
放射性比活度	符合 GB 6763—2000 规定	煤渣、自然煤矸石应符合 GB 6763—2000 的规定

3. 轻骨料对建筑石膏性能的影响

1）膨胀珍珠岩

建筑石膏与膨胀珍珠岩的复掺做的试验结果如表 6-11 所示：

表 6-11　复掺试验结果

	1	2	3	4	5	6
石膏/g	1000	1000	1000	1000	1000	1000
珍珠岩/g	0	10	20	30	40	50
2h 抗折强度/MPa	1.84	1.76	1.68	1.50	1.43	1.25
2h 抗压强度/MPa	6.55	6.57	6.28	5.96	5.89	5.51
绝干抗折强度/MPa	4.13	3.89	3.80	3.53	3.30	2.94
绝干抗压强度/MPa	14.15	14.12	12.26	11.68	11.18	10.38

通过上述试验，可以看出：

在建筑石膏中掺入膨胀珍珠岩，随着掺量的不断增加，其复合胶凝材料的 2h 强度、绝干强度呈现不同程度的下降，且下降较为明显。

在配置保温材料时，需要一定的强度，因此，珍珠岩在石膏里面掺有一个上限值。

2）确定脱硫建筑石膏与膨胀玻化微珠的配比

评价保温材料的基本指标分别是抗压强度及导热系数，它们与保温材料组成有直接的关系。要配制出性能优越的保温砂浆，就必须首先确定混合主材的配比值。图 6-2 为膨胀玻化微珠掺量对保温砂浆干密度和立方抗压强度的影响。

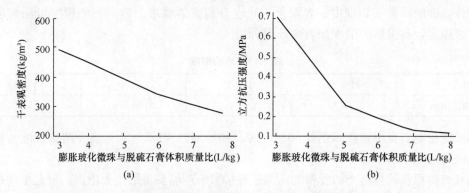

图 6-2　膨胀玻化微珠与脱硫建筑石膏体积质量比对保温砂浆干表观密度和立方抗压强度的影响

由图 6-2（a）可见，随着膨胀玻化微珠与脱硫建筑石膏的体积质量比的增大，砂浆拌合物干表观密度呈线性降低。当达到 4.5L/kg 时，干密度达到 GB/T 20473—2006 中Ⅱ类保温砂浆的要求，且干密度降低曲线趋于平缓。图 6-2（b）表明，当膨胀玻化微珠与脱硫建筑石膏的体积质量比在 5.5L/kg 以上时，抗压强度小于 0.2MPa，不再满足标准要求。配制性能优异的保温性砂浆，首先要保证保温隔热组分具有足够的比例，而强度的不足完全可以通过掺入外加剂进行调节。因此，玻化微珠与脱硫建筑石膏的比例可控制在 4.5L/kg 左右。

3）云母

建筑石膏与云母的复掺相关试验，结果如表 6-12 所示：

表 6-12　复掺试验结果

序号	1	2	3	4
石膏/g	1000	1000	1000	1000
云母/g	0	3	6	9
2h 抗折强度/MPa	1.83	2.2	1.89	2.10
2h 抗压强度/MPa	6.87	7.49	6.60	7.02
干抗折强度/MPa	4.12	4.41	4.20	3.48
干抗压强度/MPa	14.24	14.50	15.68	14.42

通过上述试验，可以看出：

（1）在建筑石膏中掺入云母后，会不同程度地增加其强度。

（2）当云母的掺入量为 3‰时，石膏胶凝材料的 2h 强度达到 2.2MPa 和 7.49MPa，较原石膏分别增加了 20％和 9％。

（3）当云母的掺入量为 6‰时，石膏胶凝材料的干强度达到 15.68MPa，较纯建筑石膏的强度提高了 10％。

第三节　不同骨料在抹灰石膏砂浆中的应用技术

1. 砂的细度、骨料的选配及其颗粒级配，轻骨料的复合

对粉刷石膏产品的影响因素来说，影响其质量的因素除石膏与其他有机、无机材料的混合比例外，砂的质量（如细度、含泥量等）也有相应的要求。砂的粗细程度可用细度来划分，按照规定，我国砂的细度如表 6-13 所示：

表 6-13　砂的细度

类　　别	粗　砂	中　砂	细　砂	特细砂
细度/mm	3.7～3.1	3.0～2.3	2.2～1.6	1.5～0.7

在底层粉刷石膏中掺砂以细砂 50％～60％和特细砂 40％～50％复合调整级配为好，含泥量不能超过 5％。

抹灰石膏原料选择适当的骨料配比都是直接影响产品质量的主要原因。砂是生产抹灰石膏的主要原料之一，在抹灰石膏中对建筑用砂的需求量和使用量都很大，天然砂的需求占了绝大多数，但它们分布极不均匀，加之近年来的大量开采，天然砂资源已相当匮乏。另外，我国对环境保护要求越来越高，很多地区已禁止挖采天然砂，这使砂的供需矛盾日益突出，寻找替代天然砂资源已势在必行。就地取材，充分合理利用当地资源，将一些尾矿砂、矿渣、煤矸石、钢渣等工业固体废弃物替代天然砂，这样既利废又环保，还可取得较好的经济效益和社会效益，因此要根据不同地区、不同砂源条件、不同骨料在抹灰石膏砂浆的应用，分别进行了解和处理。

2. 天然砂在抹灰石膏中的作用和性能影响

砂在抹灰石膏中是不参与化学反应的惰性材料，在抹灰石膏中起骨架或填料的作用，通过砂率级配可以调整抹灰石膏的密度、控制抹灰石膏的抗裂性。砂的级配调整应综合考虑砂的细度与级配，在抹灰石膏的配置中砂粗保水性差、抗裂性好、强度高、流动性小、砂细保水性好、粘结性优，但抗裂性差，表面易产生微裂纹。

砂的粗细直接影响石膏浆料的需用量，从而影响抹灰石膏配合比设计，同时也影响浆体性能和抹灰石膏硬化体的性能，砂的颗粒较大时，比表面积相对较小，包裹砂的熟石膏材料用量相对较少，随着砂的颗粒粒度变细，比表面积增大。包裹砂的石膏浆需求量明显提高，随着砂粒细度的降低，抹灰石膏用水量增加，抹灰石膏拌和浆体密度下降，导致其强度下降。砂的粗细对抹灰石膏强度有着决定性的影响。

天然砂具有光滑的表面，大多呈圆形，在配置抹灰石膏过程中用较低的石膏用量及拌合水就可满足需要；级配合理的天然砂，无疑是生产抹灰石膏较为理想的骨料。

天然砂的颗粒通常较为均匀，级配也好，使用中砂的抹灰石膏硬化体绝干密度高于使用细砂制备的抹灰石膏硬化体的绝干密度（在强度相同的情况下），但每立方米的抹灰石膏中的熟石膏粉、掺合料、外加剂用量均有所降低。若砂的细度变细，用水量增加，浆体密度降

低，浆体稳定性也变差、也易出现泌水现象，使配方中的缓凝剂、保水剂等外加剂用量增加。同时也会引起抹灰石膏硬化体抗压强度的下降，提高了抹灰石膏材料成本。

底层抹灰石膏一般使用中砂与细砂、特细砂相级配，大量中砂构成骨架；少量细砂填充较大的空隙；特细砂填充小的空隙；石膏浆均匀包裹，并粘结沙粒，形成一个比较密实的体系。天然砂中的泥对抹灰石膏砂浆是有害的，必须严格控制其含量。因泥是颗粒很细的非活性物质，它会吸附大量的水分，使石膏浆料与集料之间的界面粘结性变差，另外它所吸附的水是自由水、易挥发，会造成抹灰石膏保水性差而易开裂。

3. 特细砂对抹灰石膏配置的影响

目前建筑用中细砂资源越来越少，有的地区因地理位置与气候条件的因果关系，大量生成特细砂的存在，将特细砂用于抹灰石膏的配置中要明显影响抹灰石膏浆料和易性和硬化体强度。特细砂颗粒细，比表面积大，用其配制抹灰石膏时砂率含量要低，其原因是特细砂颗粒级配较差，含泥量超标，使用水量增大且易泌水，对胶凝材料及外加剂用量要提高。而特细砂比例增大时，抹灰石膏泥浆粘聚性能加大，流动性、施工性变差，增大了收缩开裂的风险，在与中砂级配使用时特细砂占砂率的 20%～30% 为佳。

在特细砂的应用中，掺加适量的二级粉煤灰可有效改善抹灰石膏泥浆的和易性，弥补其先天不足，替代部分细骨料改善抹灰石膏的强度和工作性能。

特细砂的灰砂比越大，其强度越低，粘结力越差。

4. 机制砂对抹灰石膏配制的影响

1）机制砂由于自身的特点，如级配较差，颗粒形态不好使配制的抹灰石膏和易性差，需水量和胶凝材料用量增多，拌制的抹灰石膏泥浆易开裂等。机制砂生产矿源，加工设备和工艺不同，生产出的机制砂粒性状和级配都会有很大的区别，根据机制砂的不同，配制抹灰石膏时都要做适当的配比调整。

机制砂级配合适时，对抹灰石膏的强度好，但施工性不如天然砂，机制砂大小不同的颗粒互相搭配，相互填充空隙，一般都含有 5%～15% 左右的石粉。石粉是与母岩完全相同的材料，机制砂中适量的石粉含量是有益的。当存在适量的石粉含量时可以改变砂浆的各种性能，一般石粉含量越多，其需水量越大，粘结强度就越低。在同石粉含量机制砂的条件下，机制砂越硬，需水量可减少，粘结强度较高（粘结强度是墙体抹灰石膏的一个重要的力学性能指标，即抹灰层无空鼓、脱层现象）。石粉含量适当时可提高保水性，减少自由水在界面上聚集，因而有利于石膏浆料与砂界面粘结性的改善，同时可产生抹灰石膏的填充效应，使硬化体的孔结构得到改善、孔隙率减小，石粉含量一般在 10% 左右为宜。

2）机制砂配置的抹灰石膏在施工中工人操作时手感比较吃力（拖重），在这种情况下可掺入适量的粉煤灰来提高抹灰石膏拌合料的和易性，也可在不影响抹灰石膏强度的前提下，通过外加剂增加石膏浆料的微细泡来提高料浆的施工性能，因机制砂对外加剂的反应比天然砂敏感，用于配制机喷石膏时不易堵泵。

3）在配制抹灰石膏时，一定要注意各种因素之间的比例关系，一般机制砂筛余量0.4mm 以下的比例较小，而天然超细砂的粒径大多在 0.4mm 以下。以机制砂复合超细河沙，比例为1:1左右，均可使抹灰石膏具有良好的级配，使得天然砂可减少机制砂之间的内摩擦力，从而获得良好的施工性能。机制砂混合天然超细砂，可使抹灰石膏的强度提高，性能均优于单项砂源，这是因为机制砂表面结构优于天然河砂，其表面没有风化层，均是新鲜的岩面，且棱角丰富，与胶结材料的咬合力增大。另机制砂中含石粉量在 5％～10％左右，石粉弥补了机制砂中细颗粒偏少的缺陷，有效填充了细骨料的孔隙，不但使硬化体更加密实，而且改善了石膏浆体与骨料间的粘结，使抹灰石膏的和易性、粘结力、抗裂性、操作性都得到改善。

5. 用尾矿砂配置抹灰石膏

尾矿砂类似人工骨料特征，颗粒形貌一般都不规则，棱角较多，有时呈片状，其理化性能是稳定的。岩石组成大多是石英、长石、花岗岩等矿物，但粒径细度都小于人工砂，利用＜1.0 mm 粒径的尾矿砂代替河砂，应针对不同尾矿砂做实验，确定其微粒级配的最佳配比。不同粒径的尾矿砂级配合理时，配制抹灰石膏完全可以满足要求，尾矿砂对抹灰石膏的柔韧性有所增加。

6. 风化砂配制抹灰石膏

风化砂呈土黄色，颗粒强度较低，颗粒大小分布不均匀，含泥量大，在抹灰石膏砂浆中有较好的保水性，可复合中细砂同等取代 20％～30％使用较好。

7. 水淬矿渣、钢渣、Ⅲ级粉煤灰、煤矸石等替代天然砂在抹灰石膏中的应用

水淬矿渣颗粒松散，容重轻，表面较粗糙，宜压碎，用水渣替代河砂作抹灰石膏时，须经过碾压筛分后使用，碾压后配制的抹灰石膏强度比天然细砂配制的强度高，保水性好。使用不碾压的水淬矿渣配制的抹灰石膏强度较差。

钢渣是钢铁工业的主要废渣之一，占钢产量的 15％以上，与粉煤灰、水淬矿渣等工业废渣相比，其活性较低。将钢渣破碎成和砂的颗粒大小，搭配合理时可提高抹灰石膏硬化体的强度。钢渣占 40％～50％的灰砂比时，抹灰石膏的保水性较好，强度较高，抗裂性增加。

Ⅲ级粉煤灰部分替代细砂。粉煤灰有三大效应：即①形态效应：粉煤灰颗粒大多为玻璃微珠，外表比较光滑的珠形颗粒，掺入抹灰石膏里能起到滚珠润滑作用，并能减少抹灰石膏的用水量，起到减水作用。②活性效应：取决于粉煤灰火山灰的反应能力，大掺量会降低抹灰石膏的早期强度。③集料效应：指粉煤灰中的微细颗粒均匀分布在砂浆内填充孔隙与毛细孔，改善硬化体孔结构和增大密实度。用Ⅲ级粉煤灰代替天然砂，代替的是骨料部分，所以Ⅲ级灰掺量不超过天然砂的 25％（因Ⅲ级粉煤灰的各项品质效应指标都很低）。

煤矸石破碎后替代细砂，作为惰性材料加入抹灰石膏中使用，标准稠度需水量大，但可改善抹灰石膏的和易性，替代率不超过砂的 20％时强度较好。

总之，对不同骨料配置抹灰石膏都要做到配料严格、计量准确、操作精心、力求均匀、反复调试，还要对骨料进行含水率的常态测定。这样才能使不同骨料较好地应用于抹灰石膏中，生产出理想合格的产品。

第七章 掺合料

第一节 掺合料的应用及其改性机理

在石膏建材中加入一定量的无机掺合料，可以明显改变石膏制品的微结构，改善其力学性能、耐水性及耐久性，改善抹灰石膏的施工性、和易性、泌水性、流挂性，还可以提高抹灰石膏的抗裂性和稳定性。同时因掺合料价格便宜，随着掺量的增加，生产成本也可得到有效的控制。

石膏是硬性胶凝材料，耐水性能差，通过添加掺合料基本可以满足常规质量要求。

对石膏耐水性差的原因有以下三种分析：

1）石膏有很大的溶解度（20℃时，每升水溶解 2.05g $CaSO_4$）。当受潮时，由于石膏的溶解，其晶体之间的结合力减弱，从而使强度降低。特别在动水作用下，当水通过或沿着石膏制品表面流动时使石膏溶解并分离，此时的强度降低是不可能恢复的。

2）由于石膏体的微裂缝内表面吸湿，水膜产生楔入作用，因此各个结晶体结构的微单元被分开。也可把它视为石膏对水有吸附作用。

3）石膏材料的高孔隙也会加重吸湿效果，因为硬化后的石膏体不仅在纯水中，即便在饱和及过饱和石膏溶液中加荷时也会失去强度。总结以上观点，提高石膏的耐水性可采取如下方法：降低硫酸钙在水中的溶解度；提高石膏制品的密实度；制品外表面涂刷保护层和浸渍，能防止水分渗透到石膏制品内部的物质。

石膏复合胶凝材料主要是在石膏材料内加入某些掺合料，以改善石膏的部分耐水性能，使之更好地发挥作用，适应不同条件、不同环境、不同用途的需要。

水硬性掺合料与石膏的适应性依赖于选择的掺合料成分，下文按不同的掺合料分别进行介绍。

第二节 生 石 灰

较早的改进石膏性质方法，就是向天然建筑石膏内与带有火山灰性质的材料中（如矿渣、粉煤灰等）掺加少量的生石灰（CaO），代替消石灰[$Ca(OH)_2$]，则石膏的耐水性及强度将增大。

1. 生石灰使天然建筑石膏的强度增高的作用原理

由于生石灰经磨细后的比表面积大约是消石灰比表面积的 1/100，因此在表面润湿上它需要的水比消石灰少得多。这样石灰在水灰比较小的情况下能生成流动的便于加工的材料，也就能得到高密度，从而获得高强度。相反，由预先消化的石灰制得的灰浆，由于比表面积大，要使灰浆达到所需要的最初流动性及和易性，就需要较高的水灰比。

生石灰不只是石膏简单的稀薄剂，因为在生石灰内和在石膏内同样有一些本身效应也要发生作用，即化学水化效应、物理结晶效应及形成强度的机械效应。当然，消石灰也不是惰性掺合料。在天然建筑石膏内有少量的石灰掺合料，将使天然建筑石膏的凝结时间减缓，并使体积变化减小等。

2. 石灰掺合料对于天然建筑石膏耐水性的作用以及生石灰粉的特殊作用

从化学及物理——化学观点看，无论生石灰还是消石灰，它们的存在使天然建筑石膏的溶解度降低。石灰在空气中将转变成 $Ca(CO_3)_2$，$Ca(CO_3)_2$ 的溶解度是每升 0.0132g，约为石膏溶解度的 1/200。此时制品内的石膏细粒实际为不溶于水的 $Ca(CO_3)_2$ 的保护壳所包覆，因此石膏石灰混合物的耐水性大幅度提高，这特别表现在提高石膏的耐动水溶蚀性能上。

由于生石灰对天然建筑石膏的强度及耐水性具有良好的影响，进而其抗冻性也有显著增高。同时由于掺入生石灰改进了和易性、减少了用水量，使天然建筑石膏制品的干燥速度加快。此外也由于生石灰水化过程所放出的热量比天然建筑石膏要多 9 倍，此时生石灰的强烈水化放热特性使制品发生内部加热，这将使水分从材料的里层向外层移动，加速了干燥过程。如不掺加生石灰，加热将主要由天然建筑石膏制品的外层和热空气接触而引起。在这种"温度梯度"的影响下，水分首先开始从制品的外层向里层移动，这将减慢制品的干燥过程。

生石灰的掺入还会引起石膏的膨胀。这是由于半水石膏硬化快，而石灰消化慢，当它因消化而体积增大时石膏已硬固，结果不可避免地使材料发生破坏。石灰的活性越高，石灰在石膏介质中的水化温度越高，石灰在石膏中的掺量越大则这种效应也就越大。但如果将石灰的水化热及时引出，则保证有较高的强度且无任何破坏现象。

石膏制品由于掺加生石灰而引起的强度快速增长及放热效应，还有利于冬季施工。

3. 从石膏石灰胶凝材料加水成型制品过程中，引出石灰水化热是比较困难的，要解决制品的体积膨胀问题，基本有以下几种措施和方法：

1) 控制石膏内的生石灰掺量。

2) 根据生石灰的活性（掌握消化温度和时间）选择石膏缓凝剂。

3) 选择适宜的水灰比。

4) 增加生石灰的细度（180 目以上）。

5) 掺加适量的炉渣或矿渣集料。

6) 掺加粒状高炉矿渣粉或火山灰等。

4. 单掺生石灰对脱硫建筑石膏性能的影响

脱硫建筑石膏与生石灰单掺的试验，结果如表 7-1 所示：

表 7-1　脱硫建筑石膏与生石灰单掺试验结果

序号 项目	1	2	3	4	5	6
石膏/g	1000	1000	1000	1000	1000	1000
生石灰/g	0	25	50	75	100	125
初凝时间/min	7	14	22	25	84	48
终凝时间/min	19	24	37	48	112	64
7d 抗折强度/MPa	3.78	2.62	1.74	1.50	1.19	1.08
7d 抗压强度/MPa	9.25	7.23	5.77	5.18	4.82	4.77
浸水 7d 抗折强度/MPa	1.49	1.47	1.27	1.26	1.09	1.04
浸水 7d 抗压强度/MPa	5.43	4.76	4.76	4.96	4.37	4.31

通过上述试验，可以看出，在脱硫建筑石膏中单掺生石灰的效果如下：

1）随着生石灰掺量的不断增大，其初终凝时间得到了大幅的延长；当掺量为建筑石膏的10％时，初终凝结时间达到最长，分别较纯建筑石膏延长7倍和3.4倍，而后凝结时间开始缩短。

2）不论是7d强度还是浸水强度，随着生石灰掺量的不断增加，脱硫建筑石膏强度均出现了较为明显的下降。

第三节　水　　泥

1. 硅酸盐水泥对改善建筑石膏性能的作用机理

用硅酸盐水泥作为建筑石膏的掺合料，主要是利用水泥中的C3A和石膏生成钙矾石，以达到提高建筑石膏的强度和水硬性。

但是在硅酸盐水泥同水相互作用的头12～14h内，由C3A和建筑石膏生成的三硫型水化硫铝酸钙占主导地位，如果此时物料还处于塑性状态，并在这个反应范围内相当缓慢地吸引C3A及C4AF，则不会造成石膏硬化体的破坏。相反，如建筑石膏的凝结时间在10min以内，此时石膏水泥混合物如果两者比例不当，很容易就造成石膏试件破坏。

石膏制品若单独掺入水泥来提高建筑石膏的强度和耐水性，在一定条件下是可行的。无论是硅酸盐水泥或是矿渣水泥对提高石膏硬化体的干、湿强度及软化系数，还是降低石膏的表面溶蚀均有效果。

当水泥掺量较低时，其水化过程基本呈现建筑石膏的水化特征，但水泥对建筑石膏的改性作用也较为明显，如硬化体强度、耐水性、抗溶蚀性能有较大提高，其主要原因是在混合体系中，水泥单独或水泥与建筑石膏共同水化形成了一些高强度、耐水性较好的水化矿物，这些矿物有些是在水化初期形成，有些是在体系凝结硬化后形成，其反应时体积的变化对硬化体具有破坏作用或危险性（如钙矾石），因此给水泥改性建筑石膏带来了安定性的问题。

在不同水泥品种、掺量和水化环境下，钙矾石的形态、变形能力和数量不同，因此对混合体系的安全性的影响也不相同。

在建筑石膏中掺入水泥，其标准稠度用水量有所减少。硫铝酸盐水泥、硅酸盐水泥和矿渣硅酸盐水泥对建筑石膏有促凝作用，白水泥对凝结时间影响不大，掺入高铝水泥后凝结时间有延长的趋势。

建筑石膏与不同品种、不同掺量水泥组合后，在自然养护条件下，长度变化都是初期膨胀后期收缩；在湿空气养护条件下和浸水养护条件下，随着养护龄期的延长，试件的膨胀率逐渐增大，水泥掺量越高，则膨胀率越大，浸水养护较湿空气养护的膨胀率要大得多。

建筑石膏中掺入适量的水泥，其强度、耐水性能及耐溶蚀性能都有所提高，考虑其体积的安定性问题，掺加水泥的品种、掺入量、养护制度应加以控制，其中水泥的品种以硫铝酸盐水泥和硅酸盐水泥为好，养护制度以自然养护为好。

2. 防止石膏水泥混合物硬化体破坏的途径

对于石膏水泥硬化体的完整性，重要的是在硬化初期，如钙矾石的强烈积聚而不产生危险应力，以后就逐步转变成凝固系统中的稳定成分而不会产生引起不良变形的新组分。为此可以通过以下途径来防止：

1）掺入炉渣、矿渣集料、粉煤灰或膨胀珍珠岩集料。

2）通过火山灰质或粒状高炉矿渣掺合料转换成低碱性化合物，同时创造了钙矾石介稳态的条件。

3. 普通硅酸盐（42.5 水泥）对建筑石膏性能的影响

建筑石膏与水泥复掺的试验，结果如表 7-2 所示。

表 7-2　建筑石膏与水泥复掺试验结果

序号	1	2	3	4	5
建筑石膏/g	1000	980	940	920	880
水泥/g	0	20	60	80	120
标准稠度/%	55	57	58	58	58
初凝时间/min	8′	8′	8′	7′	7′
终凝时间/min	21′	23′	20′	16′	14′
2h抗折强度/MPa	2.01	2.72	2.45	2.54	2.18
2h抗压强度/MPa	7.02	8.71	8.32	8.44	7.88
干抗折强度/MPa	4.58	5.6	5.58	5.52	5.25
干抗压强度/MPa	14.81	16.52	17.01	16.31	15.87
24h浸水后抗折强度/MPa	1.56	2.12	2.26	2.31	2.37
24h浸水后抗压强度/MPa	6.57	7.43	8.21	8.40	8.55

通过上述试验，可以看出：

1）随着建筑石膏掺量的减少、水泥掺量的增加，其标准稠度呈现不断增大的规律。

2）随着建筑石膏掺量的减少、水泥掺量的增加，其初、终凝时间均出现不同程度的减小。这是因为水泥有加快水化的作用。

3）在建筑石膏与水泥的复合胶凝材料中，水泥掺量为 0%～2% 时，其 2h 抗折、抗压强度不断增大，随后不断减小。当掺量为 2% 时，其抗折、抗压强度分别为 2.72MPa 和 8.71MPa，分别较未掺水泥的建筑石膏强度增加 35% 和 24%。

4）在建筑石膏与水泥的复合胶凝材料中，水泥掺量为 0%～6% 时，其干抗折、抗压强度逐渐增大，其后不断减小。当掺量为 6% 时，其抗折、抗压强度分别为 5.58MPa 和 17.01MPa，分别较未掺水泥的建筑石膏强度增加 22% 和 15%。

5）随着水泥掺量的不断增大，其 24h 浸水后抗折、抗压强度不断增大，表明耐水性不断增强。因此，在建筑石膏中掺入水泥可以有效改善其耐水性能。

4. 水泥与石灰的复掺对抹灰石膏的影响

水泥石灰复掺对抹灰石膏的性能影响的试验，结果如表 7-3 所示：

表 7-3　水泥、石灰对脱硫抹灰石膏性能的影响

试验编号	用料配比/g							标准稠度 用水量/%	凝结时间/min		绝干强度/MPa	
	脱硫石膏	矿渣	粉煤灰	水泥	生石灰	石膏用外加剂	河砂	用水量/%	初凝时间	终凝时间	抗折强度	抗压强度
1	83	3	12	2	0.5	0.9	200	17	65	89	3.26	10.93
2	83	3	12	2	0	0.9	200	19	73	94	2.14	7.90
3	85	3	12	0	0.5	0.9	200	18	74	95	2.29	8.44
4	85	3	12	0	0	0.9	200	18	63	88	2.29	8.61

1) 试验结果分析:

(1) 水泥、石灰对脱硫抹灰石膏凝结时间的影响

由图 7-1 可见,单掺水泥与单掺石灰,石灰+水泥复掺都比没加水泥与石灰的抹灰石膏凝结时间有所延长,其中单掺石灰的脱硫抹灰石膏比单掺水泥及"石灰+水泥复掺"的脱硫抹灰石膏凝结时间延长的多。可见石灰对脱硫抹灰石膏的缓凝效果比水泥好。

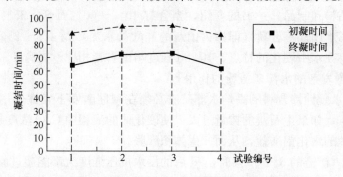

图 7-1 不同激发剂对脱硫抹灰石膏凝结时间的影响示意图

(2) 水泥、石灰对脱硫抹灰石膏强度的影响

在实际生产中仅将脱硫建筑石膏与矿渣、粉煤灰混合不能产生令人满意的胶结性能。在脱硫抹灰石膏中加入适量水泥、石灰,当水化开始后,水泥自身水化,所生成的水化产物激发矿渣和粉煤灰的潜在胶结性能,使之反应形成较多的水化产物,凝结硬化并获得较高的早期强度。由图 7-2 可以看出,当水泥、石灰同时作为碱性激发剂时,脱硫抹灰石膏的强度最高,单掺石灰与单掺水泥对脱硫抹灰石膏强度的作用效果基本相同。

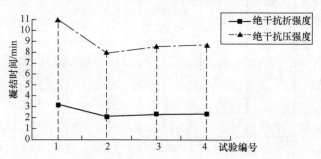

图 7-2 不同激发剂对脱硫抹灰石膏强度的影响示意图

2) 试验总结

(1) 水泥、石灰对脱硫抹灰石膏都有缓凝效果,在本试验给定掺量的情况下,石灰对脱硫抹灰石膏凝结时间的延长效果要比水泥的好。

(2) 水泥、石灰复合掺入脱硫抹灰石膏时,对脱硫抹灰石膏的强度作用效果最好。

(3) 由试验结果可知:利用矿渣、粉煤灰作为复合胶凝材料掺加到脱硫抹灰石膏中,要想更好地改善脱硫抹灰石膏的操作性,提高早期强度与粘结性、耐水性,达到在潮湿环境条件下使用的目的,就需要再加入适量的水泥、石灰作为其碱性激发剂,使胶凝材料更好地发挥作用。

第四节 磨细粒状（水淬）高炉矿渣粉

在上述生石灰及水泥作石膏的掺合料中都提到了必须另掺火山灰或高炉粒状矿渣等水硬性掺合料，才能使半水石膏在潮湿和水介质中凝结和硬化期间有水硬性的特点。

据《石膏胶结料和制品》一书的介绍，当含有 40％～60％石膏、25％～40％粒状高炉矿渣、15％～20％水硬性掺合料（即掺火山灰的硅酸盐水泥）及 1％～2％石灰的石膏复合胶凝材料时，具有在水中硬化的特点，其 28d 强度与纯石膏相比，提高 2～3 倍。

1. 以石灰作激发剂的水淬矿渣粉的作用

1）作为石膏水硬性掺合料的高炉水淬矿渣必须在碱性激发下发挥作用，生石灰的掺量视矿渣的活性而定，如果生石灰的掺量过大，使硬化体的液相中 CaO 浓度超过 1.08g/L 时，便可能出现高盐基的水化铝酸盐，从而产生体积膨胀。

2）石灰掺量占矿渣的 3％～7％时，7d 后的浸水抗压强度大都能超过原强度，抗折强度也同样提高。

3）当石灰掺量适宜于矿渣的比例时，随着矿渣量的加大，软化系数增大，动水溶蚀率也大大减小，但其抗折强度却随之下降，这也说明随着水硬性材料的加大，材料更趋向于水泥的性质（水泥强度的折压比小于石膏强度的折压比）。同时随着矿渣量的加大，试件的绝干强度值降低，但根据一般规律，矿渣的强度发展较慢，到后期尚能继续增长。

表 7-4　高炉水淬矿渣对建筑石膏性能的影响

配合比/％					自然养护 7d 后的性能			
石膏	矿渣	生石灰	缓凝剂	水	绝干强度/MPa	浸水 48h 强度/MPa	软化系数	浸水 48h 后外观
100	15	2.6	0.75	40	9.8	9.3	0.95	棱角微溶，表面可试
100	25	8.0	0.75	40	5.0	5.7	1.14	良好
100	25	8.5	0.75	40	4.8	4.9	1.02	良好
100	25	3.0	0.75	40	7.7	7.6	0.99	棱角微溶，表面可试
100	35	3.0	0.75	40	4.9	5.7	1.16	棱角微溶，表面可试
100	35	5.0	0.75	40	6.4	6.9	1.08	比上稍好
100	35	7.0	0.75	40	5.6	6.8	1.21	棱角完好，表面起砂
100	50	3.0	0.75	40	5.5	7.8	1.42	棱角完整，局部表面可试
100	25	25	0.5	35	5.9	0		有龟裂
100	50	15	0.5		1.7	0		大网络龟裂
100	50	0.5		36	5.2	0		无裂纹
100	100	7.0	5.0	36	2.9	0		有细裂纹

总之，用适当比例的高炉水淬矿渣作建筑石膏的水硬性掺合料，并以少量石灰作矿渣的激发剂，是改善石膏性能、提高建筑石膏耐水性的有效途径之一。

2. 以水泥、石灰激发矿渣对二水石膏的作用

用水淬矿渣作二水石膏的复合掺合料，20 世纪 80 年代初日本已用于板材生产（商品名：埃特利特），我国由重庆建筑大学研究用于作外墙抹灰石膏，试验用配合比为：二水石膏：矿渣＝70：30，水泥 10%，石灰 3%，外加剂 1.7%。

1）二水石膏矿渣复合胶凝材料的自然养护与标准养护强度随龄期增长而提高，28d 强度超过 20MPa，且早期强度较高，与传统外墙粉刷材料相比，其硬化速度及强度发展快，比水泥砂浆的粘结强度较高，净浆 28d 干缩率仅 10×10^{-4}，明显低于水泥净浆的干缩，与粉煤灰混凝土相当。

2）耐水性良好，软化系数达 0.8，饱水强度较高，与绝干状态相比，一定含水状态的强度损失较小，表明含水状态对强度影响不大。

3）有良好的抗溶蚀性能，经 30d 静水浸泡，其溶蚀率仅为 0.3%；在流量为 2800mL/min 强流水中浸泡 12d，试件表面完好，其溶蚀率为 1.14%，而同样条件下，建筑石膏的溶蚀率达 40.6%。人工淋水 1100mm（约相当重庆地区 1 年的降雨量）无溶蚀发生，经 3300mm 人工淋水侵蚀，溶蚀率仅为 1.2%，而建筑石膏为 35.2%。

4）经 15 次干湿循环，强度损失约 5%，表明其抗干湿循环变化能力较强。

5）完全碳化后强度 26.8MPa，未碳化的对比强度为 33.5MPa，碳化系数为 0.80，具有一定的抗碳化能力。

6）经 15 次冻融循环，质量损失仅 0.19%，强度损失为 3.9%，表明其有较好的抗冻性。同时抗酸雨（pH＝4）溶蚀（浸泡 15d）性也好。

3. 矿渣对建筑石膏性能的影响

建筑石膏与矿渣的单掺的试验，结果如表 7-5 所示：

表 7-5　建筑石膏与矿渣单掺试验结果

序号	1	2	3	4	5	6	7	8	9
建筑石膏/g	1000	970	940	910	850	790	730	670	510
矿渣粉/g	0	30	60	90	150	210	270	330	490
标准稠度/%	61	60	60	59	59	59	59	57	55
初凝时间/min	5	5	5	5	6	6	6	7	7
终凝时间/min	16	16	16	16	18	18	18	19	19
干抗折强度/MPa	4.95	4.73	4.75	4.74	4.55	3.94	3.78	3.51	2.36
干抗压强度/MPa	15.03	17.07	16.55	16.36	15.48	13.56	12.33	12.55	9.84

通过表可以看出：随着矿渣含量的增加，

1）标准稠度用水量逐渐下降；

2）初、终凝时间缓慢延长；

3）绝干抗折、抗压强度刚开始下降幅度较小；其后随着掺量的增加大幅下降。当掺量为 3%~15% 时，绝干抗压强度较纯石膏的强度大，起到了降低成本、增加强度、增加石膏耐水性的作用。

4. 矿渣与生石灰对建筑石膏性能的影响

建筑石膏与矿渣、生石灰的复掺的试验，结果如表 7-6 所示：

表 7-6　建筑石膏与矿渣、生石灰复掺试验结果

序号	1	2	3	4	5	6	7	8	9
建筑石膏/g	1000	900	800	700	600	900	800	700	600
矿渣/g	0	95	190	285	380	90	180	270	260
生石灰/g	0	5	10	15	20	10	20	30	40
初凝/min	8	9	10	13	12	11	9	12	13
终凝/min	19	17	20	22	24	21	21	23	23
干抗折/MPa	6.65	6.24	7.28	8.30	5.51	6.28	7.00	7.22	7.38
干抗压/MPa	18.88	19.11	17.56	22.31	17.78	19.47	19.34	20.17	18.78

通过上述试验，可以看出：

1）随着建筑石膏掺量的不断减少，矿渣、生石灰掺量的增加，其胶凝材料的凝结时间逐渐延长。

2）对试验数据进行对比，我们发现：若矿渣掺量减少，生石灰掺量增多，则凝结时间延长，说明其中生石灰的缓凝作用较为明显，矿渣对凝结的时间影响较小。

3）通过对建筑石膏、矿渣、生石灰的复掺，其掺量分别为70％、28.5％和1.5％时，复合胶凝材料的绝干强度最高，达到8.30MPa和22.31MPa，分别较纯建筑石膏强度提高25％和18％，强度提高较为明显。

5. 矿渣与灰钙的复掺对建筑石膏性能影响

建筑石膏与矿渣、灰钙的复掺的试验，试验如下：

将灰钙以一定比例与水泥、粉煤灰、矿渣等无机矿物填料掺入脱硫建筑石膏中，脱硫建筑石膏的性能因掺入不同掺合料有了一定变化，但总体是随着灰钙量（＞0.5％）的增加，凝结时间和强度呈现下降趋势。单独与水泥复合强度较好，与水泥、矿渣复合使用可以延长脱硫建筑石膏复合胶凝材料的凝结时间，其中灰钙掺量必须控制在0.5％以下。表7-7即为相关试验。

表 7-7　灰钙不同掺量对脱硫建筑石膏复合水泥的试验配比　　　　　　（％）

编　号	A1	A2	A3	A4	A5	A6	A7	A8	A9
脱硫建筑石膏	98	97.5	97	96.5	96	95	94	93	92
水泥	2.0	2.0	2.0	2.0	2.0	2.0	2.0	2.0	2.0
灰钙	0	0.5	1.0	1.5	2.0	3.0	4.0	5.0	6.0
高蛋白缓凝剂及缓凝减水剂（外掺）	0.5	0.5	0.5	0.5	0.5	0.5	0.5	0.5	0.5

试验结果如下：

按照每组实验配比加入不同掺量的灰钙后，对脱硫建筑石膏凝结时间，抗折强度和抗压强度的影响结果从表7-7、表7-8、表7-9的比较曲线结果如图7-3所示（表7-7结果用①号线表示，表7-8结果用②号线表示，表7-9结果用③号线表示）：

表 7-8　灰钙不同掺量对脱硫建筑石膏复合水泥、矿渣时的试验配比　　　（％）

编号	B1	B2	B3	B4	B5	B6	B7	B8	B9
脱硫建筑石膏	68	67.5	67	66.5	66	65	64	63	62
水泥	2.0	2.0	2.0	2.0	2.0	2.0	2.0	2.0	2.0
矿渣	30.0	30.0	30.0	30.0	30.0	30.0	30.0	30.0	30.0
灰钙	0	0.5	1.0	1.5	2.0	3.0	4.0	5.0	6.0
高蛋白缓凝剂及缓凝减水剂（外掺）	0.5	0.5	0.5	0.5	0.5	0.5	0.5	0.5	0.5

表 7-9　灰钙不同掺量对脱硫建筑石膏复合水泥、粉煤灰时的试验配比　　　（％）

编号	C1	C2	C3	C4	C5	C6	C7	C8	C9
脱硫建筑石膏	86	85.5	85	84.5	84	83	82	81	80
水泥	2.0	2.0	2.0	2.0	2.0	2.0	2.0	2.0	2.0
粉煤灰	12	12	12	12	12	12	12	12	12
灰钙	0	0.5	1.0	1.5	2.0	3.0	4.0	5.0	6.0
高蛋白缓凝剂及缓凝减水剂（外掺）	0.5	0.5	0.5	0.5	0.5	0.5	0.5	0.5	0.5

从图 7-3 三组曲线比较中可以看出，标准稠度用水量最少的是灰钙，水泥、矿渣复合使用；标准稠度最大的是灰钙只与水泥复合。从曲线变化可以看出，用水量有一定的波动，但是波动范围也在 ±2mL 以内，变化不大。

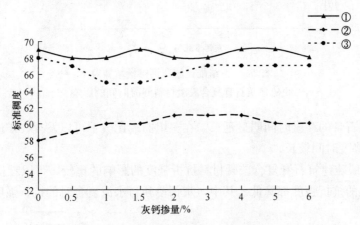

图 7-3　三组配比随灰钙掺量增加对
脱硫建筑石膏复合胶凝材料标准稠度的影响

从图 7-4 中我们可以看出，三条曲线均呈现下降趋势的，即三组配比都随着灰钙掺量的增加，而使脱硫建筑石膏复合胶凝材料的初凝时间越来越短。灰钙掺量大于 0.5％后，初凝时间变化幅度相对减小。在三组配方相互比较中可以发现，在加有矿渣的配方与灰钙复合后变化最明显，整体比加有粉煤灰和只加有水泥的配方与灰钙复合后的初凝时间要明显延长。粉煤灰与灰钙复合初凝时间最短。

图 7-5 是三组试验与不同掺量的灰钙对脱硫建筑石膏复合胶凝材料终凝时间的影响的比较。从整体上看，依然是随着灰钙掺量的增加，三组配比曲线呈下降趋势，虽然在 4％以后，曲线有一些回升，但较之前时间终凝时间还是减短。在灰钙掺量为 0.5％时，只有水泥

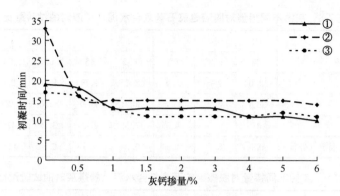

图 7-4　三组配比随灰钙掺量增加对脱硫
建筑石膏复合胶凝材料初凝时间的影响

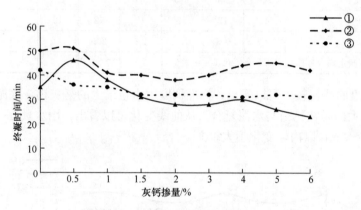

图 7-5　三组配比随灰钙掺量增加对
脱硫建筑石膏复合胶凝材料终凝时间的影响

与灰钙掺入脱硫石膏的终凝时间明显延长。在三组曲线比较下可以发现，矿渣与灰钙复合在≤0.5％时，其终凝时间较长。

图 7-6 是对脱硫建筑石膏复合胶凝材料抗折强度的影响的比较，可以看出随灰钙掺量的增加，三组配比的抗折强度都降低。其中，灰钙单独与水泥复合时的抗折强度最高，而在其

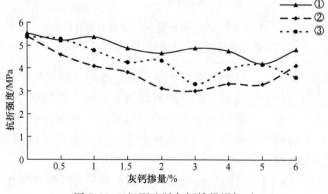

图 7-6　三组配比随灰钙掺量增加对
脱硫建筑石膏复合胶凝材料抗折强度的影响

中加入矿渣后的抗折强度最低。不同量灰钙掺入后抗折强度变化波动幅度较大，但整体是下降。

从图 7-7 中可以看出，三条曲线在灰钙掺量＞0.5％以后依然是呈现下降趋势，灰钙单独与水泥复合和灰钙与水泥、粉煤灰复合两条曲线在灰钙掺量为 0.5％时，抗压强度比不掺加灰钙时明显增强，但灰钙与水泥、矿渣复合却没有变化。三条曲线比较可以发现，灰钙与水泥单独复合时，脱硫建筑石膏复合胶凝材料抗压强度较高，灰钙与水泥、矿渣复合时，脱硫建筑石膏复合胶凝材料抗压强度较低。

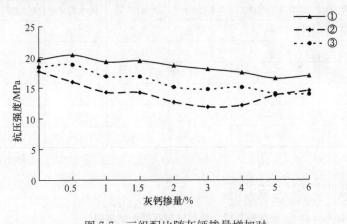

图 7-7 三组配比随灰钙掺量增加对
脱硫建筑石膏复合胶凝材料抗压强度的影响

综上所述：

1）灰钙与矿物填料复合时，随着灰钙掺量（＞0.5％）的增大，脱硫建筑石膏的凝结时间和抗折强度、抗压强度变差。因此在脱硫建筑石膏中灰钙与矿物掺料复合时的灰钙掺量必须＜0.5％。

2）灰钙与水泥复合时，比与粉煤灰、矿渣矿物掺合料复合加入到脱硫建筑石膏中，强度要高。但灰钙掺量也必须在 0.5％以下。

3）灰钙与水泥及矿渣复合时，可以有效延长脱硫建筑石膏的凝结时间，且使用水量减小，但却使脱硫建筑石膏复合胶凝材料的强度有所下降，要根据实际需要来考虑是否要加入矿渣。但此时灰钙掺量也必须在 0.5％以下。

4）灰钙与水泥、粉煤灰复合对脱硫建筑石膏复合胶凝材料凝结时间和抗折、抗压强度影响不明显。

6. 矿渣磨细粉对抹灰石膏性能的影响

在脱硫抹灰石膏中大掺量矿渣磨细粉和脱硫建筑石膏复合制成的混合型抹灰石膏砂浆，可获得强度高、和易性好、粘结力强的石膏基抹灰材料。

表 7-10 面层抹灰石膏试验配比参数

编号	脱硫建筑石膏/kg	矿渣磨细粉/kg	水泥/kg	激发剂 1/kg	激发剂 2/kg	缓凝剂/kg	保水剂/kg
1	400	600	30	0	0	2.5	2
2	400	600	30	10	0	2.5	2
3	400	600	30	0	10	2.5	2

续表

编号	脱硫建筑石膏/kg	矿渣磨细粉/kg	水泥/kg	激发剂 1/kg	激发剂 2/kg	缓凝剂/kg	保水剂/kg
4	400	600	60	0	0	2.5	2
5	400	600	60	10	0	2.5	2
6	400	600	60	0	10	2.5	2

表 7-11　底层抹灰石膏试验配比参数

编号	脱硫建筑石膏/kg	矿渣磨细粉/kg	水泥/kg	缓凝剂/kg	保水剂/kg	矿物掺和量/kg	河砂/kg
1	300	700	40	2.5	1.8	8	1600
2	300	700	50	2.5	1.8	8	1600
3	300	700	60	2.5	1.8	8	1600
4	400	600	40	2.5	1.8	8	1600
5	400	600	50	2.5	1.8	8	1600
6	400	600	60	2.5	1.8	8	1600

1）结果与讨论

试验结果数据见表 7-12、表 7-13。

表 7-12　面层抹灰石膏测试结果

编号	标准稠度用水量/%	凝结时间/min		强度/MPa	
		初凝	终凝	抗折	抗压
1	38	63	89	3.11	14.00
2	39	107	136	4.59	17.76
3	38	81	115	2.52	16.74
4	39	61	84	2.81	11.12
5	40	105	123	3.10	11.45
6	38	84	117	4.00	12.07
标准规定值		>1h	<8h	（干）≥3.0	（干）≥6.0

表 7-13　底层抹灰石膏测试结果

编号	标准稠度用水量/%	凝结时间/min		强度/MPa	
		初凝	终凝	抗折	抗压
1	21	96	110	1.85	8.93
2	21	95	106	1.73	6.37
3	21	88	96	1.61	5.70
4	21	62	71	2.33	7.98
5	21	65	79	2.05	8.33
6	21	61	68	2.09	7.29
标准规定值		>1h	<8h	（干）≥2.0	（干）≥4.0

2）从试验结果可看出：

（1）不同矿渣掺量和不同水泥掺量、不同激发剂的加入，对抹灰石膏的物理性能的强度结果不同。

（2）激发剂对抹灰石膏性能影响

通过面层抹灰石膏试验结果看出，在大掺量矿渣磨细粉抹灰石膏中添加激发剂比不加激发剂对抹灰石膏的凝结时间都有延长，添加激发剂1更为明显，从整体性能比较得出，选用编号2的配合参数性能优良：初凝时间107min，7d自然养护抗折强度4.59MPa，抗压强度17.76MPa，远超抹灰标准干抗折强度3.0MPa和绝干抗压强度6.0MPa。如养护期延长到14d、28d，矿渣磨细粉的活性不断发挥作用，会使砂浆强度不断提高。

（3）掺和比对抹灰石膏性能的影响

通过底层抹灰石膏试验结果看出，矿渣磨细粉掺量在70%或60%时，水泥添加量4%的抗折性能优于5%和6%的掺和量；从实验结果比较，矿渣磨细粉为60%、脱硫建筑石膏为40%的配合时性能最好，完全可达到国家抹灰石膏的标准要求。

（4）大掺量矿渣磨细粉对试验中标准稠度影响

试验结果看出大掺量矿渣磨细粉在抹灰石膏中，对标准稠度用水量影响不大。

总之，矿渣磨细粉无论在面层抹灰石膏还是底层抹灰石膏中与脱硫建筑石膏的配合比为6：4时，完全能满足抹灰石膏质量要求。大掺量矿渣磨细粉的掺入在添加激发剂后时间明显延长，特别是矿渣磨细粉占60%、脱硫建筑石膏占40%、水泥添加量占3%、激发剂1为1%时，效果最佳。

第五节　粉　煤　灰

粉煤灰也是活性矿物质，与石灰配合作石膏掺合料同样可制成复合胶凝材料，但如采用烘干和自然养护的方法，强度将远低于纯石膏。最好改用蒸汽养护法，才能提高绝对强度值和软化系数。

1. 石膏粉煤灰胶凝材料水化特点

粉煤灰的活性比矿渣差，特别是早期水化活性更差，因此要利用粉煤灰，关键是如何充分合理地激发其火山灰活性。原先主要是采用水泥和石灰作碱性激发剂，而石膏作为硫酸盐激发剂也参与了水化，促进胶凝材料的凝结和硬化。在养护上采用蒸汽养护，进一步激发粉煤灰的活性。后来则发展成采用复合碱激发与复合外加剂，形成多种方式激发粉煤灰的潜在活性，并通过复合型的早强减水剂来改善硬化体孔结构，以提高其强度和耐水性。在养护上除蒸汽养护外，也可采用自然养护。

二水石膏无自硬性，粉煤灰的活性激发对胶凝材料水化硬化及强度发展起着关键作用。石灰及C_3S水化形成的$Ca(OH)_2$对粉煤灰起碱激发作用，部分二水石膏参与水化反应形成钙矾石，对粉煤灰起着硫酸盐激发作用。硬化体强度的发展主要依靠钙矾石与水化硅酸钙凝胶。粉煤灰在碱与硫酸盐激发下形成的钙矾石与水化硅酸钙覆盖在粉煤灰颗粒表面，形成阻碍其进一步水化的包覆膜。加快胶凝材料凝结硬化的关键是创造离子扩散通过包覆膜的条件，促使包覆膜破灭。为此应选用适宜的早强剂和热养护促硬。

无水石膏与粉煤灰活性的激发，对胶凝材料水化硬化及强度发展起着关键作用。石灰及

水泥中 C_3S、C_2S 水化形成的 $Ca(OH)_2$ 对粉煤灰与无水石膏起碱性激发作用。K_2SO_4 与无水石膏形成复盐，复盐进一步分解形成二水石膏，而对无水石膏水化起催化作用；同时 K_2SO_4 对粉煤灰进行硫酸盐激发。无水石膏水化产生的二水石膏在 $Ca(OH)_2$ 存在下，与粉煤灰中活性硅铝组分作用形成钙矾石，对粉煤灰水化起硫酸盐激发作用。这种作用因新生二水石膏的高分散性与高表面活性而更加强烈。粉煤灰的水化又促进了无水石膏的溶解与水化。

2. 石膏粉煤灰胶凝材料的适宜养护法

与半水石膏、水泥等胶凝材料相比，石膏粉煤灰胶凝材料的凝结硬化和早期强度发展缓慢。虽有多种化学促硬措施可采用，从四川省建材工业科学研究所和重庆建筑大学的研究介绍，认为湿热养护最适于石膏粉煤灰胶凝材料的水化，有利于促硬以及早期和后期强度的发展。湿热养护后的 1d 与 28d 强度高于干热养护及蒸压养护后 1d 与 28d 强度，更高于自然养护 28d 强度。

3. 建筑石膏粉煤灰胶凝材料配制参数

影响建筑石膏粉煤灰胶凝材料性能的除原材料的选择以及养护方法和养护制度外，在配合比制定中，还需要考虑下列几个因素。

1）粉煤灰掺量

粉煤灰掺量越大（30%～50%），软化系数越高，材料的强度也呈升高趋势，因此，只要不改变石膏的快硬特性，适当加大掺量是有利而无弊的。

2）用水量

胶凝材料的强度与水灰比成反比，水灰比越大，强度越低，但对软化系数的影响不大。当用水量从 45% 增加到 50% 时，软化系数基本不变。

3）碱性激发剂和掺量

如采用干热养护，用石灰比用水泥作激发剂的强度低，如用蒸养法，则强度随着石灰掺量的增加而提高。此时可不用水泥而把石灰掺量加大至粉煤灰量的 30% 以上，其绝干强度和浸水强度都能得到提高。

4. 二级粉煤灰对脱硫建筑石膏性能的影响

利用脱硫建筑石膏复合掺粉煤灰及其活性激发材料，可生产脱硫建筑石膏粉煤灰墙体材料（砌块、条板、纤维板等）、石膏粉体建材（抹灰石膏、石膏保温胶料）；以及脱硫高强石膏粉煤灰室内地坪材料等胶结材料。

脱硫建筑石膏复合掺入粉煤灰及其活性激发材料的胶结料，既可以保持建筑石膏早强快硬的基本特性；又能在粉煤灰与激发材料的作用下生成水硬性产物，改善石膏产品的耐水性和强度。其机理为胶结料水化初期是脱硫建筑石膏快速水化成二水石膏晶体，成为硬化体主体的主要胶结料，而粉煤灰在激发剂碱组分与二水石膏的作用下逐渐水化（其水化反应是在脱硫石膏硬化体中进行的），产生水化硅酸钙与钙矾石，此硬化体是以脱硫二水石膏晶体为结构骨架，钙矾石晶体与水化硅酸钙凝胶分布在二水石膏晶体周围，未水化的粉煤灰颗粒填充于石膏晶体的空隙中，增加了硬化体的密实度；同时也改变了石膏硬化体中，石膏晶体结构是唯一强度来源的状况。

在脱硫石膏粉煤灰胶结料中石膏晶体发挥主要作用，加上粉煤灰的集料效应，硬化体可有效减小水的浸蚀作用和水分的扩散速度，提高了耐水性能及硬化体后期强度，因此在脱硫建筑石膏粉煤灰胶结料中，只要不改变建筑石膏早强快硬的特性，粉煤灰掺量适当加大是有利而无弊的。

适宜脱硫建筑石膏复合粉煤灰胶结料的激发剂有水泥、水泥熟料、生石灰粉、硫酸钠、氢氧化钠等。激发剂最好采用多种激发剂复合及其他外加剂相结合的方法（如石灰复合硫酸钠激发剂及添加萘系减水剂、三聚氢胺减水剂、聚羧酸类减水剂）。

脱硫建筑石膏粉煤灰胶结料中，粉煤灰的质量指标应符合 GB 1596—2005《用于水泥和混凝土中的粉煤灰》中要求的Ⅰ级、Ⅱ级粉煤灰的质量指标。在石膏干混建材中使用的粉煤灰，含水率必须小于 0.5％。

脱硫石膏粉煤灰胶结料的应用，其关键是合理的激发粉煤灰的火山灰活性，但不能影响脱硫建筑石膏的基本性能（强度、凝结时间与收缩率等）。

脱硫石膏粉煤灰胶结料在水化初期受脱硫建筑石膏水化的控制，所以随着粉煤灰掺量的增加，胶结料标准稠度用水量减少，凝结时间延长，早期强度下降，因此粉煤灰掺量一般应控制在 35％以下，这样对石膏胶结料的强度和凝结时间的影响都不大。

采用脱硫建筑石膏复合掺粉煤灰及其活性激发材料，生产脱硫石膏砌块、条板、纤维板、抹灰石膏等产品，在保持了建筑石膏基本性能的基础上，耐水性也有了显著的提高，并综合利用了电厂的两种工业废弃物，其生产成本都较低，市场竞争力强，拓宽了石膏建材的使用范围，可以应用于较潮湿环境中，有利于废物质资源综合利用，前景较为广阔。

脱硫建筑石膏复合粉煤灰胶凝材料，是通过对粉煤灰活性的激发来提高石膏建材产品的性能，降低石膏建材产品的成本，从而扩大石膏建材产品的市场竞争能力，促进工业副产石膏的综合利用。

建筑石膏与粉煤灰的单掺试验，试验结果如表 7-14 所示：

表 7-14 建筑石膏与粉煤灰单掺试验结果

试样编号	脱硫建筑石膏	粉煤灰	激发剂
A1	100	0	0
A2	100	0	2
A3	94	6	2
A4	88	12	2
A5	82	18	2
A6	76	24	2
A7	70	30	2
A8	64	36	2
A9	58	42	2

试验结果如下：

1）粉煤灰的掺入量对脱硫建筑石膏标准稠度及凝结时间的影响如表 7-15 所示。

表 7-15 粉煤灰掺入量对脱硫建筑石膏标准稠度及凝结时间的影响

项目	编号	A1	A2	A3	A4	A5	A6	A7	A8	A9
标准用水量 mL		62	61	61	60	60	60	59	59	58
凝结时间/min	初凝	2.30	2.30	2.30	2.30	2.30	2.30	3.30	3	3
	终凝	3.30	5	5	5	5	6	6	7	7

从表 7-15 中测得，随着粉煤灰掺量的增加，脱硫建筑石膏复合胶凝材料的标准用水量逐渐减少。初凝时间随着粉煤灰掺量的增加而延长，但延长时间不大；终凝时间比初凝时间有明显延长，这表明在脱硫建筑石膏中加入粉煤灰对脱硫建筑石膏早强快硬的基本特征没有大的影响。

2）粉煤灰掺量对脱硫建筑石膏强度的影响见表 7-16。

表 7-16　粉煤灰掺量对脱硫建筑石膏强度的影响

项目	编号	A1	A2	A3	A4	A5	A6	A7	A8	A9
2h 强度/MPa	抗折	3.72	3.75	3.85	3.66	3.57	3.38	3.36	2.91	2.38
	抗压	11.41	12.06	12.69	12.22	11.89	11.26	10.80	9.69	9.07
14 天强度/MPa	抗折	7.11	6.75	6.58	7.83	6.79	6.51	5.57	5.39	4.50
	抗压	17.21	26.68	27.18	28.10	26.18	24.48	21.81	18.51	15.85

从表 7-16 试验结果可知，在脱硫建筑石膏中粉煤灰掺量为 6％时，2h 湿抗折、抗压强度为最高；粉煤灰掺量为 12％～18％时，2h 湿抗压强度不低于脱硫建筑石膏原有强度；粉煤灰掺量大于 18％时，2h 湿强度明显下降；粉煤灰掺量达到 42％时，脱硫建筑石膏粉煤灰复合胶凝材料的 2h 湿强度还可达到 GB/T 9776—2008《建筑石膏》中 2.0 等级标准的强度要求。

从试验结果表明，脱硫建筑石膏粉煤灰复合胶凝材料在试验室条件下，自养 14d 强度（特别是抗压强度）有了明显的提高。当粉煤灰掺量在 36％时，14d 抗压强度高于原脱硫建筑石膏强度；粉煤灰掺量在 12％时，其抗压强度提高了 63.28％，因此粉煤灰的掺入对石膏胶凝材料强度的压折比有明显提高。

分析表明在脱硫建筑石膏粉煤灰复合胶凝材料中建筑石膏仍是胶凝材料中发挥强度的主体，粉煤灰在激发剂的作用下是在石膏硬化体中进行慢速、长时间的水化反应，因此脱硫建筑石膏粉煤灰复合胶凝材料后期强度高。

3）粉煤灰的掺入量对脱硫建筑石膏软化系数、保水率、干密度的影响见表 7-17。

表 7-17　粉煤灰掺入量对脱硫建筑石膏软化系数、保水率、干密度的影响

项目	编号	A1	A2	A3	A4	A5	A6	A7	A8	A9
软化系数		0.4	0.24	0.43	0.41	0.43	0.45	0.45	0.46	0.5
保水率/％		84.59	84.69	85.87	86.46	86.75	86.88	87.22	88.56	88.70
干密度/（kg/m³）		1214.85	1214.85	1203.13	1175.78	1167.97	1171.88	1144.53	1085.94	1109.38

表 7-17 测试结果说明：脱硫建筑石膏硬化体随着粉煤灰掺量的加大，干密度逐渐变小，当粉煤灰的掺入量达到 42％时，其干密度降低了 10.6％。

从表 7-17 试验结果中可以得知，脱硫建筑石膏的保水性为了满足测试条件在试样中加入了 0.2％高蛋白石膏专用缓凝剂，按 GB/T 28627—2012《抹灰石膏》标准中的保水率试验方法进行。随着粉煤灰掺量的提高，显上升趋势。当粉煤灰的掺入量达到 42％时，保水性比原脱硫建筑石膏的保水性增加了 4.11％。

从表 7-17 中也可得知，脱硫建筑石膏粉煤灰复合胶凝材料的软化系数随着粉煤灰的增加而提高，在粉煤灰的掺入量达到 48% 时，软化系数由原脱硫建筑石膏的 0.4 增加到 0.5。

4）分析总结

在脱硫建筑石膏中根据不同石膏建材产品的要求掺入不同量的粉煤灰后均可达到石膏建材产品各项性能指标的要求。如进一步调整合适的激发剂，可使脱硫建筑石膏粉煤灰复合胶凝材料不但能符合石膏建材产品的各项指标，而且降低了原料成本（超细粉煤灰加量在 20% 时，对脱硫建筑石膏的性能影响不大）。

以脱硫建筑石膏和粉煤灰为主要原料，在激发剂的作用下，脱硫建筑石膏粉煤灰胶结料的物理力学性能在保持建筑石膏早强快凝的基础上均有不同程度的提高，14d 抗压强度由原脱硫建筑石膏的 17.21MPa 提高到 28.10MPa。即使粉煤灰掺量达到 36% 时，其 14d 抗压强度也大于原脱硫建筑石膏 14d 抗压强度，其胶结料较原脱硫建筑石膏的干密度、保水性、软化系数都有明显的改善。试验证明：粉煤灰掺入脱硫建筑石膏中的集料效应有利于各项性能的提高，对处理燃煤电厂二大固体废弃物、降低石膏建材成本、扩大应用领域都有广泛的前景。

第六节　其他掺合料

1. 重钙

重钙粉又分为方解石粉、白云石粉。方解石粉颜色更白，有的地方也称之为双飞粉，重钙粉是化学名称，双飞粉是从工艺上讲，有单飞、双飞两种。双飞粉细度好，实际和重钙粉都是一样的东西。重钙粉比重大，容易沉淀，遮盖率差；优点是产地多、白度好、价格低，因此，使用普遍。在腻子粉、外保温干混砂浆生产配方中将重钙粉和滑石粉混合使用效果更好。

天然石膏与重钙的单掺的试验，结果如表 7-18 所示：

表 7-18　天然石膏与重钙单掺试验结果

	1	2	3	4	5	6	7	8
建筑石膏/g	1000	1000	1000	1000	1000	1000	1000	1000
重钙/g	0	20	40	60	80	100	150	200
初凝时间/min	6	6	5	6	7	8	8	8
终凝时间/min	19	19	18	19	19	21	20	20
干抗折强度/MPa	4.63	3.97	4.64	5.15	4.32	4.09	3.53	3.74
干抗压强度/MPa	14.23	13.81	13.70	13.32	12.48	11.06	10.82	10.19

通过上述试验，可以看出：

1）随着建筑石膏中重钙含量的不断增大，其初、终凝时间得到了不同程度的延长。当掺量为 10% 时，其初终凝时间分别为 8min 和 21min，分别较纯石膏凝结时间延长 33% 和 11%。

2）在天然建筑石膏中掺入重钙后，会不同程度地降低其强度，尤其是干抗压的下降比较明显。

脱硫石膏与重钙在掺入适量缓凝减水剂的条件下的试验，结果如表7-19所示：

表 7-19　脱硫石膏与重钙在掺入适量缓凝减水剂下的试验结果

	1	2	3	4	5	6	7	8	9
脱硫石膏/g	1000	975	950	925	900	875	850	825	800
重钙/g	0	25	50	75	100	125	150	175	200
缓凝减水剂	2.5	2.5	2.5	2.5	2.5	2.5	2.5	2.5	2.5
初凝时间/min	2	3	3	4	5	5	5	5	5
终凝时间/min	9	8	8	8	9	9	9	9	9
自养14d抗折强度/MPa	3.62	3.92	3.92	4.15	4.5	4.05	4.58	4.36	4.78
自养14d抗压强度/MPa	12.02	14.14	13.26	13.28	13.65	12.82	14.50	15.64	16.68

通过上述试验，可以看出：

1）在加入适量缓凝减水剂的条件下，脱硫石膏与重钙的胶凝材料自养14d的抗折、抗压强度不断增大，与单掺重钙的石膏强度规律正好相反，因此，重钙应与缓凝减水剂复合使用，对其强度增加明显，效果更佳。当掺量为20％时，自然14d抗折、抗压强度分别为4.78MPa和16.68MPa，分别较纯建筑石膏强度高32％和39％，强度提高较为显著。

2）随着重钙掺量的增加，凝结时间尤其是初凝时间得到不同程度的延长，当掺量为20％时，其初凝时间5min，较纯石膏初凝时间延长1.5倍。

2. 膨润土

良好的保水性能是高质量抹灰石膏的必备性能。传统的保水剂为某些纤维素的衍生物，这种保水剂掺量大、价格高，致使抹灰石膏无价格竞争优势，影响其推广使用。在抹灰石膏中掺加膨润土，代替有机保水剂进行试验。

蒙脱石特殊的层状结构及离子置换能力，使膨润土具有优异的交换性、膨胀性、黏附性、可塑性、耐火性。膨润土所具有的独特的选择性吸附，还可对墙体材料中的放射性物质永久性吸附固化，具有净化和修复环境功能，故膨润土是与环境协调性最佳的材料。以上特点，决定了膨润土适于用作抹灰石膏的保水剂。

1）膨润土原土和改性膨润土对抹灰石膏性能的影响

柠檬酸三钠掺量为1.2％时，膨润土原土对抹灰石膏性能的影响，见表7-20。

表 7-20　膨润土原土对抹灰石膏性能的影响

膨润土/％	保水率/％	扩散度/mm	用水量/％
0	83.8	180	45
2	85	175	45

由表7-20可知，膨润土原土对抹灰石膏性能的影响并不明显。

改性膨润土对抹灰石膏性能的影响，结果如表7-21所示。

表 7-21 改性膨润土对抹灰石膏性能的影响

改性膨润土/%	保水率/%	初凝时间/min	终凝时间/min	扩散度/mm	用水量/%
0	83.8	55	67	180	45
2	91	62	78	165	45
5	95	68	80	160	45
8	96	78	118	145	45

由表 7-21 可知，当柠檬酸三钠掺量为 1.2% 和用水量为 45% 时，随着改性膨润土掺量的增加，抹灰石膏浆料的保水率提高，终凝时间延长。

2）甲基纤维素（MC）和改性膨润土对抹灰石膏强度的影响

在缓凝剂柠檬酸三钠掺量为 1.2% 和标准稠度下，对两种保水剂进行实验性能对比，结果见表 7-22。由表 7-22 可知，加入 MC 的抹灰石膏的保水率低于加入改性膨润土的，其黏附强度很低，抗压强度损失率很大。

表 7-22 改性膨润土和 MC 性能对比

保水剂	掺量/%	标准稠度/%	凝结时间/min		强度/MPa		黏附强度/MPa	保水率/%
			初凝	终凝	抗折	抗压		
膨润土	2	45	62	78	1.95	6.2	0.96	91
MC	2	60	76	167	1.65	3.6	0.47	82

3）保水机理分析

膨润土是以蒙脱石为主要成分的黏土岩，颗粒极细，比表面积较大，表面能高。在水中能分散成胶体悬浮液，具有一定的黏滞性、触变性和润滑性，可提高抹灰石膏与基体的粘结性，面层光滑细腻，避免起皮现象。膨润土具有特殊的硅铝结构，单元结构层之间富含大量的层间水，这种水分子层可以仅有一层，也可以有二层、三层。膨润土能吸附相当本身体积 8~15 倍的水量，具有良好的膨胀性和吸附性。抹灰石膏加水拌合后，膨润土吸水速度快，增强浆体黏稠性、可塑性。当浆体中的水分低于膨润土层间水时，膨润土还可释放水分，调节水分平衡，保证浆体水化正常进行。

在蒙脱石晶体结构中，由于异价离子置换，造成电价不平衡，从而具有吸附阳离子、补偿电价不平衡的特性，因此膨润土可进行人工改性。

4）影响保水性的因素

影响抹灰石膏浆体保水率的主要因素，与膨润土掺量、缓凝剂的掺量和水的配比有关。膨润土掺量增加，可提高保水率，延缓凝结时间，起到缓凝效果，但影响强度。这是因为：随着缓凝剂和保水剂掺量增加，使水固比发生变化，浆体表面产生大量的水分，不仅使硬化浆体内部的孔隙率提高，而且在整个浆体内形成结晶结构网所需的水化物数量也明显增加，所以析出的二水石膏晶体之间相互交错搭接比较少，降低了颗粒之间的粘结强度，这是导致强度降低的主要原因。缓凝效果越好，凝结硬化速度越慢，硬化体的强度降低也越多，这也是甲基纤维素强度损失率高的原因。

抹灰石膏中掺加改性膨润土代替传统的有机保水剂，不仅降低成本，并使产品获得良好的保水性能和极高的强度，具有较高的实用价值和经济价值。

建筑石膏与膨润土的单掺的试验，结果如表 7-23 所示：

表 7-23　建筑石膏与膨润土单掺试验结果

项目	1	2	3	4	5
建筑石膏/g	1000	1000	1000	1000	1000
膨润土/g	0	3	6	9	12
初凝时间/min	5	6	6.5	7	7
终凝时间/min	16	19	19	19.5	19.5
干抗折强度 MPa	4.43	4.57	4.93	5.28	4.41
干抗压强度 MPa	12.06	13.69	14.28	15.16	14.06

通过上述试验，可以看出：

1）随着膨润土掺量的不断增大，建筑石膏初终凝时间都有不同程度的延长；当掺量为 9‰时，其初终凝时间分别为 7min 和 19.5min，分别较纯建筑石膏凝结时间延长 40％和 22％。

2）随着膨润土掺量的不断增大，建筑石膏强度不断增大；当掺量为 9‰时，其绝干强度达到最大，抗折、抗压强度分别为 5.28MPa 和 15.16MPa，分别较纯建筑石膏强度提高 19％和 26％，而后开始下降。

3. 轻钙

试验一设计如下：

脱硫建筑石膏：98％；水泥：2.00％；石膏专用缓凝剂 0.25％；减水缓凝剂 0.25％；轻钙含量分别取 0.50％、1.00％、1.50％、2.00％四个测点进行研究。

表 7-24　配比

材料种类 \ 编号	1	2	3	4
脱硫建筑石膏	975	975	975	975
普硅水泥	20	20	20	20
石膏专用缓凝剂	2.5	2.5	2.5	2.5
减水缓凝剂	2.5	2.5	2.5	2.5

通过实验整理试验数据，分析变化规律如下：

通过图 7-8 及表 7-24 可以看出：

1）随着轻钙含量的增加，标准稠度用水量基本没有变化。

2）初凝时间随轻钙的增加缓慢增长；终凝时间缓慢缩短。

3）干抗折强度随轻钙的增加逐步增加，变化幅度很小，轻钙含量为 2.0％时，较含量为 0.5％时增加了 26％；干抗压强度在 1.0％时最小，随后有增长趋势，轻钙含量为 2.0％时，较含量为 0.5％时的干折强度仅增加了 6％。

综合考虑，复掺一定水泥时，一定范围内的轻钙用量对石膏胶结料性能影响不大。轻钙用量在 0.5％时综合性能最好。

试验二设计如下：

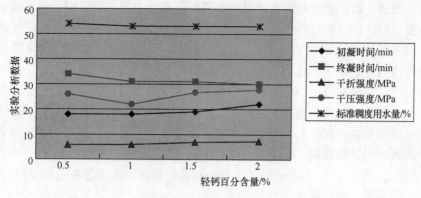

图 7-8 轻钙试验一折线图

在试验一的基础上，当胶料中掺加 12％的粉煤灰代替部分脱硫石膏时，研究轻钙不同含量对胶结料的影响。

通过图 7-9 可以看出：随着轻钙含量的增加，对脱硫建筑石膏的影响有以下几点：

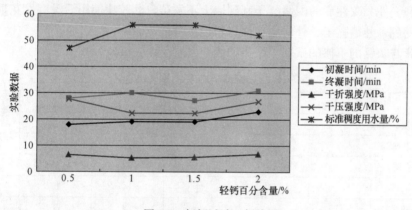

图 7-9 轻钙试验二折线图

1）标准稠度用水量明显上升，当轻钙含量大于 1.5％时，用水量下降。

2）初凝时间缓慢增加，在轻钙含量为 2.0％时，时间达到最长；终凝时间变化不规律且变化幅度较小，在 2.0％时时间达到最长。

3）干抗折强度变化幅度很小；干抗压强度随轻钙含量增加明显下降，当轻钙含量大于 1.5％之后开始上升，在轻钙含量为 0.5％时强度较大。

从表中可以看出，轻钙用量在 0.5％时，强度较好，但初凝时间较短；而当轻钙用量在 2.0％时，强度最高，初凝时间达到最长。

因此，在试验一基础上，当加入一定含量粉煤灰活性掺和料时，随轻钙含量增加，干折、干压强度变化趋势复杂。掺入粉煤灰试验中，胶结料的干折强度比不掺时增加幅度小，但时间会增长，尤其终凝时间，最大可增长到 22％，因此掺入一定量的粉煤灰会调整轻钙含量对胶结料的影响趋势，强度性能会有小幅度降低，但会增长其凝结时间，大大改善胶结料的施工性能。

4. 灰钙

灰钙粉就是氢氧化钙，分子式是 $Ca(OH)_2$，是一种常用的无机粘结粉体材料。它是石灰石经精选、煅烧、加一定量的冷水经过熟化粉碎而成,主要在腻子粉、保温砂浆中起到粘结作用,并能达到防水、耐水的效果。因为灰钙粉与空气中的 CO_2 反应以后生成不溶于水的 $CaCO_3$,从而达到防水耐水的效果。全国各地石灰岩产地多,灰钙粉的含量、白度、细度、吃水量等性能差别很大,主要是氧化钙和氢氧化钙的含量。$CaO+H_2O \Longrightarrow Ca(OH)_2$ 是一个放热反应,有的地方生产的灰钙粉做成的腻子在施工时把手烧掉一层皮,就是因为在灰钙粉的生产中加水比例少,生石灰 CaO 含量高,遇到人们的汗水又起放热反应的关系,因此让人感觉皮肤发烧,碱性大,这种灰钙粉吃水量也大。根据实践,广西桂林、兴安、江西峡江一带的灰钙粉比较稳定,$Ca(OH)_2$ 含量高,吃水量小,白度也好,不蚀手,吃水一般在 1∶0.5 左右;而河南、山东、浙江的一些地区的灰钙粉吃水量在 1∶1 左右,吃水量越大越不稳定,刮到墙上容易龟裂,容易泛黄。

灰钙粉里氧化钙含量越多,活性越大,生产腻子容易使乳胶漆发花,生产的外保温粘结剂容易泛碱,生产的钢化涂料不能存放,容易使墙面泛黄,主要是灰钙粉里氧化钙含量高。我们这里提供一个灰钙粉改性的方法,可以让钙粉活性变为惰性,方法是按照灰钙粉添加量 4% 的比例加入硫酸铝、明矾,也可是硫酸铝钾。混合后在一块堆放,即可使灰钙粉改性,实际上是中和变性。改性后的内墙腻子刮到墙上不发黄,乳胶漆使用后没有发花现象,钢化仿瓷涂料不变色,外墙腻子、外保温粉体材料也不易碱化。

建筑石膏与灰钙的单掺的试验,结果如表 7-25 所示:

表 7-25   建筑石膏与灰钙单掺试验结果

	1	2	3	4	5
建筑石膏/g	900	800	700	600	500
灰钙/g	100	200	300	400	500
标准稠度/%	58	61	63	65	68
初凝时间/min	11	14	14	17	18
终凝时间/min	22	30	28	36	34
7d 抗折强度/MPa	1.56	1.12	0.89	0.72	0.48
7d 抗压强度/MPa	6.84	5.59	5.21	4.72	4.08
14d 抗折强度/MPa	2.04	1.35	1.38	0.85	0.64
14d 抗压强度/MPa	6.10	6.00	4.50	4.26	3.86

通过表可以看出,随着灰钙含量的增加,有以下变化:

1)标准稠度用水量缓慢上升;初终凝时间大幅延长。

2)建筑石膏 7d 和 14d 抗折、抗压强度随着灰钙掺量的增加强度逐渐下降。灰钙效果还不如生石灰的作用。

5. 滑石粉

滑石粉是由滑石矿粉碎而成,化学成分是 $3MgO \cdot 4SiO_2 \cdot H_2O$,属于单斜晶体。滑石粉有滑腻感,在腻子粉和外保温干混砂浆中加入 10%~20%,可大大改善腻子、外保温粉料的施工性和流平性,增强抗裂效果和耐候性。

6. 掺合料应用举例

在石膏中加入少量的碳酸盐矿物,对建筑石膏的性影有显著的提高,少量的碳酸盐大大提高了产品的抗压强度，同时也缩短了石膏的凝结时间，但对后期抗拉强度有不好的影响。

在石膏中加入少量的硫酸铝、明矾等矿物盐类，对石膏的性影有大的影响，提高了早期强度，缩短了凝结时间。一般用量在 1% 之内。石膏中加入明矾对耐磨性有显著提高。

石膏矿渣复合胶结料：由粒状高炉矿渣，活性氧化硅及石灰所组成的复合掺合料，对石膏的耐水性、强度有良好的影响，含有 60% 的石膏、25% 的高炉矿渣、15% 的水硬性掺合料及 1% 石灰的石膏火山灰质胶结料具有水硬性特点，其 28d 强度与纯石膏作比较都有所提高。

石膏石灰复合胶结料有高效节能的特点，不仅不花费煅烧磷石膏的燃料费用，而且依靠石灰消化的热量，能使拌合水自然蒸发。一般石膏比石灰石在 1∶0.5～1∶0.7 之间。二者可一起混烧，也可各自磨细后混合使用。

石膏水泥火山灰质胶结料：建筑石膏 70%；硅酸盐水泥 15%；火山灰质材料（蛋白土等活性不低于 200mg/g）15%，具有一定的水硬性硬化的特点。纯石膏胶结料的强度增长快，而石膏水泥火山灰胶结料砂浆强度是长时间不断增长，超过纯石膏砂浆强度，而且 28d 龄期的标准硬化强度，高于纯石膏砂浆的 0.5 倍以上。

第八章　石膏粉体建材的生产

第一节　粉体材料混合的机理

粉体材料混合指的是混合两种或两种以上粉料粒子的操作，其主要目的是要得到各组分均匀的混合物。

按粉料粒子在混合机内的混合运动状态，混合形式有：

1. 对流混合

由于混合机外壳或混合机内的叶轮、螺带等内部构件的旋转运动，促使粒子群大幅度地移动位置形成循环流动，同时进行的混合。

2. 剪切混合

由于粒子群内有速度分布，各粒子相互滑动或碰撞，又由于搅拌叶轮尖端和机壳壁面、底面间的间隙较小，对粉体凝集团作用的压缩力、剪切力，使粉体碎裂所引起的混合。

3. 扩散混合

相邻粒子相互改变位置所引起的局部混合。与对流混合相比，混合速度显著降低。但由于扩散混合最终完全均匀混合。

各种混合机内，这三种机理都同时存在，只不过按处理物料的物性和混合机型式不同，对混合操作的影响程度不同。

第二节　混合机的选择

1. 一般原则

粉料混合机选型时，一般要考虑下列几点：

1）给定过程要求和操作目的，包括混合产品的性质、要求的混合度、生产能力，操作为间歇式或连续式。

2）根据粉体物料的物性，如粒子形状、大小及其分布、密度和视密度、静止角、流动性、粉体的附着性或凝集性等，以及各组分物性的差异程度，分析对混合操作的影响。

3）由前两项初步确定适合给定过程的混合机型式。

4）混合机的操作条件包括混合机旋转速度、装填率、原料组分比、各组分加入方法、顺序和加入速度、混合时间等。结合操作条件与混合速度（或最终混合度）的关系，以及混合的规模。

5）所需功率。

6）操作可靠性，如装料、混合、卸料和清理操作等。

7）经济性，包括设备费、维修费和操作费用高低。

2. 混合机选型

对于混合机这一生产线核心设备的选型，必须考虑先进的混合原理和较高的混合性能。

1）混合性能

混合机要具有广泛适用性，可混合不同配比和构成的材料，并达到均方差的顶级指标；对于混合性能有一个普遍的误区，认为只要混合的时间长，均匀度就会越高。事实刚好相反，均匀度的提高和保持，只与混合机的技术性能有关，与混合时间没有线性关系，反而在一定时间后呈下降的趋势。因此，若要达到所需要的质量，混合时间适当才好。

2）生产效率

混合机的效率主要是指混合机的混合时间和卸料时间。通常，混合时间在 $150\sim240s$ 之间是比较理想的混合机，而卸料时间在 $10\sim30s$ 之间是可以接受的。混合机的有效容积也很关键。达到同样的产量，混合机的容积越小越好，材料的容积率越高越好，好的混合机容积率高的可达 75%，低的可至 20%。

3）生产能力

在混合机容积相等的情况下，更高的小时产量体现了混合技术的优势，保证了在生产任何产品或产品组合时，可保证生产线的设计产能。

4）与系统匹配

发挥计量系统效率和混合机本身的效率。

5）控制原材料成本

严格按照配方控制添加剂的使用量。

6）电费

低能耗来源于混合机本身的技术含量。

第三节　石膏粉体建材建厂基本要求

1. 粉体建材的完整内容

粉体建材的完整内容是：材料＋物流系统＋机械化施工＋配方调整。对粉体建材基本的要求是：可散装；可适合机械化泵送或喷涂而无施工质量问题；具有较低的离析分层的性能。干混砂浆生产与施工流程示意图如图 8-1 所示。

2. 生产规模和产量

特种砂浆生产企业要根据产品范围、市场范围、销售能力、质量等因素综合考虑，生产线产能一般在每小时 $5\sim10t$。

3. 生产工艺

生产工艺主要的环节包括：骨料的烘干及筛分、各种原材料的贮存、配料和计量、混合、散装和包装（成品料的贮存）、自动控制系统。

生产线工艺设计的基本要求：满足产品的配方要求、各环节的生产效率高、运行成本和能耗低、原材料以及成品料交叉污染小。

4. 主要设备的基本技术要求

1）烘干系统要求烘干后砂的含水率在 0.2% 以下，温度在 50℃ 以下。

2）筛分系统能够按照产品的配方准确、可靠地生产出不同级配要求的砂。

3）配料和计量精度能够满足产品配方的要求，尽可能实现自动化。

4）混合机是最核心的设备，有均匀性和分散性两方面的要求，该设备技术含量要求较

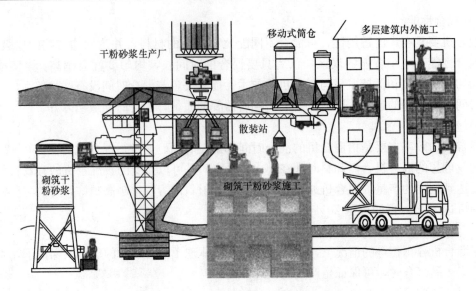

图 8-1　干混砂浆生产和施工流程示意图

高，对其基本要求是混合均匀度和分散程度高、混合时间短、效率高、产能大而能耗低。

5）控制系统兼备生产和管理的功能。

5. 生产线示例

1）工艺流程图，如图 8-2 所示。

2）主要设备情况如表 8-1 所示。

表 8-1　主要设备表

序号	设备名称	设备参数	单位	数量
1	吨袋上料机		套	1
2	螺旋输送机	DN273	套	1
3	搅拌主机	$2m^3$	台	2
4	储料仓	一罐次 $2m^3$	套	1
5	叶轮式包装机	双嘴	台	1
6	包装皮带机	BD800-5m	台	1
7	包装台		台	1
8	包装除尘器	除尘面积 $40m^3$	台	1
9	气路系统		台	1
10	主楼钢结构		套	1

6. 石膏干混建材生产过程中应注意的要点

1）石膏粉温度应控制在低于 50℃；

2）对于外加剂及掺合料、骨料在混合过程中的不同投放方法，由于投放顺序不同，产品的性能或质量也会有所不同。

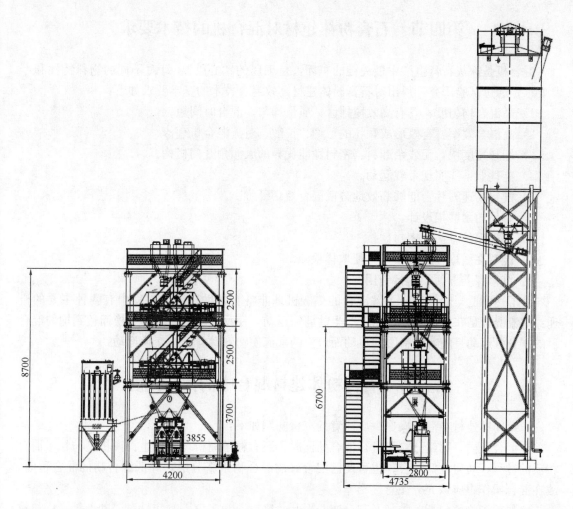

图 8-2 工艺流程图

3）在投料口应增设分筛设备，以免运输、仓储过程中受潮湿的建筑石膏及随水凝结的块状物料进入搅拌系统。

4）各种物料计量的准确性。

5）搅拌的均匀性。应采用二次搅拌清除死角、防止分层；轻质抹灰石膏生产时，轻骨料在二次搅拌时加入，可以减少轻骨料的破损率，对产品的松散容量、泥浆体积、导热系数等都有一定的提高。

6）骨料含泥量的控制。骨料中含泥量会影响产品的强度、凝结时间、抗裂性能，抹灰石膏应用时＜5％；自流平砂浆应用时＜3％。

7）物料或外加剂生产厂家变时动，必须经过小试，产品合格后方可投入批量生产。

8）掺合料、骨料、填充材料含水率的控制。各材料游离水的含量一般应控制在 0.5％以下，否则会影响产品质量。

9）包装前产品质量的验收，不合格的产品另存处理。

10）包装计量与产品存放。

第四节　石膏粉体建材对混合机的技术要求

混合机是抹灰石膏生产中最关键的一环，是工厂的"心脏"。针对不同的物料特性和产品要求，通过试验研究，得出对石膏粉体建材高效混合技术的基本要求如下：

1）高混合均匀度：具有高效搅拌区，质量均匀，混合时间短。

2）高混合效率：有效形成颗粒的剪切、扩散、对流混合机理。

3）卸料速度快，无残余卸料：密封性能优异的大倾角开门机构。

4）能耗低：能实现带载起动。

5）配置高速刀片：能够高效地分散混合短切纤维。

6）整体的耐磨损设计。

7）多层保护轴头气密封。

8）配置在线取样装置：可方便取样检测。

9）维修保养方便，运行费用低。

为了达到适当的设计，了解混合的一般机理非常有帮助。混合过程中有两种主要的机理：对流混合是在机械外力作用下产生的剪切运动，使物料团互相剪切交换而达到均匀混合目的；分散运动是随着物料团的运动而产生的紊流使物料颗粒产生交换运动。

第五节　石膏粉体建材混合中的离析问题

石膏粉体建材在混合操作中应注意的离析问题如下：

在混合机内，两组分粒子进行混合的同时，还有粒子离析现象发生。离析是与粒子混合相反的过程，妨碍良好混合，也可使已混合好的混合物重新分层，降低混合物的混合程度，故在混合操作中应该充分注意。

粉料粒子物性包括：粒径及其分布、形状、密度、视密度、凝集性、流动性等。粉料粒子物性和混合机型式对离析过程的影响，有如下几点：

（1）在混合机内相同的操作条件下，混合大小均一、密度相同的固体粒子物料，其中任一固体粒子的混合运动状态都是相同的。但若混合两种物性相差较大的固体粒子时，不同的粒子会有不同的混合运动状态，有相互分离的倾向。

（2）表面光滑的球形粒子，流动性大，易滑过表面粗糙的、非球形（如棒状、纤维状）粒子，而产生离析问题。

离析对容器旋转型混合机的最终混合度影响甚大，对容器固定型混合机影响不大；对连续式双层螺带式混合机，可得到比间歇式混合机更好的混合状态。故处理物性相差较大的物料时，选容器固定型的连续式混合机是非常有效的，但我们要知道以下几点：

1）两种固体粒子比重差越大，混合时间越短，混合度就越小。

2）细粉体以粉尘形式被带走，会造成组分不匀。

3）粒子带静电荷易离析：粉料混合操作中的离析现象，应该尽力抑止，一般的方法有：

（1）改进配料方法，使物性相差不大；

（2）改进加料方法和粒子层的重叠方式，在混合机内混合时，下层粒子向上移动，上层粒子向下移动，降低离析程度；

（3）对易成团的物料，在混合机内加装破碎装置，或增设径向混合的措施；

（4）降低混合机内真空度或破碎程度，减少粉尘量。

第六节　生产石膏干混建材需要了解的问题

生产石膏干混建材必须了解的问题如下：

1）要了解石膏原始材料情况，如：

脱硫石膏（石灰、石灰石、电石灰）；

磷石膏（南方矿还是北方矿）；

柠檬石膏；

氟石膏；

原料堆放时间（即新产品或是堆放超过半年以上的产品）。

2）要了解所用熟石膏的加工工艺：

（1）快速煅烧还是慢速煅烧

是热介质直接与石膏物料接触，还是间接与物料接触；

是否低温干燥与低温煅烧；

是回转窑还是沸腾炉；

是二步法还是一步法；

是否在煅烧前或在煅烧时加入碱性中和材料或其他改性材料；

是否进行过改性粉磨；

是否进行过陈化。

（2）所用的石膏粉加工方法是煅烧、蒸压、水热法还是烘干激发改性。

3）要了解石膏粉的 pH 值，一般 pH 值偏碱条件优于偏酸情况。

4）要了解石膏粉的品位（硫酸钙的含量）。

脱硫石膏＞90；磷石膏＞95；氟石膏＞95；柠檬石膏＞95。

5）要了解石膏粉的生产时间，以此了解存放时间，对存放时间太短（三天以内）或太长（超过 3 个月）的石膏粉使用时都要加以注意。

6）要了解石膏粉的杂质含量，以便在配制石膏干混建材时加入部分有吸附作用或缓解杂质影响的无机材料。如：粉煤灰、沸石、硅藻土、矿渣微粉、蛭石粉、高岭土等。

7）要了解熟石膏的三相各组分含量，以便在配制石膏干混建材时，考虑到产品继续存放期内的性能影响。

8）要了解石膏粉自身粘结性能。工业副产熟石膏自身粘结不一样，总体来说不如天然石膏粉的自身粘结性好，所以要根据不同工业副产熟石膏粉的不同粘结性，复配不同的有机、无机材料来增强粘结强度。

9）要了解配制干混建材产品时熟石膏粉的现有温度，因石膏粉温度过高会直接影响外加剂对产品性能的效果，如缓凝剂、保水剂、粘结剂等。

10）要了解所用石膏粉的细度及颗粒级配，石膏干混建材要分产品来决定粗点好还是细点好，配制产品时太细不一定好，一般来讲颗粒级配是有较宽的级配范围较好，如级配范围太窄就需要通过外加其他无机材料或骨料进行调整。

第七节　对工业副产石膏干混建材的研究试验

因工业副产石膏的来源不同、杂质成分不同、pH 值不同、导致石膏粉性能的不同。所以在配制研发阶段需要从多项实际试验过程中找出优化点，才能满足产品性能的各项要求。常用试验如下：

1. 对各种调凝剂的适应性试验

2. 对不同无机填料相容性的试验

3. 对各种无机活性材料复合使用的试验

4. 对不同激发材料的应用试验

5. 对不同级配、不同颗粒形态的骨料进行使用试验

6. 对不同外加剂掺量和相互协调性能的试验

（如 MC＋CMC、MC＋淀粉醚、MC＋胶粉）

7. 对控制水膏比的试验

解决流动性、泌水性、流挂性、强度、浆料的操作性、保水性、凝结时间等方面的问题。

8. 外加剂添加方式的试验

外加剂是后掺好还是分次加入好，是否与无机原料进行改性粉磨。

9. 产品配方 pH 值适应性调整试验

对不同外加剂、不同无机活性材料 pH 值的最佳适应性调整试验。

10. 对掺加水泥、石灰粉类材料的性能影响试验

水泥、石灰粉类材料由于生产厂的不同、生产工艺的不同、材料组分的不同，对石膏干混建材性能的影响也不同。

第八节　干混建材对建筑石膏的性能要求

1. 凝结时间（各类石膏干混建材的初凝时间均大于 8min）

2. 强度（2h 湿抗折强度）

抹灰石膏	＞2.8MPa
粘结石膏	＞2.6MPa
石膏保温胶料	＞2.8MPa
快粘石膏	＞2.5MPa
石膏腻子	＞2.0MPa
嵌缝石膏	＞2.0MPa
自流平石膏	＞3.5MPa

3. 细度

抹灰石膏	≥80 目
石膏保温胶料	≥80 目

粘结石膏   ≥80 目

自流平石膏   ≥120 目

快粘石膏   ≥120 目

石膏腻子   ≥280 目

嵌缝石膏   ≥280 目

4. 白度

底层型抹灰石膏   对白度无要求

自流平石膏   对白度无要求

石膏保温胶料   对白度无要求

粘结石膏   对白度无要求

面层型抹灰石膏   ≥70

快粘石膏   ≥80

嵌缝石膏   ≥80

石膏刮墙腻子   ＞85

5. 温度

配制石膏干混建材时石膏粉温度应小于 50℃。

6. 陈化期

石膏粉生产煅烧至使用陈化时间最好在 7～15d 之间。

7. 对建筑石膏相组分的要求

残留二水石膏   ＜3%

AIII 型无水石膏   ＜2%

8. 均匀性

每批石膏粉初凝时间不超过±1min，即要求初凝时间是 8min，实际测试在 7～9min 为合格。每批强度浮动在 0.2MPa 左右。

9. 稳定性

1）凝结时间的稳定

2）强度的稳定

3）相组分的稳定

4）杂质含量的稳定

5）品位的稳定

10. pH 值

无论通过中和还是复配，石膏粉的 pH 值均应在中性或稍偏碱的范围内。

11. 杂质含量

1）脱硫石膏

可溶性镁盐   ＜0.65

可溶性钠盐   ＜0.06

氯离子   ＜0.01

半水亚硫酸钙   ＜0.25

2）磷石膏

氟	<0.9
五氧化二磷	<0.9
可溶磷	<0.3
有机物	<0.15

第九章　抹 灰 石 膏

第一节　概　　述

1. 概述

抹灰石膏是一种适应室内墙体和顶棚专用的绿色环保抹灰材料，是传统水泥砂浆或混合砂浆的替代产品。

在国外，抹灰石膏使用已十分普遍，欧美先进发达国家早在 40 年前已大量使用抹灰石膏，如德国现在 75％以上抹灰材料是抹灰石膏；英国抹灰石膏的使用占石膏建材总量的 50％；法国占石膏制品总和的 23％；西班牙室内抹灰 90％使用抹灰石膏，还有日本抹灰石膏产量在二十世纪七十年代末就达到 40 万吨。由于抹灰石膏具有强度高、粘结力强、抹灰厚度薄厚均匀、操作简单、收缩性小、保水性好、不空鼓开裂、凝结硬化快、施工性能好、防炎保温性优良、便于冻季（－3℃以上）施工、绿色环保、使用范围不受限制等优良性能，无论在何种墙体上都可使用的综合技术性能，是传统水泥砂浆无法比拟的，因此在发达国家能得到大量地推广应用，将来在我国研究开发、推广应用抹灰石膏取代传统水泥砂浆的室内抹灰也是必然的。

随着人民生活水平的提高、居住条件和生活环境的改善，人们不仅要求居住宽敞，更要求有较高的居住质量和较舒适的居住环境。随着建筑业的快速发展，新型墙体材料以其轻质、高强、节能等特点，在建筑市场得到了大量应用，一些传统材料正逐步被新型材料所替代。如墙体抹灰材料全部使用传统水泥砂浆和混合砂浆的做法已远远不能适应需要。这些传统抹灰材料存在着易开裂、空鼓、落地灰多，粘结性能差等缺点。其次因凝结硬化慢、装修时期长，特别是在冬季气温低情况下，抹灰工序与最后装饰工序时间间隔在半个月甚至更长时间等原因，已成为制约快速施工的最大障碍。

尤其是近年来，抹灰石膏以其良好的物理力学性能及操作性能，在国内也日益得到认可和推广使用，且呈蓬勃发展之势。它具有以下特点：

1）抹灰石膏具有良好的和易性、保水性。上墙后操作自如、收光容易、施工方便。

2）采用抹灰石膏抹灰，工程质量好，墙面致密光滑而不起灰，有较高的强度而不收缩、不空鼓、不开裂、无气味。

3）抹灰石膏抹灰层凝结硬化快，在底层抹灰完成后约 3～4h 就可进行面层抹灰，无需像普通砂浆一样，抹灰后一定要等基层干燥后才能抹面灰，其装修工程工期可缩短 60％左右，大大提高工作效率，加快了工程进度。

4）抹灰石膏适合冬季（－3℃以上）抢修工程，其水化速度不因气温偏低而明显减慢，只要拌合水不结冰，即可早强快硬，是冬季室内抹灰施工的好材料。

5）抹灰石膏与任何基材都能很好地粘结在一起，并不受厚度限制，不会出现空鼓、开裂现象。因抹灰石膏的和易性与料浆流动性均好，易渗透到墙壁或顶棚的孔隙及凹凸纵横的缝隙中，硬化后体积微膨胀，构成键榫与细小勾挂系统，加强了抹灰层与墙面的粘结强度，所以抹灰石膏在光滑的混凝土表面上无需凿毛就可直接抹灰。尤其是将抹灰石膏抹在加气混凝土墙面上效果更佳。由于抹灰石膏的粘结力好，在操作中落地灰少、省工省料，为实现文明施工起到一定的作用。

6）抹灰石膏抹灰层具有吸湿性能与排湿性能，有利于多孔墙材面自身干燥。从而可使多孔墙体材料墙面内部含水率下降，避免了因多孔墙材内部含水率不均匀而引起内应力的弊端。因此在多孔材料墙面上用抹灰石膏抹灰有利于墙体长期稳定。

7）抹灰石膏硬化体是一种多孔材料，导热系数一般在 $0.35W/(m \cdot K)$ 左右，其保温隔热能力在相同厚度条件下是红砖的 2 倍、混凝土的 3 倍。同时，抹灰石膏硬化体可减小声压，防止声能透射，故隔音性能良好。

8）石膏硬化过程中，形成无数个微小的蜂窝状呼吸孔，当室内环境湿度较大时，呼吸孔自动吸湿，在相反条件下，又能自动释放储备的水分，这样反复循环，能巧妙地将室内湿度控制在适宜的范围之内，为居住者创造了良好舒适的生活环境。

9）石膏中结晶水含量占整个分子量的 20.9%，当建筑物发生火灾时，只要墙体抹灰层中石膏所含水分没有全部释放和蒸发，墙面温度就不会超过 40℃。因此，可延缓墙体升温时间，控制火灾对建筑物的危害损失程度。

2. 抹灰石膏的定义

抹灰石膏是二水石膏经脱水或无水石膏经磨细与激发，生成的半水石膏和 AⅡ型无水石膏单独或二者混合后掺入几种外加剂及掺和料制成的抹灰材料。它是以硫酸钙为主要胶凝材料的抹灰胶结料。

抹灰石膏的造价从单一的销售价上看，给人感觉似乎较贵，但在工程应用中，综合造价并不比传统抹灰材料贵。如：在工程抹灰施工中，抹灰石膏抹灰层厚度可小于 3mm，而水泥砂浆需要抹灰厚度在 10～12mm 以上。

3. 抹灰石膏的发展

抹灰石膏适于机械化喷涂。抹灰石膏可以代替水泥砂浆、混合砂浆、找平层腻子及轻质砂浆等在建筑物室内各种墙面和顶棚上进行抹灰的石膏基抹灰材料，抹灰石膏与各种无机墙体基层粘结牢固，可避免传统水泥砂浆、混合砂浆抹灰层出现空鼓、开裂、脱落等现象，特别适用于加气混凝土的室内墙面抹灰。

目前国内抹灰石膏的推广应用发展势头较好，但好些产品质量并不尽如人意，特别是小型企业的产品，对石膏的基本特性了解和认识不够，生产配置抹灰石膏没有技术支撑，只靠外加剂或材料经销商提供的一个配方进行生产，也不具备必要的质检手段，对产品出厂质量和稳定性没有条件保证，经常造成这样或那样的质量问题，对建筑抹灰工程的应用效果影响很大。劣质的抹灰石膏将会阻碍市场的推广，大有摧毁抹灰石膏发展前途的潜在危险，因此对抹灰石膏的品质一定要加倍关注。

4. 室内抹灰产品的综合评价

1）室内抹灰产品的技术性能、产品优势和施工情况

（1）各室内抹灰产品的技术指标如表 9-1 所示。

表 9-1　各室内抹灰产品的技术指标

各室内抹灰产品	自拌水泥砂浆	预拌水泥砂浆	手抹石膏砂浆	机喷石膏砂浆
保温性能[导热系数(W/m・K)]	0.87	0.87	0.35	0.28

续表

各室内抹灰产品	自拌水泥砂浆	预拌水泥砂浆	手抹石膏砂浆	机喷石膏砂浆
抗压强度/MPa	≥10	≥10	≥4	≥5
粘结强度/MPa	≥0.1	≥0.2	≥0.3	≥0.4

（2）各室内抹灰产品的优势如表9-2所示。

表9-2　各室内抹灰产品的优势

各室内抹灰产品功能	自拌水泥砂浆	预拌水泥砂浆	手抹石膏砂浆	机喷石膏砂浆
耐水性能	较好，适用广	较好，适用广	不好，适于非潮湿环境	一般
呼吸性能	无	无	可调节室内湿度（透气性饰面）	可调节室内湿度（透气性饰面）
施工品质	空鼓开裂难以避免，还需表面腻子处理	会有空鼓开裂，还需表面腻子处理	少量空鼓开裂，且需表面腻子处理	找平收光一次完成，无空鼓无开裂，表面光洁、平滑，可直接施工涂料、墙纸

（3）根据各室内抹灰材料的工艺特点，结合工程实际情况（按南京地区、2万平方米抹灰面积；自拌水泥砂浆、预拌水泥砂浆和手抹石膏砂浆抹灰要批腻子，不考虑批腻子前的等待时间），合理安排施工，各室内抹灰产品的合理施工工期和用工情况如表9-3所示。

表9-3　各室内抹灰产品的合理施工工期和用工情况

各内粉产品	自拌水泥砂浆	预拌水泥砂浆	手抹石膏砂浆	机喷石膏砂浆
施工工期/天	60	54	49	25
现场用工/工日	1395	1215	1065	500

2）根据各室内抹灰产品的性能指标、产品优势和施工特点，采用10分制进行逐项打分，如表9-4所示。

表9-4　各室内抹灰产品的性能指标、产品优势和施工特点得分结果

各室内抹灰产品功能	白拌水泥砂浆	预拌水泥砂浆	手抹石膏砂浆	机喷石膏砂浆
耐水性能	8	10	4	5
施工品质	4	5	7	10
施工工期	4	5	6	10
现场用工	4	5	6	10
防火性能	8	8	10	10
保温性能	3	3	8	10
呼吸性能	0	0	9	10
环保健康	1	3	6	10
抗压强度	9	10	8	8
粘结强度	5	6	8	10

3）根据市场调查收集的价格数据整理分析后，计算成本指数和价值指数，如表 9-5 和表 9-6 所示。

根据计算公式：$V=F/C$，计算价值指数。

表 9-5　各室内抹灰产品成本指数计算

各室内抹灰产品	自拌水泥砂浆	预拌水泥砂浆	手抹石膏砂浆	机喷石膏砂浆
产品价格/（元/m²）	36	42	48	56
成本指数	36÷182＝0.198	42÷182＝0.231	48÷182＝0.264	52÷182＝0.308

表 9-6　各室内抹灰产品价值指数计算结果

各室内抹灰产品	自拌水泥砂浆	预拌水泥砂浆	手抹石膏砂浆	喷涂石膏砂浆
功能指数（F）	0.182	0.199	0.258	0.360
成本指数（C）	0.198	0.231	0.264	8.308
价值指数（V）	0.919	0.861	0.977	1.169

4）经过市场调查、功能分析和综合评价，喷涂石膏砂浆的价值指数最大，性价比最高。

第二节　抹灰石膏分类及材料组成

1. 按相组成分类

分为两种，一种是单相型抹灰石膏，另一种是混合型抹灰石膏。

单相型抹灰石膏，它是以半水石膏或无水石膏以及干燥后的二水石膏单独为主要原料，加入一些掺合料和外加剂、激发剂配制而成的抹灰石膏；混合相型抹灰石膏，是指以半水石膏和Ⅱ型无水石膏按比例混合后为主要原料，并加入一定量的掺合料和外加剂，配制的一种抹灰石膏。

目前市场上使用较多的抹灰石膏是以建筑石膏为主，加入一定量的集料与掺合料、外加剂混合配制而成的单相型抹灰石膏产品；也有以建筑石膏和Ⅱ型无水石膏（硬石膏）加入保水剂、激发剂等生产的混合相型的抹灰石膏；还有以Ⅱ型无水石膏为主要材料，添加部分无机胶结材料与激发剂，经混合粉磨，再掺加适量的早强剂、保水剂等外加剂生产的无水相型石膏抹灰材料，现在还出现了以二水石膏混合其他无机活性物质，经干燥、粉磨、混合（如超细水淬矿渣粉、二级以上粉煤灰、硅灰等）、复合适量的激发剂及外加剂制成的抹灰材料，也有以建筑石膏复掺石灰混合粉磨，掺入少量外加剂而成的复合型抹灰材料。

2. 按用途分类

按用途可分为面层（装饰层）型抹灰石膏、底层（找平层）型抹灰石膏、轻质抹灰石膏、保温型抹灰石膏及用户要求使用的耐水抹灰石膏、纤维抗裂抹灰石膏等特殊用途的抹灰石膏。

1）面层型抹灰石膏适用于底层找平材料（含底层抹灰石膏）表层及现浇混凝土顶棚和墙体表面薄抹灰，通常不含集料，具有较高的强度、粘结性能，和易性优良，可抹可刮。

2）底层型抹灰石膏可以用于室内各种材料墙体找平的抹灰，通常含有一定量的集料（中细建设用砂），抗裂性能良好、粘结效果佳，有优越的施工性。

3）轻质底层抹灰石膏是含有轻集料，部分或全部替代重质骨料（砂）进行基底找平，并可于罩面一次性施工完成的抹灰材料。

4）保温型抹灰石膏是一种含有轻集料或通过发泡形成，其硬化后体积干密度<500kg/m³，其松散密度<300kg/m³的抹灰材料。所含轻骨料有闭孔珍珠岩（玻化微珠）、聚苯颗粒、陶粒、橡胶粒、沸石等，它有较好的热绝缘性，通常用于建筑物室内的楼梯间、电梯间、分户墙、外墙内保温或外墙内外复合保温体系中室内墙面的保温层抹灰。

3. 按施工方法分类

抹灰石膏按施工方法分有两种，一种是机械喷抹，另一种是手工涂抹。

如今抹灰石膏的应用已经进入较快的发展阶段，特别是机械抹灰施工，在建筑抹灰领域得到广泛的应用和认可，如何使抹灰石膏得到更好的稳步发展，关键在于抹灰石膏的品质。

4. 单相型抹灰石膏和混合相型抹灰石膏的实际应用

1）单相型抹灰石膏

以建筑石膏为主的单相型抹灰石膏以其生产工艺简单、投资少、上马快、价格低和强度高等优势受到国内中小企业的青睐。目前国内这类抹灰石膏的生产企业如雨后春笋般的出现。但是由于长期以来，我国石膏工业落后，从事石膏技术研究的人才缺乏，以及石膏煅烧工艺的不合理，导致抹灰石膏整体生产水平落后，以及施工工艺不配套，使抹灰石膏这种在国外已普遍使用的产品，在国内难以推广。

以建筑石膏和缓凝剂、保水剂等配制而成的单相抹灰石膏，强度高，在施工中可掺入较多的填料（一般为1∶1.5），降低了工程造价；以建筑石膏和外加剂配制的单组分抹灰石膏，其凝结时的膨胀值约为0.15%。当抹灰石膏料浆渗透到墙体的孔洞和缝隙中，硬化时产生体积膨胀，构成物理链榫、勾挂作用，从而提高了石膏与基体的粘结作用。随着墙体的不断干燥，抹灰层的强度不断增长，纯抹灰石膏或抹灰石膏砂浆在3个月时的收缩值低于0.02%（水泥砂浆为0.08%）。

2）混合相型抹灰石膏

混合相型抹灰石膏是以二水石膏经高低温煅烧得到的Ⅱ型无水石膏及建筑石膏为主要成分，掺入少量工业废渣、多种外加剂和集料而制成的气硬性胶凝材料。

（1）原材料

① 建筑石膏；

② 温度在760~820℃范围煅烧的AⅡ型无水石膏；

③ 粒径为0.1~1.2mm细集料（砂）；

④ 调凝剂及保水剂。

（2）确定基材混合物掺量

由于半水石膏水化快，所以抹灰石膏抹面可在短期内达到很高强度，而后，Ⅱ型无水石膏缓慢水化，使基材熟石膏完全结晶，加强晶格的内聚力，补偿干燥所造成的收缩，从而避免出现裂纹。再者，半水石膏和Ⅱ型无水石膏混合物的凝结时间能满足施工中的理想要求，因为Ⅱ型无水石膏遇水时仅表现出惰性填料性质，延缓了熟石膏的凝结速度，延长了凝结时间，这不仅有利于拌合，与其他填料相比，这种填料使抹面的外观显得更细腻和富有光泽，是其他填料所不具备的特性。做完抹面后，只要熟石膏灰浆尚未干透，这种Ⅱ型无水石膏还能缓慢水化，进一步增强石膏抹面层的力学性能。

当水膏比一定时，随着Ⅱ型无水石膏掺量增加、凝结时间的再延长，强度提高，Ⅱ型无水石膏掺量在 25%～30% 为宜。

第三节　抹灰石膏的技术标准及试验方法

1. 分类

抹灰石膏按其用途分类，如表 9-7 所示。

表 9-7　抹灰石膏按用途分类表

类别	面层抹灰石膏	底层抹灰石膏	轻质底层抹灰石膏	保温层抹灰石膏
代号	F	B	L	T

我国目前正在执行的抹灰石膏行业标准是 GB/T 28627—2012。技术指标如表 9-8 所示。

表 9-8　抹灰石膏的技术要求指标

项目		分类	面层抹灰石膏	底层抹灰石膏（轻质抹灰石膏）	保温层抹灰石膏
强度 /MPa	剪切粘结强度	≥	0.5	0.4	—
	抗折强度	≥	3.0	2.0	—
	抗压强度	≥	6.0	4.0	0.6
细度 /%	1.0mm 方孔筛余		0		
	0.2mm 方孔筛余	≤	40		
体积密度/kg/m³		≤	—	—	500
保水率/%		≥	95	85	30
凝结时间/min	初凝时间	≥	60		
	终凝时间	≤	480		
可操作时间/min		≥	30		

2. 在实际工程应用中，底层抹灰石膏、面层抹灰石膏或底面一体抹灰石膏占比最大，在机械喷涂施工中也最常见。作为机械喷涂施工的抹灰石膏，除必须满足上述标准规定的性能指标外，还应具备适合机械化施工的附加性能。这主要包括：

1）良好的施工性：通过添加一定量的添加剂可以大大改善抹灰的施工性，如添加纤维素醚、淀粉醚、触变剂及引气剂等。抹灰石膏施工性的好坏，不仅影响砂浆的施工速度，也极大地影响砂浆上墙后的质量。

2）良好的可泵性：机械喷涂施工的抹灰石膏砂浆，必须具有良好的可泵性。可泵性的好坏与抹灰石膏砂浆的颗粒级配、石膏砂浆的和易性、石膏砂浆的黏聚性及对泵送管道的阻力有关。因此，机械喷涂的抹灰石膏相比手工施工的抹灰石膏，要求会更高。

3）良好的抗流挂性：机械喷涂施工的抹灰石膏砂浆，其加水量通常比手工施工的抹灰石膏砂浆多，否则难以顺利的泵送施工。而加水量多了以后，势必会增大砂浆喷涂上墙后的流坠问题。

4）较低的反弹率：抹灰石膏砂浆在机械喷涂施工中，会具有一定的反弹率。反弹率越高，施工效率越低，浪费也越大。反弹率的高低，与抹灰石膏的黏聚性和触变性有密切的关系，通常砂浆的黏聚性和触变性较好，反弹率越低，而黏聚性过高会严重影响喷涂施工，因此砂浆加水拌合后的黏聚性必须控制在合理的范围。要降低湿砂浆的反弹率通常需添加适量的保水剂、触变剂等添加剂。

5）良好的抗裂性：虽然石膏基砂浆本身具有较好的抗收缩开裂性，但是现场施工中常常因为基层的平整度较差而造成一次喷涂的厚度比较厚，也易造成机械喷涂施工后的抹灰石膏表面出现细小的龟裂。

3. 试验方法

引用 GB/T 28627—2012《抹灰石膏》标准，重要性能指标检测如下：

1）试验仪器与设备

（1）天平

采用感量 0.1g 的天平。

（2）标准筛

采用 GB/T 6003.1—2012 中的标准筛。应用其中方孔筛筛孔边长分别为 1.0mm 和 0.2mm 型号的筛子，并带有筛底和筛盖。

（3）跳桌及附件

采用 GB/T 2419—2005 中测定水泥胶砂流动度的跳桌及附件。

（4）搅拌机

采用 GB/T 17671—1999 中的胶砂搅拌机，搅拌叶可装卸。

（5）凝结时间测定仪

采用 GB/T 1346—2011 中规定的凝结时间测定仪。

（6）试模

采用 GB/T 17671—1999 中规定的试模。

（7）电热鼓风干燥箱

温控器灵敏度为±1℃。

（8）抗折试验机

采用 GB/T 17671—1999 中规定的电动抗折试验机。

（9）抗压夹具、抗压试验机及拉伸试验机

采用 GB/T 17671—1999 中的抗压夹具，受压面长为 40mm，宽为 40mm。抗压试验机及拉伸试验机应符合：破坏荷载应在其量程的 20%～80% 范围内，精度 1%，最小示值 1N。

（10）保水率测定装置

保水率测定装置及 T 形刮板如图 9-1（a）、（b）所示。

① 布氏漏斗

内径 150mm。

② U 型压力计

管高 800 mm。

③ 真空泵

负压可达 106.65kPa，即 800mm 汞（Hg）柱。

④ T 型刮板

由厚为 1 mm 的硬质耐磨材料制成。

（11）其他工器具

油灰刀、刮平刀、抹刀、圆柱捣棒、钢板尺和量筒等。

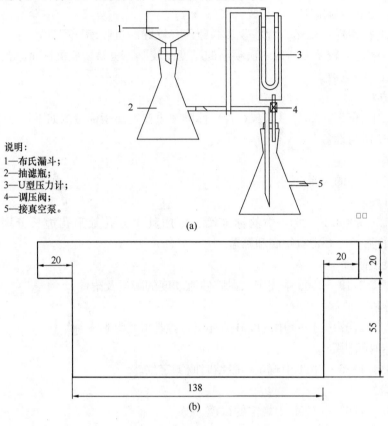

说明：
1—布氏漏斗；
2—抽滤瓶；
3—U 型压力计；
4—调压阀；
5—接真空泵。

(a)

(b)

图 9-1　保水率测定装置（单位为 mm）

(a) 保水率测定装置示意图；(b) T 型刮板示意图

2）试样

试样应保存在密封容器中，置于试验室条件下备用。

3）试验条件

试验室温度为（20±5）℃，空气相对湿度为（65±10）%。抹灰石膏试样、拌合水及试模等仪器的温度应与室温相同。

4）试验步骤

（1）细度

从密封容器中取出 500 g 试样，放入电热鼓风干燥箱中，在（40±2）℃下烘干至恒量（烘干时间相隔 1 h 的质量差不超过 1 g 即为恒量），并在干燥器中冷却至室温。

将试样按下述步骤连续测定两次。

称取（50±0.1）g 试样，倒入带有筛底的 1.0mm 的方孔筛中，盖上筛盖，按 GB/T

17669.5—1999 进行试验。

再称取未经过筛的试样（50±0.1）g，倒入带有筛底的 0.2 mm 的方孔筛中，盖上筛盖，按 GB/T 17669.5—1999 进行试验。

（2）凝结时间

① 标准扩散度用水量的测定

试验前用湿布抹擦跳桌台面、捣棒、截锥圆模和模套内壁，并将截锥圆模和模套置于玻璃台面中心，盖上湿布。

称取适量的试样（约1.5L），精确到1g。在搅拌锅中加入估计为标准扩散度用水量的水。将试样在 30s 内均匀地撒入水中静置 1min，然后用搅拌机慢速搅拌 3min，得到均匀的石膏浆，迅速分两层装入截锥圆模内。第一层装到截锥圆模高的三分之二处，用圆柱捣棒自边缘至中心均匀捣压 15 次；接着装第二层浆，装到高出截锥圆模约 20 mm，同样用圆柱捣棒自边缘至中心均匀捣压 10 次。其捣压深度为：第一层捣至浆高度的三分之一，第二层捣至不超过已捣实的底层表面。装填和捣实浆时，应用手将截锥圆模扶住，避免移动。

捣压完毕，取下模套，用刮平刀将高出截锥圆模的浆刮去并抹平，然后垂直向上轻轻提起截锥圆模。从装填浆至提起截锥圆模时间为 2min。立即开动跳桌，以每秒一次的速度连续跳动 15 次。

跳动完毕，在两个互相垂直的方向上测量试饼的直径，精确到1mm，计算两个方向直径的平均值，即标准扩散度。对于面层、底层和轻质底层抹灰石膏，它应等于（165±5）mm，对于保温层抹灰石膏，它应等于（150±5）mm。否则，应改变加水量，重新拌合石膏浆再行试验，直至达到要求为止。

记录连续两次石膏浆扩散度为标准扩散度时的加水量，该水量与试样的质量比（以百分数表示，精确至 1%），即为标准扩散度用水量（K_1）。

② 凝结时间的测定

利用具有标准扩散度用水量的石膏浆，取一部分倒入环形试模，进行凝结时间的测定，测定方法按 GB/T 17669.4—1999 进行，但测定的时间间隔为 5min。试针下沉首次不接触底板时，为初凝时间；试针下沉不超过 2mm 时，为终凝时间。

（3）保水率

按图 9-1（a）所示的布氏漏斗的内径裁剪中速定性滤纸一张，将其铺在布氏漏斗底部，用水浸湿。

将布氏漏斗放到抽滤瓶上，开动真空泵，抽滤 1min，取下布氏漏斗，用滤纸将下口残余水擦净后称量（G_1），精确至 0.1 g。

采用具有标准扩散度用水量的石膏浆放入称量后的布氏漏斗内，用图 9-1（b）所示的 T 型刮板在漏斗中垂直旋转刮平，使料浆厚度保持在（10±0.5）mm 范围内。擦净布氏漏斗内壁上的残余石膏浆，称量（G_2），精确至 0.1 g。从搅拌完毕到称量完成的时间间隔应不大于 5 min。

将称量后的布氏漏斗放到抽滤瓶上，开动真空泵。在 30s 之内将负压调至（53.33±0.67）kPa，即（400±5）mm 汞柱。抽滤 20min，然后取下布氏漏斗，用滤纸将下口残余水擦净，称量（G_3），精确至 0.1g。

按式（9-1）计算石膏浆的保水率 R，以百分数表示，精确到 1%。

$$R = \left[1 - \frac{W_2(K_1 + 1)}{W_1 \cdot K_1}\right] \times 100 \qquad (9\text{-}1)$$

式中 R——石膏浆的保水率,%;

　　W_1——石膏浆原质量,等于 $(G_2 - G_1)$,单位为克(g);

　　W_2——石膏浆失去的水质量,等于 $(G_2 - G_3)$,单位为克(g);

　　G_1——布氏漏斗与滤纸质量,单位为克(g);

　　G_2——布氏漏斗装入料浆后质量,单位为克(g);

　　G_3——布氏漏斗装入料浆抽滤后质量,单位为克(g);

　　K_1——石膏浆的标准扩散度用水量,%。

若连续两次测得的保水率与它们平均值的差不大于 30,取该平均值作为试样的保水率,否则应重做试验。

(4)强度

① 抗折强度

从密封容器中,称取适量的试样(约 1.5 L),精确到 1g,并按 GB/T 28627—2012 中 7.4.2.1 的标准扩散度用水量加水制备石膏浆。用料勺将料浆灌入预先涂有一薄层矿物油的试模内,试模振动和脱模程序按 GB/T 17669.3—1999 进行,但试件应在成型 24 h 后脱模。

脱模后的试件置于试验室条件下养护至第七天,然后在温度调至 (40±2)℃电热鼓风干燥箱中干燥至恒量(24h 质量减少不大于 1g,即为恒量)。干燥后的试件在试验室条件下冷却至室温,再进行抗折强度的测定。

抗折强度测定方法按 GB/T 17669.3—1999 进行。

② 抗压强度

抗压强度的测试方法按 GB/T 17669.3—1999 进行,但抗压夹具的承压面长为 40mm,宽为 40mm。

抗压强度按式(9-2)计算:

$$R_c = \frac{P}{S_c} \qquad (9\text{-}2)$$

式中 R_c——抗压强度,单位为兆帕(MPa);

　　P——破坏时的最大荷载,单位为牛顿(N);

　　S_c——承压面积,取固定值 1600,单位为平方毫米(mm²)。

③ 拉伸粘结强度

按 JGJ/T 70—2009 规定的方法进行测定。但抹灰石膏标准扩散度用水量按第 7 章的方法确定。试件养护至第七天时进行干燥,之后再进行拉伸粘结强度的测定。试件的养护、干燥、冷却按第 7 章方法进行。

(5)体积密度

利用干燥至恒量的抗折强度试件进行称量,精确至 1g,计算三个试件的平均质量,按式(9-3)计算体积密度:

$$y = \frac{G}{V} \times 1000 \qquad (9\text{-}3)$$

式中 y——体积密度，单位为千克每立方米（kg/m³）；

  G——试件平均质量，单位为克（g）；

  V——试件体积，取固定值256，单位为立方厘米（cm³）。

（6）导热系数

保温层抹灰石膏导热系数的测定按 GB/T 10294—2008 进行，利用具有标准扩散度用水量的石膏浆制备试件。试件养护至第三天脱模，养护至第七天时进行干燥。试件的养护、干燥、冷却按第 7 章的方法进行。

第四节　抹灰石膏的研制

一、抹灰石膏砂浆配方设计的一般原则

1. 原则一：符合标准

产品质量必须符合抹灰石膏 GB/T 28627 标准要求，这是基本前提。从企业生产技术质量控制的角度，应注意以下方面的问题。

应根据企业对产品档次的定位，确定产品质量的上限和底线；有的企业会分为低、中、高档及特殊要求的产品。根据生产设备的精确度、原材料的波动性及质量检验手段的完备程度确定质量的上下限；不论是因为原材料质量的波动还是设备加工精度的影响，通常产品的性能指标的下限不低于标准或设计值，质量上限也不宜超过标准或设计值的150％。

2. 原则二：成本合理

企业生产经营，盈利是目的，没有盈利的企业是无法生存和发展的；但是任何牺牲质量降成本，或者牺牲成本保质量都是不合理的。因此，生产企业在控制产品成本方面应关注以下方面的问题。

1）原材料选择上，不是说价格越高的就一定越好，也不是价格越低的就越经济，在产品的配方设计及原材料的选择上，应根据所选择的原材料质量和产品性能指标要求，考察综合成本；

2）抹灰石膏尤其是机喷抹灰石膏中，为了保障砂浆的各项性能要求，通常需要添加必要的添加剂。添加剂的用量要讲究合理，过高的用量可能出现相反的结果，过低的用量会根本达不到效果，造成返工也是资源和成本的浪费；

3）不同季节、不同地区、不同产品、不同质量等级，在选材上一定要有所不同。

3. 原则三：质量可控

产品质量稳定是企业经营过程中的极为重要的事，即是对企业自身负责任，也是赢得客户忠诚度的关键。产品质量是否能够做到可控，影响的因素比较多，所以在确定产品配方时应注意以下方面的问题。

合适的配方是要交付生产线生产出可以进入市场销售、经得起用户检验的产品的。因此，配方在投入批量生产前，通常应进行中试，需要充分考虑生产过程的各个环节（如原材料质量波动、生产设备及检测仪器状况、人员素质、产品特点、气候条件等）会造成最终产品质量打折扣，一般在设计配方时应考虑必要的安全保障系数，才能确保产品质量可控。

确保产品质量稳定，是研发工程师及技术质量管理人员最重要的工作，因此，技术人员必须做到科学严谨、铁面无私、稳重果敢。

产品质量稳定可控，才不会出现因质量问题导致的投诉，才可能较大限度地降低工程质量的事故，也是公司取得利润和信誉的保障。

4. 原则四：施工性好

任何砂浆产品生产包装后只完成了产品最终功能的一半，即使砂浆的抗压、抗折、粘结等性能特别优异，但是其施工性、和易性等不佳，就会导致现场工人不乐意使用，产品也难以实现其价值。因此，好的配方产品必须具备良好的施工性、粘结性，流挂性，和易性等。

二、抹灰石膏的配置要求

1. 原料要求

1）煅烧建筑石膏的石膏的主要化学成分二水硫酸钙的质量分数≥85%。

2）影响工业副产石膏需水量和抗压强度的主要因素是工业副产石膏的颗粒粒径，影响其凝结时间的主要因素是工业副产石膏中的可溶性杂质，而这些因素也对工业副产石膏与其他材料混合相容性会产生不利的影响，因此在生产抹灰石膏前应对各种工业副产石膏的具体情况进行必要的预处理。如对磷石膏来说，通常去除杂质的处理方法有：水洗、中和、浮选、筛分等预处理方法，但每种方法都有其使用的局限性。而球磨也只能通过改善石膏颗粒结构来提高其使用性能，改性效果不太明显，球磨与石灰中和等方法相结合的复合处理方式在生产建筑石膏时较为可行。

2. 在生产适应用于配制抹灰石膏的建筑石膏的设备选型、工艺制定时应注意以下几点：

1）根据市场及下游产品对建筑石膏性能及产量的需求，决定建筑石膏的生产规模与煅烧工艺；

2）要对煅烧设备及生产工艺按照不同工业副产石膏的不同情况进行精心选择和调整；

3）了解煅烧温度对不同工业副产石膏及不同品质原料生产建筑石膏的适应范围；

4）适应抹灰石膏使用的建筑石膏生产工艺应采用低温慢速煅烧工艺，因石膏物料在炉内停留45min以上，这种煅烧工艺的特点是主体设备低温运行，脱水时间长，对原料波动适应性强，产品质量稳定，凝结时间较长，很适应生产抹灰石膏。

5）要重视陈化效应：陈化是生产性能稳定的抹灰石膏原料（建筑石膏）不可缺少的重要环节，陈化过程中，当无水石膏Ⅲ全部或大部分转化为半水石膏时，标准稠度用水量达到最低值，强度达到最高，此时陈化作用的效果才能明显表现，如在建筑石膏中二水石膏含量＞8%，就不适用于生产抹灰石膏，这种石膏也不能通过陈化、粉磨、复合改性来提高建筑石膏的性能。陈化后的建筑石膏配制成的抹灰石膏和易性好，涂刮容易。

6）适宜生产抹灰石膏的熟石膏质量要求是：初凝时间＞8min，而凝结时间的误差最好控制在±1min范围内，2h抗折强度＞2.5MPa。

为了石膏建材的健康发展和抹灰石膏的迅速推广，同时为了抹灰石膏生产企业的生存，我们必须注重抹灰石膏的产品质量，优质抹灰石膏的配制要考虑其性能的良好，首先达到GB/T 28627—2012国家标准中对细度、凝结时间、强度、保水率、体积密度、导热系数方面的质量要求，还必须注意材料的抗裂性、流挂性、施工操作性、和易性、附着粘结性、黏度等相关性能，生产理想的、稳定的、质量可靠的抹灰石膏产品，必须在每一个细小的环节都要进行优化选择，如对生产设备的选择、合理工艺的选择、产品质量的可靠性、材料计量准确性、包装存放条件等的选择；配制抹灰石膏对材料的选择需注重对原料，如熟石膏、掺和料（粉煤灰、矿渣、重钙、轻钙、生石灰、高岭土、锂渣、硅灰、沸石等）、集料（河砂、人工砂、尾矿砂、风集砂、炉渣、矿渣、冶炼渣等）的细度、级配、含泥量或含粉量、含水率、杂质含量、配制时的温度及各种轻骨料（珍珠岩、玻化微珠、沸石、海泡石、聚苯粒）等，都要经过反复调整，对确定适宜抹灰石膏产品的凝结时间、可操作时间、强度、操作施工性、抗裂性、流挂性能等影响的兼容性和掺量要求，添加外加剂特别是缓凝剂对时间、强度、抗开裂、起粉的影响及保水剂黏度大小对操作施工性、保水性、料浆增稠性、强度、粘结性能的影响，还有辅助外加剂对时间、强度、抗裂、流挂、附着力、和易性影响的兼容性都要一一选择。配制抹灰石膏还要注重对市场环境湿度、温度的可变性及当地墙体材料性能的不同进行调整，这样才能满足抹灰石膏的质量要求。在此，首先以配制抹灰石膏基础原料熟石膏的质量性能谈起，因没有适合可靠的熟石膏，就不会生产出优质的抹灰石膏。

3. 生产或选用适合配制抹灰石膏的脱硫建筑石膏质量要求

1）首先选用性能稳定的建筑石膏

（1）选择达到 GB/T 9776—2008《建筑石膏》标准的各项指标，其中抗折强度要达到 3.0 等级，如原二水脱硫石膏的品质最好满足 JC/T 2074—2011《烟气脱硫石膏》行业标准二级以上质量要求（二水硫酸钙含量＞90％，亚硫酸钙含量＜5％）；因硫酸钙含量越高，脱硫建筑石膏的强度越好，配制抹灰石膏时的集料掺量可大幅度提高，降低生产材料成本，同时保证产品质量，杂质太多的脱硫石膏不但影响强度，而且还影响其脱水温度和脱水速度。对杂质中干基水溶性氧化镁和氧化钠可按烟气脱硫石膏行业标准中三级要求选择（干基水溶性氧化镁≤0.2％、干基水溶性氧化钠≤0.08％，氯离子干基≤400mg 的含量指标）、因镁离子和氯离子含量均能降低脱硫建筑石膏的活化能、降低产品强度，影响抹灰石膏的施工性（发黏）。

（2）选择凝结时间性能稳定的建筑石膏，对其初凝时间应控制在设定时间的±1min 之内，因抹灰石膏对可操作时间特别敏感，如果建筑石膏的初凝时间相差 3min，在所有原材料和外加剂完全相同的情况下，生产出的抹灰石膏的初凝时间就可能相差 30～45min，凝结时间不稳定的产品必定明显影响抹灰石膏的施工和品质。

（3）选择连续稳定生产的建筑石膏，不能连续生产的企业往往三天开五天停或白天开晚上停，生产产品不稳定因素增大，一停一开所生产的建筑石膏前端与收尾的质量都不会正常，这些不理想的产品进入成品仓，会直接影响其质量的稳定性，所以在煅烧工艺、设备配制时应考虑增加不合格产品的处理工艺来保证最终产品的质量性能及稳定性。不能连续稳定的生产建筑石膏会使生产成本增加，同时对设备运转也会增大故障的发生率。

（4）为保证建筑石膏的稳定性，要注意二水石膏质量和含水率的均匀性，所以在建厂设计时要考虑对工业副产石膏进行堆放与混合，如刚生产的脱硫石膏受脱硫剂杂质及品位变化和在烟气脱硫过程中脱水效果的变化影响，使脱硫石膏的质量不能达到品位、水分、杂质含量的均匀一致，所以要通过分场堆放，采用平铺立取的堆料方式起到混合搅拌的作用，来均化二水石膏的品质和含水率，经均化后的二水石膏要尽量堆放在大棚内，避免均化后的材料受降雨造成含水率的不稳定，影响煅烧效果。

（5）生产稳定的建筑石膏，首先要选择稳定的供热温度，没有正常、可靠的供热条件，就没有保证煅烧脱水的稳定基础，比如采用蒸气为热源的建筑石膏生产工艺，首先要明确供热条件是否有保证，而且稳定。蒸汽进入生产设备时的压力在 1.0MPa 时，温度保证 220℃

以上就是前提条件。这样才能使设备制造商在热平衡计算时有正确的设计方案来满足建筑石膏生产的煅烧温度，否则欠烧现象严重，不但影响产量，而且严重影响质量。

（6）无论生产建筑石膏还是生产抹灰石膏，在生产工艺的合理性和完整性方面，对设备的选择、工艺的布局、环境的影响，都要进行全面细致的分析研究，才能最终使得抹灰石膏具有良好的稳定性。

2）在生产或使用适合抹灰石膏所需建筑石膏的时候，建议选择低温慢速煅烧的建筑石膏，煅烧物料温度应在 $145\sim165℃$ 之间，因低温煅烧后的建筑石膏初凝时间长，有利于配制生产抹灰石膏时间的调整，降低缓凝剂用量，减少因加入过多缓凝剂生产的抹灰石膏强度下降，抹灰层出现开裂、掉粉现象。

3）选择经过陈化后的建筑石膏配置抹灰石膏。

（1）陈化后的建筑石膏性能较稳定，因在陈化阶段，物相趋于均化，可提高半水相石膏的含量，降低晶体内部能量，促使凝结时间正常稳定，大大改善脱硫建筑石膏的物理性能，同时对配制生产抹灰石膏产品的稳定性、抗裂性都会起到很好的效果。

（2）刚生产出的熟石膏内比表面积较大，陈化一段时间后，其内比表面积就会缩小，因此陈化后的建筑石膏标准稠度用水量就会变小，相对强度有所提高。

（3）选择陈化时间在 5d 以上，15d 以内的建筑石膏配置抹灰石膏较好，因经适当陈化效应后的建筑石膏配成的抹灰石膏和易性好、施工性佳。

要重视陈化效应，陈化是生产性能稳定的抹灰石膏原料（建筑石膏）不可缺少的重要环节，陈化过程中，当无水石膏Ⅲ全部或大部分转化为半水石膏时，标准稠度用水量达到最低值，强度达到最高，此时陈化作用的效果才能明显表现，如在建筑石膏中二水石膏含量大于8%，就不适用于生产抹灰石膏，这种石膏也不能通过陈化、粉磨、复合改性等方法来提高建筑石膏的性能。陈化后的建筑石膏配制成的抹灰石膏和易性好、涂刮容易。

（4）不选用陈化失效的建筑石膏配制抹灰石膏，因陈化时间过长的建筑石膏，会因半水石膏吸收了空气中的气态水，增大了二水石膏的含量，导致建筑石膏性能失效，产生无强度、不凝结的现象发生，在此提醒靠近江、河、湖泊、鱼池、水塘的石膏产品生产企业，在间断生产或储存建筑石膏时候，应注意料仓湿度，因在间断期间，罐仓内聚集了大量的潮湿气体，当建筑石膏进入储仓后，较多的气态水被半水石膏吸收，增大了二水石膏的含量，直接影响产品质量。

（5）选择经陈化后可溶性无水石膏含量≤2%的建筑石膏，因可溶性无水石膏（AⅢ）是熟石膏中是最不稳定的相组分，其含量越多，建筑石膏的性能越不稳定，它具有极强快速的吸水性，可吸收空气中的气态水，很快转化为半水石膏，直接影响建筑石膏的凝结时间。在配制抹灰石膏时，在不同的生产条件、不同的存放环境和不同的存放时间时，还有不同的包装状态都会使抹灰石膏在凝结时间、强度及用水量等方面产生变化，影响抹灰石膏的稳定性。

（6）选择二水石膏含量≤3%的建筑石膏来配置抹灰石膏，因二水石膏含量>3%以上时，明显影响建筑石膏的强度，凝结时间缩短，标准稠度用水量增大，对配制抹灰石膏的缓凝效果很不明显，缓凝剂用量加大，不单是增加了外加剂成本，而且严重影响抹灰石膏产品强度，使抹灰石膏质量达不到施工要求。

（7）选择经过粉磨改性后的脱硫石膏来生产抹灰石膏，经过改性粉磨，调整脱硫建筑石膏的颗粒级配，对配制抹灰石膏的强度、保水性、泥浆的分层泌水、施工性都有较好的改善和提高，对改性磨的选择要深入调查了解，因一方面要改善颗粒级配，另一方面要改变脱硫石膏晶体颗粒形态，并不是要改变粉磨细度，过细的建筑石膏，比表面积增大，标准稠度用水量提高，强度下降，配制的抹灰石膏外加剂用量增加，成本提高，产品施工性差（黏度增大、流动度下降、泥浆拌和困难及抱团，粘抹子拉不开的现象经常发生）、抗裂性能降低，脱硫石膏的比表面积一般集中在 $200\sim300m^2/g$。改性后脱硫建筑石膏的比表面积可增大到 $700m^2/g$ 左右，不宜过细。

（8）选择初凝时间＞8min、2h 湿抗折强度＞3MPa 的建筑石膏，如果建筑石膏强度较低，集料掺量下降，成本提高，也不能保证满足抹灰石膏的强度，特别是轻质抹灰石膏，强度要求一定要高。

（9）在配制抹灰石膏时，一定要选择建筑石膏温度＜50℃时再进行生产，当熟石膏温度＞50℃时，对配制抹灰石膏所用的保水剂、缓凝剂等外加剂都存在不利影响，会不同程度地降低了外加剂的有效性，使产品性能下降、时间变短，造成抹灰层开裂、掉粉的现象产生。

4. 抹灰石膏生产与应用中的注意事项

抹灰石膏主要由建筑石膏或高强石膏、无水石膏、石灰、保水剂、缓凝剂、增塑剂等组成，并可加入一定量的集料。

石灰在抹灰石膏中可以增强其可塑性，石灰在抹面表面上缓慢碳化，可增强石膏抹面的硬度，但石灰会因消化不良引起爆浆现象，因此一般在抹灰石膏中尽可能少用。使用时一定要将其磨细，细度达 280 目从上为好。

加入过量的水泥、矿渣、粉煤灰等可能使抹灰石膏的性能有较大的改变，应作为石膏复合胶凝材料来研究，其施工条件、养护条件都会影响石膏复合胶凝材料的性能，特别需注意砂浆的收缩裂缝和长期稳定性。因此，在配制抹灰石膏时应先进行试验，待确定最佳配比后使用。

国外抹灰石膏大多采用半水石膏与Ⅱ型无水石膏的混合物，加入缓凝剂、保水剂等外加剂以及其他集料配制而成的。混合相型抹灰石膏中的Ⅱ型无水石膏在抹灰石膏中起一定的缓凝作用，降低了抹灰石膏中缓凝剂的用量，但获得Ⅱ型无水石膏的煅烧温度较高，一般为760～ 820℃。而国内由于受石膏煅烧条件的限制，主要以建筑石膏为主，其中含有少量过烧的可溶型无水石膏及欠烧的二水石膏。以高强石膏生产抹灰石膏具有较高的强度，可增加轻集料的用量，或作为高硬度抹面，适合用于流动性较大的公共场所。单相型抹灰石膏主要依靠缓凝剂来调节石膏的凝结时间。

配制抹灰石膏时，会发现石膏原料不同、煅烧条件不同、细度不同，以及水膏比不同，都会影响产品的稳定性。抹灰石膏产品的稳定性是目前抹灰石膏最主要的问题。

首先要得到性能稳定的半水石膏，变得非常重要。因为石膏煅烧时很容易产生多相混合，各相对石膏的凝结时间影响极大。如Ⅲ型无水石膏和欠烧的二水石膏具有极强的促凝作用，而Ⅲ型无水石膏（也称可溶性无水石膏）对石膏有缓凝作用。在实际生产中，如果缓凝剂不能正常的调节凝结时间（有时多加缓凝剂都不能将石膏的凝结时间延长至所需的时间），必须首先检查建筑石膏粉中是否含有较多的Ⅲ型无水石膏或欠烧的二水石膏相。生产半水石膏的过程就是二水石膏失去 3/2 结晶水的过程，但在生产中，由于进入炒锅或回转窑中的石膏多为颗粒状物料，为了使颗粒状物料内部的二水石膏在煅烧炉中能均匀脱水，一般煅烧炉内的温度选择为 160~180℃，在这种情况下，当颗粒状内部的二水石膏完全生成半水石膏时，部分颗粒状表面的二水石膏已脱水生成无水石膏Ⅲ型。因此在一般情况下生产的半水石膏往往是半水石膏和无水石膏Ⅲ型的混合物，此时的Ⅲ型无水石膏并不是混合相抹灰石膏中所指的缓凝型Ⅱ型无水石膏。Ⅲ型无水石膏其晶相结构与原半水石膏相同，Ⅲ型无水石膏与空气中的水分相遇会很快水化成半水石膏，是不稳定相。生产半水石膏时，不可避免地存在这种不稳定相，但可以通过陈化工艺使其转化为半水石膏。如果不注意这一点，利用建筑石膏配制抹灰石膏易造成性能的不稳定性，其主要表现为：当采用相同缓凝剂掺量时，抹灰石膏每批的凝结时间都不同。原因在于半水石膏中的无水石膏Ⅲ型在石膏水化过程中起促凝作用，当Ⅲ型无水石膏在建筑石膏中的所占比例不同时，促凝效果也不同。这正是很多生产企业在利用半水石膏配制抹灰石膏时，不能得到性能稳定产品的主要原因。

在煅烧石膏过程中，为了不残留二水石膏（因二水石膏也是半水石膏水化时的促凝剂），产生上述Ⅲ型无水石膏是不可避免的。对此，可采用陈化的办法使Ⅲ型无水石膏与空气中水分结合重新转变成半水石膏。陈化过程与石膏料层的厚度、陈化仓的温度，陈化时间等有关。通过测试陈化期内石膏结晶水的含量，从理论上确定陈化效果。一般当建筑石膏的结晶水控制在 4.5%~5.2% 时，可用于配制抹灰石膏。这样有利于产品质量的稳定。

建筑石膏中常含有少量二水石膏，残留二水石膏产生的主要原因有两个：其一是煅烧建筑石膏时温度过低，颗粒状物料中心的二水石膏没有脱水，残留在建筑石膏中；其二是由于建筑石膏在运输、储存中潮解生成的二水石膏增多。二水石膏在石膏水化过程中起促凝作用，较多的二水石膏使缓凝剂用量成倍增加，甚至调整不出较理想的凝结时间。因此生产单相型抹灰石膏，必须严格控制二水石膏相，即煅烧时采用少量过烧的方法，再通过陈化处理后使用，建筑石膏一旦发生潮解，就不能用于抹灰石膏。

5. 为了适应石膏干混建材的产品质量和施工性能，必须在石膏粉中掺一定量的掺合料及化学外加剂。

1）无机掺合料和填料：石膏材料内加入某些掺合料，可改变石膏产品的部分性能，使石膏产品适应不同条件、不同环境、不同用途，能使石膏干混建材更好地发挥作用。

（1）硅酸盐水泥：主要利用水泥和石膏在水化反应过程中生成钙矾石，以达到提高石膏产品的强度，软化系数、粘结效果，使用量一般在 1%~12%。

（2）生石灰粉：熟石膏内掺入少量的生石灰粉可改变熟石膏的凝结时间，提高熟石膏产品的强度、耐水性，并对其抗冻性也有提高，可改进石膏料浆的和易性、减少用水量，使用量一般在 0.5%~5%。

（3）高炉矿渣粉：配合生石灰粉、水泥、水泥熟料掺入建筑石膏产品中，可提高石膏硬化体的强度与耐水性，改善石膏干混建材的施工性，使用量一般在 10%~30%。

（4）粉煤灰：掺量在 20% 以下对石膏粉体建材的强度、凝结时间影响都不很大，但可以改善石膏料浆的和易性。如在碱性激发条件适当的情况下，可明显提高石膏硬化体的后期强度和耐水性，使用量一般在 0.5%~30%。

（5）膨润土：它是石膏干混建材中最廉价的保水增稠材料，但掺量不宜太多，否则影响强度。用量一般在 0.3%~1%。

（6）沸石粉：可改善石膏干混砂浆的施工性，减少泥浆泌水性、改善可流动性、提高抗冻性。有增粘、增强作用。用量一般在 1%~3%。

（7）云母：掺于石膏干混砂浆某些产品中，可提高产品的干抗折强度，具有隔热、隔音、轻质、抗裂、降低收缩率等。用量一般在 0.5%～2%。

（8）重钙（双飞粉）：用于石膏干混砂浆为填料，改善石膏流动性。一般用量在 5%～40%。

（9）高岭土：加入石膏干混建材产品中可以改善料浆的保水性、黏聚性、复配粉煤灰可提高料浆的流动性，一般掺量为 0.5%～1.5%。

（10）矿物保温材料：海泡石、膨胀蛭石、珍珠岩、玻化微珠等都可称为矿物保温材料。在石膏干混建材中适用于石膏轻质砂浆、石膏保温胶料，对抹灰石膏产品有改善施工性，增加保水性、改变隔声效果等功能。使用量一般在 5%～25%。

（11）矿物增强材料：无机矿物纤维可提高石膏干混建材的抗裂性、抗折强度、代替部分或全部木质纤维与聚丙烯纤维。一般用量是 1%～5%。

（12）集料：集料含石英砂、建设用砂，无论是天然砂还是人工砂、石英砂，质量要求主要是含泥量必须要小，一般含泥量量要控制在 4% 以下，颗粒级配要好，配制底层抹灰石膏，石膏自流平砂浆最好使用中细砂，这样强度高、流动性好、不离析、泌水性小、保水性好、施工性佳。在通用型粘结石膏、石膏矿山充填材料使用时，应选用中、细砂各半，效果较好；在快粘石膏中使用细石英砂为宜。用量一般在 30%～50%。

2）石膏砂浆外加剂：石膏干混砂浆在加水拌合施工应用中的溶解、水化、胶凝及结晶过程的连续作用，一方面决定于原料质量，另一方面就是决定于化学外加剂对全部过程的不同影响，来促使不同产品、不同性能的完美性和适应性。

在石膏外加剂的研究和应用中，单一外加剂对石膏浆料性能的改进是有局限性的，往往需要有机与无机、化学外加剂与掺合料、填料及多种材料复合互补，科学合理地使用就可达到不同产品、不同质量、不同性能、不同效果的砂浆物理性能。

（1）调凝剂：调凝剂主要分缓凝剂和促凝剂。在石膏干混砂浆中，使用熟石膏配制的产品均使用缓凝剂，使用Ⅱ型无水石膏或直接利用二水石膏配制的产品则需要促凝剂。

① 缓凝剂：在石膏干混建材中加入缓凝剂，抑制了半水石膏的水化过程，延长了凝固时间。由于熟石膏水化条件因素是多方面的，其中包括熟石膏的相组分。配制产品时熟石膏材料温度、颗粒细度、凝结时间、配制成品的 pH 值、产品施工时的用水量、环境温度、拌合用水的温度、配制产品所使用的掺合料、填料、集料、外加剂都对石膏干混建材产品有着密切的关系，对缓凝效果都有一定的影响，所以缓凝剂的用量存在较大差异。目前国内使用石膏专用缓凝剂较好的是变质蛋白（高蛋白）缓凝剂，它具有成本低、缓凝时间长、强度损失小、产品施工性好、并放时间长等优点。在底层型抹灰石膏配制中用量一般在 0.06%～0.15%

② 促凝剂：促凝是在石膏料浆拌合过程中加速凝结、水化的作用，在无水石膏粉体建材中常用的化学品促凝剂有氯化钾、硅酸钾、硫酸盐等酸类物质。用量一般在 0.2%～0.4%。

（2）保水剂：石膏干混建材离不了保水剂，提高石膏制品料浆的保水率是保证石膏料浆中所含水分能够保持较长时间的存在，可获得良好的水化硬化效果，改善石膏粉体建材的施工性，减少和防止石膏料浆的离析与泌水现象，提高料浆的流挂性，延长开放时间，解决开裂、空鼓等工程质量问题；理想的保水剂要具备好的分散性、速溶性、成模性、热稳定性、增稠性，最关键的还是要具有良好的保水性。

① 纤维素类保水剂：目前市场上应用最广的是羟丙基甲基纤维素，其次是甲基纤维素，再次是羧甲基纤维素。羟丙基甲基纤维素综合性能优于甲基纤维素，二者的保水性远远高于羧甲基纤维素，但增稠效果和粘结效果并不如羧甲基纤维素。在石膏干混建材中，羟丙基和甲基纤维素用量一般在 0.1%～0.3%，羧甲基纤维素则用量在 0.5%～1.0%，在实践应用中得出二者复合协调使用效果更佳。

② 淀粉类保水剂：淀粉类保水剂主要用于石膏腻子、面层型抹灰石膏，它可代替部分或全部纤维素类保水剂，它在石膏干粉建材中可改善料浆的和易性、施工性、稠度等。常用产品有木薯淀粉、预糊化淀粉、羧甲基淀粉、羧丙基淀粉等。淀粉类保水剂用量一般在 0.3%～1%。用量过大会促使石膏制品在潮湿环境下产生霉变现象，直接影响工程质量。

③ 胶类保水剂：某些速溶胶粘剂对保水性能也可起到较好的保水辅助作用。如 17～88、24～88 聚乙烯醇粉末、田青胶、瓜尔胶等，它们在粘结石膏、石膏腻子、石膏保温胶料等石膏干混建材中，在一定加量的情况下，就可减少纤维素保水剂的用量，在快粘石膏中条件成熟的情况下可全部代替纤维素醚类保水剂。

④ 无机保水材料：复合其他保水材料在石膏干混建材中应用，减少其他保水材料的用量、降低产品成本，对改善石膏浆料的和易性、施工性都有一定作用。常用品种有膨润土、高岭土、硅藻土、沸石粉、珍珠岩粉、凹凸棒黏土等。

（3）胶粘剂：它在石膏干混建材中的应用只次于保水剂和缓凝剂，在石膏自流平砂浆、粘结石膏、嵌缝石膏、保温型石膏胶料中都离不开胶粘剂。

① 可再分散乳胶粉：用于石膏自流平砂浆、石膏保温胶料、石膏嵌缝腻子，特别体现在石膏自流平砂浆中，既有好的胶粘性、又有好的流动性，对于减少分层、避免泌水、提高抗裂性等都起很大作用。使用量一般在 1.2%～2.5%。

② 速溶型聚乙烯醇：目前市场上用量较多的是 24-88、17-88 二个型号的产品，常用于粘结石膏、石膏腻子、石膏复合保温胶料、抹灰石膏等产品中，用量一般在 0.2%～0.6%。

③ 瓜尔胶、田青胶、羧甲基纤维素、淀粉醚等在石膏干混建材中都具有不同的粘结功能。

（4）增稠剂：增稠主要是改善石膏料浆的和易性、流挂性，与胶粘剂、保水剂有相同之处，但作用并不一样，有的产品在增稠方面效果好，但在粘结力、保水率方面并不理想，在配制石膏干粉建材中，要考虑外加剂的主要作用，以便更好地、合理地应用外加剂，增稠剂，产品常用的有聚丙烯酰胺、田青胶、瓜尔胶、羧甲基纤维素等产品。

（5）引气剂：也称发泡剂，在石膏干混建材中主要用于石膏保温胶料、抹灰石膏等产品中，它有助于提高施工性、抗裂性、抗冻性、减少泌水和离析现象，用量一般在 0.01%～0.02%。

（6）消泡剂：常用于石膏自流平砂浆、石膏嵌缝腻子中，可提高料浆的密实度、强度、耐水性、粘结性，用量一般在 0.02%～0.04%。

（7）减水剂：用于提高石膏浆体流动度和石膏硬化体强度，通常用于石膏自流平砂浆、抹灰石膏，目前国产减水剂用于石膏建材按流动度和强度效果排列是聚羧酸缓凝减水剂、三聚氰胺高效减水剂、茶系高效缓凝减水剂、木质磺酸素减水剂。在石膏干混建材中使用减水剂，除关注用水量和强度外，还要注意石膏料浆凝结时间的经时流动度损失。

（8）防水剂：石膏制品最大的缺陷就是耐水性能差，在潮湿空气较大的地区，石膏干混砂浆耐水性就要加以注意，一般提高石膏硬化体的耐水性是外掺水硬性掺合料，以达到石膏硬化体在潮湿或饱和水情况下，使其软化系数大于 0.7 以上来满足制品强度使用要求。也可采用化学外加剂减少石膏的溶解度（即提高软化系数），减少石膏对水的吸附性（即降低吸水率）及减少对石膏硬化体的侵蚀性（即与水隔离性）的耐水途径，石膏防水剂有硼酸铵、甲基硅醇钠、硅酮树脂、乳化石蜡，效果较好的还有有机硅乳液防水剂。

（9）活性激发剂：是对天然和Ⅱ型无水石膏进行活化处理，使其具有胶粘性和强度，以便适用石膏干混建材的生产。酸性激发剂可加速无水石膏早期水化速度、缩短凝结时间、提高石膏硬化体早期强度。碱性激发剂对Ⅱ型无水石膏早期水化速度影响不大，但对石膏硬化体后期强度有明显的提高，并且在石膏硬化体中可生成部分水硬性胶凝材料，有效改善石膏硬化体的耐水性。酸碱复合型激发剂复合使用优于单一的酸性或碱性激发剂的效果，酸性激发剂有钾明矾、硫酸钠、硫酸钾等。碱性激发剂有生石灰、水泥、水泥熟料、煅烧白云石等。

（10）触变润滑剂：适用于自流平石膏或抹灰石膏中，它可减少石膏砂浆流动阻力，获得良好的润滑性及施工性，延长开放时间，防止浆料的分层和沉降，使硬化体结构均匀，同时还可增加其表面强度。

3）纤维外加剂：提高石膏干混建材的抗裂性能，补偿砂浆的硬化收缩，提高硬化体抗折强度等功能。

（1）加入玻璃纤维、丙纶纤维、聚乙烯纤维等，可提高石膏产品的抗裂性和抗折强度、耐老化、抗冲击性，主要用于石膏保温浆料和抹灰石膏等产品中。使用量一般在 0.1%～0.3%。

（2）木质纤维和纸纤维：在石膏干混建材中有着重要的作用，它可起到增强、增稠、减少收缩、抗流挂、抗开裂、改善施工性、延长开放时间、部分提高保水性、提高粘结剂的功能、增长粘结效果等。一般用量在 0.3%～0.8%。

6. 产品的配制

1）原料的改性

（1）添加矿物掺合料

矿物掺合料对石膏的改性主要是在石膏材料内加入掺合料，常用的掺合料有生石灰、硅酸盐水泥、粉煤灰、天然火山灰、高岭土和高炉水淬矿渣粉等。在石膏内掺加少量的生石灰，石膏的耐水性及强度都将增大；掺入适量的水泥，其强度、耐水性能和耐溶蚀性能都有所提高；粉煤灰活性矿物质，常采用复合激发剂、形成多种方式激发其潜在活性，从而改善硬化体的孔结构，以提高其强度和耐水性。此外，活性高的矿渣、天然火山灰等无机材料都是很好的活性掺合料。

（2）无机材料复合改性

目前大部分研究着重于如何将两种或多种矿物无机掺合料复掺并优化其配置来改善胶凝材料的性能，并达到对建筑石膏硬化体的强度、凝结时间、流动度的性能控制。粉煤灰与水泥、矿渣、石灰等的复配都可以用适当的比例复掺，来提高石膏的性能。

（3）有机材料的应用

为改善抹灰石膏的性能，常在抹灰石膏中加入一些外加剂，如缓凝剂、减水剂、防水剂、保水剂、增稠剂、胶粘剂等。

在抹灰石膏中掺入缓凝剂能有效延长抹灰石膏的施工时间，但会影响硬化体的强度，常用的缓凝剂有变质蛋白质、柠檬酸盐、酒石酸盐、磷酸盐等，建议选用具有成本低、缓凝时间长、强度损失小的石膏专用缓凝剂。

添加减水剂可以在不改变石膏浆体流动性的情况下，减少需水量，以提高石膏硬化体的强度或在保证水膏比不变的情况下，提高石膏浆体的流动度；常用的减水剂有萘系减水剂、密胺树脂类减水剂和聚羧酸系减水剂三大类。

萘系减水剂具有较强的分散作用，减水率较高，引气量低，掺入石膏中，可以减少拌水量，同时增强石膏水化物的密实性，改善石膏硬化体的强度。三聚氰胺类减水剂，可以改善石膏晶体的结晶性状，从而改善石膏硬化体的力学性能，使其强度得以提高。聚羧酸系减水剂的分散稳定性好，对料浆流动度经时损失相比前两种减水剂较好，是非常适合石膏体系的减水剂类型。

减水剂的应用通常要根据缓凝剂复配所产生的料浆流动时经损失综合调整情况适量使用，以保证抹灰石膏产品的凝结时间与强度都达到理想的状态。

保水剂可提高石膏干混建材的保水率，改善施工性能，提高墙体之间的粘结性能，避免墙体出现裂缝、空鼓、剥落等现象，常用的保水剂有甲基纤维素和羧甲基纤维素，它们可以有效防止水分被底材过度吸收和降低水分的蒸发速度，从而起到保水效果，甲基纤维素是一种集保水、增稠、增强、增黏于一体的石膏理想外加剂，但价格偏高，通常单一的保水剂不能达到理想的效果，采用不同保水剂的复合不仅可以提高使用效果，还可以降低石膏及材料的成本，保水剂用量不宜添加太多，过量会影响抹灰石膏的强度，提高生产成本。

改性膨润土部分代替传统的有机保水剂不仅可以降低成本，还能使产品获得较好保水性能和较好的强度。另外高黏度的保水剂用于石膏保温浆料中，不仅能使其增稠，还具有引气作用，可提高其施工性能和保温效果。但要注意其用于底、面层抹灰石膏时，由于浆体过于黏稠，影响施工时的操作性能。

防水剂可以通过降低溶解度，提高软化系数和降低石膏材料的吸水率，常用的减少孔隙率、降低吸水率的防水剂有松香乳液以及石蜡、沥青复合乳液等，在适当的配置下可以减少孔隙率，但对石膏制品也有不利的影响。有机硅可通过改变表面能降低吸水率，要求空隙的直径不能过大，它不能抵挡压力水的渗入，不能从根本问题上解决石膏制品长期的防水、防潮问题。用有机和无机材料相结合的方法，复合成的防水剂能直接与石膏和水混合，参与石膏的结晶过程，可获得较好的防水效果。

通常在抹灰石膏中加入上述外加剂后，还可以加入一定量的填料，如石粉、细砂等，目的是降低成本，提高施工性能，也可以掺入保温材料，如珍珠岩、聚苯粒、玻化微珠等。

在利用无水石膏或二水石膏生产抹灰石膏时，需适当加一些激发剂来激发本身及某些矿物掺合料的活性，以此来提高抹灰石膏浆体的力学性能。

2）在配制抹灰石膏时要注意添加材料的相容性

在抹灰石膏中添加无机、有机材料、外加剂时，必须要对各种外掺料进行相容性试验，保证材料在混合后能够有效发挥其性能，不能顾此失彼，也必须控制好每种外加材料的适宜掺量，做到配制成的抹灰石膏综合性能最优。

7. 生产工艺的合理性

1）抹灰石膏的生产过程中，应将物料进行二次搅拌，确保混合均匀。

2）在生产抹灰石膏时，建筑石膏及其他骨料温度，应控制在 50℃ 以下，温度过高会造成一些添加剂性能降解，影响产品质量或增加生产成本。

3）在生产抹灰石膏的混合过程中，要采用同步混投进料方式，这样能保证产品的均匀稳定，又能提高生产产量。

4）利用二水石膏生产抹灰石膏的工艺为：

原料检验→干燥→配料→粉磨→混合搅拌→产品检验→包装→入库

注：二水石膏经过干燥后，附着水含量必须≤3%。

三、利用Ⅱ型无水石膏与氟石膏配置抹灰石膏

下面以Ⅱ型无水石膏与氟石膏配置抹灰石膏来举例说明。

1. Ⅱ型无水石膏基抹灰石膏

我国石膏资源丰富，天然石膏储量居世界首位，其中天然无水石膏（也称硬石膏）占石膏总储量的 42%～60%。天然硬石膏其主要物相组成为Ⅱ型无水石膏（$CaSO_4$），有时掺杂有少量二水石膏、碳酸盐等杂质，纯净的硬石膏透明、无色或白色；含杂质时呈暗灰色，有时微带红色或蓝色。硬石膏的溶解度大于二水石膏，结晶性良好，比二水石膏致密且坚硬，但由于其活性差、水化硬化慢，目前对于硬石膏的利用较为有限。国内外学者对硬石膏的水化硬化、激发剂激发、煅烧活化、粉磨活化等进行了广泛的研究，通过激发和改性可配制出强度和耐久性优于建筑石膏的硬石膏胶结材。采用硫酸盐激发、矿渣改性和 FDN 助磨活化等技术措施制备了抗压强度达 25MPa、干缩率为 0.065% 的硬石膏胶结材，该胶结材可取代水泥，制备抹灰及自流平材料。

保水性、粘结性、抗裂性是决定抹灰工程质量的重要性能。采用羟丙基甲基纤维素改善硬石膏抹灰材料的保水性与粘聚性、VAE 乳胶粉改善粘接性能、聚丙烯纤维改善抗裂性，以滑石粉等填料改善涂刮性和打磨性。采用综合技术措施配制的硬石膏抹灰材料是一种新型绿色抹灰材料，其保水性、粘结性、抗裂性优于水泥基抹灰材料，可避免水泥基抹灰材料出现空鼓、开裂等质量通病，提高了抹灰工程质量。

1）硬石膏胶结材性能

采用 Na_2SO_4 激发、矿渣改性的硬石膏基胶结材配比为：硬石膏 100，矿渣 20，水泥 5，Na_2SO_4 1，并掺入 0.5% FDN 为助剂，将上述组分在球磨机混磨至 4800～5200cm^2/g 的硬石膏胶结材，性能如表 9-9 所示。

表 9-9　硬石膏基胶结材性能

项　目	指数	项　目		指数
标准稠度/%	27	抗折强度/MPa	3d, 4.12	
初凝时间/min	178		7d, 5.46	
终凝时间/min	266		28d, 6.89	
表观密度/（kg/m³）	1600	抗压强度/MPa	3d, 17.2	
导热系数/［W/（m·K）］	0.63		7d, 21.5	
干缩率/（mm·m⁻¹）	0.46		28d, 30.2	
吸水率/%	7.8	软化系数	0.78	

硬石膏胶结材强度较高，28d 抗折、抗压强度分别达到 6.89MPa 和 30.2MPa，且强度发展快，3d 抗压强度可达 28d 的 57%；硬化体表观密度 1600kg/m³；导执系数 0.63W/（m·K），其保温隔热性优于一般水泥基材料。干缩率为 0.46mm·m⁻¹，体积稳定性较好，优

于水泥制品；吸水率 7.8%，大大低于建筑石膏，而与水泥基材料相当；软化系数 0.78，比一般石膏基材料提高 1 倍以上，干湿循环强度损失较小，能经受干湿变化的作用，并且硬石膏胶结材耐水性较好，可用于潮湿环境。

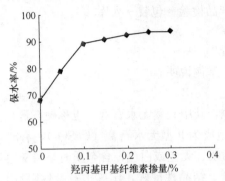

图 9-2　羟丙基甲基纤维素对硬石膏
胶结材保水率的影响

经硫酸盐激发、矿渣改性的硬石膏胶结材具有强度较高、耐水性较好、干缩小的特点，与水泥基材料有很好的互补性。

2）外加剂的选择

（1）保水性与羟丙基甲基纤维素

良好的保水性是抹灰石膏的基础性能，为了确保施工性和防止抹灰层失水过快开裂，抹灰石膏的保水率一般应在 90% 以上。为此，应采用高效保水剂，试验了甲基纤维素、羟丙基甲基纤维素、聚丙烯酰胺等不同类型的保水剂的作用效果，羟丙基甲基纤维素保水效果最好，结果如图 9-2 所示。

羟丙基甲基纤维素是硬石膏胶结材高效保水剂，随着羟丙基甲基纤维素掺量的增加，硬石膏胶结材的保水性迅速增加，未掺保水剂时硬石膏胶结材保水率为 68%，保水剂掺量为 0.15% 时，硬石膏胶结材保水率达到 90.5%，可满足抹灰石膏对面层和底层粉刷的保水性要求。保水剂掺量超过 0.2%，进一步增大掺量，硬石膏胶结材保水率提高变缓。配制硬石膏粉刷材料，羟丙基甲基纤维素的适宜掺量为 0.1%～0.15%。

（2）粘结性与 VAE 乳胶粉

粘结性不足会导致粉刷层空鼓、开裂、掉粉等质量问题。采用水溶性固体胶粉是提高粉刷材料粘结性的有效途径。试验了乙烯-醋酸乙烯乳胶粉、聚乙烯醇胶粉、木薯淀粉胶等不同种类乳胶粉对硬石膏胶结材粘结强度的影响，乙烯-醋酸乙烯乳胶粉改性效果最好，结果如图 9-3 所示。

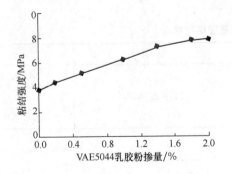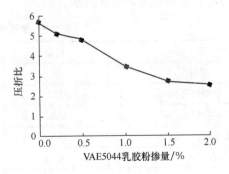

图 9-3　乳胶粉对硬石膏胶结材粘结强度和压折比的影响

乳胶粉可显著提高硬石膏胶结材的粘结强度，1% 掺量胶粉使硬石膏胶结材的粘结强度从 0.38MPa 提高到 0.62MPa，粘结强度提高 63%。硬石膏胶结材作为抹灰材料其粘结强度宜控制在 0.5MPa 以上，胶粉掺量 0.5% 时硬石膏胶结材的粘结强度为 0.52MPa，故硬石膏抹灰材料的乳胶粉掺量应不低于 0.5％。

由图 9-3 可见，乳胶粉使硬石膏胶结材压折比降低，1％掺量胶粉使硬石膏胶结材的比例从 5.7 降至 3.5，掺量 1.5％可使压折比降至 3.0 以下。表明乳胶粉可降低硬石膏胶结材的脆性，有利于改善硬石膏粉刷材料的抗裂性。

（3）抗裂性与聚丙烯纤维

开裂是抹灰材料最常见的质量问题，抹灰层裂缝一般以塑性裂缝为主。测定了聚丙烯纤维对硬石膏胶结材裂缝指数的影响，结果如图 9-4 所示。

聚丙烯纤维可以降低硬石膏胶结材裂缝指数，提高其抗裂性。随着聚丙烯纤维掺量增加，硬石膏胶结材裂缝指数迅速降低，0.1％聚丙烯纤维使硬石膏胶结材裂缝指数降低约 50％，掺量 0.15％时，裂缝指数降低 58％，聚丙烯纤维

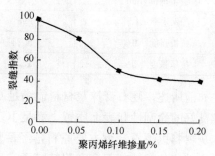

图 9-4　聚丙烯纤维对硬石膏胶结材开裂指数的影响

掺量进一步增加，裂缝指数不再明显降低。聚丙烯纤维的适宜掺量为 0.1％～0.15％。

3）集料对硬石膏胶结材性能的影响

作为室内抹灰材料强度一般在 3～5MPa 即可。硬石膏胶结材强度较高，可以加入一定比例砂子，在满足强度要求前提下降低材料成本。表 9-10 是胶砂比对硬石膏胶结材砂浆性能的影响。

表 9-10　胶砂比对硬石膏胶结材砂浆性能的影响

胶砂比	分层度/mm	抗折强度/MPa	抗压强度/MPa
1：0	0.7	6.85	30.5
1：1	1.6	5.76	17.8
1：2	1.9	3.93	10.6
1：2.5	2.1	2.97	8.3

随着砂掺量增加，胶砂比降低，硬石膏砂浆分层度增大，保水性降低，抗折、抗压强度迅速降低。调节胶砂比，可配制不同强度等级的硬石膏砂浆。如 1：2 胶砂比硬石膏砂浆强度等级为 M10，1：2.5 胶砂比硬石膏砂浆强度等级为 M7.5。

为了改善施工性和降低成本，配制面层硬石膏抹灰材料时应掺入一定比例的滑石粉、双灰粉等填料。试验了不同掺量的滑石粉、双灰粉等填料对硬石膏抹灰材料性能的影响：随着填料掺量的增加，抹灰材料涂挂性、打磨性和表面质感越好，但强度、粘结性下降；滑石粉作填料优于双灰粉，滑石粉的适宜掺量为 15％～25％。

4）硬石膏抹灰材料配方与性能

（1）面层硬石膏基抹灰材料

面层硬石膏抹灰材料质量配比为：硬石膏胶结材 70％、滑石粉 25％、VAE 乳胶粉 1.6％、羟丙基甲基纤维素 0.3％、聚丙烯纤维 0.1％。其性能见表 9-11。

表 9-11　面层硬石膏抹灰材料性能

项　目	指数	项　目	指数
初凝时间/min	120	压剪粘结强度/MPa	0.7
终凝时间/min	200	干缩率/%	0.072
保水率/%	95	软化系数	0.76
抗折强度/MPa	5.26	打磨性	46
抗压强度/MPa	15.7	—	—

如前所述，硬石膏抹灰材料能满足 GB/T 28627—2012 面层抹灰石膏的要求。该材料还具有良好的涂刮性和表面质感，满足 JG/T 298—2010《建筑室内腻子》的性能要求。硬石膏抹灰材料以硬石膏为主要原料，经活性激发和综合改性配制而成的一种新型粉刷罩面材料，可替代传统抹灰石膏和建筑腻子，具有广阔的市场前景。

（2）硬石膏抹灰砂浆

硬石膏抹灰砂浆质量配比为：硬石膏胶结材 36%、砂 60%、VAE 乳胶粉 1.7%、羟丙基甲基纤维素 0.3%、聚丙烯纤维 0.1%。其性能见表 9-12。

表 9-12　硬石膏粉尉砂浆性能

项　目	指数	项　目	指数
可操作时间/min	70	抗压强度/MPa	8.6
保水率/%	90	压剪粘结强度/MPa	0.51
分层度/mm	12	收缩率/%	0.069
抗折强度/MPa	3.25	粘结强度（与加气混凝土墙面）/MPa	0.20

硬石膏抹灰砂浆性能满足 GB/T 28627—2012 底层抹灰石膏要求，保水性好、分层度仅 8mm、保水率超过 85%，粘结强度高达 0.8MPa，与加气混凝土的粘结强度为 0.2MPa，确保该砂浆与混凝土墙面和加气混凝土墙面粘结良好；干缩率较小，仅 0.069%，压折比为 2.6，表明硬石膏抹灰砂浆体积变形小、脆性较低、抗裂性较好。硬石膏抹灰砂浆保水性、抗裂性均明显优于普通水泥砂浆，替代水泥砂浆用于各类基层墙体室内抹灰，可减少抹灰层空鼓开裂。

2. 氟石膏改性生产抹灰石膏研究

近年来，我国的氟化学工业迅猛发展，氟化氢产量逐年递增，氟石膏是工业上用萤石（CaF_2）和浓硫酸反应生产氟化氢后得到的副产品。

其主要化学成分是硫酸钙（$CaSO_4$），每生产 1 吨氟化氢大约排出 3.6t 氟石膏。目前我国每年排出的氟石膏总量约 100 万吨左右，因其凝结缓慢、强度低，不能直接作为建筑材料使用，除少量用作水泥添加剂外，大部分采取堆场堆积、铺路或填埋的方法处理，既浪费资源和场地，又污染环境。

1）氟石膏组成分析

以某化工厂外排氟石膏为原料。该石膏呈灰白色粉末状，质地疏松，部分结成块状或小球。氟石膏的主要物相组成为 II 型无水石膏（$CaSO_4$），同时含少量 $Ca(OH)_2$ 和 CaF_2。化学组成分析结果如表 9-13 所示（本文中百分含量均指质量百分含量）。

表 9-13　氟石膏的化学组成

化学成分	CaO	SO₃	MgO	Al₂O₃	Fe₂O₃	酸不溶物	附着水
含量/%	42.59	49.80	1.54	0.21	0.15	0.26	7.41

从表 9-13 结果看出，氟石膏中酸不溶物、MgO、Al_2O_3 等杂质含量较少，石膏含量达 85%以上，纯度较高，在石膏资源中属较高品级。为了中和未反应完的残余硫酸，废渣中掺加了石灰，pH＝9～10，呈碱性，$Ca(OH)_2$ 含量约 10%左右。此外，氟石膏中的氟主要以难溶于水的 CaF_2 形式存在，且含量极低，不会危害人体健康。因此，利用氟石膏废渣生产建筑材料是安全可行的。

2）外加剂选配

（1）改性激发剂

石膏溶于水可以发生水化反应，而生成二水石膏（$CaSO_4 \cdot 2H_2O$）的结晶过程称为胶（凝）结硬化，获得的硬度和力学强度是石膏作为建筑材料使用的基础。新排氟石膏主要成分为Ⅱ型无水石膏，其微晶遇水后凝结硬化十分缓慢（一般需数月），且强度很低。因此，要将氟石膏制成建筑材料，关键是将其激活改性成凝结硬化快、强度高的胶结材料，满足建筑施工需要。Ⅱ型无水石膏可用水泥、石灰、矿渣、无机盐等作激发剂。选取石灰、NaCl、明矾及自制激发剂 DH201 进行试验。将氟石膏、激发剂混合磨细，按照水泥标准稠度及凝结时间检测标准测定凝结时间。另将石膏净浆制成（40×40×160）mm 的试件，自然养护28d 后测定抗折、抗压强度，结果如表 9-14 所示。

表 9-14　不同激发剂作用的氟石膏胶结料性能测试结果

激发剂	掺量/%	初凝/（h：min）	终凝/（h：min）	28d 抗折强度/MPa	28d 抗压强度/MPa
石灰	5	3：25	8：18	7.05	18.05
	10	2：42	7：10	6.87	19.16
NaCl	0.5	3：09	9：35	5.61	22.32
	1	2：31	8：27	6.51	24.53
明矾	0.5	3：54	10：54	7.65	23.72
	1	2：46	10：25	8.83	25.31
DH201	0.5	1：25	6：10	9.25	38.76
	1	1：13	5：45	10.87	42.50

表 9-14 结果表明，掺入激发剂后氟石膏的凝结时间大大缩短，强度显著提高。由石膏凝结硬化再结晶理论，加入激发剂可增大无水石膏溶解度，促进微晶颗粒表面生成包括石膏在内的复盐，而后复盐分解生成二水石膏完成再结晶过程，这时晶体颗粒长大变粗，形成针状、片状交错排列的网络结构，产生强度，随着无水石膏水化程度的提高，强度增加。

使用不同激发剂，氟石膏胶结料的性能差别较大。石灰作激发剂需较大掺量，但随其掺量的增加，胶结料强度有所下降，且体积安定性较差；NaCl 和明矾作激发剂，凝结时间均随掺量增加而缩短，强度增大，但掺量过多将引起泛霜。使用激发剂 DH201 所得氟石膏胶结料的凝结时间及强度均能满足抹灰石膏的要求，且成本不高，是理想之选。

(a)   (b)

图 9-5　未经激发的氟石膏与经过激发的氟石膏
(a) 未经激发的氟石膏；(b) 经 DH201 激发的氟石膏

（2）保水剂

为保证抹灰石膏充分水化，防止水分被基层墙面吸收或蒸发过快导致强度降低，出现空鼓、开裂等问题，应在抹灰石膏中加入保水剂。常用保水剂分有机和无机两大类，有机保水剂一般为水溶性高分子，如甲基纤维素、羟丙基甲基纤维素等，除保水作用外，还有增稠、增黏效果，对改善浆体流变性、刮涂性亦有一定帮助。无机保水剂有膨润土、硅藻土等。有机保水剂价格一般较高，常与无机保水剂配合使用。采用法国滤纸测试法测定几种常用保水剂作用于氟石膏的保水率，结果如图 9-6 所示。从图 9-6 测试结果看出，保水剂加量＜0.15％时，保水率随其加量增加而增大，加量＞0.15％时，保水率则基本不变。综合比较保水率、施工性及对胶结料性能的影响等因素后，确定 HPMC（0.05％）与膨润土（5％）复合作为抹灰石膏保水剂。

（3）掺合料

粉煤灰是含有活性物质 SiO_2 和 Al_2O_3 的固体废弃物。选用电厂干排粉煤灰为掺合料，其性能指标符合 GB/T 1596—2005 二级灰规定。粉煤灰掺量对氟石膏胶结料强度的影响如图 9-7 所示。

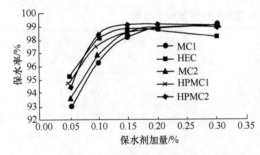

图 9-6　不同保水剂的保水率

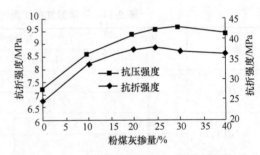

图 9-7　粉煤灰掺量对氟石膏胶结料强度的影响

由图 9-7 可见，掺入粉煤灰后氟石膏胶结料的强度提高。当粉煤灰掺量在 25％时，胶结料的抗折和抗压强度较高，掺量继续增加，将生成过量不稳定易膨胀的钙矾石，强度降低。另据测定，掺入粉煤灰后，胶结料的凝结时间略有缩短，软化系数从 0.43 升高到 0.70，说明耐水性大大提高。由此可见，粉煤灰的掺入不仅降低了抹灰石膏的成本，而且对增加强度和提高耐水性均有贡献。

（4）引气剂

抹灰石膏中加入少量引气剂，可以起到滚珠作用，减少阻力，使抹灰手感更轻松，还可增加产浆量，降低施工成本。选用十二烷基硫酸钠作引气剂。

3. 氟石膏抹灰石膏基本配方及性能

按用途不同，抹灰石膏分为面层、底层和保温层三类，底层和保温层抹灰石膏是根据需要在面层配方基础上按比例分别掺加建筑用砂或保温材料。经过大量试验，最终确定了氟石膏制取面层抹灰石膏的基本配方，如表 9-15 所示。

表 9-15 抹灰石膏的基本配方

基本配方	组成	掺量/%
主料	氟石膏	80
掺合料	粉煤灰	20
激发剂	DH201	0.5
保水剂	HPMC2＋膨润土	0.05±5
引气剂	十二烷基硫酸钠	0.05

底层抹灰石膏是在面层配方基础上，按 1∶1.5 的比例掺和建筑用砂得到。建筑用砂应无杂质，含泥量≤3％，粒径＜2.0mm。

按修订后的抹灰石膏标准 GB/T 28627—2012 要求，对按上述氟石膏基本配方制得的面层和底层抹灰石膏的各项性能进行检测，结果如表 9-16 所示。

由测试结果知，氟石膏抹灰石膏的各项技术性能指标都满足行业标准要求，鉴定为优等品（A 级）。

表 9-16 氟石膏抹灰石膏性能检测结果

项 目		标准要求	检测结果
扩散度/mm		165±5	165±4
初凝时间/h		≥1	1.5
终凝时间/h		≤8	5.0
保水率/%	面层	≥90	92
	底层	≥75	81
细度/%	1.0mm 方孔筛筛余	0	0
	0.2mm 方孔筛筛余	≤40	1
抗压强度/MPa	面层	6.0	33.82
	底层	4.0	20.07
抗折强度/MPa	面层	3.0	6.40
	底层	2.0	4.50
剪切粘结强度/MPa	面层	0.4	0.45
	底层	0.3	0.33

注：强度测试标准要求测试时试件状态为：养护 3d，(40±4)℃烘干，恒重，试件规格：(40×40×160) mm。

第五节 机械喷涂抹灰石膏

一、机械喷涂抹灰石膏的特点

1. 与普通水泥砂浆、混合砂浆的对比

1）绿色环保。生产和使用无任何污染、无毒无害、无辐射，具有良好的呼吸和透气性能，能调节室内空气湿度，能防虫蚁噬蚀等；属 A 级防火材料，具有良好的保温隔热、隔

音、耐火性能。

2）粘结力强，不易脱落，收缩性小，克服了传统水泥砂浆经常出现的空鼓、开裂现象，基本避免了抹灰质量通病。

3）和易性好，不泌水，不离析，施工方便，直接加水使用，工序简便，落地灰少，操作快捷。可操作时间长，可根据需要调整凝结时间。

4）具有良好的保水性和工作性，用于加气混凝土等吸水力强的墙体，能保证抹灰后水化反应完全，抹灰层强度不会因失水而降低。对于各种墙面，如混凝土、加气混凝土等均无需进行界面处理，可直接使用，有效节约工程成本。

5）节约工期，轻质底层抹灰石膏可一次成活，又因其强度增长快，容易干燥，可节省许多工序，加快施工进度，适合抹灰作业量大、工期紧的工程。

2. 与普通底层抹灰石膏的对比

根据工程实践，普通底层抹灰石膏对解决内墙抹灰的空鼓、开裂问题起到了良好的作用。与普通抹灰石膏相比，轻质底层抹灰石膏主要有如下特点：

1）体积密度低。通常小于 $800kg/m^3$，可有效降低墙体承重、减轻建筑负荷，利于优化结构设计。

2）导热系数低。与蒸压加气混凝土制品的导热系数相近，相当于每面墙都做了隔热保温，既节能环保，又增加房间舒适度。

3. 轻质底层抹灰石膏技术性能指标，如表 **9-17** 所示。

表 9-17　轻质底层抹灰石膏技术性能指标

可操作时间 /mm	凝结时间		保水率/%	抗裂性	抗裂强度 /MPa	抗压强度 /MPa	剪切粘结强度 /MPa	体积密度 /kg/m³
	初凝/min	终凝/h						
≥60	≥75	≤8	≥75	24h 无裂纹	≥1.0	≥2.5	≥0.3	≤800

二、影响因素

上海市建筑科学研究院的叶蓓红在"用于外墙内侧、分户墙及顶棚补充节能的轻质石膏砂浆"中研究了轻骨料——玻化微珠、纤维素醚、引气剂对轻质石膏砂浆的影响以及轻质石膏砂浆的性能特点等。

叶蓓红等人在研究中采用的轻骨料分别为玻化微珠及膨胀珍珠岩。其性能指标见表9-18。

表 9-18　轻骨料性能性能

项目	堆积密度/ （kg/m³）	导热系数/ ［W/（m·K）］	使用温度/℃	含水率/%	粒径/mm
玻化微珠	100～110	0.045	≤800	≤3	0.10～1.15
	140～150	0.050	≤800	≤3	0.05～1.15
膨胀珍珠岩	75～85	0.035	≤800	≤2	0.15～1.18

用于外墙内侧、内隔墙及顶棚补充节能的轻质石膏砂浆属抹灰砂浆，直接用作墙面的找平层，不但需要具有良好的保温性能，且应具有适当的强度，使砂浆上墙后无须另设护面层。故初步确定以抗压强度大于 2.5MPa 及导热系数小于 0.15 ［W/（m·K）］为主要目

标，进行轻质石膏砂浆的配合比研究。

1. 玻化微珠品种及掺量对轻质石膏砂浆性能的影响

玻化微珠是一种无机玻璃质矿物材料，经过特殊生产技术加工而成，呈不规则球状体颗粒，内部多孔空腔结构，表面玻化封闭，光泽平滑，具有质轻、绝热、防火、耐高低温、抗老化、吸水率小等优异特性。本试验研究用玻化微珠按颗粒形态分为以下两种：图9-8、图9-9所示玻化微珠的堆积密度为100～110 kg/m³，颗粒粗大，内部多封闭空腔结构，表面玻化率高，光泽平滑；图9-10、图9-11所示的玻化微珠颗粒密度为140～150kg/m³，颗粒细小，粉状偏多，表面玻化率低。

图9-8　颗粒粗大的玻化微珠

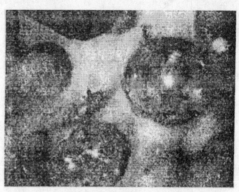

图9-9　颗粒粗大的玻化微珠放大10倍

图9-10　颗粒细小的玻化微珠

图9-11　颗粒细小的玻化微珠放大10倍

选取以上两种不同堆积容重的玻化微珠1L，分别与不同比例的建筑石膏进行复配，固定纤维素醚掺量为石膏量的0.3%，引气剂掺量为总粉料的1%保持不变，调整缓凝剂的用量，使石膏砂浆的初凝时间保持在（180±20）min范围内，测得用不同堆积密度的玻化微珠配成的砂浆体积密度、抗压强度之间的关系如图9-12。

由图可知，堆积密度较大的玻化微珠表面玻化率较低，表面积的增加，使砂浆的用水量

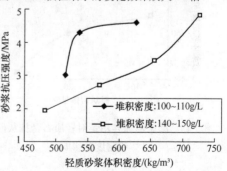

图9-12　玻化微珠品种对轻质抹灰石膏砂浆
容重、抗压强度的影响

上升，从而导致石膏抹灰砂浆强度降低，但由于玻化微珠中粉状偏多，体积密度反而大。而堆积密度较小的玻化微珠由于颗粒粗大且多为封闭空腔，砂浆用水量小、表观密度小，且强度也比较高。故应优先考虑堆积密度较小，表面玻化率高的玻化微珠作为轻质石膏抹灰砂浆的轻骨料。

在确定玻化微珠品种后，研究其掺量对轻质石膏抹灰砂浆性能的影响。固定纤维素醚与引气剂掺量保持不变。当掺入不同比例的玻化微珠后，调整缓凝剂的用量，使石膏砂浆的初凝时间保持在（180±20）min 范围内，测定其表观密度、抗压强度，并作图 9-13、图 9-14。

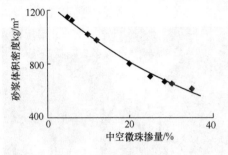
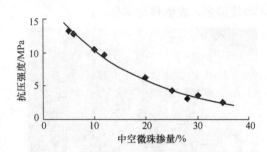

图 9-13 玻化微珠用量对轻质石膏砂浆   图 9-14 玻化微珠用量对轻质石膏砂浆
　　　　　体积密度的影响　　　　　　　　　　　　　抗压强度的影响

由上图 9-13、图 9-14 可知，随着玻化微珠掺量的增加，轻质石膏砂浆的体积密度及抗压强度逐渐下降。随着体积密度的下降，其保温效果较掺砂的抹灰砂浆的保温效果更好。

考虑不同玻化微珠及建筑石膏性能的差异，初步确定玻化微珠掺量约为石膏量的 20%～35%，使其容重控制在 500～800kg/m³。

2. 珍珠岩掺量对轻质石膏抹灰砂浆性能的影响

膨胀珍珠岩是传统的轻骨料，其堆积密度和导热系数均低于玻化微珠，也是较为理想的轻骨料。

研究膨胀珍珠岩掺量对轻质石膏抹灰砂浆性能的影响，固定纤维素醚与引气剂掺量保持不变。当掺入不同比例的膨胀珍珠岩后，调整缓凝剂的用量，使石膏抹灰砂浆的初凝时间保持在（180±20）min 范围内，测定其体积密度、抗压强度，并作图 9-15、图 9-16。

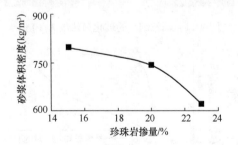
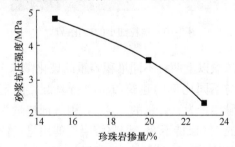

图 9-15 膨胀珍珠岩用量对轻质石膏抹灰砂浆   图 9-16 膨胀珍珠岩用量对轻质石膏抹灰砂浆
　　　　　　体积密度的影响　　　　　　　　　　　　　　抗压强度的影响

由上图可知，随着珍珠岩掺量的增加，石膏轻质石膏抹灰砂浆的体积密度及抗压强度均逐渐下降。随着体积密度的下降，其保温效果也比一般抹灰砂浆要好。

考虑不同膨胀珍珠岩及建筑石膏性能的差异，初步确定珍珠岩掺量约为石膏量的 15％～25％，使其容重控制在 500～800kg/m³。

3. 纤维素醚对轻质石膏抹灰砂浆性能的影响

纤维素醚是石膏抹灰砂浆主要外加剂，具有保水增稠、降低砂浆分层度，提高砂浆与墙体之间粘结力及改善砂浆施工新能的作用。同时，纤维素醚能向砂浆中引入大量的气泡，降低砂浆表观密度，是影响轻质石膏抹灰砂浆总体性能的一种重要添加剂。试验选用黏度在 15000～30000（mPa·s）的羟丙基纤维素醚。

1）纤维素醚掺量对石膏轻质石膏抹灰砂浆保水性能的影响

研究纤维素醚的掺量对轻质石膏抹灰砂浆保水率的影响。固定玻化微珠掺量为石膏量的 25％，纤维素醚采用陶氏 MKX30000，改变纤维素醚用量，调整用水量。研究纤维素醚掺量的变化对玻化微珠轻质石膏抹灰砂浆保水率的影响。试验结果如图 9-17 所示。

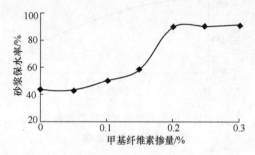

图 9-17　纤维素醚掺量对石膏抹灰砂浆保水率的影响

由图 9-17 可知，当纤维素醚掺量达到石膏量的 0.20％左右时，砂浆保水率曲线趋于平缓。考虑不同纤维素醚性能及黏度的差异对砂浆保水率的影响，确定纤维素醚掺量为石膏量的 0.20％～0.30％，且当轻骨料掺量增加时，应适当上调纤维素醚用量。

2）纤维素醚掺量对轻质石膏抹灰砂浆拉伸粘结强度的影响

纤维素醚的作用是提高保水率，目的是保证石膏浆体里所含的水分在砂浆凝结硬化前不被墙体基材吸收，保证界面处石膏浆体的完全水化反应，从而保证界面的粘结强度。

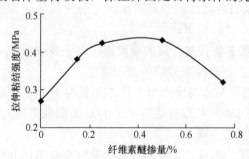

图 9-18　纤维素醚掺量对轻质石膏抹灰砂浆拉伸粘结强度的影响

研究纤维素醚掺量对轻质石膏抹灰砂浆拉伸粘结强度的影响。固定玻化微珠掺量为石膏量的 25％，纤维素醚采用陶氏 MKX15000，改变纤维素醚用量，调整用水量。研究纤维素醚掺量的变化对轻质石膏抹灰砂浆拉伸粘结强度的影响，并作图 9-18。

由图 9-18 可知，随着纤维素醚掺量的增加，虽然用水量上升将使砂浆的抗折、抗压强度降低，但其拉伸粘结强度逐渐增加，使轻质石膏抹灰砂浆与基材的粘结力提高。当纤维素醚掺量继续增加时，由于用水量进一步地上升，使得抹灰砂浆拉伸粘结强度下降。考虑不同的纤维素醚及脱硫建筑石膏性能的差异，故纤维素醚掺量不应高于石膏量的 0.40％。

综上所述，初步确定纤维素醚掺量为石膏量的 0.20％～0.40％，且宜根据轻骨料掺量、实际工程情况进行适当调整。

4. 引气剂对轻质石膏抹灰砂浆性能的影响

引气剂也称发泡剂，在砂浆搅拌过程中，能引入大量分布均匀的微小气泡，降低砂浆中调配水的表面张力，从而导致更好的分散性，减少抹灰砂浆拌合物的泌水、离析现象。另外，细微而稳定的空气泡引入，降低了砂浆的体积密度，同时提高了轻质石膏抹灰砂浆的施工性能。

研究引气剂掺量对轻质石膏抹灰砂浆性能的影响。保持建筑石膏与玻化微珠的比例为360g∶1L，固定纤维素醚掺量保持不变，改变引气剂的用量，研究其变化对石膏基保温砂浆体积密度、强度的影响。并作图 9-19、图 9-20。

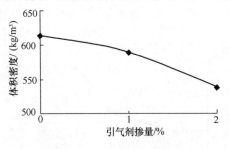

图 9-19 引气剂掺量对轻质石膏抹灰砂浆体积密度的影响

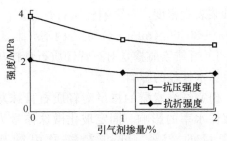

图 9-20 引气剂掺量对轻质石膏抹灰砂浆强度的影响

图 9-21 为引气剂掺量为总粉料的 1.0％时，轻质石膏抹灰砂浆硬化体截面。由图 9-21 可知，由于适量甲基纤维素及引气剂的掺入，使浆体在凝结硬化前具有细小而稳定的气泡，这将使轻质石膏抹灰砂浆硬化体的体积密度降低，但并不显著降低其强度。

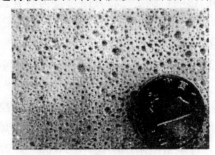

图 9-21 轻质石膏抹灰砂浆硬化体截面

由图 9-19、图 9-20、图 9-21 可知，随着引气剂掺量的增加，轻质石膏抹灰砂浆的体积密度、抗折强度、抗压强度逐渐下降。当其掺量大于 1.0％后，强度下降趋于平缓，引气效果不再显着。考虑不同的引气剂及建筑石膏性能的差异初步确定引气剂掺量为粉料总量的 0.4％～0.8％。

5. 轻质石膏抹灰砂浆的凝固膨胀与干燥收缩

1）轻质石膏抹灰砂浆的凝固膨胀

半水石膏与水混合产生水化作用最终形成了一定强度的二水石膏硬化体，会产生膨胀现象。而不同的半水石膏最终产生的凝固膨胀值不同。试验研究了脱硫建筑石膏与天然建筑石膏凝固膨胀的差别。

将标准稠度用水量的水与相应石膏粉混合搅拌，形成均匀浆料，将料浆完全充满槽并从刻度计中测得长度。在试样上放一片橡胶薄膜，尽量减少水分蒸发。在终凝前 1min 读取最初值，将试样的一端无约束的膨胀 2h，读取最后的读值，并测得其长度的变化。试验结果见表 9-19。

表 9-19　脱硫建筑石膏天然建筑石膏与的膨胀率

序号		初始长度/mm	读数（1/1000mm）					E膨胀率/％
			初始	0.5h后	1h	1.5h	2h读数	
脱硫建筑石膏	1	100.5	0	282	293	293	293	0.292
	2	100.5	0	554	555	555	555	0.552
	3	100.5	0	418	524	526	526	0.523

续表

序号		初始长度 /mm	读数（1/1000mm）					E膨胀率 /%
			初始	0.5h后	1h	1.5h	2h读数	
天然建筑石膏	4	100.5	0	231	235	236	236	0.235
	5	100.5	0	267	282	285	285	0.281
	6	100.5	0	282	286	286	286	0.285

由表 9-19 可知，部分脱硫建筑石膏的膨胀率比天然石膏大，2 号试样的膨胀率达 0.552%。在制备轻质石膏抹灰砂浆过程中，轻骨料的掺入将消减砂浆的这一凝固膨胀值，但为了避免砂浆上墙硬化后的膨胀变形，可通过掺入一定量的减胀剂，但这样做并不十分经济。

2）缓凝剂对脱硫建筑石膏凝固膨胀率的影响

由于缓凝剂会延缓石膏的初、终凝时间，故取料浆完全充满槽后开始凝结硬化时初始读数。在试样上放一片橡胶薄膜，尽量减少水分蒸发。将试样的一端无约束的膨胀 24h，比较掺入缓凝剂后的脱硫建筑石膏凝固膨胀率与不掺缓凝剂时的差别。并作图 9-22。

由图 9-22 可知，该脱硫建筑石膏在掺入缓凝剂后的膨胀率为 0.27%，比未掺入缓凝剂时的膨胀率 0.52% 缩小近一半。故通过掺入缓凝剂不但延缓了砂浆凝结时间，更减少了砂浆的凝固膨胀，避免了砂浆硬化后起鼓现象。

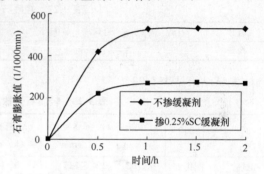

图 9-22　缓凝剂对脱硫建筑石膏膨胀率的影响

3）轻质石膏抹灰砂浆的干燥收缩

石膏基砂浆与普通水泥基砂浆略有不同，石膏基砂浆凝结时间一般在 2h 左右，比水泥基砂浆快得多，而且是气硬性材料，会出现凝固膨胀。当其凝固膨胀稳定后，又会在一定时间内产生收缩。

试验参考 JGJ/T 70—2009《建筑砂浆基本性能试验方法标准》测试轻质石膏抹灰砂浆的收缩率，测试试件成型后 6h 及 24h 拆模后的初始长度，并按 GB/T 28627—2012《抹灰石膏》中的养护条件进行养护，测试 1d、2d、3d、4d、5d、7d、14d、21d、28d 的试件长度，试验数据见表 9-20。

表 9-20　石膏抹灰砂浆收缩率试验　　　　　　　　　　（%）

时间	6h后拆模	24h后拆模
第一天	0.083	—
第二天	0.119	0.007
第三天	0.131	0.012
第四天	0.167	0.071
第五天	0.182	0.117
第六天	0.190	0.131
第七天	0.195	0.131
第十四天	0.195	0.131
第廿一天	0.189	0.130
第廿八天	0.189	0.130

由表 9-20 可知，脱硫建筑石膏在 28d 内的收缩率均小于 0.209％。6h 拆模后石膏收缩率测试值比 24h 拆模的石膏收缩率测试值略微偏大。由于石膏的水化时间在 24h 内基本完成，为不影响硬化体强度，建议成型 24h 后拆模并测其初始长度。同时，石膏在拆模后一个月内的收缩值未见增加，7d 后的收缩率测试值基本稳定。故仅需取 7 天后的时间作为轻质石膏抹灰砂浆收缩率。

试验还表明，轻质石膏抹灰砂浆的干燥收缩值很小，小于凝固膨胀值，故总体而言，轻质石膏抹灰砂浆硬化后体积仍略有膨胀，将不会出现传统水泥砂浆收缩、开裂等问题。

6. 轻质石膏抹灰砂浆配合比确定及性能测试

通过大量试验研究，最终确定轻质石膏抹灰砂浆配合比，其中各材料的比例见表 9-21、表 9-22。

表 9-21　轻质石膏抹灰砂浆配比 1

组分	石膏	玻化微珠/（105g/L）	纤维素醚（1.5 万）	引气剂	SC 缓凝剂
掺量	770 kg	215 kg	4.1 kg	5.0 kg	2.3 kg

表 9-22　轻质石膏抹灰砂浆配比 2

组分	石膏	珍珠岩/（70g/L）	纤维素醚（1.5 万）	引气剂	SC 缓凝剂
掺量	850kg	140 kg	3kg	5.0 kg	1.8kg

测试结果见表 9-23。

表 9-23　轻质石膏抹灰砂浆的性能测试结果

项　目		初凝/min	终凝/min	干密度/（kg/m³）	粘结强度/MPa	抗压强度/MPa	收缩率/‰	导热系数/［W/（m·K）］
试验结果	配比 1	160	185	51 1	0.37	2.90	0.17	0.12
	配比 2	154	169	638	0.44	3.35	0.12	0.15

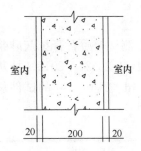

图 9-23　混凝土隔墙示意图

7. 轻质石膏抹灰砂浆保温效果分析

由于轻质石膏抹灰砂浆的导热系数小于 0.1［W/（m·K）］，故用其作为墙体抹灰材料的特征是可以增加居住建筑的外墙内侧保温和分户墙保温。现以混凝土隔墙，采用轻质石膏抹灰砂浆代替传统水泥砂浆进行双面抹灰为例，计算墙体平均传热系数。墙体平面示意图如图 9-23 所示。

水泥砂浆导热系数（λ）按照 GB 50176—1993《民用建筑热工设计规范》内附录四取值，各取 1.74［W/（m·K）］、0.87［W/（m·K）］，轻质石膏抹灰砂浆导热系数按 0.12［W/（m·K）］取值，并乘以修正系数 1.2。根据热阻计算值（Rn）＝$\delta/\lambda c$ 计算各材料的热阻计算值，结果见表 9-24。

表 9-24　材料参数

	混凝土墙	水泥砂浆	轻质石膏抹灰砂浆
厚度 δ/mm	200	20	20
导热系数 λ/［W/（m·K）］	1.74	0.87	0.120
导热系数计算值 λc/［W/（m·K）］	1.74	0.87	0.120×1.2
热阻计算值 Rn/［（m²·K）/W］	0.115	0.023	0.139

根据 GB 50176—1993《民用建筑热工设计规范》内附录二计算如下：

墙体的平均传热阻按照 Rp＝R1＋R2＋…Rn 计算；隔墙的传热阻按照 Ro＝Ri＋Rp＋Re 计算，其中内、外表面换热阻 Ri、Re 按照附表2.2取值，各为0.11。

当对混凝土隔墙采用水泥砂浆抹灰时，隔墙的平均传热系数计算过程如下：

Rp＝0.115＋0.023×2＝0.161（m²·K/W）

Ro＝0.11＋0.11＋Rp＝0.381（m²·K/W）

Kp＝1÷Ro＝2.625 W/（m²·K）

当对混凝土隔墙采用石膏轻质抹灰时，隔墙的平均传热系数计算过程如下：

Rp＝0.115＋0.139×2＝0.393（m²·K/W）

Ro＝0.11＋0.l11＋Rp＝0.613（m²·K/W）

Kp＝1÷Ro＝1.631 W/（m²·K）

由此可知，对于混凝土隔墙，采用水泥砂浆抹灰时，墙体传热系数为 2.625 ［W/(m²·K)］，未达到节能50％对分户墙传热系数＜2.0［W/(m²·K)］的要求(DG/TJ08—205—2008《居住建筑节能设计标准》)。而采用轻质石膏抹灰砂浆抹灰时，墙体传热系数为 1.631 ［W/(m²·K)］，其保温效果较传统水泥砂浆抹灰的墙体提高了38％。

研究表明：

1）用于外墙内侧、分户墙及顶棚补充节能的轻质石膏抹灰砂浆，宜选择表面玻化率高、容重小的玻化微珠作为轻骨料，其掺量为石膏量的20％～35％，当采用膨胀珍珠岩作为轻骨料时，其掺量为石膏量的15％～25％。纤维素醚掺量一般为石膏量的0.2％～0.4％，且应黏度适中。引气剂的掺量为粉料总量的0.6％～1.2％。

2）虽然脱硫建筑石膏的凝固膨胀比天然建筑石膏大，但将其用于轻质石膏抹灰砂浆的制备时，可削减一部分凝固膨胀值，同时，缓凝剂的掺入及后期的干燥收缩也将抵消砂浆的部分凝固膨胀值，故避免了砂浆硬化后起鼓现象，同时又解决了传统水泥砂浆收缩、开裂等通病。

3）轻质石膏抹灰砂浆强度适中，保温性能较好。抹灰后无须另做护面。

4）计算结果证明，轻质石膏抹灰砂浆应用于外墙内侧、分户墙及顶棚，可显著提高墙体的保温效果，非常有利于建筑物的补充保温。

第六节　机喷石膏抹灰砂浆配方设计

一、机喷抹灰石膏砂浆配方设计

1. 机喷抹灰石膏砂浆配方中的常用原材料

1）胶凝材料：建筑石膏、水泥、石灰；

2）砂子：水洗砂、机制砂、石英砂、海砂、尾矿砂；

3）填料：重钙粉、粉煤灰、矿渣粉；

4）轻集料：珍珠岩（玻化微珠）、聚苯颗粒、陶粒、玻璃微珠；

5）可再分散乳胶粉：乙烯醋酸乙烯（EVA）、丙烯酸；

6）保水剂：纤维素醚（CMC、HPMC、HEMC）；

7）外加剂：减水剂、缓凝剂、引气剂、消泡剂、憎水剂、触变润滑剂、抗流挂剂；

8）抗裂材料：木质纤维、PP 纤维、PE 纤维。

2. 机喷抹灰石膏砂浆配方设计的基本要求

随着工业的快速发展及对环保治理的要求越来越高，工业副产石膏的存量越来越多，如烟气脱硫石膏、磷石膏和氟石膏，这些化学石膏或多或少存在这样或那样的问题，严重制约着其应用，如石膏有效成分不稳定、杂质成分复杂、颜色不白等，因此无法用于制作档次较高的石膏制品。

加快对化学石膏高效利用的研发，变废为宝并净化环境，已成为整个社会关注的问题。建筑行业是大量消化利用工业副产石膏的龙头行业，在保证人们生活安全的情况下（如无腐蚀性、无辐射等），可以利用石膏生产建筑室内相关的砂浆产品，大大降低使用水泥带来的能源消耗和环境污染。

随着人工成本的不断攀升，以及施工技术的不断进步，传统的手工抹灰已经显现出严重的弊病，施工效率低下，劳动强度高，施工质量难以控制。对抹灰砂浆采用先进的机械喷涂施工已越来越受到重视，并将成为未来抹灰施工的主流，下面围绕机械喷涂抹灰石膏的应用进行介绍。

从企业生产技术质量控制的角度，机喷抹灰石膏的基本性能要求应注意以下方面的问题。如细度、保水率、强度、体积密度及用于保温情况下的导热系数等。

细度：1.5mm 方孔筛筛余 0%；0.2mm 方孔筛筛余≤40%。

凝结时间：初凝不小于 1h，终凝时间不大于 6h。

表 9-25　机喷抹灰石膏保水率性能

项目	面层抹灰石膏	底层抹灰石膏	轻质底层抹灰石膏
保水率/%	≥90	≥80	≥80

表 9-26　机喷抹灰石膏强度性能

项目	面层抹灰石膏	底层抹灰石膏	轻质底层抹灰石膏	保温层抹灰石膏
抗折强度/MPa	≥3.0	≥2.0	≥1.6	—
抗压强度/MPa	≥6.0	≥4.0	≥3.0	≥0.6
拉伸粘结强度/MPa	≥0.5	≥0.4	≥0.3	—

保温层抹灰石膏的体积密度应不大于 $600kg/m^3$，轻质底层抹灰石膏的体积密度应不大于 $1000kg/m^3$。

保温层抹灰石膏的导热系数应不大于 0.1W/（m·K）。

在实际工程应用中，底层抹灰石膏、底面一体抹灰石膏占的比例最大，在机械喷涂施工中也最常见。作为机械喷涂施工的抹灰石膏，必须满足上述标准规定的性能指标。

第七节　生产与应用抹灰石膏的注意事项

抹灰石膏主要以 β-半水石膏（或蒸压法生产的 α-半水石膏）、无水石膏、石灰、保水剂、缓凝剂、增塑剂等组成，并可加入一定量的集料。

石灰在抹灰石膏中可以增强它的可塑性，以及石灰在抹面表面上缓慢碳化，可增强石膏抹面的硬度，但石灰会因消化不良引起爆浆，因此一般在抹灰石膏中尽可能不用或少用。

加入过量的水泥、矿渣、粉煤灰等可使抹灰石膏的性能有较大的改变，应作为石膏复合胶凝材料来研究，其施工条件、养护条件都会影响石膏复合胶凝材料的性能，特别需注意砂浆的收缩裂缝和长期稳定性。因此，在配制抹灰石膏时应尽量避免引入这类材料。

国外抹灰石膏大多采用半水石膏与无水石膏（Ⅱ型）的混合物，加入缓凝剂、保水剂等外加剂以及其他集料配制而成的。混合相型抹灰石膏中的无水石膏Ⅱ型在抹灰石膏中起一定的缓凝作用，降低了抹灰石膏中缓凝剂的用量，但获得无水石膏Ⅱ型的煅烧温度较高，一般为 $500\sim800℃$。而国内由于受石膏煅烧条件的限制，主要以 β 半水石膏为主，含有少量的过烧石膏；以蒸压法生产的 α 半水石膏具有较高的强度，可增加集料的量，或作为高硬度抹面，适合用于流动性较大的公共场所。单相型抹灰石膏主要依靠缓凝剂来调节石膏的凝结时间。

缓凝剂是抹灰石膏不可缺少的外加剂。半水石膏遇水后的凝结时间一般在 $3\sim10min$，因此对于抹灰石膏，延长凝结时间是最重要的，国外抹灰石膏的凝结时间一般在 1h 左右，这是由于国外大多采取喷涂施工。而国内的施工企业由于习惯于手工抹灰，抹灰浆的凝结时间一般要求在 2h。因此，缓凝剂是抹灰石膏的主要外加剂，常用的石膏缓凝剂主要有变质蛋白质、柠檬酸盐、酒石酸盐、磷酸盐等。缓凝剂能有效地延长抹灰石膏的施工时间，但是缓凝剂会严重地影响抹灰石膏的强度，随着缓凝剂掺量的增大，凝结时间延长，但强度明显下降，常用的柠檬酸钠在缓凝 2h 后，强度可下降 50%。因此，选用缓凝剂不仅要看缓凝效果，更要测定其对强度的影响，建议使用石膏专用的缓凝剂。石膏缓凝剂是以被破坏的蛋白质（二亚乙基三胺五乙酸的五钠盐）为主，在一定的碱度下，具有成本低、缓凝时间长、强度损失小的特点。

由于抹灰石膏中掺入了缓凝剂，抑制了半水石膏的水化过程，这类石膏浆体在未凝结之前，需要在墙体上保留 $1\sim2h$，而墙体多数具有吸水性能，特别是加气混凝土墙，多孔保温板等吸水性强。因此要对熟石膏浆体进行保水处理，避免料浆中的一部分水分转移到墙体上，造成浆料与墙面结合处的分离、起壳（这是建筑抹灰施工的通病）。加入保水剂是保持石膏浆体里所含的水分，保证界面处石膏浆体的水化反应，从而保证粘结强度。常用的保水剂为纤维素醚，如甲基纤维素（MC）、羟丙基甲基纤维素（HPMC）、羟乙基甲基纤维素（HEMC）等，这类保水剂不仅具有保水性能，还具有很好的增塑性，特别是高黏度的保水剂增塑性好。但是高黏度的保水剂，会使抹灰石膏浆体过于黏稠，影响施工时的和易性。一般底层抹灰石膏宜选用 $60000\sim100000$ 黏度的保水剂，面层抹灰石膏宜选用 $40000\sim60000$ 黏度的保水剂，而保温层抹灰石膏宜选用 120000 以上黏度的保水剂，因高黏度的保水剂不仅能使保温浆料增稠，还具有一定的引气作用，可提高保温材料的施工性能和保温效果。

羧甲基纤维素（CMC），在抹灰石膏中主要起增稠作用，保水效果并不明显，与保水剂配合试用，使石膏浆体增稠，以提高可施工性能，但羧甲基纤维素会使石膏的强度下降。

在抹灰石膏中除了加入上述缓凝剂和保水剂外，还可加入一定量的填，如石粉、细砂、粉煤灰等，目的是降低成本，提高施工性能。也可掺入保温材料（如珍珠岩、聚苯粒子等），配制保温砂浆。抹灰石膏按使用的场合分为三类：

1）底层抹灰石膏：用于基底找平的石膏抹灰材料，通常含有集料（中细砂），相当于水泥砂浆。底层抹灰石膏可以使用细砂，或者珍珠岩细粉作为集料，与水泥砂浆不同的是底层抹灰石膏可以作薄抹灰，在混凝土以及加气墙体上不需使用界面剂，但配方中需加入足够量的保水剂。

2）面层抹灰石膏：用于底层抹灰石膏或其他基底（如水泥砂浆、纸面石膏板、TK 板、GRC 条板、石膏条板等）上的最后一层石膏抹灰材料，不含砂，但可掺入较细的粉状填料（如滑石粉、石英粉、碳酸钙粉等）。面层抹灰石膏兼顾找平和腻子作用，但对于已平整墙面，用面层抹灰石膏代替腻子，即厚度很小（2mm 以下）是不适合的，应使用石膏腻子施工。

3）保温层抹灰石膏：含轻集料（一般为膨胀珍珠岩、聚苯乙烯颗粒、蛭石等）的抹灰材料，具有较好的热绝缘性，用于外墙内保温体系。由于目前节能要求的提高，在采暖地区以及夏热冬冷地区的围护结构保温中已不适用，但可用于这一地区内隔墙的补充节能。

第八节　抹灰石膏的施工

一、作业条件

1）主体工程已全部完成，楼屋面已全部施工完毕。并经建设、监理和质检部门验收合格。

2）抹灰基层所有预埋件、门窗及各种管道应安装完毕。冬季抹灰应对门窗或其他洞口进行遮挡。

3）应根据施工现场情况和进度要求，确定施工程序，编制作业计划。

4）对于相关部位的各类预留口（包括脚手架孔洞），应在专业工种的配合下，进行临时封堵，并做出标志。

5）为防止抹灰过程中污染和损坏已完工的成品，抹灰前应确定防护的具体项目和措施，对相关部位进行遮挡。例如：

（1）抹灰前应对门窗框进行防护。

（2）设有变形缝和分格缝的楼地面、顶棚处，抹灰前应对变形缝和分格缝加以遮挡。

（3）抹灰前应对基层上的管道、电气开关箱、线盒、预埋件和设备等采取防护措施。

（4）对已安装的栏杆、扶手板等应用塑料胶纸或塑料布包裹。

6）门窗扇的安装宜在抹灰后进行。

7）严禁在楼（地）面上拌合料浆。

8）大面积应用抹灰石膏抹灰时，应在样板间验收合格后作业。

9）抹灰时和抹灰后 72h 内，环境温度高于 2℃。抹灰工程施工的环境温度不应低于 2℃，当必须在低于 0℃ 的气温下施工时，应有保证工程质量的有效措施。

10）室内抹灰时，屋面和厨厕间防水施工完毕并验收合格。

11）基层墙材是加气混凝土砌块的含水率必须小于 5％（按加气混凝土砌块施工规程规定，加气混凝土制品出釜后，应在生产厂存放 1 个月后方可出厂，此时含水率基本达到要求。其中砌块水平砌筑灰缝饱满度≥90％，砌块砌筑和板材拼装的垂直灰缝饱满度≥80％。

12）所有原材料必须经过验收合格。

13）抹灰前，应检查抹灰面上的门窗框安装的位置是否正确，与墙体连接是否牢固。对连接处的缝隙应用水泥混合砂浆分层嵌塞密实。若缝隙较大时，应在水泥砂浆中掺细石子，使其塞缝严实。铝合金门窗及塑料门窗框与墙体之间的缝隙，应按设计要求嵌填。

（14）屋面防水层已经施工完毕，穿过顶棚的各种管道、管线等已经安装就绪，顶棚与墙体之间及管道安装后遗留的空隙，应清理干净并填堵严实，并经检查验收合格。

（15）抹灰墙体表面上的油污等清除干净，在墙面或梁的侧面弹出水平标高控制线，连续梁底也弹出由头到尾的通长墨线，为顶棚的抹灰确定好依据。

（16）按室内的高度搭好操作脚手架，脚手架板距顶板的距离为 1.8m 左右；

（17）一些具体处理方法

（1）阳角处理

采用下列方式之一增强阳角：

钉挂镀锌钢丝网，或用抹灰石膏粘贴玻纤网布或镀锌金属护角。

（2）接缝处理

在加气混凝土制品与其他材料的交接部位如钢筋混凝土柱、梁、板的接缝、墙板板缝以及在墙体上开槽安管线线槽部位，宜用抹灰石膏嵌实抹平后，压入玻纤网布，网布宽度盖过缝隙边缘大于 100mm。要求网布尽可能贴近抹灰层表面。

（3）墙面喷水

抹灰前一天，开始用喷雾器或其他装置对基材表面喷水湿润，使水渗入基材 10mm 左右，以墙面不挂水为宜。

（4）抹灰前喷水

若气候干燥，宜在抹灰前半小时，喷水润湿墙面，以墙面不挂水为宜。

二、工具及机具

1. 抹灰用工具

1）常用工具的种类

（1）刮平工具。包括 H 型刮尺、梯形刮尺、灰泥抹刀和灰泥铲刀四种。如图 9-24 所示。

| H型刮尺 | 梯形刮尺 | 灰泥抹刀 | 灰泥铲刀 |

图 9-24 刮平工具

（2）做角工具。包括阳角抹刀、阴角抹刀、阴角缝抹刀、阴角铲刀及阴角刮刀。如图 9-25 所示。

| 阳角抹刀 | 阴角抹刀 | 阴角缝抹刀 | 阴角铲刀 | 阴角刮刀 |

图 9-25 做角工具

（3）收光工具（图 9-26）。有翼型刮刀、翼型刮刀（天花）、海绵磨板、海绵磨板（天花）。

翼型刮刀　　　　　翼型刮刀(天花)　　　　　海绵磨板　　　　海绵磨板(天花)

图 9-26　收光工具

① 托灰板。

② 刮杠和刮尺。刮杠分为长、中、短三种，长刮杠的规格为 2500～3500 mm，中刮杠的规格为 2000～2500mm，短刮杠的规格为 1500mm 左右。

③ 八字靠尺。

④ 方尺。

（4）刷子。常用的刷子有长毛刷、鸡腿刷、钢丝刷和茅柴刷。如图 9-27 所示。

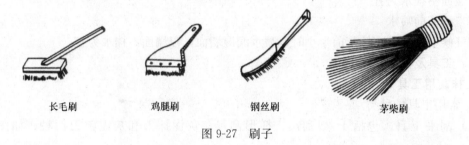

长毛刷　　　　　鸡腿刷　　　　　钢丝刷　　　　　茅柴刷

图 9-27　刷子

2）主要工具功能介绍

（1）刮平工具

① 灰泥抹刀

灰泥抹刀用于底层抹灰石膏的抹灰，它是抹灰的主要工具。

② H 型刮尺

H 型刮尺用于砂浆喷涂后的墙面粗找平。

③ 梯形刮尺

梯形刮尺用于 H 型刮尺粗找平后的精找平。

④ 灰泥铲刀

灰泥抹刀用于底层抹灰石膏的抹灰，它是抹灰的主要工具。

⑤ 阴角抹刀

阴角抹刀用于阴角抹灰压实、压光。

⑥ 阴角铲刀

修正阴角的垂直度。

⑦ 翼型刮刀

对于收光性能材料进行收光。

⑧ 海绵磨板

对于收光性能材料进行喷水后打磨提浆。

（2）木制手工工具

① 托灰板

抹灰时承托砂浆用。

② 刮杆和刮尺

刮杆分长、中、短三种。长杆长 250～350cm，一般用于冲筋；中杆长 200～250cm；短杆长 150cm。刮杆断面一般为矩形。刮尺断面操作一边为平面，另一边为弧形。

③ 八字靠尺

八字靠尺一般作为做棱角的依据，其长度按需要截取。

④ 钢筋夹子

钢筋夹子用于卡紧八字靠尺，钢筋直径为 8mm，要求有一定的弹性。

⑤ 方尺

方尺用于测量阴阳角的方正。

⑥ 刷子

长毛刷也称软毛刷子，用于室内抹灰洒水。

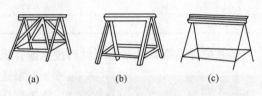

(a)　　　　(b)　　　　(c)

图 9-28　马凳

（a）竹马凳；（b）木马凳；（c）钢马凳

2. 常用室内脚手架

抹灰工常用木、钢制成的马凳或在各种工具式里脚手架上搭铺脚手板，适用于室内抹灰和一般室外底层抹灰的需要。

1）常用的马凳有竹马凳、木马凳和钢马凳，如图 9-28 所示。

马凳高度一般为 1.2～1.4m，长为 1.2～1.5m，马凳之间距离为 1.5～1.8m。脚手板（又称跳板）要铺放平稳，板端翘头长度不得超过 30cm。

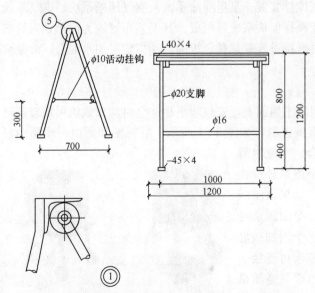

图 9-29　钢筋折叠式里脚手架

2）折叠式里脚手架适用于民用建筑室内抹灰。一般有角钢折叠式、钢管折叠式和钢筋折叠式里脚手架。折叠式里脚手架设间距，抹灰时一般为 2.2m 左右。图 9-29 为钢筋折叠式里脚手架。

3）支柱式里脚手架是由若干个支柱及横杆组成，上铺脚手板。适用于室内抹灰，抹灰时搭设间距不超过 2.5m。支柱式里脚手架常见的有套管式支柱。使用时，插管插入主管中，以销孔间距调节高度，插管顶端的凹形支托搁置方木横杆用以铺设脚手板，架设高度为 1.57～2.17m。

3. 抹灰常用机具

机械设备包括手动搅拌机、圆
盘搅拌机、输送泵、空气压缩机及全自动砂浆喷涂机等。机械喷涂抹灰主要机具见表9-27。

表 9-27　机械喷涂抹灰主要机具配备

名称	规　格	单位	数量
手动搅拌机	1.3kW（台·班）	台	1
砂浆泵	输浆量 22L/min	台	1
空气压缩机	排气量 0.25m³/min，压力 0.4～0.5MPa	台	1
喷枪	25mm，喷嘴口径 14mm	只	4
砂浆管	内径 25mm	m	10
空气管	内径 13mm	m	11
引水管	内径 20mm	m	100
水桶	容量 200L	个	1

砂浆搅拌是指将砂浆的原材料投入搅拌机内拌合均匀。

泵送是指砂浆倒入泵体的料斗内，依靠泵体作用力将砂浆压向管道。

喷涂是指砂浆依靠压缩空气的压力从喷枪的喷嘴处均匀喷出。

图 9-30　灰浆机

1）灰浆泵

使用灰浆泵（图 9-30）及内置空气压缩机进行喷涂抹灰。

全自动喷浆机是集搅拌、泵送、空气压缩等机构于一体，采用集中传动，可单独或连续完成各种砂浆的制备、泵送、喷涂等作业。该机由底盘、传动系统、砂浆搅拌装置、泵送喷涂系统、空气压缩系统、电气系统及操作保护系统等组成。其工艺布置较为简单，只有灰浆机及其输浆管、喷枪等，砂浆原材料直接进入灰浆联合机内自动恒定量加水混合，砂浆从灰浆机的喷枪口中喷出。

（1）全自动灰浆机的安装与使用

灰浆机应放置在坚实平整的水泥混凝土地面上，安放应平稳。全自动灰浆机可用袋装进料，也可以通过气力输送装置由筒仓直接进料，如图 9-31 所示。混料轴和泵由一个驱动马达推动，干材料在混料区用水搅拌混合。水流量需用手通过使用针型阀调定，可使用一个流量计检查流量。一个压力开关监控着水流压力，如果水流压力过低，机器将自动停机，通过预接一个增压泵可以排除这个问题。混合好的砂浆将被一个附加在混料轴上的螺杆泵抽走。在输送软管的末端可连接一台喷枪，用于喷料所需的气压将由一台空气空压机提供。

图 9-31　砂浆搅拌机

（2）灰浆泵常见故障及排除方法见表9-28。

表 9-28　灰浆泵常见故障及排除方法

故障	原因	排除方法
机器不起动	水	检查水源水压太低 清洁挡污泥网
机器不起动	气	由于气管和气喷嘴管被堵塞，清洗被堵塞的气管和气喷嘴管
短暂起动便停顿	气压保险开关调错或已坏	调整气压保险开关
砂浆流体不流动	混料管内的混合料不好多加水（气泡）	材料结块使混料管口变挤，将混料轴清洁干净或更换
砂浆流体"稠-稀"	水量太小时	水保险开关调错或已坏，时间多调约半分钟，水量多调约10%，然后慢慢转回 混料轴已坏，不是原装PFT混料轴，调到正常标定或拧紧泵部件及更换
正在操作期间水上升进入混料桶	灰浆管内倒流压大于泵压	封好转子或定子，必要时也替换转子 粗砂浆造成管子堵塞，排除管子堵塞物（低水因造成高压力）
故障灯亮起来超负荷	电机过载	马达保护开关（16A）被打开（泵送马达），重新打开保护开关，清洁混料桶 带干材料的泵变滞住，在起动时增加入水量 由于水量很小 马达保护开关格轮被打开，清洁料斗和格轮 料斗里的材料已凝聚

2）砂浆搅拌机

一般抹灰石膏初凝时间为60～70min，终凝时间150～200min，因此用机械搅拌石膏料浆时，一定要注意搅拌量。一般要求在1h内用完，故搅拌机不宜选用大的，详见图9-31，其技术性能见表9-29。

表 9-29　200L 搅拌机技术性能

转速 （r/min）	搅拌时间 min	电　机		外形尺寸 mm			重量/kg
		功率 kW	转速/r/min	长	宽	高	
30	1.5～2	2.2	1450	1070	1000	900	143

3）机械抹灰喷涂机

机械抹灰采用喷涂机，如图9-32所示。

喷涂机主要技术参数见表9-30。

喷涂机常见故障及排除方法见表9-31。

图 9-32　喷涂机及设备

表 9-30　喷涂机主要技术参数表

名　称	泵用电机 功率/kW 输出转速/ (r/min) 输入转速/ (r/min)	送料轮电机 功率/kW 输出转速/ (r/min) 输入转速/ (r/min)	小型空压机 电机功率 kW 流量（L/min） 压力 MPa	螺杆泵 流量/（L/min） 压力 MPa	外形尺寸 mm 总重 kg
	4/5.5	0.55/0.75	0.9	23	1700×1500×720
G4 型(德国)	400	28.5	25	3	
	2800	900	0.25	3	273

表 9-31　喷涂机常见故障及排除方法

常见故障	可能发生原因	排除方法
接通电源后机器不转动	水压不足（压力表显示＜2MPa）	使用增压泵
水压正确，压缩机接通，但机器不转动	喷枪喷嘴被堵或空气喷嘴被关闭	清理喷枪、喷嘴或打开空气喷嘴
料浆不能均匀喷出喷枪（含气泡）	混料器混合不充分	增加水量，如果无效，则彻底清理泵，并再次启动，粉料不能结块
电机或混料器的星形轮不启动	料太多，堵住了料斗或混合机	将料斗和混料器内的料排空，重新启动
喷涂机运转时泵中的水位上升	水不足，料浆输送管道堵死，管道内压力增高，或因转子、定子磨损	增加水量，清理料斗和星形轮，清理混合机，必要时更换定子或转子

续表

常见故障	可能发生原因	排除方法
砂浆流体"稠-稀"	水量太小时	水保险开关调错或已坏，时间多调约半分钟，水量多调约10%，然后慢慢转回 混料轴已坏，不是原装 PFT 混料轴调到正常标定或拧紧泵部件及更换
正在操作期间水上升进入混料桶	灰浆管内倒流压大于泵压	封好转子或定子，必要时也替换转子 粗砂浆造成管子堵塞，排除管子堵塞物（低水因造成高压力）
故障灯亮起来超负荷	电机过载	马达保护开关（16A）被打开（泵送马达），重新打开保护开关，清洁混料桶 带干材料的泵被滞住，在起动时增加入水量 由于水量很小 马达保护开关格轮被打开，清洁料斗和格轮 料斗里的材料已凝聚

三、施工要点及注意事项

1）抹灰石膏在运输和存储过程中应注意防潮，出现结块时应停止使用。

2）冬季通常施工环境温度要高于 2℃。

3）掌握每批抹灰石膏的凝结时间，正确控制抹灰料浆的拌和量，以免石膏凝固后不能使用而造成浪费。注意已初凝以后的料浆决不可再使用，因此在抹灰过程必须随时把落地灰收回使用，以免浪费。

4）为使抹灰石膏内的外加剂得以充分溶解，一定要保证料浆制备过程的静置时间，避免上墙后因外加剂溶解不完全，而使抹灰层出现气泡、空鼓等质量问题。

5）抹灰石膏抹灰硬化前，应避免因通风使石膏失水过快而影响水化完成；硬化后应保持足够的通风，尽早达到使用强度。

6）抹灰石膏软化系数较低，一般只适用于室内工程，不允许用水冲刷。

7）拌制料浆的容器及使用工具，在每次使用后都应洗刷干净，以免在下次的料浆制备时有石膏的硬化粒混入，影响操作及效果。

8）抹灰石膏施工时，应保持施工基层湿度的均匀，特别是墙角、地面等处，过干或过湿将会造成抹灰层强度的不足或开裂。

9）施工完毕的墙面应该避免磕碰及水冲浸泡，并要保证室内通风良好。

10）门窗框边缝没有塞灰或塞灰不实，门窗框固定点间距大，门窗反复开关的振动，在门窗框两侧产生空鼓、裂缝，应把门窗框塞缝当做一个重要工序，由专人负责。加气混凝土砌块（板）墙体安装木制门窗框的木砖必须预埋在混凝土预制的砌块内，随着墙体砌筑按规定间距砌筑安放。

11）管道背后抹灰不平、不光，暖气槽两侧上下抹灰不通顺。改进办法是管线过墙按规定放套管，凡有管道设备的部位应提前抹好灰，并清扫干净。

12）脚手架搭设应符合有关规范要求。现场用电应符合 JGJ 46—2005《施工现场临时用电安全技术规范》的相关规定。

13）在房间的阴角处，用靠模无法扯到顶棚灰线，须用特制的硬木"合角尺"也叫"接角尺"镶接。要求接头阴角的交线与立墙阴角的交线在同一平面之内。当顶棚四周灰线用靠模抹成后，拆除靠尺，切齐甩茬，分层涂抹。

14）在抹完灰之后，即开始用接角尺镶接灰线。接合角是操作难度大的工序，要求与四周整个灰线贯通，形状一致。镶接时，两手要端平"接角尺"，手腕用力要均匀，一边轻挨已成活的灰线作为基准，一边刮接角的灰使之成形，再用小铁抹子进行修理勾画成型，不显接茬，然后用排笔蘸水刷一遍，使表面平整、光滑。

15）铝合金门窗框与墙体之间的缝隙，嵌缝材料按设计要求选用。如设计无明确规定时，缝隙内应填充保温纤维材料，内外两面密封胶进行密封处理，操作时应防止对铝合金门窗造成污染和损坏。

四、抹灰工程量计算的规则和方法

1. 内墙面抹灰

内墙面抹灰工程量按垂直投影面积计算。应扣除门、窗洞口和空圈所占面积，不扣除踢脚线、装饰线、挂镜线以及 0.3m² 以内的孔洞和墙与构件交接处的面积，但门窗洞口（空洞）及炉片槽的侧壁与顶面面积亦不增加，砖垛的侧面抹灰面积应放入内墙抹灰工程量内。内墙抹灰工程量计算式（9-4）如下：

$$S_内＝内墙长度×内墙高度－门窗洞口 \tag{9-4}$$

内墙长度——按主墙面的结构净长计算；

内墙高度——（1）无墙裙，其高度按室内楼地面算至顶棚底面；

（2）有墙裙，其高度按墙裙顶面算至顶棚底面；

（3）吊顶不抹灰，其高度按室内楼地面算至吊顶底面，另加 20cm。

2. 天棚抹灰面积

按主墙间净面积计算，不扣除间壁墙、垛、柱、附墙烟囱、检查口和管道所占的面积。公式（9-5）为：

$$S = L×W \tag{9-5}$$

式中　S——天棚抹灰面积，m²；

　　　L——天棚主墙间净长度，m²；

　　　W——天棚主墙间净宽，m²；

五、手工抹灰操作规程

1. 手工抹灰的一般工序

1）料浆搅拌要按配合比要求投料，过稀或过稠时可以适当调整配合比。一次投料应据环境温度、湿度确定，以在初凝前用完为好，初凝后的料浆不得再加水使用。为使添加剂充分溶解，一定要保证静放时间，避免因溶解不完全造成饰面出现气泡、空鼓现象；抹灰石膏砂浆中的砂宜用中细砂，使用前应清除杂物。

2）无特殊要求的顶棚可用抹灰石膏料浆一次抹灰完成，高档抹灰应先套方再抹灰

3）抹灰厚度<5mm 的可以直接使用面层型抹灰石膏。厚度在 5mm 以上的可以先用底层型抹灰石膏打底，再用面层型抹灰石膏罩面，抹灰时用灰板和抹子把浆料抹在墙上，用刮板紧贴标筋，上下左右刮平压实。

4）当抹灰厚度超过 20mm 时，就该分层施工，每层厚度控制在 15mm 以内，下一层要

在上一层料浆初凝后方可进行，随时用靠尺检查墙面的平整度、垂直度，随时进行找平调整。

5）面料宜在底层抹灰终凝后进行，压光应在抹灰层接近终凝时进行，过早易出现气泡，过迟不易压光，用铁抹子压光的同时，配合泡沫塑料抹子或海绵块蘸水搓揉，以使表面平整光滑。

2. 基层处理

1）抹灰墙体基层处理方法

（1）对基层墙表面有明显的凸出部位应认真剔平；对一些外露的钢筋头必须打掉，并用水泥砂浆盖住断品，以免在此处出现锈斑。

（2）清扫基层墙表面浮土，对残渣、油漆、隔离剂等污垢必须清除干净（油污可用洗衣粉、草酸的溶液清除并用清水冲刷干净）。

（3）用喷雾器对墙面均匀喷水，因加气混凝土的吸水速度很慢，需间隔地反复喷 2～3 次，保证其吸水深度达 10mm 以上。但在开始抹灰时，墙面不能有明水。

（4）在与其他不同基材的连结处应先粘贴玻纤网布，搭接宽度应从相接处起两边不小于80mm。在门窗口的阳角处贴一层玻纤网布条，四角处按 45°斜向加铺一层 400mm×200mm 的玻纤网布条，如图 9-33 所示。

2）具体墙体基层处理

（1）砖墙面基层

首先要把墙面上的脚手眼等孔洞堵密实，检查墙面的凸凹状况，对凸出墙面的灰浆块要用錾子剔平，墙面上残留的灰浆、尘土、油渍、污垢等应清除干净。然后用水冲洗墙面，把墙缝中的尘土冲干净，让水渗入墙面 10～20mm。

（2）混凝土基层

要将凸出墙面上的混凝土用錾子凿剔平整，

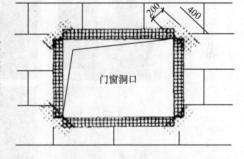

图 9-33　门窗洞口玻纤网布铺贴示意图

对于采用大型钢模板施工的混凝土墙面必须凿毛，并用钢丝刷满刷一遍，再浇水湿润。如果混凝土的基层表面很光滑时，为使基层与找平层能够更好地粘结，须采用凿毛处理或毛化处理。

采用凿毛处理时，使用錾子在混凝土的墙面凿出一条条印痕。凿毛的深度约为 0.5～1cm，间距约为 3cm 左右，并将墙面上残留的灰浆、尘土、油渍、污垢等清洗干净。

采用毛化处理时，先把混凝土墙体基层表面的尘土、污垢等清理干净，用 10% 的火碱水将墙面的油污刷掉，随即用清水将墙面冲洗干净。

（3）加气混凝土墙

抹灰前检查加气混凝土墙体，对松动、灰浆不饱满的砌缝及梁、板下的顶头缝，用聚合物砂浆填塞密实。将凸出墙面不平整的部位剔凿，检查墙体的垂直度及平整度，将抹灰基层处理完好。

洒水湿润：将墙面浮土清扫干净，分数遍浇水湿润。由于加气混凝土吸水速度先快后慢，吸水量大而延续时间长，故应增加浇水的次数，浇水量以水分渗入加气混凝土墙深度 8～10mm 为宜，且浇水宜在抹灰前一天进行。遇风干天气，抹灰时墙面如干燥不湿，应再喷洒一遍水，但抹灰时墙面应不显浮水。

（4）顶棚基层处理

混凝土顶棚抹灰的基层处理，除应按一般基层处理要求进行处理外，还要检查楼板有无下沉或裂缝。

因混凝土楼板表面比较光滑，如直接抹灰，砂浆粘结不牢，抹灰层易出现空鼓、裂纹，因此在抹灰之前，应对其进行顶棚的浮灰、砂浆残渣、油污和隔离剂等杂物处理，并用喷壶喷水湿润。

3. 抹灰工艺流程（图 9-34）

1）顶棚抹灰工艺流程

搭设脚手架→基层处理→弹线、找规矩→抹灰→抹面层灰。

2）墙面抹灰工艺流程

做标志块→找方冲筋→阴阳角处理→做护角→制备料浆→抹灰操作→修补平整→压光、验收。

图 9-34　手工抹灰的一般工序

4. 操作工艺

1）顶棚抹灰

（1）搭设脚手架

凡层高在 3.6m 以上者，由架子工搭设；层高在 3.6m 以下者，由抹灰工自己搭设，架子的高度（从脚手板面至顶棚），以操作者身高加 100mm 为宜，常用高凳铺脚手板搭设，高凳间距不大于 2m，脚手板间距不大于 500mm。

（2）找规矩

① 顶棚抹灰通常不做标志块和标筋，主要用目测的方法控制其平整度，以无明显高低不平及接茬痕迹为度。

② 先根据顶棚的水平面确定抹灰厚度，然后在墙面四周与顶棚交接处弹出水平线，作

为抹灰的水平标准。在顶棚的周围弹出抹灰层的标高线，此标高线必须从地面用钢卷尺量起，不能从顶棚底向下量。

（3）顶棚底层抹灰操作方法及要点

① 人站在脚手板上两脚叉开，一脚在前，另一脚在后，身体略为侧偏，一手持钢皮抹子，另一手持托灰板，两膝稍微弯曲向前，身稍后仰，抹子贴紧顶棚，慢慢地向后拉或向前伸，抹子应稍侧一点，使底层灰表面带毛。

② 抹灰的顺序一般是由前往后退，并注意其方向必须同基体的缝隙（混凝土板缝）成垂直，以便于使砂浆挤入缝隙从而牢固结合。

③ 由于顶棚抹灰不设置标筋，其平整度全靠目测控制，上灰时应特别留意，厚薄要掌握适度，随后用软刮尺赶平。如平整度欠佳，应补抹赶平一次，但不宜多次修补赶平，否则容易搅动底灰而引起掉灰。

顶棚与墙面的交接处，一般是在墙面抹灰完成后再做，也可在抹顶棚时，先将距顶棚200～300mm 的墙面抹灰完成，用铁抹子在墙面与顶棚高角处添上砂浆，然后用阳角器抽平压直即可。

（4）面层抹灰

① 底层抹灰达到六七成干，即用手按不软但有指印时（要防止过干，如过干应稍洒水），再开始面层抹灰。要求铁抹子的抹压方向平行于基面进光的方向。

② 顶棚面层一般分两遍成活。其涂抹方法及抹灰厚度与内墙面抹灰相同，第一遍抹得越薄越好，紧跟着抹第二遍，这时抹子要稍平，抹完后待砂浆稍干，再用塑料抹子或压子顺着抹纹压实压光。面层灰要抹得平整、光滑、不见抹纹。

③ 各抹灰层受冻或急骤干燥都能引起脱落，如遇强烈的穿堂风，易产生裂纹，因此要加紧防护。

2）在加气混凝土砌块墙面抹灰

（1）制备按当前抹灰石膏产品的可使用时间，确定每次搅拌料浆量（一定要在硬化前用完，使用过程不允许陆续加水，对于已凝结的灰浆决不能再加水使用）。将定量的底层抹灰石膏倒于已装水的搅拌桶或槽中并搅拌均匀，至无粉团（抹灰石膏对加水量较敏感，水量过大不仅出现流挂从而影响抹灰操作，同时降低抹灰层的强度；水量过小会加快凝结，缩短可使用时间，造成浪费）即可使用。抹灰石膏料浆的配制需先将水放入搅拌桶，再倒入灰料，用手提搅拌器搅拌均匀，搅拌时间为 2～5min，使料浆达到施工所需要的稠度，静置 3min 左右再进行二次搅拌，均匀后就可以使用。

（2）底层灰抹灰前，应在墙前地下铺设橡胶板（如不铺橡胶板则必须打扫干净），可使抹灰过程掉下的落地灰及时收回使用。

（3）操作，一人用托灰板盛料浆，以 30°～40°的倾斜角度抹子由左至右，将料浆涂于墙上，直至达到冲筋所标厚度。

（4）另一人随后用 H 型刮板紧贴上、下横向冲筋条由左往右，或者按竖冲筋条从下到上刮去多余料浆，同时补上不足部分。本工序在料浆初凝前可反复 2～3 次，并配合扦尺随时调整，直至墙面平整。

（5）抹灰层厚度≤3mm 时，直接使用面层型抹灰石膏；抹灰厚度＞3mm 时，先用底层型抹灰石膏打底、抹平，再用面层型抹灰石膏罩面；抹灰层厚度＞20mm 时，应分层施工，每层厚度在 15mm 左右，下一层要在上一层料浆初凝后方可进行施工。

（6）使用面层抹灰石膏时，用水拌合。建议使用搅拌器在大桶中充分搅拌均匀，稠度比传统的墙面腻子略稠即可（注意搅拌时间越长，初凝时间会越短），抹面层灰应待底层终凝后进行，使用传统腻子刮板或小号抹子可直接在基层上批抹，厚度为 1~2mm。约过 45min（根据灰浆的可使用时间确定）左右，当料浆终凝前（现场可用手指按压，当略感干硬，但仍可压出指印时），即可用抹子（可按不同饰面要求选用不同的抹子）压光。因此压光一般在面层抹灰后 45min 左右进行，过早会出现气泡，过迟不易压光。在压光过程料浆硬化、出现石膏毛刺时，可用排笔或毛刷蘸水，往料浆面层边刷边压光，或用泡沫塑料抹子蘸水配合，边搓边压。注意压光时尽量避免在一个部位反复多次压，以免使强度降低、表面掉粉。

（7）接缝处理：在加气混凝土板的接缝处抹底层砂浆，随后将中碱玻纤网带（250~300mm）轻轻压入砂浆层并铺贴平整。不同材料墙体相交接部位的抹灰，应采用加强网进行防开裂处理，加强网与两侧墙体的搭接宽度不应小于 100mm。

3）混凝土墙面抹灰石膏

（1）抹底层抹灰石膏：将底层抹灰石膏抹在基底上。用尺板或刮杠紧贴冲筋上下刮平，每次厚度为 1.5cm 左右（与常规的水泥混合砂浆抹灰工程相同），达到墙面垂直和平整要求（清水混凝土墙面垂直度、平整度好的基层，可不做底层砂浆）。

（2）抹面层抹灰石膏：使用面层抹灰石膏，用水拌合。使用腻子刮板或小号抹子可直接在基层上批抹，厚度为 1~2mm。压光应在终凝前进行（以手指压按表面不出现明显压痕为好），一般在面层抹灰后 45min 左右进行，过早会出现气泡，过迟不易压光。

4）墙面抹灰

（1）做标志块

① 先用托线板全面检查墙体表面的垂直平整程度、垂直情况，根据检查的实际情况并兼顾抹灰层的平均厚度规定，确定墙面抹灰厚度。

② 在距顶棚 150~200mm 处和墙的两尽端距阴（阳）角 150~200mm 处，用底层抹灰砂浆做上部标准标志块 2 个，其厚度按已确定的抹灰层厚度，其大小为 50mm 见方。

③ 以这两个标准标志块为依据，再用托线板靠、吊垂直确定墙下部对应的两个标志块厚度，并在踢脚线上口做标志块，使上、下两标志块，使上、下两标志块处于同一垂线上。

④ 在上述 4 个标准标志块附近钉上钉子，拴上小白线引两条水平通线（引线要离开标志块 1mm），再按 1.2~1.5m 的间距，加做若干上、下在同一垂线上的标志块，其厚度由水平通线控制，如图 9-35 所示。

⑤ 在门窗口、垛角处均必须做标志块，以便抹护角，使棱角线方正一致。

⑥ 必须注意墙上所有标志块的最大厚度不宜超过 25mm，最小厚度不得小于

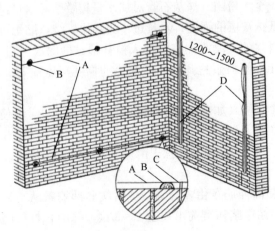

图 9-35　挂线做标志块及标筋

A—引线；B—灰饼（标志块）；

C—钉子；D—冲筋

7mm，如超过以上范围时，应予调整。

⑦ 标志块可当天做完当天抹灰，也可隔夜后再做标筋和抹灰。如墙面要求较高，在采用隔夜标志块时，应在做完标筋后，将原标志块铲掉用砂浆补上，以免产生明显疤痕，影响墙面美观。

（2）标筋

① 标筋就是在上、下两块标志块之间抹出一条断面为梯形的长条灰，作为墙面抹灰填平的标志。

根据墙面的平整度和垂直度确定各灰饼的厚度，用抹灰石膏粘贴冲筋条作为标筋，层高3m 以下一般设两道横标筋，3m 以上时增加一道。在靠墙地面铺设橡胶板，以便回收使用落地灰。

② 在上、下两个标志块之间先抹一层灰，再抹第二遍，凸出呈八字形，要比灰饼凸出10mm 左右，然后用木杠紧贴标志块左上右下搓，直至搓得与标志平齐为止，同时要用刮尺将标筋的两边修成斜面，使其与抹灰层接茬顺平，标筋用砂浆，应与抹灰底层砂浆相同，标筋做法如图 9-36 所示。

③ 当层高大于 3m 时，应从顶到底做标筋，在架子上下可由两人同时操作，使同一墙面的标筋出进保持一致。

（3）阴阳角处理

抹灰要求阳角找方。对于除门窗口外还有阳角的房间，则首先要将房间大致规方。方法是先在阳角一侧墙做基线，用方尺将阳角先规方，然后在墙角弹出抹灰准线，并在准线上下两端挂通线做标志块。

高级抹灰要求阴阳角都要找方，阴阳角两边都要弹基线，为了便于做角和保证阴阳角方正垂直，必须在阴阳角两边都要做标志块和标筋。

图 9-36　抹标筋

（4）做护角

室内墙面、柱面的阳角和门窗洞口的阳角抹灰要求线条清晰、挺直，并防止碰坏。因此，不论设计有无规定，都需要做护角。护角做好后，也起到标筋作用。如图 9-37 所示。

① 护角一般高度不应低于 2m，护角每侧宽度不小于 50 mm，如图 9-38 所示。

② 抹护角时，以墙面标志块为依据，首先要将阳角用方尺规方，靠门框一边，以门框离墙面的空隙为准，另一边以标志块厚度为据。最好在地面上画好准线，按准线粘好靠尺板，并用托线吊直、方尺找方。

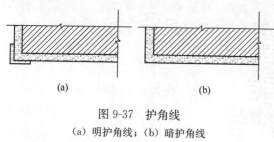

图 9-37　护角线

(a) 明护角线；(b) 暗护角线

③ 护角线的外角与靠尺板外口平齐，一边抹好后，再把靠尺板移到已抹好护角的一边，用钢筋卡子稳住，用线垂吊直靠尺板，把护角的另一面分层抹好。

④ 拿下靠尺板，待护角的棱角稍干时，用阳角抹子和水泥浆捋出小圆角。最后在墙面用靠尺板按要求尺寸沿角留出 5cm，将多余砂浆以 40°斜面切掉（切斜面的目的是为了墙面

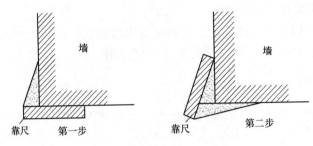

图 9-38　护角做法示意图

抹灰时，便于与护角接槎），墙面和门框等落地灰应清理干净。

⑤窗洞口一般虽不要求做护角，但同样也要方正一致、棱角分明、平整光滑。操作方法与做护角相同。

⑥窗口正面应按大墙面标志块抹灰，侧面应根据窗框所留灰口确定抹灰厚度，同样应使用八字靠尺找方吊正，分层涂抹。阳角处也应用阳角抹子捋出小圆角。

（5）抹灰工序

抹底子灰的时间应掌握好，不要过早也不要过迟。底层抹灰厚度一般 20mm 即可得到保证，若超过 20mm 厚，应分层抹灰，上层应在底层料浆初凝后方可抹灰。面层抹灰应在底层终凝后进行，一般按设计要求，厚 1～3mm；压光可在面层抹灰后约 30min、料浆终凝前（手指按压略感干硬，但可压出指印）进行。

当层高小于 3m 时，一般先抹下面一步架，然后搭架子再抹上一步架。抹上一步架可不做标筋，而是在刮平时，紧贴下面已经抹好的砂浆作为刮平的依据；当层高大于 3m 时，一般是从上往下抹。如果后做地面、墙裙和踢脚板时，要将墙裙、踢脚板准线上口 5cm 处的砂浆切成直槎。墙面要清理干净，并及时清除落地灰。

使用刮杠时，人站成骑马式，双手紧握刮杠，均匀用力，由下往上移动，并使刮杠前进方向的一边略微翘起，手腕要活。局部凹陷处应补抹砂浆，然后再刮，直至普遍平直为止，如图 9-39 所示。墙的阴角，先用方尺上下核对方正，然后用阴角器上下抽动扯平，使室内四角方正，如图 9-40 所示。

图 9-39　刮杠示意

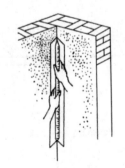

图 9-40　阴角的扯平找直

5）抹灰石膏在轻质内墙板上的应用

轻质内墙的应用已在墙体改革中发展很快，用量日益增多；但是墙材砌筑砂浆和抹灰砂浆无论是用料、配比，还是操作手法，并没随着墙材种类的改变而发生变化，造成墙板表面出现不同程度的开裂、空鼓、脱落等现象，给工程质量评优达标造成困难，成为工程质量中亟待治理的通病。

为了确保工程质量，充分发挥抹灰石膏的特性。在施工中应注意以下几点：

（1）基面要充分洒水湿润，在墙体表面没有明水后的情况下就可施工，否则影响抹灰层的保水性和粘结性，导致墙面抹灰层掉粉、强度低、脱落等现象出现。

（2）料浆的制备要比水泥砂浆稀些，特别在薄抹灰时的料浆稠度应近似刮墙腻子的料浆稠度。料浆搅拌要充分，搅拌均匀停放 3min 左右后再搅拌一次进行施工，这样可使化工原料得到完全的溶解和分散，充分发挥在料浆中的作用，避免出现花脸现象。

（3）施工时要注意料浆的可使用时间（一般在加水后 45~60min），初凝后的料浆不能继续使用，也不能再次加水搅拌使用，否则墙面抹灰层出现无强度、掉粉现象等质量问题。

（4）抹灰要分两次连续施工，在第一遍抹灰层终凝后便要进行二遍抹灰作业，不要等待上层抹灰干燥后才进行施工，否则会出现分层现象。

（5）在两种墙体材料的结合处，尽可能用玻纤网布加强处理。

（6）底层或保温层抹灰石膏在较光的基面上施工时，要先用粘接石膏或面层抹灰石膏先薄薄涂抹一层，并要连续对底层或保温层进行抹灰施工。

（7）在气温超过 30℃或风力在四级以上时，料浆的制备要比平常再稀一点，以保持灰层质量。

（8）在施工中抹灰层接近终凝时，不要用力揉搓，这样会造成抹灰表面强度降低和掉粉现象。

（9）门、洞口的阳角施工时，要加贴二层玻纤网布来增强阳角的自身保护能力。

六、机械喷涂

1. 一般规定

1）施工现场应具备 380 V 电源，环境温度在 0℃以上，水压力应大于 2.5 MPa，当水压力不足时应用泵增加压力。

2）不同基层的处理应按规定处理。

3）标筋的设置应符合的规定。

根据墙面平整度及装饰要求，找出规矩，设置标志（俗称做塌饼）及标筋（俗称做冲筋）。标筋可做竖筋，竖筋间距宜为 1.2~1.5m，两端竖筋设在阴角处。筋宽度宜为 1.5~2cm。

4）喷涂抹灰前应做好下述施工准备：

检查墙体上所有预埋件、门窗及各种管道，其安装位置应准确无误。

墙面、顶棚面、地面上的灰尘、污垢、油渍等应清除干净。

墙面上如有抹灰分格缝的，应先按分格位置粘牢分格条。

根据实际情况提前适量浇水湿润。

检查安装好的门窗框及预埋件，其位置应正确。对门窗框与墙边缝隙应填实，铝合金门窗框应用泡沫塑料条、泡沫聚氨酯条、矿棉玻璃条或玻璃丝毡条填塞；钢木门窗框应用水泥砂浆填塞；塑料门窗框应用泡沫塑料条、泡沫聚氨酯条或油毡条填塞；彩色镀锌钢板门窗框应用建筑密封膏密封。

2. 设备的安装

1）安放喷涂机的地面必须坚实平整，起动机器前应锁住小角轮。

2）输送管道安装不得折弯和盘绕。管连接处应密封，不漏浆、不滴水。输气胶管与喷枪的连接应密封、不漏气。输送管道的材质应坚固、耐压、耐磨、耐腐蚀。管道应安装牢靠，不得在输送管上压放物料。

3）输送管的连接和拆卸应快捷、方便。

3. 喷涂前应采取的防护措施

喷涂抹灰过程中，由于机械喷涂压力大、速度快，一些成品很容易被砂浆沾污。一旦沾污，不仅清理费工，还影响某些成品的表面平整及光洁度。为此，在喷涂前一定要对已完工的成品采取保护措施。

钢木门窗框应采取遮挡，防止喷沾砂浆。在门窗口四周墙面喷涂抹灰时，应分块喷涂，当一块墙面喷完后，继喷相邻墙面时，喷枪应绕过门窗口，避免对门窗及护角的污染。

铝合金、塑料、彩色镀锌钢板门窗可利用出厂时原有塑料胶纸保护其面膜；没有保护包装时，应粘贴塑料胶纸。待喷涂抹灰完工后再撕去，并用醋酸乙酯等擦洗干净。

对给排水、采暖、煤气等各种管道，应用塑料布等材料包裹防护；如密集管道先安装后喷涂，不仅抹灰不易操作，抹灰质量难以保证，而且管道也容易沾污，故密集管道宜在安装前就进行抹灰。

安装的防火箱、电气开关箱和线盒、就位的设备等应用塑料布等遮盖严密。

风道、烟道、垃圾道和电线管等的敞口部位应临时封闭，防止砂浆进入管道内。

已安装的不锈钢、铜质扶手栏杆、塑料扶手栏板、高级木扶手等，应用塑料胶纸或塑料布包裹保护，防止沾污。

地漏处应预先封严，以免砂浆进入地漏内造成排水不畅，严重地堵塞管道。预留孔处应预先封严，做出标志，以利于后道工序施工。

楼地面、墙面、顶棚设有变形缝，应用木板等材料做好变形缝的挡护，防止砂浆进入缝内。

4. 喷涂工艺

1）机械喷涂宜实行专业化流水作业。

2）喷涂宜按下列顺序进行

基层处理→机械准备→材料准备→喷涂→刮杠找平→压光→清理落地灰。

基层处理包括网格布加固、门窗连接线粘贴、放线、冲筋、散水/喷涂界面剂等，如图9-41所示。

3）红外线放线操作要点

（1）所需工具为"红外仪" 2 件；

（2）确保房间与客厅在同一水平线上（不要出现门洞前后不水平）；

（3）确保开间进深尺寸；

（4）确保方正度误差在±0.5mm。

4）内墙面冲筋为立筋，间距为 1.2～1.5m 左右，作为刮杠的标准。每步架都要冲筋。

为保证更高的施工效率，所有墙体的阴、阳角都要通过冲筋工艺在刮平的过程中直接完成，而不另作处理。所以在冲筋的过程中应采取如下工艺：

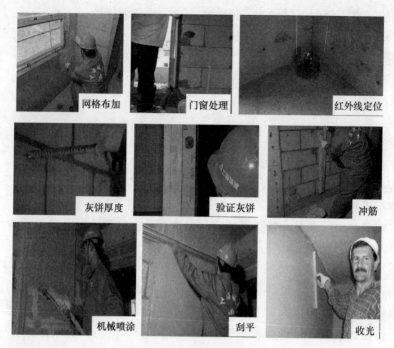

图 9-41　机喷抹灰石膏工艺

（1）阳角处理时需要在距阳角 10cm 处两侧进行冲筋，并保证阳角两侧墙面非单独筋。在刮平过程中通过两条刮尺十字相交，同时由下而上实现阳角的一次成型。

（2）阴角处理时需要在距阴角处 8cm 进行两侧冲筋，并保证阴角两侧墙面非单独筋。在刮平过程中可用刮尺自身宽度抵住另一墙面的"阴角筋"，由上而下一次性使阴角成型。

5）冲筋操作要点

（1）所需工具为一根 2m 长的"冲筋条"；

（2）采用上下筋的冲筋方式，即分上筋和下筋两次冲筋；

（3）筋条要粗细均匀、条直清晰；

（4）上下筋接口平整、上下筋在同一平面上。

6）墙面喷底灰的两种工艺

一种是先做墙裙、踢脚线和门窗护角，后喷灰；另一种是先喷灰，后做墙裙、踢脚线和门窗护角。前一种比后一种容易保证砂浆与墙面基层的粘结质量，清理用工较少，但技术上要求较高，且要做好成品保护。实际工程中采用前一种流程的较多。

在进行喷涂施工时应注意如下几点：

（1）喷枪与墙面保持垂直、平行、匀速移动；

（2）喷枪喷嘴距离墙面 10~15cm；

（3）枪嘴略微向上，并根据厚度要求调整喷枪的平移速度；

（4）对于有冲筋的地方，先成 45°角沿筋线喷涂，然后筋线内成"S"型行进；

（5）喷涂的质量将会决定整体的施工效率，喷涂越平整，后面刮大板越省力、效率越高。

7）喷涂机的操作应按下列程序进行

（1）混料机、空压机的电机和开关箱接通，开关箱必须接地。

（2）将气动装置控制器连接在空压机的出口上。

（3）将水管接在水泵上。

（4）将喷枪的气管和料浆输送管连接在机器上。

（5）根据材料厂家的要求设定加水量（如不确定加水量，需要预先对砂浆稠度进行测试）。

（6）打开空压机。

（7）打开喷枪上的空气开关，进行喷涂施工。

8）喷涂应符合下列要求

（1）合理布置机具和使用喷嘴

根据施工现场的实际情况，管路布置应尽量缩短，橡胶管道也要避免弯曲太多，拐弯半径越大越好（不应小于管径20倍），以防管道堵塞。正确掌握喷嘴距墙面、顶棚的距离和选择压力的大小。喷射力一般为0.15～0.2MPa，压力过大，射出速度快，会使砂子弹回，增大消耗；压力过小，冲击力不足，会降低灰浆与墙面的粘贴力，造成砂浆流淌。持喷枪姿势应当正确，喷枪手持枪姿势以侧身为宜，右手握枪在前，左手握管在后，两腿叉开，以便左右往复喷浆。持枪角度、喷枪口与墙面的距离，见表9-32。

（2）喷涂前应试水运转，疏通和清洗管路。

（3）喷涂时应根据设计要求分层完成。喷涂厚度一次不宜超过20mm。当超过时，应分遍进行。一般底层灰喷涂两遍，第一遍将基面喷涂平整，第二遍待第一遍凝结后再喷。

表 9-32　持枪角度、喷枪口与墙面的距离

序号	喷灰部位	持枪角度	喷枪口与墙面距离/cm
1	喷上部墙面	45°→35°	30→45
2	喷下部墙面	70°→80°	25→30
3	喷门窗角（离开门窗框4cm）	30°→40°	6→10
4	喷窗下墙面	45°	5～7
5	喷吸水性较强或较干燥的墙面，或灰层厚的墙面	90°	10～15
6	喷吸水性较弱或较潮湿的墙面，或灰层薄的墙面	65°	15～30
7	顶棚喷灰	60°～70°	15～30
8	踢脚板以上部位喷灰	喷嘴向上仰30°左右	10～30
9	门窗口相接墙面喷灰	喷嘴偏向墙面30°～40°	10～30
10	地面喷灰	90°	30

注：1. 表中持枪角度与距离栏中带有"→"符号的是指随着往上喷涂而逐渐改变角度或距离。

　　2. 喷枪口移动速度应按出灰量和喷灰厚度而定。

　　3. 由于喷涂机械不同，其性能差异较大，因此喷涂距离取值面较宽，应视具体机械选择其中合适距离；一般情况下，机械的压力大，则距墙面距离亦应增大。

喷涂底层、保温层、面层时，层间时间间隔应不小于2 h。面层厚度不宜大于3 mm，底层厚度不宜大于20 mm，保温层厚度不宜大于30 mm。

（4）喷涂顺序和路线的确定影响着整个喷涂过程。顺序和路线选择合理，不仅操作顺手，而且减少迂回和因输浆管的拖动而产生的不良后果。从总布局上，应遵守"先远后近、先上后下，先里后外"的原则。一般可按先顶棚后墙面，先室内后过道、楼梯间的顺序进行喷涂。

（5）喷枪出口和基层间距宜保持在 200～300mm，并与基层倾斜成 60°左右，喷枪应根据抹灰层的厚度控制速度，平稳、匀速移动，料浆应搭接紧密。

（6）当喷涂墙面时，室内墙面喷涂，宜从门口一侧开始，另一侧退出。同一房间喷涂，当墙体材料不同时，应先喷涂吸水性小的墙面，后喷吸水性大的墙面。室外墙面喷涂，应由上向下按"S"形路线迂回喷涂。底层灰应分段进行，每段宽度为 1.2～1.5m，面层灰应用分格条进行分块，每个分块内的喷涂应一次完成。

一般由上向下按"S"形路线巡回喷涂时，分片不宜过多，以减少接茬。但实际喷涂方法有两种：一种是由上往下呈"S"形巡回喷法，可使表面较平整，灰层均匀，但易掉灰；另一种是由下往上呈"S"形巡回喷法，在喷涂过程中，已喷在墙上的灰浆对正喷涂的灰浆可以起到截挡作用，减少掉灰，因而后一种喷法较前一种喷法好。但这两种喷法都要重复两次以上才能满足厚度要求。图 9-42 所示为内墙喷涂路线。

（7）当喷顶棚时（图 9-42），宜先在周边喷涂出一个边框，再按"S"形路线由内向外迂回喷涂，最后从门口退出。当顶棚宽度过大时，应分段进行喷涂，每段喷涂宽度不宜大于 2.5m。

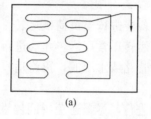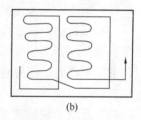

（a）　　　　　　　（b）

图 9-42　内墙喷涂路线

（a）由下往上喷；（b）由上往下喷

（8）在屋面、地面的松散填充料上喷涂找平层灰时，应连续喷涂多遍，喷灰量宜少，以保证填充层厚度均匀一致。

（9）喷枪的压力要稳定。

（10）喷涂机移位或从一个房间转移至另一房间时，应关闭电、气、水开关。对已保护的成品应注意勿污染，对喷溅黏附的砂浆应及时清除干净。

（11）喷涂期间，喷涂抹灰须连续进行，如有间歇，应避免 30min 以上的中断。超过 30min 时，应用清水冲洗管道，或每隔 30min 开动一次灰浆泵，防止阻塞管路。

（12）在屋面或地面松散填充料上喷涂找平层时，应连续喷涂多遍，每遍喷灰量宜少，以保证填充层厚度均匀一致，如图 9-43、图 9-44 所示。

图 9-43　用石膏灰浆喷涂天花板　　　图 9-44　用精细喷枪喷涂石膏灰浆和用镘刀抹灰

（13）对已喷涂好的部位应以保护，喷溅黏附的砂浆应及时清除干净。

9）抹平压光

（1）喷涂后应及时沿标筋从下向上反复刮平，去掉附在标筋上的砂浆，使标筋露出平整的表面。标筋间如有喷灰量不足时，应及时加灰补足。

（2）抹平应在料浆初凝前进行。标筋清理后，用刮杠紧贴标筋上下左右刮平，把多余砂浆刮掉，刮至要求的厚度。

（3）压光应在终凝前进行。面层灰刮平后用铁抹压实压光。可在墙面上喷涂雾状水，也可用专用的泡沫海绵抹子蘸水压光。

（4）喷涂过程中的落地灰是指喷涂、刮平、搓揉时掉在地上的砂浆。落地灰应及时清理，在砂浆未达到初凝之前回收倒入砂浆搅拌机内，以便再利用。如砂浆已初凝，应该弃之，不能再使用。

10）冬期喷涂

施工喷涂前，墙面必须清理干净，不得有冰、霜。

喷涂前，宜先做好门窗口的封闭保温围护。必要时可采取供热措施。

喷涂砂浆上墙与养护温度不应低于 2℃，喷涂结束后，7d 以内室内温度不应低于 2℃。

11）泵送砂浆操作要点

（1）泵送前，喷涂设备应进行空负荷试运转，其连续空运转时间应为 2 min，并应检查各工作系统与安全装置的运转正常可靠，才能进行泵送作业。

（2）泵送时，应先将管路清水湿润，再将适宜稠度的泥浆润滑管道，压至工作面后，即可输送砂浆。

（3）泵送砂浆应连续进行，尽量避免中间停歇。当需要停歇时，间歇时间超过规定时，应开动一次全自动灰浆机，使砂浆处于正常调和状态。如停歇时间过长，应清洗管道。因停电、机械故障等原因，机械不能按上述停歇时间启动时，应及时用人工将管道和泵体内的砂浆清理干净。

（4）泵送砂浆时，料斗内的砂浆量应不低于料斗深度的 1/3，否则，应停止泵送。

（5）泵送结束，应及时清洗灰浆、输浆管和喷枪。输浆管可采用压入清水→海绵球→清水→海绵球的顺序清洗。

12）安全操作

（1）抹灰石膏抹灰中，采用的任何机械均应按照现行行业标准 JGJ 33—2012《建筑机械使用安全技术规程》中的有关规定执行。

（2）机械喷涂喷枪操作人员必须穿好工作服、胶皮鞋，戴好安全帽、手套和安全防护眼镜等。

（3）机械喷涂时，严禁将喷枪口对人。当喷枪管道堵塞时，应先停机释放压力再疏通。

（4）电器装置应遵守现行行业标准 JGJ 46—2012《施工现场临时用电安全技术规范》的有关规定。

（5）设备运转时，严禁检修。非检修人员不得拆卸安全装置。

（6）输浆管清洗时，应先卸压，后进行清洗。

13）设备的维修与保养

（1）机械喷涂工作结束后，应清洗设备，认真做好维护、保养和维修工作。

（2）混料器、喷管、输送管道应进行重点清洗。混料器清洗完毕后，用海绵球清理料浆喷管。所有输送管道在喷涂结束时，应用水冲洗干净。

（3）压缩机过滤器应保持干净。

（4）每日应给设备添加润滑油，保持管道畅通和拆装处的密封性。

（5）设备累计使用 24 h 后，应对设备的关键部件，如螺杆泵、喷枪、星形轮、空压机、仪表等进行检查，如有磨损、损坏，应及时调整、更换。

七、冬季抹灰施工

抹灰石膏受环境因素的干扰比较小，因是完全气硬性材料，本身具有一定的抗冻性，水解时释放出的热量较多，在 0℃ 以上时可进行施工。

1. 一般规定

1）昼夜室外平均气温连续 5d 低于 2℃ 时，应按冬期施工规定执行。

2）冬期施工应对原材料、机械设备和作业场所，采取保温防冻措施。

3）冬期抹灰施工，室内环境温度应保持在 0℃ 以上。抹灰石膏预拌砂浆等材料应提前放至室内。

4）冬期抹灰前做好门窗口等封闭保温围护。不得在冻结的基层上施工。可采用加温措施，但不得直接烘烤墙面，室内湿度不宜高于 60%。

5）抹灰石膏预拌砂浆终凝前不得受冻，施工中应科学安排工序。

2. 材料与设备

1）不得使用受冻的抹灰石膏料浆。

2）抹灰石膏等材料应提前放置室内备用。

3）料浆搅拌机及喷涂机应放置在室内。

4）冬期抹灰用料浆的上墙温度应在 2℃ 以上。

5）冬期施工料浆搅拌时间应比常温延长 1min，料浆随拌随用。工作结束后，及时清除设备、料斗和管道内的残存料浆。

6）抹灰石膏料浆上墙温度应该在墙面洒水不结冰的情况下进行，结块的料浆不能使用。如室内温度较低，可以用 15～25℃ 左右的温水拌制料浆进行施工。

7）施工后的抹灰石膏墙面在没干燥前不得受冻。

八、质量标准及成品保护

1. 质量标准

1）质量验收标准

（1）质量控制和验收应按行业标准 GB 50210—2011《建筑装饰装修工程质量验收规范》中的规定执行。

（2）抹灰工程质量等级应符合现行行业标准 GB 50210—2011《建筑装饰工程施工及验收规范》的有关规定。

（3）抹灰工程应按 GB 50300—2013《建筑工程施工质量验收统一标准》、GB 50411—2014《建筑节能工程施工质量验收规范》进行施工质量验收。

2）质量控制主控项目

（1）抹灰所用材料的品种和性能应符合设计及国家规范、标准的要求。

（2）抹灰工程应分层进行，分层抹灰厚度应符合国家规范的要求。当抹灰总厚度＞

25mm 时，应采取有效的加强措施。不同材料基体交接处表面的抹灰，应采取防止开裂的加强措施，当采用加强网时，加强网与各基体的搭接宽度不应小于 100mm。

（3）抹灰层与基层之间及各抹灰层之间必须粘结牢固，抹灰层应无脱层、空鼓现象，面层应无裂缝。

3）质量控制一般项目

（1）抹灰石膏抹灰工程的表面质量应符合下列规定：

表面应光滑、洁净、颜色均匀、无抹纹，分格缝和灰线应平直方正、清晰美观。

（2）护角、孔洞、槽、盒周围的抹灰表面应边缘整齐、方正、光滑；设备管道、暖气片等后面的抹灰表面应平整、光滑。门窗框与墙体的缝隙应填塞饱满，表面平整光滑。

（3）抹灰工程质量的允许偏差和检验方法应符合表 9-33 的规定。

表 9-33　抹灰石膏抹灰的允许偏差和检验方法

项次	项目	允许偏差/mm		检验方法
		普通抹灰	高级抹灰	
1	立面垂直度	4	2	用 2m 垂直检测尺检查
2	阴阳角垂直	4	2	
2	表面平整度	4	2	用 2m 靠尺及塞形尺检查
3	阴阳角方正	4	2	用 2m 方尺检查
4	分格条（缝）直线度	4	2	拉 5m 线，不足 5m 拉通线，用钢直尺检查
5	墙裙、勒脚上口直线度	4	2	拉 5m 线，不足 5m 拉通线，用钢直尺检查

注：顶棚抹灰本表第 2 项可不检查，但应顺平。

（4）抹灰各等级的工序要求及适用范围见表 9-34。

表 9-34　一般抹灰各等级的工序要求及适用范围

级别	工序要求	适用范围
普通抹灰	一道底层和一道面层，或者不分层。分层赶平、修整，表面压光，接槎平整	一般适用于仓库、车库、地下室、锅炉房、临时建筑物等
高级抹灰	一道底层，数道中层和一道面层，阴阳角找方，设置标筋，分层赶平、修整，表面压光，颜色均匀，线角平直清晰	适用于大型公共建筑、纪念性建筑以及有特殊要求的高级建筑

2. 成品保护

1）鉴于抹灰石膏属气硬性材料，只有硬化体完全干燥后，才能达到真正的使用强度，因此墙体抹灰层硬化后，干燥之前不得用重锤击打和尖锐物刮划，也不允许地面出现明水和由门窗口处淋进雨水冲刷，也应避免地面有积水而影响抹灰层的干燥。

2）如果尚未安装门窗玻璃，门窗洞上应予遮挡，否则新抹墙面在终凝前受到干风吹袭，会由于失水产生掉粉现象。

3）门窗框上残存的砂浆应及时清理干净。铝合金门窗框装前要粘贴保护膜，嵌缝用中性砂浆应及时清洁。

4）地面踢脚板、墙裙及管道背后及时清扫干净，暖气片背面事先刷（喷）好一道罩面材料。

5）室内搬运物料要轻抬、轻放，及时清除场内杂物，施工工具、材料码放整齐，避免撞坏和污染门窗、墙面和护角。为避免破坏地面面层，严禁在地面拌灰，保护地面完好。

6）保护好墙面的预埋件，通风箅子，管线槽、孔、盒。电气、水暖设备所预留的孔洞不要抹死。

7）抹灰层在凝结硬化期应防止曝晒、水冲、撞击、振动和受冻，以保证抹灰层有足够的强度。

在抹灰石膏抹灰层未凝结硬化前，应尽可能地遮蔽窗口，避免通风使石膏失去足够水化的水。但抹灰石膏凝结硬化以后，就应保持通风良好，使其尽快干燥，达到使用强度。

8）新抹墙面不允许被热源直接烘烤。

九、质量通病及防治方法

抹灰石膏自身存在的一些质量问题：

1. 可能出现的凝结紊乱

1）早期脱水

在熟石膏未完全水化之前，有时也会缺水，由于承受墙吸收了太多的水分，导致熟石膏浆体干燥得太快。这样，未水化的或未完全水化的部分熟石膏则以惰性粉末的形态存在于抹面里，会产生收缩、开裂和粉化，本行业把出现的粉化区域或大小不一的粉化斑点叫做"干态缺陷"。

2）过晚硬化

如果在熟石膏凝结过程中形成的二水石膏晶体交错排列过晚，就形成浆体内二水石膏晶粒之间没有完全地键合，使浆体成为一个晶粒并行排列的物质。此时，浆体就如同用惰性粉末与水混合制成的。这样，在浆体的干燥过程中，就有可能出现收缩、开裂和粉化。

实际上，二水石膏晶体交错排列的过晚现象，多由以下因素造成。

（1）在拌合熟石膏时，过分地搅拌浆体（"碎晶"熟石膏）。

（2）对熟石膏浆体搅拌过晚，破坏了正在交错排列的晶体（在灰浆槽里加水或不加水的搅拌灰浆，或者在使用高强熟石膏时，它凝结太快也能造成这种结局）。

3）过湿

如果熟石膏保持在潮湿状态，它就没有足够的强度。因为二水石膏晶体已经完成了交错排列。此时，自由水就起到了润滑晶体表面的作用，使得这些晶体之间非常易于滑动。在这种情况下，熟石膏就会失去它的初始稠度，并产生"泌水"现象。

4）盐霜现象

熟石膏浆体的自由水中含有可溶盐。在自由水蒸发之后，这些盐沉积在熟石膏表面上，或者呈有色物、或者成为结晶盐霜。如果熟石膏表面没有足够的孔隙率，这些盐还能形成一层透明玻璃体。

由于某些原因，已干燥的熟石膏抹面又重新回潮，也能产生这种盐霜现象。

2. 熟石膏抹面的粘附性

1）熟石膏抹面对承受墙的粘附性

熟石膏灰浆抹到承受墙上之后，就浸透到墙体的孔隙中，填补了墙体的凹凸之处，并在其中形成了交错排列的晶体，构成了细小的力学勾挂系统，使抹面在承受墙体上有一些附着点。

2）可能出现的黏附紊乱

如果承受墙不能吸收水分（因为墙体太潮湿，太光滑或者涂有一层防水油），或者墙体没有足够的孔隙和凹凸处，熟石膏灰浆浸入墙体太少，不能形成有很多固定点的牢固的力学勾挂系统。

若是承受墙上覆盖着一层不与熟石膏抹面相粘结的物体（灰尘、水泥薄浆、气泡）时，这些物体就影响了熟石膏灰浆与承受墙的黏附，使它们之间不能牢固地黏合。

熟石膏浆体的超早凝现象（例如二次加水拌合的熟石膏浆体），也会使二水石膏晶体不能在承受墙的孔隙里和凹凸处形成交错排列，所以熟石膏浆体就不能黏附在墙体上。

3）第二层抹面与第一层抹面的黏附

第二层抹面与第一层抹面的黏附机理，与抹面和墙体的黏附机理相似。一般来说，第一层抹面具有足够的孔隙率。但是，有时在做第二层抹面时，由于第一层抹面里含有太多的水分，使第二层抹面的灰浆不能浸入第一层抹面里，致使两层抹面之间不能牢固地黏合。

在熟石膏的凝结机理正常时所出现的黏附紊乱，或者是由于有异物出现在第一层抹面的表面上，或者是在做第二层抹面时使用了二次拌和的熟石膏灰浆，从而也产生了上述黏合不良现象。还需要补充说明一下，若是两层抹面的熟石膏灰浆是用不同比例的拌合水拌和的，就能在两层抹面之间产生膨胀差异。由于在两层抹面之间存在着不同的体积增长率，就会造成抹面的开裂。

4）还应该指出，在熟石膏抹面的"上光"技术中，使用的"精灰膏"是由"碎晶"灰浆中的细颗粒组成的。它是石膏灰工用抹灰镘刀搅拌灰槽里的熟石膏灰浆而制成的"碎晶"熟石膏。这种灰膏的使用厚度一向很薄，使得灰膏里的晶体能够嵌入尚未完全凝结的潮湿抹面的孔隙里。

然而，在这项施工技术中，也会产生凝结紊乱，其原因如下：熟石膏抹面的表面上没有足够的孔隙，熟石膏抹面已经完全凝结；所用的精灰膏提取出来后的时间太久了，已经完全水化；或者已经太干了，不能再继续进行水化。在上述三种情况下，"精灰膏"都面临不能与抹面成为一体的危险性，最后在抹面的表面上，形成了一种毫无黏附性的粉末。

建筑物内墙及顶棚抹灰工程是建筑施工中的一个薄弱环节，其主要原因是：目前多以手工抹灰为主，湿作业多，尤其是对于这种新型抹面材料还不太熟悉，仍采用传统抹灰方法作业，因此强度低、空鼓、起泡、阴阳角不垂直方正等现象还时有出现。

3. 因操作方法的选择而产生的质量问题

1）加气砖墙、混凝土基层抹灰空鼓、裂缝

（1）现象：墙面抹灰后过一段时间，往往在不同基层墙面交接处，基层平整度偏差较大的部位，墙裙、踢脚板上口，以及线盒周围、砖混结构顶层两山头、圈梁与砖砌体相交等处出现空鼓、裂缝情况。

（2）原因分析

① 基层清理不干净或处理不当；墙面浇水不透，抹灰后砂浆中的水分很快被基层（或底灰）吸收，影响粘结力。

② 配制砂浆和原材料质量不好，使用不当。

③ 基层偏差较大，一次抹灰层过厚，干缩率较大。

④ 门窗框边塞缝不严密，预埋木砖间距太大或埋设不牢，由于门扇经常开启而振动。

⑤ 夏季施工砂浆失水过快，或抹灰后没有适当浇水养护。

⑥ 线盒往往是由电工在墙面抹灰后自己安装，由于没有按抹灰操作规程施工，过一段时间易出现空裂。

⑦ 砖混结构顶层两端山头开间，在圈梁与砖墙交接处，由于混凝土和加气砖墙的膨胀系数不同，经过一年使用后出现水平裂缝，并随时间的增长而加大。

⑧ 拌合后的抹灰石膏未及时用完，超过初凝时间，砂浆逐渐失去流动性而凝结。为了操作方便，重新加水拌合，以达到一定稠度，从而降低了砂浆强度和粘结力，产生空鼓、裂缝。

（3）防治措施

① 混凝土、砖石基层表面砂浆残渣、污垢、隔离剂油污、析盐、泛碱等，均应清除干净。一般对油污隔离剂可先用 5%～10% 浓度的火碱水清洗，然后再用水清洗；对于析盐、泛碱的基层，可用 3% 草酸溶液清洗。使用定型组合钢模或胶合板底模施工，混凝土面层过于光滑的基层，拆除模板后立即先用钢丝刷清理一遍。

② 墙面脚手孔洞作为一道工序先用同品种砖堵塞严密；水暖、通风管道通过的墙洞和剔墙管槽，必须用 1:3 水泥砂浆堵严抹平。

③ 不同基层材料相接处，应铺设玻纤网，搭接宽度应从相接处起，两边均不小于 10cm。

④ 抹灰前墙面应浇水。砖墙基层一般浇水两遍，加气砖面渗水深度约 8～10mm，即可达到抹灰要求。加气混凝土表面孔隙率大，但该材料毛细管为封闭性和半封闭性，阻碍了水分渗透速度，它同砖墙相比，吸水速度降低 75%～80%，因此，应提前两天进行浇水，每天两遍以上，使渗水深度达到 8～10mm。混凝土墙体吸水率低，抹灰前浇水可以少一些。如果各层抹灰相隔时间较长，或抹上的砂浆已干燥，则抹上一层砂浆时应将底层浇水润湿，避免刚抹的砂浆中的水分被底层吸走，产生空鼓。此外，基层墙面浇水程度，还与施工季节、气候和室内操作环境有关，应根据实际情况酌情掌握。

⑤ 主体施工时应建立质量控制点，严格控制墙面的垂直度和平整度，确保抹灰厚度基本一致。如果抹灰较厚时，应铺设玻纤网分层进行抹灰，一般每次抹灰厚度应控制在 1.5～2cm 为宜。

抹灰石膏应待前一层抹灰层凝固后，再涂抹后一层；或用大拇指用力压挤抹完的灰层，无指肚坑但有指纹（七八成干），再涂抹后一层。这样可防止已抹的砂浆内部产生松动，产生空鼓、裂缝。

⑥ 全部墙面上接线盒的安装时间应在墙面找点冲筋后进行，并应进行技术交底，作为一道工序，由抹灰工配合电工安装，安装后线盒面同冲筋面平，牢固、方正、一次到位。

⑦ 外墙内面抹保温砂浆应同内墙面或顶板的阴角处相交。方法一是先抹完保温墙面，再抹内墙或顶板砂浆，在阴角处砂浆层直接顶压在保温层平面上；方法二是先抹内墙和顶板砂浆，在阴角处搓出 30°角斜面，保温砂浆压住砂浆斜面。

⑧ 砖混结构的顶层两山头开间，在圈梁和砖墙间出现水平裂缝。这主要是由于在北方温差较大，不同建材的膨胀系数不同而造成的温度缝。

⑨ 抹灰用的抹灰石膏面层浆料必须具有良好的和易性，并具有一定的粘结强度。和易性良好的砂浆能涂抹成均匀的薄层，而且与底层粘结牢固，便于操作，能保证工程质量。砂

浆和易性的好坏取决于砂浆的稠度和保水性能。

抹灰石膏砂浆的保水性能是指在搅拌、运输、使用过程中，砂浆中的水与胶结材料及集料分离快慢的性能，保水性不好的砂浆容易离析，如果涂抹在多孔基层表面上，砂浆中的水分很快会被基层吸走，发生脱水现象，变得比较稠，不好操作。

2）加气混凝土条板墙面抹灰层空鼓、开裂

（1）分析原因

① 加气混凝土墙面基层未进行表面处理；

② 板缝中粘结砂浆不严；

③ 条板上口与顶棚粘结不严，条板下细石混凝土未凝固就拔掉木楔，墙体整体性和刚度较差。

（2）防治措施

① 抹抹灰石膏底层灰前，应在墙面上充分均匀喷水，以增强粘结力；

② 板缝中砂浆一定要填刮严实；

③ 条板上口事先要锯平，与顶棚粘结牢固；

④ 条板下细石混凝土强度达到75％以上才能拔取木楔，留下空隙填塞细石混凝土；

⑤ 墙体避免受剧烈振动或冲击。

3）面层灰接槎不平，抹灰层起泡、开花、有抹纹、颜色不均匀

（1）现象

抹灰面层施工后，由于某些原因易产生面层起泡和有抹纹现象。

（2）原因分析

抹灰时因槎子甩的不规矩、不平，造成在接槎时很难找平。

① 抹完罩面灰后，压光工作跟得太紧，灰浆没有收水，压光后产生起泡。

② 抹灰石膏底层灰过分干燥，罩面前没有浇水湿润，抹罩面灰后，水分很快被底层吸收，压光时易出现抹纹。

③ 抹压面层灰操作程序不对，使用工具不当。

（3）防治措施

① 接槎时，应避免将槎头甩在整块墙面的中间；

② 抹完面层灰并待其收水后，才能进行面层灰压光；

③ 抹灰石膏罩面，须待底层灰终凝后进行；如底层灰过干，一定要先浇水湿润；罩面时应由阴、阳角处开始，先竖着（或横着）薄薄刮一遍底，再横着（或竖着）抹第二遍找平，两遍总厚度约1～2mm；阴、阳角分别用阳角抹子和阴角抹子捋光，墙面再用铁抹子压一遍，然后顺抹子纹压光。

4）抹灰层表面掉粉

（1）现象

抹灰层表面用手触摸，有显著白粉粘在手上，或掉粉现象严重。

（2）原因分析

① 材料保水性差，造成失水过快过多，抹灰石膏水化不充分；

② 环境温度过高或出现冷冻时，均出现失水过多、水化不充分现象。

③ 热源直接烘烤新墙面，出现局部温度过高，失水过快。

（3）防治措施

① 选择购置质量合格、保水率大于90％的抹灰石膏；

② 应当将门窗封闭，避免温差过大，不允许在负温度下施工；

③ 新抹墙面不允许被热源直接烘烤；

④ 出现掉粉现象时用浓度20％的PVA胶液涂刷一遍。

5）抹灰面不平整，阴阳角不垂直、不方正

（1）现象

墙面抹灰后，经质量验收，抹灰面平整度、阴阳角垂直或方正达不到要求。

（2）原因分析：抹灰前没有事先按规矩找方、挂线、做灰饼和冲筋；冲筋用料强度较低或冲筋后过早进行抹面施工；冲筋离阴阳角距离较远，影响了阴阳角的方正。

（3）防治措施

① 抹灰前按规矩找方，横线找平，立线吊直，和贴灰饼（灰饼距离1.5～2m），弹出准线和墙裙（或踢脚板）线。

② 先用托线板检查墙面平整度和垂直度，决定抹灰厚度，在墙面的两上角用抹灰石膏灰浆各做一个灰饼，利用托线板在墙面的两下角做出灰饼，拉线，间隔1.2～1.5m做墙面灰饼，冲筋同灰饼平，再次检查无误后方可抹灰。

③ 冲筋较软时抹灰易碰坏灰筋，抹灰后墙面不平；但也不宜在冲筋过干后再抹灰。

④ 经常检查修正抹灰工具，尤其避免刮杠变形后使用。

⑤ 抹阴阳角时，应随时用方尺检查角的方正，抹阴角砂浆稠度应稍小，尽量多压几遍，避免裂缝和不垂直、不方正现象。

⑥ 罩面灰施抹前应进行一次质检验收，验收标准同面层，不合格处必须修正后再进行面层施工。

6）轻质隔墙板抹灰空鼓、裂缝

（1）现象

轻质隔墙板是适用于建筑物内高度不大于3m的非承重隔墙使用，是一种较理想的施工材料。但由于某些原因，在墙面抹灰经过一段时间后，沿板缝处产生纵向裂缝，条板与地面或顶板之间产生横向裂缝，墙面产生不规则裂缝或空鼓。

（2）原因分析

① 在轻质隔墙板墙面上抹灰时，基层处理不当，没有根据板材的特性采用合理的抹灰材料及合理的操作方法。

② 条板安装时，板缝间粘结砂浆挤压不严，砂浆不饱满，粘结不当等。

③ 墙面较高、较薄造成刚度较差。条板平面接缝处未留出凹槽，无法进行加固补强处理。

④ 条板端头不方正，与顶板粘结不牢。

⑤ 条板下端头座在光滑的地面面层上，仅一侧背木楔，填塞的细石混凝土坍落度过大。

⑥ 因墙板表面光滑而消减了与抹灰层的粘结强度，料浆在抹灰后会出现沿基层表面向下滑移，产生横向裂缝。

（3）由于市场原因，使用方无限压低价格，使得生产厂只能使用低质的原料来获取利润，在一定程度上促成了强度较低的产品，墙板安装后无法验收，有的轻质墙板在安装后墙体上要进行挖槽、开孔，由于堵槽材料经常采用细石混凝土进行堵槽，本身干缩较大，粘结强度也差，造成了线槽处的开裂。

（4）轻质墙板在安装时采用 20％的 108 胶掺入水泥净浆中，用来粘接和涂刮墙板，这样的浆料与轻板的粘结强度一般在 0.8MPa 左右，而有的墙板达到产品标准要求时的抗拉强度为 5.0MPa 以上，108 胶水泥后收缩值大，收缩应力也大，当收缩应力大于接缝材料的粘结强度时必然在接缝处产生裂缝。

（5）由于墙板本身的弯曲变型或安装不精细，导致墙体平整度差，需要进行抹灰找平。也有因墙板自身的隔音保温性能未能达到设计要求，需用抹灰材料补救，增加抹灰厚度来改变墙体性能，如用传统抹灰材料厚度超过 10mm 以上时，操作人员臂力赶压不易均匀地使抹灰层紧密与基层粘结牢固，产生局部空鼓和裂缝，有时因上层抹灰的赶压使下层表面松动，形成两层壳等空鼓、开裂现象。

（6）防治措施

① 条板根据需要长度订货进厂，验收合格后将板两端用刨子找平、找方，长度宜比结构净空高度小 15～20mm。

② 条板宜同结构相交，应在地面、墙面及顶棚抹灰前安装，并将同板发生接触的墙、地、顶及板对接口处的浮灰清理干净，并提前 2d 浇水润湿。

③ 墙面抹灰前应将墙体表面浮灰、松散颗粒清扫干净，并将墙面浇水润湿。

（7）治理方法：条板之间的纵向裂缝，可将裂缝处抹灰铲除，清理打磨干净。将板缝处用板材所需的胶结材料将玻纤网格带贴平、压实后，抹抹灰石膏。

7）混凝土顶板抹灰空鼓、裂缝

（1）现象

① 有规则裂缝：往往产生在预制楼板沿板缝裂缝，空鼓往往伴随裂缝出现，但并非所有的裂缝都空鼓。

② 无规则裂缝：往往现浇混凝土板底出现裂缝，常在板的四角产生，中部有时也有通长裂缝，一般空鼓伴随裂缝出现。

（2）原因分析

① 顶棚油污、杂物等在抹灰前未清理干净，抹灰前浇水不透。

② 预制板的挠度及板底安装不平，使相邻板底高低偏差大，造成抹灰厚薄不均，由于不同厚度的抹灰层砂浆的收缩力不同，产生裂缝。

③ 预制楼板安装时排缝不匀，灌缝不密实。

④ 抹灰石膏质量不达标，与楼板粘结不牢。

（3）防治措施

① 现浇或预制混凝土楼板底表面必须清理干净，模板隔离剂、油污应用清水加 10％的火碱洗刷干净。

② 抹灰前应喷水湿润。

③ 混凝土顶板抹灰，一般应在上层地面做完后进行。

④ 预制楼板顺板缝裂缝较严重者应从上层地面上剔开板缝，重新认真施工；如裂缝不十分严重，可将顶缝处剔开抹灰层 60mm 宽，用底层抹灰石膏勾缝，粘玻纤网（一般成品 50mm 宽）抹灰即可。

十、劳动安全保护

1. 个人劳动保护

抹灰工程作业人员的个人劳动保护见表 9-34。

表 9-34 个人劳动保护

项 目	内 容
作业人员	(1) 参加施工的工人，要熟知抹灰工的安全技术操作规程。在操作中，应坚守工作岗位，严禁酒后操作； (2) 机械操作人员必须身体健康，并经过专业培训合格，取得上岗证。学员必须在师傅指导下进行操作
安全保护用具	进入施工现场，必须戴安全帽，禁止穿硬底鞋和拖鞋。机械操作工的长发不得外露。在没有防护设施的高空施工，必须系安全带。距地面3m以上作业要有防护栏杆、挡板或安全网。安全帽、安全带、安全网要定期检查，不符合要求的严禁使用
安全标志	(1) 施工现场的脚手架、防护设施、安全标志和警告牌不得擅自拆动，需要拆动的应经工地施工负责人同意； (2) 施工现场的洞、坑、沟、升降口、漏斗等危险处，应有防护设施或明显标志

2. 安全工作纪律

抹灰工程安全工作纪律见表 9-36。

表 9-36 安全工作纪律

项 目	内 容
一般规定	在作业时，衣着要灵便，禁止穿硬底鞋、拖鞋在架子上操作。进入施工现场，必须戴安全帽。
料具检查	(1) 操作之前先检查工具，易脱头、折把的工具，经修理后再用； (2) 架子上存放的材料应分散，不得集中，木制杠尺应平放在脚手板上，所有工具均应搁置稳当，防止掉落伤人
安全操作要求	(1) 在搅拌砂浆或抹灰操作过程中，尤其是顶棚抹灰时，要防止灰浆溅入眼内； (2) 操作时，精神要集中，不得嬉笑打闹，防止意外事故发生； (3) 操作人员必须遵守操作规程，听从安全员指挥，消除隐患，杜绝事故发生

3. 机械抹灰安全操作

机械喷涂抹灰安全操作见表 9-37。

表 9-37 机械喷涂抹灰安全操作

项 目	内 容
检查输送管道	喷涂抹灰前，应检查输送管道是否固定牢固，以防管道滑脱伤人
作业人员	从事机械喷涂抹灰作业的施工人员，必须经过体检，并进行安全培训，合格后方可上岗操作
喷涂作业安全措施	(1) 喷枪手必须穿好工作服、胶皮鞋，戴好安全帽、手套和安全防护镜等劳保用品； (2) 供料与喷涂人员之间的联络信号，应清晰易辨，准确无误； (3) 喷涂作业时，严禁将喷枪口对人。当喷涂管道堵塞时，应先停机释放压力，避开人群进行拆卸排除，未卸压前严禁敲打晃动管道； (4) 喷枪的试喷与检查喷嘴是否堵塞，应避免枪口突发喷射伤人。在喷涂过程中，应有专人配合，协助喷枪手拖管，以防移管时失控伤人； (5) 输浆过程中，应随时检查输浆管连接处是否松动，以免管接头脱落，喷浆伤人； (6) 清洗输浆管时，应先卸压，后进行清洗

砂浆搅拌机安全操作见表 9-38。

表 9-38　砂浆搅拌机安全操作

项　目	内　　容
施工前检查	砂浆搅拌机启动前，应检查搅拌机的传动系统、工作装置、防护设施等均应牢固、操作灵活。启动后，先经空运转，检查搅拌叶旋转方向正确，方可加料加水进行搅拌
搅拌作业安全操作技术	（1）砂浆搅拌机的搅拌叶运转中，不得用手或木棒等伸进搅拌筒内或在筒口清理砂浆； （2）搅拌中，如发生故障不能继续运转时，应立即切断电源，将筒内砂浆倒出，进行检修排除故障； （3）砂浆搅拌机使用完毕，应做好搅拌机内外的清洗、保养及场地的清理工作
机械喷涂抹灰施工注意事项	在喷涂石灰砂浆前，宜先做完水泥砂浆护角、踢脚板、墙裙、窗台板的抹灰以及混凝土过梁等底面抹灰。喷涂时，应防止沾污门窗、管道和设备，被沾污的部位应及时清理干净

第十章 石膏保温砂浆

石膏保温砂浆是以建筑石膏为胶凝材料，配以轻骨料（中空微珠，膨胀珍珠岩，聚苯颗粒），以及多种外加剂混合而成的干粉砂浆，经现场加水搅拌成保温砂浆的找平层和保温层，在不增加建筑物墙体厚度，增加节能效果，适用于外墙和屋面的内保温以及分户墙的保温。也可用于老建筑的节能改造，能满足楼梯间分户墙以及夏热冬冷地区墙体保温的需求。

第一节 石膏保温砂浆的配置

一、组成材料

保温材料主要由胶凝材料，保温隔热骨料等材料组成其中，胶凝材料为建筑石膏（高强石膏）等；保温隔热骨料可分为玻化微珠、膨胀珍珠岩、聚苯颗粒、膨胀蛭石等；增强材料可有普通硅酸盐水泥（有时也被称为胶凝材料），此外，还需要有助剂（如可再分散乳胶粉、分散剂、憎水性粉末、保水剂和引气剂等）、填料（如粉煤灰和重质碳酸钙等）、防裂材料（例如木纤维、聚丙烯纤维等）。

1. 建筑石膏

2. 保温隔热骨料

在保温绝热制品中常用的保温骨料有无机骨料和有机骨料两大类。考虑有机保温材料具有防火性能差、强度低、高温易产生有害气体、抗老化耐候性差等缺陷，因此使用无机保温材料作为保温骨料较好。

无机骨料以玻化微珠、膨胀珍珠岩、膨胀蛭石和陶砂为代表。它们都具有表观密度小、导热系数小、防火、防腐、化学性能稳定、无毒无味等特点，是良好的保温、隔热、吸音、耐腐蚀的建筑材料，这几种无机骨料的化学性能稳定性、耐腐蚀性等基本相同。但膨胀珍珠岩与玻化微珠导热系数较小，粒径适中、颗粒接近球形，更适合作为保温墙材的骨料。但是膨胀珍珠岩吸水性较大、易破碎，在施工中体积收缩大，易造成产品后期强度低和降低保温性能。

石膏保温材料最常用的轻骨料是玻化微珠，也称玻珠，是由一定粒径的岩砂通过加热到特定温度后，自内到外均匀膨胀形成的内部呈完整多孔蜂窝状结构的颗粒，该材料呈不规则球状，内部为空腔结构，表面玻化封闭；具有质轻、隔热防火、耐高低温、抗老化、吸水率小、理化性能稳定等优良特性；可替代粉煤灰漂珠、玻璃漂珠、普通珍珠岩、聚苯颗粒等诸多传统轻质骨料在不同制品中的应用，是一种绿色环保型高性能无机轻质保温绝热材料。其物理性能如表 10-1 所示。

表 10-1 玻化微珠物理性能

项 目	性 能	项 目	性 能
粒度/mm	0.5～1.5	容重/（kg·m⁻³）	80～130

项 目	性 能	项 目	性 能
漂浮率/%	≥98	导热系数/（W·m^{-1}·K^{-1}）	0.032～0.045
表面玻化率/%	≥95	吸水率（真空抽滤法测定）/%	20～50
耐火度/℃	1280～1360	1MPa 压力的体积损失率/%	38～46
使用温度/℃	1000 以下		

3. 外加剂

缓凝剂：采用石膏专用缓凝剂，该缓凝剂属蛋白质类高效复合型缓凝剂，对石膏强度影响小，缓凝剂无毒无害，其使用范围不受限制，掺入一定量的缓凝剂可以有效调节产品的凝结时间，为施工带来方便。

保水剂：保水剂一般可为羟丙基甲基纤维素，保水性好、速溶、分散性优，具有一定的增稠效果。

增强剂：增强剂一般有木质纤维、已分散 PVA 纤维，它可以很好地提高石膏保温材料的强度。

胶粉：一般可使用可分散乳胶粉，提高砂浆与普通支撑物的粘结力，改善保温砂浆机械性能，增强保温砂浆的可施工性，对其保水性没有任何不利影响。

玻璃纤维或聚丙烯纤维：可提高砂浆抗裂性能，增加韧性。

二、性能

1. 性能指标

1）外观质量

外观应为均匀，干燥无结块的颗粒状与粉状混合物。

2）堆积密度

应不大于 600kg/m^3。

3）石棉含量

应不含石棉纤维。

4）放射性

天然放射性核素镭-266、钍-322、钾-40 的放射性比活度应同时满足 $I_{Ra} \leqslant 1.0$ 和 $I_\gamma \leqslant 1.0$。

5）分层度

加水后拌合物的分层度应不大于 20mm。

6）硬化后的物理力学性能

石膏保温砂浆的物理力学性能应符合表 10-2 的要求。

表 10-2　石膏保温砂浆技术性能

项目名称	单位	技术指标	项目名称	单位	技术指标
堆积	kg/m^3	＜600	保水率	%	≥70
干体积密度	kg/m^3	＜660	导热系数	W（m·k）	＜0.10
可操作时间	min	＞60	抗压强度	MPa	＞0.8
初凝时间	min	＞70	终凝时间	h	＜8

7）软化系数

当用户有耐水性要求时，软化系数应不小于 0.60。

2. 性能特点

石膏保温层中轻骨料具有容重轻、导热系数小的良好保温性能。石膏基轻骨料浆体保温层材料从粘结强度、抗拉强度、软化系数、降低线性收缩率等方面，都要全面提高综合性能水平，确保无空腔粘结、无裂缝、无脱落。

石膏保温砂浆中夹玻纤网格布作为防护层，保温砂浆和增强玻纤网格布形成一层能适应墙体的变形、避免产生裂缝的防护层。其中网格布经纬向抗拉强度一致，所受变形应力均匀向四面分散，增强了保温材料的抗拉性能；保温材料与基层适应性强，整体性好，干缩率低；干燥快，施工方便；耐火等级高。

保温材料的具体优点如下：

1）该保温材料具有良好的和易性，施工简单、操作方便、粘结性好，能与被保温墙体融为一体。

2）工程质量好，有较好的强度而不收缩、不空鼓、不开裂、无毒、无气味。

3）石膏保温砂浆主要由无机材料组成，其耐老化性、抗冲击性能良好。

4）石膏保温砂浆所用的熟石膏与无机陶砂、珍珠岩、玻化微珠集料形成良好的胶质骨架，具有较高的机械强度。

5）石膏保温砂浆施工简单，与普通水泥砂浆施工方法相同，界面无接缝，操作简便，省时省工。

6）凝结硬化快，保温层抹完后第二天就可以进行保护层的施工，缩短施工工期、提高工作效率、加快工程进度。

7）其水化速度不因气候温度较低而明显减慢，只要在不结冰的环境下就可以施工，即可早强快硬，是低温室内施工的首选材料。

8）其物理性能稳定，在料浆水化开始到全部完成，固化期间体积基本不变，因此保温层不会因收缩而产生开裂。

9）石膏硬化体本身导热系数一般在 $0.28W/(m·K)$ 左右，其保温隔热能力约为在相同厚度条件下红砖的 2 倍、混凝土的 3 倍，与玻化微珠 EPS 颗粒、珍珠岩、陶粒等配制的保温材料性能更优。导热系数可达 $0.06W/(m·K)$。

10）石膏保温墙体中的微孔结构有利于保温层自身干燥，从而也可使多孔墙体在施工后内部含水率减少，有利于墙体长期稳定。

11）石膏保温硬化体有无数个微小的蜂窝状呼吸孔结构，有调节室内湿度的功能，巧妙地将室内湿度控制在相应的范围内，为居住创造了良好舒适的生活环境，这是在建筑材料中独有的特性。

12）石膏轻质保温浆料是一种耐火性能可达高层防火规范要求的材料。

石膏硬化体中结晶水的含量占整个分子量的 20%，当遇到火灾时，首先是石膏硬化体中的游离水的蒸发，再就是结晶水的分解，直到两个结晶水全部分解后，温度才能在此基础上继续升高，在其分解过程中一方面吸收大量的热量，另一方面会产生大量的水蒸气，对火焰的蔓延起着阻隔作用，可为火灾中人员的逃生赢得宝贵时间。因而可以说石膏轻质浆料是可达到高层防火规范要求的保温材料。

13）石膏轻质保温层直接代替水泥砂浆抹灰层，不占室内空间，工程造价不会付出太多就可得到居住舒适的良好环境，又可实现隔热保温效果，得到无空鼓、无裂纹的优质墙体墙面。

14）全部采用抹灰工艺，对建筑物的柱、圈梁以及特殊造型等易产生热桥的部位处理简单，能有效减少附加热损失。

15）性价比高，应用范围广，经济效益和社会效益好。

石膏保温砂浆适用于各种结构的保温施工，不受建筑形状、类型、窗口、门口设置的限制，具有施工速度快、整体性强、抗裂性能好等优点，综合造价比保温板低，保温性能稳定，不脱落、材料配套齐全，是一项既具有经济效益、又有社会效益的新技术。

三、影响因素

传统保温砂浆以水泥基胶结材、膨胀聚苯乙烯颗粒为轻骨料，收缩率大，抗裂性差，防火性能差。石膏基保温砂浆属无机保温材料，无放射性、无污染，用作内墙保温材料比有机聚苯板、聚苯颗粒保温砂浆更舒适、更健康。该新型保温砂浆可在内墙尤其是在分户墙以及楼梯间隔墙中使用，既可以有效解决同一建筑体内单体温度差异而导致的内流热损失，还因大量使用了工业副产石膏，在推动环保工作的同时也带动了绿色建材的发展。

石膏基保温砂浆以级配良好、导热系数小、耐火度高的玻化微珠为轻骨料，克服了传统聚苯颗粒和普通膨胀珍珠岩轻骨料保温砂浆中的诸多缺陷和不足，如聚苯颗粒保温砂浆耐温差、强度低、遇火高温下产生有害气体和抗老化性能差、施工中易反弹等问题；膨胀珍珠岩轻骨料吸水性强、易粉化、体积收缩率大、后期强度小、综合保温性能不高。以脱硫石膏为胶凝材料，膨胀玻化微珠为隔热组分，用缓凝剂、乳胶粉、纤维素醚以及纤维等聚合物进行改性，研究各组分对其性能的影响，最终形成适宜的制备参考依据。

下面通过一个实验来阐述外加剂对石膏保温砂浆的影响。

1. 原材料及性能

1）建筑石膏，其技术指标如表 10-3 所示：

表 10-3　建筑石膏的技术指标

项目	初凝时间 /min	终凝时间 /min	抗压强度 /MPa	抗折强度 /MPa	0.2mm 筛余 %	体积密度 /（g/L）	标准稠度需水量 /%
实验测试值	10	18	12.4	4.3	3.8	1089	61
标准值	≥6	≤30	≥4.9	≥2.5	≤5		

2）膨胀玻化微珠

玻化微珠是一种新型绝热材料，其颗粒外形比较规则，呈微球形，表面连续光滑，孔隙封闭。其表观密度为 $100\sim200kg/m^3$，常温下当表观密度为 $180kg/m^3$ 时，热导率小于 $0.0465W/（m \cdot K）$，吸湿率小，吸水性大。膨胀玻化微珠的具体物理力学性能如表 10-4 所示。

表 10-4　膨胀玻化微珠的物理力学性能

堆积密度/（kg/m³）	简压强度/kPa	体积吸水率/%	体积漂浮率/%	细度模数
117	148	41	93	2.8

2. 保温浆料的制备工艺

用搅拌机制备拌合物，搅拌物体积不少于搅拌机容量的 20％，不多于 60％。加入胶粉料后，边搅拌边加水，搅拌 2min；加入玻化微珠骨料，再搅拌 2min 后测定拌合物稠度，控制在 60～70mm。

3. 实验方法

按照 GB/T 20473—2006《建筑保温砂浆》制备拌合物，测定砂浆干密度和含水率。

按照 GB 5486.2—2001《无机硬质绝热制品试验方法》测定砂浆抗压强度。

按照 GB/T 10294—2008《绝热材料稳态热阻及有关特性的测定防护热板法》测定砂浆导热系数。

按照 JGJ 70—2009《建筑砂浆基本性能试验方法》测定砂浆线收缩率。

砂浆压剪粘结强度参照 GB/T 17371—2008《硅酸盐复合绝热涂料》执行。

4. 因素分析

1）确定建筑石膏与膨胀玻化微珠的配比

评价保温材料的基本指标分别是抗压强度及导热系数，它们与保温材料组成有直接的关系。要配制出性能优越的保温砂浆，就必须首先确定混合主材的配比值。图 10-1 为膨胀玻化微珠掺量对保温砂浆干表观密度和立方抗压强度的影响。

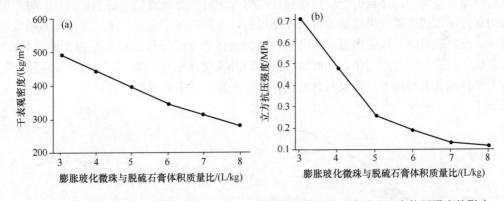

图 10-1　膨胀玻化微珠与建筑石膏体积质量比对保温砂浆干表观密度和立方抗压强度的影响

由图 10-1（a）可见，随着膨胀玻化微珠与建筑石膏的体积质量比的增大，砂浆拌合物干表观密度呈线性降低。当达到 4.5L/kg 时，干密度达到 GB/T 20473—2006 中 Ⅱ 类保温砂浆的要求，且干密度降低曲线趋于平缓。图 10-1（b）表明，当膨胀玻化微珠与建筑石膏的体积质量比在 5.5L/kg 以上时，抗压强度小于 0.2MPa，不再满足标准要求。配制性能优异的保温性砂浆，首先要保证保温隔热组分具有足够的比例，而强度的不足完全可以通过掺入外加剂进行调节。因此，玻化微珠与建筑石膏的比例可控制在 4.5L/kg 左右。

2）乳胶粉掺量对保温砂浆性能的影响

乳胶粉和柠檬酸等外加剂掺量按占建筑石膏质量的百分比计。固定骨料与建筑石膏的体积质量比为 4.5L/kg，柠檬酸掺量为 0.05％。研究乳胶粉掺量对保温砂浆干表观密度及压折比的影响，结果见表 10-5。

表 10-5　乳胶粉掺量对保温砂浆性能的影响

乳胶粉掺量/%	干密度/（kg/m³）	压折比
0	368	1.57
0.5	361	1.46
1.0	359	1.00
1.5	355	0.93
2.0	350	0.90
2.5	349	0.88
3.0	345	0.85

随着乳胶粉掺量的增加，保温砂浆的干密度和压折比都呈降低态势，当掺量大于1.5%时，下降幅度趋缓和。

由图10-2（a）可见，当胶粉掺量为2%时，保温砂浆的压剪粘结强度大于50kPa，达到标准要求值。图10-2（b）表明，当胶粉掺量低于1%时，保温砂浆的立方抗压强度随胶粉掺量的增加有所减小，这是由于胶粉在搅拌时引入少量气泡所致。当掺量超过1%时，保温砂浆的立方抗压强度随胶粉掺量的增加不断增长，直到掺量超过2.5%。这是因为随着砂浆的搅拌，胶粉成膜凝结增强保温砂浆结构内聚力的作用要强于气泡对抗压强度的弱化作用，但掺量越大，引入的气泡越多，从而减弱胶粉料补充抗压强度的效果，导致抗压强度减小。综合考虑性能获取与成本，建议石膏基玻化微珠保温砂浆中乳胶粉的掺量为1.5%～2%。

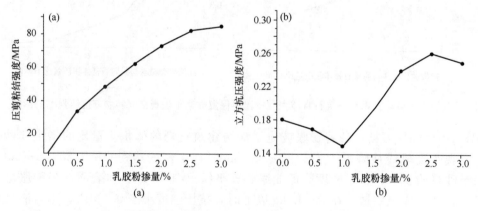

图 10-2　乳胶粉掺量对保温砂浆压剪粘结强度和立方抗压强度的影响

3）纤维素醚掺量对保温砂浆性能的影响

固定骨料与建筑石膏的体积质量比为4.5L/kg，柠檬酸掺量为0.05%，胶粉掺量为1%，研究纤维素醚对保温砂浆性能的影响，结果如图10-3所示。纤维素醚是起增稠保水作用的外加剂，可防止砂浆离析，从而获得均匀一致的可塑体。由图10-3可见，随着纤维素醚掺量的增加，保水率不断上升，但掺量高于0.6%时，保水率增长趋于平缓。

4）聚丙烯纤维掺量对保温砂浆性能的影响

固定骨料与建筑石膏的体积质量比为 4.5L/kg，柠檬酸掺量为 0.05％、胶粉掺量为 1％、纤维素醚掺量为 0.5％，研究聚丙烯纤维对保温砂浆性能的影响，结果如图 10-4 所示。

聚丙烯纤维有较强的抗拉强度和柔韧性，纤维在砂浆中杂散排列可以有效消化内部各个方向收缩产生的应力，从而增强砂浆韧性、抗裂和抗冲击的作用。由图 10-4 可见，随着聚丙烯纤维掺量的增加，压折比明显降低，三点弯曲试验断裂时的变形量和断裂能增大，表明保温砂浆的韧性抗裂和抗冲击的性能由

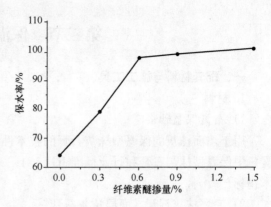

图 10-3　纤维素醚掺量对保温砂浆保水率的影响

于砂浆中纤维网络的连接作用得到较大改善。当聚丙烯纤维掺量超过 0.6％时，保温砂浆的压折比、极限变形量和断裂能的变化都趋于平缓，影响弱化。当掺量达到 0.3％以上时，保温砂浆 56d 收缩率降低到 0.3％以下，满足保温砂浆标准要求。当掺量高于 0.6％时，砂浆的线性收缩率趋于平缓。聚丙烯纤维虽然可以有效提高砂浆的抗开裂性，降低其收缩率，但是由于纤维易于团聚，过多的掺入会使保温砂浆浆料抱团，导致施工性变差。因此，应在保证其抗开裂性的同时将掺量控制在较低的水平，综合以上分析，聚丙烯纤维的掺量宜控制在 0.6％。

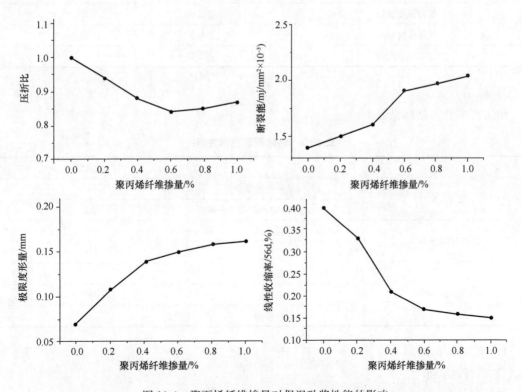

图 10-4　聚丙烯纤维掺量对保温砂浆性能的影响

第二节　保温砂浆的施工

一、配套材料与施工工具

1. 材料

1）石膏保温砂浆

用于墙面抹灰的保温型抹灰石膏的技术性能，除达到标准 GB/T 28627—2012《抹灰石膏》中保温型抹灰石膏和行业标准 JGJ 134—2010 中的围护结构外墙传热系数规定的有关技术指标。

2）底层抹灰石膏、面层抹灰石膏

用于保温砂浆层表面，起保护和饰面作用，技术性能指标见表10-6。

表 10-6　抹灰石膏技术性能

产品类别		面层抹灰石膏	底层抹灰石膏
细度	1.0方孔筛筛余/%	0	—
	0.2方孔筛筛余/%	≤40	—
凝结时间	初凝/min	≤60	≥60
	终凝/h	≤8	≤8
可操作时间/min		≥30	≥30
保水率/%		≥90	≥80
抗折强度/MPa		≥3.0	≥2.0
抗压强度/MPa		≥6.0	≥4.0
剪切粘结强度/MPa		≥0.4	≥0.3

3）粘结石膏

粘结技术性能指标见表10-7。

表 10-7　粘结石膏技术性能

项　目			普通型
细度/%	1.18mm 筛网筛余		0
	150μm 筛网筛余	≤	25
凝结时间/min	初凝	≥	25
	终凝	≤	120
绝干强度/MPa	抗折	≥	5.0
	抗压	≥	10.0
	拉伸粘结	≥	0.50

4）水（干净水）

5）玻纤网格布

玻纤网格布（也称增强网布）性能指标应符合表10-8要求。

表 10-8 增强网布性能指标

项 目	性能指标		试验方法
	标准型网布	加强型网布	
孔径/mm	4×4		JG 149—2013
单位面积质量/(g·m²)	≥130	≥300	
耐碱断裂强力（经、纬向）/(N/50mm)	≥750	≥1450	
耐碱断裂强力保留率（经、纬向）/%	≥50	≥60	
断裂应变（经、纬向）/%	≤5.0	≤5.0	

注：加强型网布可用于面砖饰面做法。

6）细砂：应符合《普通混凝土用砂、石质量及检验方法标准》JGJ 52—2006 的规定，含泥量小于 3%。

2. 施工工具

1）扫帚；

2）油灰刀；

3）钢板（最好是不锈钢）抹子；

4）阴阳角抹子；

5）两种塑料抹子（360mm×120mm），一种是板面粘贴厚 5～10mm 左右的毡子，一种是板面粘贴厚 10mm 左右的硬质聚氨酯泡沫塑料；

6）450mm×200mm×20mm 左右的塑料或木制托灰板；

7）2～3m 长铝合金刮尺（H 型刮尺）；

8）2～3m 木制靠尺和线垂（托线板）；

9）油刷或排笔；

10）喷雾器（农用手提式或其他）；

11）拌灰用铁板、塑料板、橡胶板和拌灰桶（槽）；

12）拌灰用手电搅拌器和铁锹；

13）冲筋条（用塑料板自制，宽 30mm，厚 3mm，长短不一的条）；

14）橡胶板（厚 2mm 左右、宽 600mm，长度视施工面而定。铺设在抹灰墙前地下，用来收集落地灰。如楼地面已施工完毕，也可不设此板）；

15）架板和支架。

二、作业条件

1）石膏保温砂浆整体式保温隔热建筑能否满足建筑物保温节能的要求，必须从原材料、施工过程全方位进行控制，进行质量控制的重要依据就是施工组织设计或者施工方案。根据 GB 50411—2014《建筑节能施工质量验收规范》，石膏保温砂浆整体式保温隔热建筑工程可按照分项工程进行验收。按照该规范规定，节能工程施工前，施工单位应编制建筑节能工程施工方案并经监理（建设）单位审查批准。

2）主体工程或楼屋面已施工完毕，并已经过有关部门进行结构验收合格。

3）基层墙体表面应平整清洁，无油污、脱模剂和杂物等妨碍粘结的附着物，空鼓、酥松部位去除。

4）平整度误差较大的墙面宜用抹灰砂浆找平，找平层应与基层墙面粘结牢固。

5）施工用脚手架的搭设应牢固，必须经安装检验合格后方可施工，横竖杆与墙面、墙角的间距需适度，且应满足保温层厚度和施工操作要求。

6）预制混凝土墙板连接缝应提前做好处理。

7）基层墙材如用加气混凝土，其含水率必须＜5%。

8）水电或其他各种管线（包括暗埋管线、线槽盒、消火栓箱、配电箱等）必须安装完毕，并堵好管洞（包括脚手架孔洞）。

9）门窗框也应安装完毕，但需进行遮盖保护，以免抹灰时污染和损坏；门窗扇宜抹灰后再安装。

10）各类相关部位的预留口，应进行临时封堵，并做出标志。

11）其他已施工完毕，并需要对防护的部位进行妥善的遮盖。

12）基层墙体以及门窗洞口的施工质量应验收合格，门窗框或辅框应安装完毕，各种进户管线、连接件应安装完毕。

13）根据进度计划，现场条件和基层的状况，合理组织劳动力。

14）施工作业技术应按规定进行，以避免工序颠倒，影响施工质量，并有利于成品保护。

15）各种材料配制时应注意检查包装是否破损，以避免因此影响配合比的准确性。

三、操作工序

1. 施工要点

1）施工前，相关管理人员应熟悉图纸，了解设计和工法要求，根据不同建筑和基层墙体制订针对性施工方案。在大面积施工前，应在现场采用相同材料、构造做法和工艺制作样板墙或样板间，并经有关各方确认后方可进行施工。

2）施工前浇水要依据当时气候条件和墙体类别掌握时间和次数。通常砖墙应提前一天浇水两遍以上，混凝土墙抹灰前浇少量水，等表面无明水时就可施工；多层抹灰时，如果底层已干，也应喷涂含有胶粘剂的水，湿润后抹下一层。

3）保温隔热建筑工程施工的中心环节是要准确地标出保温隔热层应抹的厚度。施工时应注意在墙体和顶棚面处弹好抹灰厚度控制线，准确布点，有利于提高保温砂浆与基层的粘结强度。若采用灰饼、冲筋来控制厚度，应采用石膏保温浆料预制块或直接用石膏保温浆料成型，但不应用水泥砂浆作灰饼、冲筋，以免形成热桥。

4）为了确保石膏保温浆料的和易性和施工性，搅拌时应注意如下事项：

珍珠岩及膨胀玻化微珠是一种脆性空心颗粒，在砂浆调配时，这种颗粒受外力的机械搅拌，很容易破碎。破碎会导致砂浆的干密度显著增大，使砂浆失去应有的保温性能，这是极不希望出现的现象。但是，实际应用中这种情况确实存在，有时还很严重。遇到这种情况时，应尽量缩短轻骨料的搅拌时间，除此之外，也没有更好的解决办法。

例如，在实际应用时，有的施工企业在现场发现这种轻骨料大量破碎现象后，应和保温砂浆的生产企业联系，让其将保温砂浆分开包装。一个包装为轻骨料，另一个包装为其他全部材料的混合料（胶粉料）。砂浆调配时，先将胶粉料加入足够的水进行充分搅拌（搅拌3～5min），使胶粉料中的水溶性组分充分溶解，不溶解的组分充分分散均匀。这样得到质量均匀的胶浆。然后，再向胶浆中加入轻骨料，稍微搅拌，使之均匀。轻质保温浆料拌制必须设专人搅拌，以便控制搅拌的时间，确保配比准确。这样轻骨料受到的搅拌破坏大大减少，也就基本上消除了破碎现象。

搅拌过程中应注意以下几点：

(1) 选用的搅拌机转速应大于 60r/min，搅拌时间应充足，每台搅拌机可供 15 人左右抹灰施工，搅拌机数量不足、搅拌时间太短或太长会造成石膏保温浆料失效及浪费。

(2) 加水量应准确，加水搅拌时应有专人计量控制，严禁随意调整水量。

(3) 注意一次搅拌量的控制，搅拌时每次的搅拌量以可操作时间用量为宜，不宜多搅。

5) 石膏保温浆料抹灰施工时，应注意如下事项：

(1) 石膏保温浆料每遍抹 25mm 左右，间隔在 4h 以上。

(2) 石膏保温浆料应在 2h 内使用完毕，回收的落地灰应在内 1h 内回收使用完毕。

(3) 石膏保温层固化后，方可进行底层抹灰石膏施工。

(4) 石膏保温层最后一遍抹灰时，应达到冲筋厚度并用大杠搓平，门窗洞口垂直平整度应达到规定要求。

2. 施工工艺

1) 施工工艺流程

清理基层→湿润墙面→找方冲筋→制备粘结石膏浆料→薄层涂抹粘结石膏→制备保温料浆→抹保温层→找平→修补平整。

24h 后制保护层用的底层抹灰石膏灰浆→找平（压入玻纤网布）→制备面层型抹灰石膏灰浆→抹灰（涂刮面层型抹灰石膏）→压光→验收。

2) 基层处理

(1) 对基层墙表面的凹凸不平部位应认真剔平或用砂浆补平，表面凸起物≥10mm 时应剔除；对一些外露的钢筋头必须打掉，并用水泥砂浆盖住断口，以免在此处出现锈斑；对砂浆残渣、油漆、隔离剂等污垢必须清除干净（油污可用洗衣粉、草酸或碱溶液清除，并用清水冲刷干净）；旧墙面松动、风化部分应剔除干净。

(2) 抹灰前一天，用喷雾器对基层墙面均匀喷水使其湿润（如为加气混凝土墙面，因其吸水速度很慢，需间隔地反复喷 2～3 次，保证其吸水深度达 5mm 以上）。如基层过干或气温过高、天气干燥，在当天抹灰前再喷水湿润，但在开始抹灰时，墙面不能有明水。

(3) 不同墙体基材（如加气混凝土、混凝土、砖等）的连接处应先用粘结石膏粘贴玻纤网布，搭接宽度应从相接处起两边不小于 80mm。

(4) 现浇混凝土墙的光滑表面，宜先涂抹一层粘结石膏或面层型抹灰石膏料浆，不得漏涂，以增加粘结强度。

(5) 墙面的暗埋管线、线盒、预埋件、空调孔应提前安装完毕并验收合格，同时还考虑到保温层厚度的影响。

(6) 墙面脚手架孔、模板穿墙孔及墙面缺损处用水泥砂浆修补完毕并验收合格。

3) 施工工序

(1) 冲筋应根据墙面基层平整度及抹灰层度的要求，先找出规矩，层高 3m 以下时设两道横标筋，高于 3m 时设三道标筋。

(2) 按使用说明书，将粘结石膏直接加入水中搅拌均匀，后薄层涂抹粘结石膏。

(3) 制备料浆时，应按石膏保温产品的可使用时间，确定每次搅拌料浆量（一定要在初凝前用完)。石膏保温胶料对加水量较普遍型的抹灰石膏更敏感,水量过大会出现流挂,从而影响抹灰操作、降低抹灰层的强度,水量过小会缩短可使用时间,造成抹灰困难、材料浪费,同时还影响保温效果。因此搅拌时应先将按一定比例配置的水倒入砂浆搅拌机内,然后倒入一袋胶粉料搅拌成稀浆后(可按施工稠度适当调整加水量),再倒入相应体积的轻骨料继续搅拌成均匀的、适合施工稠度的浆料(加水不能过多,否则流挂性不好;但加水少了料浆发散,不利施工作业并影响强度),等浆料搅拌至合适稠度时,静置 3～5min,进行第二次搅拌并倒出。应随搅随用,在规定时间内用完。保护和饰面层用的抹灰石膏料浆待使用前再搅拌。

(4) 抹保温砂浆

① 保温砂浆找平

a. 抹保温砂浆时,保温砂浆每遍厚度宜控制在 3cm 左右,若超过 3cm 时,可分两次涂抹,待第一次浆料硬化后即可进行第二次抹灰,其平整度偏差不应大于±3mm。

b. 保温砂浆抹灰按照从上至下、从左至右的顺序抹。涂抹整个墙面后,用杠尺在墙面上来回搓抹,去高补低。最后再用铁抹子压一遍,使表面平整,厚度一致。

c. 保温料浆在抹灰操作按压用力应适度,既要保证与基层墙面的粘结,又不能影响抹灰层的保温效果,保温层的抹灰表面无需压光。

d. 保温面层凹陷处用稀浆料抹平;对于凸起处,可用抹子立起来将其刮平。待抹完保温面层 20min 后,用抹子再赶抹墙面,先水平后垂直,再用托线尺检测后达到验收标准。

e. 保温砂浆施工时要注意清理落地灰,落地灰应及时,少量多次,重新搅拌使用。

f. 保温层基本固化干燥后方可进行抹灰石膏保护层施工。

② 阴阳角找方应按下列步骤进行

a. 用木方尺检查基层墙角的直角度,用线坠吊垂直检验墙角的垂直度。

b. 保温砂浆抹灰后应用木方尺压住墙角浆料层上下搓动,使墙角保温浆料基本达到垂直。然后用阴阳角抹子压实。

c. 保温砂浆大角抹灰时要用方尺,抹子反复测量抹压修补操作,确保垂直度±2mm、直角度±2mm。

d. 门窗边框与墙体连接应预留出保温层的厚度,并做好门窗框表面的保护。

e. 抹完保温层用检测工具进行检验,应达到垂直、平整、顺直和设计厚度。

f. 保温层灰浆凝后进行保护层抹灰石膏抹灰。玻纤网格布长度不大于 3m,尺寸事先裁好,网格布包边应剪掉。抹抹灰石膏底层时,厚度应控制在 3～4mm,抹宽度、长度与网格布相当的抹灰石膏底层后应按照从左至右、从上到下的顺序,立即用铁抹子压入玻纤网格布。在窗洞口等处应沿 45°方向提前增贴一道网格布(400mm×300mm)。玻纤网格布之间搭接宽度不应小于 50mm,严禁干搭接。阴角处玻纤网格布要压茬搭接,其宽度≥50mm;阳角处也应压茬搭接,其宽度≥200mm。玻纤网格布铺贴要平整、无褶皱,砂浆饱满度达到 100%,同时要抹平、找直,保持阴阳角处的方正和垂直度,如图 10-5 所示。

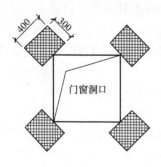

图 10-5 门窗洞口网格布加强做法

墙面应铺贴玻纤网格布,网布与网布之间采用搭接方法,严禁网布在阴阳角处对接，搭接部位距离阴阳角处不小于200mm。

当底层料浆终凝后抹面层抹灰石膏。

g. 保护层验收，在抹完保护层，检查平整、垂直度和阴阳角方正，对于不符合规定的要求墙面进行修补。

h. 细部节点图

以下为部分节点，根据具体工程项目特点，由施工单位出具针对性节点详图，如图10-6所示。

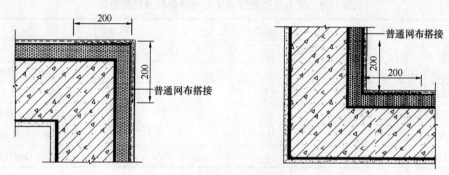

图10-6　阴阳角网格布搭接做法

第三节　石膏保温砂浆的质量

一、质量标准与成品保护

1. 质量验收标准

1) 主控项目

(1) 墙体节能保温工程所用组成材料的品种、规格和性能应符合设计和本规程的要求。

检查方法：检查型式检验报告、出厂检测报告、进场验收记录和现场抽检复验报告。

(2) 墙体节能保温工程的构造做法应符合设计以及规程对系统的构造要求。

检验方法：检查施工技术方案、施工记录、隐蔽工程验收记录。

(3) 现场检验保温层厚度应符合设计要求，不得有负偏差。

检查方法：用钢针插入和尺量检查。

检查数量：按检验批数量，每个检验批次抽查不少于3处，其最小厚度值应达到设计厚度要求。

(4) 系统各构造层之间应粘结牢固，无脱层、空鼓和裂缝，面层无粉化、起皮、爆灰。

检查数量：每个检验批抽查不少于3处。

2) 一般项目

(1) 表面平整、洁净，接茬平整，无明显抹纹。

检查方法：观察，手摸检查。

(2) 护面层和保温层中的增强网布均应铺设严实，不应有空鼓、褶皱、外露等现象，搭接长度应符合规定要求。

检查方法：观察，直尺测量，检查施工记录和隐蔽工程验收记录。

（3）墙面所有门窗口、孔洞、槽、盒位置和尺寸正确，表面整齐洁净，管道后面抹灰平整。

检查方法：观察检查；核查隐蔽工程验收记录。

（4）空调眼、支架位置准确无误。

（5）门窗框与墙体间缝隙填塞密实，表面平整。

3）保温层和面层允许偏差和检查方法应符合表10-9的规定。

表10-9　保温层和面层施工后允许偏差及检验方法

项　目	允许偏差/mm		检验方法
	保温层	面层	
立面垂直	5	3	用2m托线板检查
表面平整	4	2	2m靠尺和楔形尺检查
阴阳角方正	4	2	用2m托线板检查
阴阳角垂直	5	2	20cm方尺和楔形尺检查
厚度	3		用直尺和钢针检查

2. 成品保护

1）在抹灰石膏保护层未凝结硬化前，应尽可能地遮挡门窗口，避免通风使石膏失去足够水化的水。但当抹灰石膏保护层凝结硬化以后，就应保持通风良好，使其尽快干燥，达到使用强度。

2）抹灰层不得磕碰；不能受锤击和刮划。

3）门窗框残存砂浆应及时清理干净。

4）不允许用水冲刷（包括由门窗口淋进的雨水），也应避免地面有积水而影响抹灰层的干燥。

5）新抹墙面不允许被热源直接烘烤。

6）严禁蹬踩窗台，防止损坏棱角。

7）拆除架子时应轻拆轻放，防止撞坏门窗、墙面、顶棚、阳角等部位。

二、质量通病及防治措施

1. 保温系统产生裂缝

1）原因分析

（1）建筑主体结构开裂而导致的保温层开裂；

（2）石膏保温材料性能不达标而导致的保温层开裂；

（3）施工不当导致的保温层开裂。

2）防治措施

（1）石膏保温砂浆整体式保温隔热建筑施工组织设计或者施工方案满足建筑物保温节能的要求，施工单位应编制建筑节能工程施工方案并经监理（建设）单位审查批准；

（2）施工前，经有关部门对已施工完毕的主体工程或墙面进行结构验收；

（3）采购质量合格的石膏保温砂浆；

（4）施工人员要严格按施工规范进行施工。

2. 石膏保温浆料施工性差

1）原因分析

（1）浆料加水量误差过大；

（2）浆料和易性不好、难以操作、易掉浆料；

（3）搅拌时间不足或机械功率不大导致搅拌的料浆不均匀；

（4）石膏基复合胶粉与轻骨料配比误差大。

2）防治措施

（1）采用适合功率的机械混合机混合搅拌；

（2）经专业培训后的专人定岗负责配料预混合；

（3）专责人员要求掌握加水量多少、配比正确、混合时间控制、稠度控制等要求及其重要性。

3. 保温层整体性及表面强度不好

1）原因分析

（1）粘结石膏涂布量不足导致保温浆料与基层咬合不好，附着力差；

（2）首道保温浆料涂抹过厚，导致空鼓与附着力差；

（3）保温浆料未按设计要求涂抹，存在偷工减料情况，导致传热系统不达标；

（4）抹灰石膏面层施工时浆料未压紧及收光质量不好，影响平整度与表面强度；

（5）平面平整度差，采取固化后打磨调整，破坏了保温层整体性及表面强度等。

2）防治措施

（1）施工人员经培训后上岗；

（2）做好界面层质量，首道保温浆料与之紧密抹压，咬合好以防空鼓；

（3）满足设计厚度，且厚度宜掌控在 30～60mm 安全范围内；

（4）最后一道要拍打紧压，在浆料湿状态下保证平整度与压紧一次成活；

（5）注重阴阳角线、特殊部位等细活部位。

4. 石膏保温浆料抹灰不合格的防治措施

1）粘结石膏全面覆盖基层墙面后方可进行下道工序；

2）石膏保温浆料应分层作业施工完成，每次抹灰厚度宜控制在 20mm 左右，每层施工间隔应不低于 2h。浆料抹灰按顺序从上至下，从左至右进行；

3）保温浆料抹灰要与控制点（冲筋）齐平，抹完一段墙面后用大杠尺在墙面上来回搓抹，去高补低。修补前应用杠尺检查墙面垂直、平整度，墙面偏差应控制在 ±3mm。最后用铁抹子分遍赶抹墙面，再用拖线尺检测并达到保温层验收标准；

4）抹灰施工间歇应在自然断开处，方便后续施工的搭接。在连续墙面上如需停顿，石膏保温浆料应与分层抹灰保温浆料呈台阶形坡茬，留茬间距不小于 150mm，以保证接茬部位平整；

5）门窗洞口施工时应先抹门窗口侧口、窗台和窗上口，再抹墙面。门窗洞口抹灰做口应贴尺施工，以保证门窗口处方正。

第十一章　粘　结　石　膏

第一节　概　述

粘结石膏顾名思义是用来作粘结的石膏，它也是以建筑石膏为基料，加入适量缓凝剂、保水剂、增稠剂、粘结剂等外加剂，经均匀混合而成的粉状无机胶粘剂。适用于各类石膏板（如纸面石膏板、石膏砌块、石膏条板、石膏保温板、装饰石膏板）、石膏角线等装饰艺术制品的粘结，也可与其他无机建筑墙体材料（如黏土砖、硅酸盐砖、加气混凝土条板和砌块、GRC 板、水泥混凝土墙等）进行粘结，可用于外墙内保温、外墙内外复合保温体系的聚苯板与墙体的粘结。其主要物理性能是初凝时间应在 $10\sim50min$、干抗折强度大于 5MPa、拉伸粘结强度大于 0.8MPa。

对粘结石膏的研发，在工程中应根据粘结部件和粘结部位选用合适的凝结时间和粘结强度的粘结石膏产品。以石膏砌块和石膏条板作隔墙为例，与主体墙、地面和顶棚之间的连接，应做成柔性连接，其中弹性连接用的粘结剂需要粘结强度相对高（压剪粘结强度＞1MPa）的、凝结时间相对长（90min 左右）的粘结石膏；砌块或板材之间的连接需要凝结时间相对适中（30min 左右）、粘结强度相配（压剪强度＞0.4MPa）的粘结石膏。如果用于石膏装饰制品的施工，应选用凝结时间短的（5∼8min）石膏，按制品的重量选择不同粘结强度的粘结石膏。

干燥的石膏板具有很强的吸水性，粘结石膏应有保持水分的能力，以保持胶浆的可塑性，也使粘结石膏能充分地凝结，以形成足够的粘结强度。粘结石膏使用方便、施工速度快、效率高、粘结牢固、不产生龟裂、稳定性好，起到粘接与嵌缝填充的作用。而且使用过程中不受温度影响，可达到最好而又最均匀的装饰效果。

使用粘结石膏时施工使用的钉件数量减少 75%，甚至完全不会减少因固定做法不当而造成的板松动，能克服框架上的小缺点，不会使各种装饰出现污斑或泛色。粘结石膏使用时应按施工量确定每次制浆量的多少，随配随用，以免造成浪费。

粘结石膏是一种绿色环保粘结材料。它具有无毒无味、安全性好、使用方便（只要加一定量的水，搅拌均匀达到施工用稠度即可使用）、操作简单、瞬间粘结力强、能厚层粘结、不收缩、凝结速度快、节省工时等优点。国外在石膏板的应用中，粘结石膏已作为必不可少的配套材料，应用范围广，用量大。

第二节　分类和标记

1. 分类

粘结石膏按物理性能分为快凝型（R）和普通型（G）两种。

快凝型粘结石膏：适用于室内装饰线条、灯盘等石膏饰品与基层的粘结，它是一种凝结时间较快的粘结材料，使用方便、安全、环保、其物理性能初凝时间为 5∼8min，抗折强度大于 5MPa，拉伸粘结强度大于 0.8MPa。

2. 标记

产品按下列顺序标记：产品名称、分类代号、标准号。

示例：普通型粘结石膏标记为：粘结石膏 JC/T 1025。

第三节　粘结石膏的配制

一、组成材料

粘结石膏是以建筑石膏为基料，掺加增黏剂、保水剂和凝结调节剂等组成。

1. 建筑石膏粉

其性能要符合 GB 9776—2008 国家标准。

2. 外加剂

1）粘结剂

粘结剂是作为增强粘结石膏粘结力的原材料，一般用于特殊粘结（例如在砖墙或混凝土墙上粘结聚苯保温板）的粘结石膏内。常用的有聚乙烯醇和乙烯-醋酸乙烯二元共聚、氯乙-乙烯-月桂酸乙烯酯三元共聚等可再分散聚合物粉末。所用粘结剂是一种在水中可快速溶解的有机聚合物，它在粘结石膏中能提高粘结材料自身的强度，增强粘结料与被粘材料之间的粘结力，并可提高粘结料的耐水性。

2）保水剂

保水剂对于增强型的石膏制品的粘结施工来说，主要是石膏与石膏之间的粘接，以及石膏与其他无机材料的粘结，对于该粘接体系，石膏浆体本身就具有一定的粘结力。但石膏浆体在未凝结之前，需要在石膏制品上停留 0.5～1.5 小时，石膏制品具有很大的吸水性，会引起石膏浆体表层脱水，从而造成料浆的分离或揭层和可塑性降低的现象，大大影响其粘结强度，使得材料在施工过程中脱落，造成硬化后收缩龟裂等现象。保水剂的作用是保持石膏料浆中的水分，其成分是纤维素衍生物。

3）缓凝剂

建筑石膏的凝结时间，标准要求初凝大于 6min，终凝小于 30min，单靠这个凝结时间是无法进行施工操作的。而粘结石膏按被粘结的材料和部位的不同，分快凝型和慢凝型，因时在配制时就需要加入适当的缓凝剂。与抹灰石膏和石膏腻子不同，粘结石膏所要求的凝结时间不需很长，一般快凝型的要求初凝时间不小于 5min，终凝时间不大于 20min；普通型的要求初凝时间不小于 25min，终凝时间不大于 120min。因此可选择的缓凝剂品种很多，目前国内用得最多的仍是蛋白质缓凝剂，由于需求量少，它对石膏的强度影响不大。

二、技术要求

1. 外观

粘结石膏外观为干粉状物，应均匀、无结块、无杂物。

2. 物理性能

粘结石膏物理性能应符合 JC/T 1025—2007《粘结石膏》的规定。

表 11-1　粘结石膏物理性能

项　目		R	G
细度/％	1.18mm 筛网筛余	0	
	150μm 筛网筛余 ≤	1	25
凝结时间/min	初凝　≥	5	25
	终凝　≤	20	120
绝干强度/MPa	抗折　≥	5.0	
	抗压　≥	10.0	
	拉伸粘结　≥	0.70	0.50

3. 粘结石膏的性能测试方法

引用 JC/T 1025《粘接石膏》标准，重要性能指标的检测如下：

1）试验仪器与设备

（1）电子秤

量程 2kg，称量精度为 0.1g。

（2）标准试验筛

符合 GB/T 6003.1—2012 中筛网的规定，并附有筛底和筛盖。

（3）跳桌及附件

符合 JC/T 958—2005 的规定。

（4）搅拌机

符合 JC/T 681—2005 的规定。

（5）凝结时间测定仪

符合 JC/T 727—2005 的规定，其中试针只用初凝针。

（6）强度试模

符合 JC/T 726—2005 的规定。

（7）电热鼓风干燥箱

温控器灵敏度为±1℃。

（8）抗折试验机

符合 JC/T 724—2005 的规定。

（9）抗压夹具及抗压试验机

抗压夹具应符合 JC/T 683—2005 的规定。

抗压试验机的最大量程为 50kN，示值相对误差不大于 1％。

（10）拉伸粘结强度试验机

符合 JC/T 547—2005 中 7.3.1.1 的规定。

（11）拉伸粘结强度成型框

符合 JC/T 985—2005 中 6.4.5 的规定。

（12）拉伸粘结强度用混凝土板

符合 JC/T 547—2005 中附录 A 的规定，尺寸为 400mm×200mm×50mm。

（13）拉拔接头

符合 JC/T 547—2005 中 7.3.2.4 的规定。

2）标准试验条件

试验室温度为（23±2）℃，空气相对湿度为（50±5）％。试验前，试样、拌合水及试模等应在标准试验条件下放置 24 h。

3）外观

目测。

4）细度

称取(100±0.1)g 试样，倒入附有筛底的 150μm 标准试验筛中，盖上筛盖，按 GB/T 17669.5—1999 中的 5.2 条进行试验。将 150μm 标准试验筛筛余倒入附有筛底的 1.18mm 标准试验筛中，盖上筛盖，按 GB/T 17669.5—1999 中的 5.2 条进行试验。试验结果的表示方法按 GB/T 17669.5—1999 中 5.3 的规定。

5）凝结时间

（1）快凝型粘结石膏

称取(300±0.1)g 试样，在胶砂搅拌锅中加入(180±0.1)g 水，将试样在 5s 内均匀撒入水中，搅拌机调到手动挡，低速搅拌 1min，得到均匀的石膏料浆。迅速将料浆倒入环形试模，用油灰刀捣实刮平，按 GB/T l7669.4—1999 第 7 章进行测定，测定时间间隔为 1min。

（2）普通型粘结石膏

① 标准扩散度用水量

称取(1000±0.1)g 试样，按 GB/T 28627—2012 中 7.4.2.1 的规定进行测定。

② 凝结时间的测定

按 GB/T 28627—2012 中 7.4.2 的规定进行测定。

6）强度

（1）绝干抗折强度

称取(1500±0.1)g 试样。快凝型粘结石膏按(900±0.1)g 加水，按 5.1 条制备料浆；普通型粘结石膏按标准扩散度用水量加水，按 5.2.1 条制备料浆。用料勺将料浆灌入预先涂有一层脱模剂的试模内，试模充满后，将模子的两端分别抬起约 10mm，突然使其落下，如此分别振动 5 次后用刮平刀刮平，待试件终凝后脱模。

脱模后的试件在标准试验条件下静至 24h，然后在(40±2)℃电热鼓风干燥箱中烘干至恒量(24h 质量减少不大于 1g，即为恒量)。烘干后的试件应在标准试验条件下，冷却至室温待用。

抗折强度试验方法按 GB/T 17669.3—1999 中第 5 章进行测定。

（2）绝干抗压强度

抗压强度试验方法按 GB/T 17669.3—1999 中第 6 章进行测定，但受压面积应为 40.0mm×40.0mm。抗压强度按式（11-1）计算：

$$R_C = \frac{P}{S_C} \tag{11-1}$$

式中　R_C——抗压强度，单位为兆帕（MPa）；

　　　P——破坏荷载，单位为牛顿（N）；

　　　S_C——等于 1600，承压面积，单位为平方毫米（mm²）。

试验结果计算精确至 0.1MPa。

（3）拉伸粘结强度

将成型框放在混凝土板成型面上。称取(500±0.1)g 试样，快凝型粘结石膏按(300±0.1)g 加水，按 5.5.1 条制备料浆；普通型粘结石膏按标准扩散度用水量加水，按 5.2.1 条制备料浆。将制备好的料浆倒入成型框中，抹平，放置 24h 后出模，10 个试件为一组。脱模后的试件在(40±2)℃电热鼓风干燥箱中烘干 48h，取出试件放在标准试验条件下冷却至室温待用。用 260 号砂纸打磨掉表面的浮浆，然后用适宜的高强粘结剂将拉拔接头粘结在试样成型面上，在标准试验条件下继续放置 24h 后，用拉伸粘结强度试验机进行测定。拉伸粘结强度计算按式(11-2)计算：

$$P = \frac{F}{S} \tag{11-2}$$

式中　　P——拉伸粘结强度，单位为兆帕（MPa）；

　　　　F——最大破坏荷载，单位为牛顿（N）；

　　　　S——等于 2500，粘结面积，单位为平方毫米（mm²）。

试验结果计算精确至 0.01MPa。

计算 10 个数据的平均值，舍弃超出平均值±20％范围的数据。若仍有 5 个或更多数据被保留，求新的平均值；若保留数据少于 5 个则重新试验。若有 1 个以上的破坏模式为高强粘结剂与拉拔头之间界面破坏，应重新进行测定。

三、参考配方

粘粘结石膏的参考配合比如下：

建筑石膏	100
缓凝剂	0～0.05
保水、增稠剂	0.2～0.5
粘结剂	0～4

用国外材料的粘结石膏参考配合比为（德国拜尔公司提供）：

石膏	90～95
消石灰	2～5
石灰石砂（0～1mm）	0～10
珍珠岩（0～1mm）	3～5
引气剂	0.01～0.03
石膏缓凝剂	0.1～0.2
MKX6000PP20	0.20～0.32
VP-ST-2793	0～0.05

第四节　粘结石膏的特点

1）无毒无味、安全性好；

2）使用方便（只要加一定量的水，搅拌均匀达到施工用稠度即可使用）、操作简单；

3）瞬间粘结力强、能厚层粘结；

4）稳定性好，硬化后无收缩、不产生龟裂；

5）凝结速度快、施工速度快、效率高，节省工时。

6）起到粘结与嵌缝填充的作用。

7）使用过程中不受温度影响，可收到最好而又最均匀的装饰效果。它是石膏砌块、石膏条板等板材和装饰条必备的配套材料，施工时应注意：

（1）干燥的石膏板具有很强的吸水性，粘结石膏应有保持水分的能力，以保持胶浆的可塑性，也使粘结石膏能充分地凝结，以形成足够的粘结强度。

（2）使用时应按施工量确定每次制浆量的多少，随配随用，以免造成浪费。

第五节　施 工 工 法

1. 施工准备

1）施工工具

除被粘结物（例石膏砌块）施工所必备的工具外，用于粘结的通用工具有：

（1）腻子刀

（2）抹刀

（3）容器（盛水及搅拌石膏粘结剂用）

（4）橡皮锤

（5）2m 长靠尺和线锤（托线板）

2）作业条件

除内隔墙施工时所要求的作业条件外，对被粘结的墙体和粘结件应：

（1）清除表面浮土、砂浆和凸出部分；

（2）缝隙和孔洞用粘结石膏填补平正；

（3）对被粘结的部位用水湿润，但不能有明水；

（4）对某些吸水量大的部位，需用液体胶涂刷一遍。

2. 操作方法

1）用干净的容器，注入适量饮用水；

2）将粘结石膏徐徐加入水中，边加边搅拌，均匀至施工适宜稠度（以不流挂，并可任意挤压的稠度），静置 3min 左右，再次进行搅拌，使粘结石膏更粘稠，即可使用。

3）制好的粘结剂按各类石膏制品（或其他建材制品）的施工要求，用腻子刀（或抹刀）涂抹在制品（或墙体）上，如是小件制品（例石膏线条）或质量大的（如石膏灯饰）、易受碰撞的（如粘贴在楼梯间的聚苯板制品），应采用满涂。如制品为薄板或保温板，则涂抹采用打点法和串珠法相结合。打点法的每一点的大小视制品的面积而定，最大不超过 $\phi100mm$，两点之间相距也视制品的面积而定，最大不超过 150mm，串珠法的串珠体宽度一般不超过 30mm，长度同制品长。砌块一般在企口处，粘结剂必须饱满，使连接处不产生空隙，同时在挤紧砌块时有少量的粘结剂挤出来。同样，条板之间的对缝粘结，企口处如缝隙较大，在粘结剂的粘结强度较高时，可掺加一定量的砂子，砂子的掺量应通过试验决定，最好采用干净的中细砂，并通过 1.25mm 筛孔，以保证板缝粘结强度并不增大板缝。无论掺不掺加砂子，同样必须保证板缝粘结剂饱满，不产生空隙。

4）已涂抹粘结剂的粘结物（条板或砌块）准确地放在预定部位（按不同的建筑材料施工方法，已作好的弹线、冲筋规矩），用力挤压，保持粘结物平整，并用橡皮锤轻轻敲实，之后将挤出的多余料浆及时刮去，使连结处光洁。

5）粘结过程，应随时用线锤和靠尺（2m长）垂直找平墙面，对被粘结物的位置的调整必须在粘结石膏未凝结前完成。

6）在外墙内保温施工中，用粘结石膏按梅花形在板面上设置粘结点，每个粘结点的直径不大于100mm，板的四边以串珠形涂抹，宽度不大于30mm，其总粘结量不应少于粘结制品面积的25％。门窗口阳角及四角处都需以玻纤网布加强。此外，石膏类保温板的板间接缝处应粘贴50～100mm宽的玻纤接缝带增强。操作方法是先在接缝处表面涂一薄层（宽度同接缝带）的粘结石膏料浆，然后用腻子刀将接缝带压嵌入料浆中，接缝带应展平，不允许有打折现象。对接缝带表面的粘结石膏料浆要压实、刮平。各种墙体材料与主体墙（柱）之间的接缝处理也用此方法。

3. 注意事项

1）须按粘结石膏的凝结时间控制调制用量，以免浪费。凝固后的粘结石膏不能再使用。

2）粘结石膏未硬化前，避免对粘结物震动。

3）搅拌容器每次使用后必须清洗，以免影响下次使用时的凝结时间。

4）粘结石膏在运输和储存时，应防止受潮。已结块的粘结石膏不能使用。

第十二章　石膏刮墙腻子

石膏腻子是以建筑石膏单独或按一定比例混合，掺加适量的辅料及外加剂组成的具有细腻饱满与质感表现效果的材料，是一种墙体或顶棚表面找平的罩面材料，用于墙体表面的找平，也称为石膏刮墙腻子。

石膏腻子可分为普通石膏腻子、饰面石膏腻子、功能石膏腻子。

石膏刮墙腻子是以建筑石膏粉和滑石粉为主要材料，辅以少量石膏改性剂混合而成的袋装粉料。使用时加水搅拌均匀，采用刮涂方式，将墙面找平，是喷刷涂料和粘贴壁纸的理想基材。若选用细度高的石膏粉或掺入无机颜料，则可以直接做内墙装饰面层。

石膏刮墙腻子是民用及公用建筑物内墙，顶棚、纸面石膏板装饰面找平不可缺少的一种材料，它粘结强度高，墙壁面光洁细腻，不空鼓、不开裂，环保节能，表面硬度好，施工方便快捷。也可在石膏腻子中掺入一定量的电气石粉末，利用石膏建材独特的湿度呼吸功能，可在自动调节室内湿度的同时将电气石产生的负离子释放到室内空气中，成为环境友好健康新材料，有益人类居住环境的改善。其物理性能要求抗压强度应大于 4MPa，粘结强度大于 0.6MPa，表干时间 2h，施工刮涂无障碍。近年来，市场上也出现了诸如粉状耐水腻子、膏状耐水腻子等产品，其售价较高，使一些民用住宅消费者望而却步。所以说真正的刮墙腻子是现阶段民用及公用建筑中不可缺少的一种。传统刮墙腻子，大都是在施工现场将滑石粉与大白粉、海藻酸钠或纤维素及白乳胶调制成稠粥状使用。采用这种做法找平的墙面质量不能保证，起皮、脱落、掉粉现象无法避免，更不能在其上面粘贴壁纸。

第一节　材料组成

1. 建筑石膏粉

建筑石膏粉是石膏刮墙腻子的主要原料，是保证粘结强度和抗冲击强度的基础原料，故对其质量要求较严格。

1）物理性能

细度：应全部通过 120 目筛；

初凝时间：$>6min$；

终凝时间：$<30min$；

2h 抗折强度：$>2.5MPa$；

2h 抗压强度：$>5.0MPa$；

做涂料或粘贴壁纸基层腻子>75。

白度：直接做装饰层腻子要求>85；

2）化学成分

（1）生产建筑石膏粉的石膏中 $CaSO_4 \cdot 2H_2O$ 含量$>75\%$。

（2）有害杂质：$Na_2O \leqslant 0.03\%$；$K_2O \leqslant 0.03\%$；

（3）建筑石膏粉中 $CaSO_4 \cdot 2H_2O \leq 1\%$。

2. 滑石粉

滑石粉在石膏腻子中的作用主要是提高料浆的施工性，易于刮涂，并增加表面光滑度，其主要指标应满足如下要求。

1）细度：应全部通过 125 目筛；

2）Na_2O 含量 $<0.10\%$；

3）K_2O 含量 $<0.30\%$。

3. 外加剂

1）保水剂

腻子料浆的刮涂性能主要由保水剂作保证。保证腻子料浆的和易性，并使腻子层中的水分不会被墙面过快地吸收，致使石膏水化所需水量不足，而出现掉粉、脱落现象。

保水剂以纤维素的衍生物为主，如：甲基纤维素（MC）、羟乙基纤维素（HEC）、羟丙基甲基纤维素（HPMC）和羧甲基纤维素（CMC）等，它们的主要性能见表 12-1。

表 12-1　各种纤维素性能表

品种	代号	外观	表观密度 /（g/cm³）	密度 /（g/cm³）	表面张力 2% 20℃/（dyn/cm）	黏度 2% 20℃/MPa·s	炭化温度 /℃
甲基纤维素	MC	白色粉末	0.25～0.7	1.3	47～53	35～6000	225～230
羟乙基纤维素	HEC	白色或淡黄色粉末	0.25～0.67	1.38～1.41	60～65	几千～几万	205～210
羟丙基甲基纤维素	HPMC	白色粉末	0.25～0.7	1.26～1.31	42～56	20～42000	280～300
羧甲基纤维基	CMC	白色或淡黄色粉末				>1000	

2）粘结剂

在石膏刮墙腻子配料中 CMC 虽然有一定黏度，但会对石膏的强度有不同程度的破坏作用，尤其是表面强度。因此需掺入少量胶粘剂，使其在石膏刮墙腻子干燥过程中迁移至表面，增加石膏刮墙腻子表面强度，否则刮到墙上的石膏刮墙腻子因长时间不喷刷涂料会出现表面掉粉现象。但采用 MC、HPMC 或 HEC 则可少掺胶粘剂，它们与 CMC 不同，其对石膏强度不会降低或降低甚少。

石膏腻子常用的胶粘剂有：糊化淀粉、α-淀粉、氧化淀粉、常温水溶性聚乙烯醇、可再分散聚合物粉末。

3）缓凝剂

尽管某些纤维素醚和胶粘剂对石膏有缓凝作用，但缓凝效果达不到石膏刮墙腻子的使用时间要求，因此还要加入一定量缓凝剂。

4）渗透剂

为了使石膏刮墙腻子能与基底结合得更好，在石膏刮墙腻子中掺入极少量渗透剂。常用的渗透剂类型有阴离子型和非离子型。

5）柔韧剂

石膏硬化体本身软脆，一旦刮墙腻子层过厚，极易从两腻子层之间剥离，因此加入一定量柔韧剂和渗透剂则可以提高腻子柔韧程度，可进一步提高腻子料浆的操作性能。常用的柔韧剂有各种磺酸盐、木质纤维等。

第二节 性 能 特 点

通常情况下，在混凝土墙及顶板表面装修要经过去油污、凿毛、抹底层砂子灰后做面层抹灰、再刮腻子等工序，既费时又费工，落地灰多，亦难以保证不出现空鼓开裂现象。刮墙腻子充分利用建筑石膏的速凝、粘结强度高、细腻的特点，并加入改善石膏性能的多种外加剂配制而成，广义上讲是一种薄层抹面材料。这种刮墙腻子抗压强度>4.0MPa，抗折强度>2.0MPa，粘结强度>0.4MPa，软化系数0.3~0.4，因此这种硬化体吸水后不会出现坍塌现象。其优点有：

1) 工厂化生产，由合格的建筑石膏与复合外加剂搅拌均匀而成，成袋供应，施工前加水调和即可，性能稳定，使用方便，不但适合于建筑工程，对于家庭装修也卫生方便。

2) 干燥硬化快，且可在潮湿的墙体基面上施工，施工周期明显比108胶滑石粉腻子短，特别适于冬季室内装修。

3) 强度高、粘结力强，防潮防霉，不易空鼓、脱落，耐久性好。

4) 体积稳定，抹灰厚度范围大，除应用于砂浆基面外，还可直接用于石膏砌块、石膏空心条板、纸面石膏板等多种新型墙体表面，适应当前新型墙体材料的发展趋势。

5) 产品无毒无害，为绿色环保产品。

6) 与108胶滑石粉相比材料成本低。

建筑及装饰工程中，腻子材料需要量很大。腻子材料的更新换代已成为必然趋势。建筑石膏腻子产品性能好，投资少，生产工艺简单，市场广阔，具有良好的应用前景。

7) 石膏腻子采用建筑石膏制备而成，以建筑石膏作胶凝材料取代了聚乙烯醇、淀粉等水溶性胶体，腻子硬化后产生二水石膏的结晶硬化体，这种硬化体不仅具有较高的硬度和强度，而且还具备"呼吸"作用，能调节室内空气的湿度。当室内空气潮湿时，硬化体表面能吸收水分，当室内空气干燥时，则又放出水分，从而保护墙体不易泛潮、结露。

第三节 技术要求及应用

一、技术要求

表 12-2 凝结时间 （min）

项 目		初凝	终凝
普通石膏腻子	I	≥70	≤180
	II	≥90	≤270
饰面石膏腻子	WL、CL	≥100	≤270
	T	≥120	≤360
功能石膏腻子		≥100	≤300

表 12-3　常规性能要求表

项 目		普通石膏腻子		饰面石膏腻子		功能石膏腻子
		Ⅰ	Ⅱ	WL、CL	T	
硬度/(N·mm⁻²)		≥100	≥60	≥90	≥75	≥70
粘结强度 /MPa	标准状态	0.55	0.20	0.55	0.50	0.45
	浸水后	0.35	—	0.30	0.30	0.25
施工性		刮涂无障碍、易收光		刮涂无障碍、易收光	施工无障碍	施工无障碍
耐水性		浸泡48h 无异常	浸泡24h 无异常	浸泡48h 无异常	浸泡48h 无异常	浸泡36h 无异常
初期干燥抗裂性/mm		无裂纹				
干燥时间/h		≤4		≤4	≤4.5	≤4.5
保水率/%		90		90	95	90
耐温湿系数		≥1.0	≥0.8	≥1.2	≥1.4	≥1.4

二、技术应用

传统刮墙腻子主要是采用甲基纤维素、羧甲基纤维素或淀粉之类的胶粉与石膏粉、双飞粉、滑石粉、轻钙粉、灰钙粉等干混后配成的单组分固体粉末。它解决了施工配料的随意性，使用时，只需要按一定的比例用水将粉体腻子粉调制成膏状即可。但这类产品在使用中易起粉、脱落，表面强度、粘结强度都很低，严重影响了腻子的质量。因此在符合健康环保要求的同时，优秀的建筑腻子必须具有较高的表面强度和粘结强度，必须保证涂刮后的表面光洁细腻，另外，还应具有良好的施工性能。

以无机胶凝材料-建筑石膏作为腻子的主要胶凝剂，加入保水剂、缓凝剂等助剂，帮助建筑石膏顺利水化形成强度，并提高石膏腻子与基底的粘结力以及腻子的可施工性。这种石膏腻子易施工，表面强度和粘结强度高，不起粉不脱落，饰面细腻光洁，滚刷涂料后的效果远超过传统腻子，并且不含甲醛、无毒性，是一种健康、环保、高品质的新型建筑腻子。

这种石膏腻子与传统腻子的性能比较。相对于传统腻子而言，石膏腻子具有优秀的防潮防湿性能。传统腻子是以液状胶体干燥成膜而产生强度，其本身是不能成型的，即它是没有抗压和抗折强度的。所以，传统腻子表面强度低，且其批刮厚度不宜超过 0.5mm，否则液状胶体不能干燥成膜，易产生龟裂，一般需分多次批刮。而石膏腻子的表面强度和粘结强度来自石膏本身的硬化和与基底的粘结性能，它可以成型，有抗压和抗折强度。故石膏腻子有较高的表面强度，其批刮厚度也不受限制，一般分两次批刮即可完成腻子层的施工，省时省力，不会产生龟裂现象。

石膏腻子以其优秀的品质和健康环保的特性迎得了市场的青睐，其价格却并不高于传统腻子。而以优质的建筑石膏配制的环保型建筑室内腻子每平方米墙面耗量约 1kg 左右，与传统腻子的报价相仿。所以，健康型石膏腻子在价格上也有其竞争优势。

随着人民生活水平的提高，健康环保型的新型装饰材料必将深受欢迎。健康型石膏腻子必将以其优异的性能以及无毒无害的品质，赢得一片广阔的市场。

第四节　参 考 配 方

以下技术实例中的配方均以重量百分比表示。

1. 技术实例 1

建筑石膏：68.96；柠檬酸：0.1；甲基纤维素醚：0.3；膨润土：4；乙烯-醋酸乙烯共聚乳胶粉：0.6；重钙粉：26.39；淀粉醚：0.03。

2. 技术实例 2

建筑石膏：77.3；柠檬酸：0.15；羟丙基甲基纤维素醚：0.2；膨润土：5.7；聚乙烯醇胶粉：0.85；滑石粉：15.7；木质纤维：0.2。

3. 技术实例 3

建筑石膏：85；柠檬酸：0.1；羧甲基纤维素醚：0.5；膨润土：6.25；乙烯-醋酸乙烯共聚乳胶粉：0.6；重钙粉：8.1；木质纤维：0.3。

4. 技术实例 4

建筑石膏：60；柠檬酸：0.05；甲基纤维素醚：0.25；膨润土：8；改性木薯淀粉：2.5；滑石粉：29.15。

5. 技术实例 5

建筑石膏：81.5；柠檬酸：0.2；淀粉醚：0.02；羟丙基甲基纤维素醚：0.2；膨润土：3；改性木薯淀粉：2.5；重钙粉：12.5。

6. 技术实例 6

建筑石膏：65；柠檬酸：0.1；甲基纤维素醚：0.35；膨润土：10；聚乙烯醇胶粉：1；滑石粉：23.75。

7. 技术实例 7

建筑石膏：71.39；柠檬酸：0.05；淀粉醚：0.03；羧甲基纤维素醚：0.2；膨润土：7.45；乙烯-醋酸乙烯乳胶粉：0.1；滑石粉：20.56。

上述石膏基建筑腻子粉可将所需原材料按比例一次称足同时搅拌而成。

第五节　腻子生产与应用中的问题

1. 腻子膜开裂

墙面裂缝大体分为四种：

墙体裂缝：裂缝随地基的变动呈现不均匀的分布，这是由于墙体沉降变形造成的。解决办法是：如果是建筑一直沉降变形、不要忙于修补，最好等待不再变形时再进行修补；修补要根据裂缝形状、密度大小而采取多种方案，可用开槽修补或者加网格布修补，必须用高弹腻子。

粉刷层裂缝：找平砂浆柔性不够，表现为比较大的龟裂纹，一般是均匀地分布。用高弹腻子或双组分弹性腻子满批，分别修补。

保温层裂缝：一般呈现不规则的裂缝是比较常见的现象，这是由于保温材料的收缩变形、网格布、砂浆不正确的施工等很多原因造成的。解决办法应根据裂缝的大小及分布不同而定，如果比较严重，有必要加贴网格布或网布；如果不严重就用双组分的柔性腻子满批。

腻子层裂缝：一般表现为细微的龟裂纹，均匀分布，注意不是缝是纹，纹和缝是有区别的。

下面主要介绍腻子层龟裂的几个问题。

1）腻子涂刮层过厚会产生龟裂，一般不超过 3mm。有的内外墙平整度差，误差多达 3～5cm，如果全用腻子找平有时会龟裂；应该用砂浆找平，误差越大要求砂浆越粗，基层用抹灰石膏砂浆或柔性砂浆找平以后，才能满批腻子。

2）无机粘结剂（水泥）添加量过多，强度过大也会造成裂缝，一般在内外墙防水腻子出现裂纹现象，水泥添加量超过 30％以上造成腻子强度过大，饰面硬脆，易产生龟裂纹。过去我国大部分地区用胶水，老粉或者外墙用胶水再加上白水泥满批，就容易产生脱粉和龟裂。

3）内外墙基体的粉刷层松动、有粉尘。如果不解决，满批腻子粘结的是表面的一层粉，很容易起鼓分层。如果用手敲打声音不同，随着外界冷热温度的变化，慢慢地出现裂纹，裂纹顺着空鼓的方向开裂。如果把裂缝打开，会看到腻子和墙底是两层，中间一层粉尘。

解决这类墙底，首先看墙基，如脱粉严重，必须清除干净，用水冲洗后方可刮涂腻子；如果不太严重，表层可用胶水滚刷后才可满批腻子。

4）配方不合理。一般在设计配方时要看工程的要求，选择刚性还是柔性腻子。无论是腻子或是保温砂浆，都有一个规律：强度和柔性成反比。强度越大，柔性越差，越易裂，不同的强度和柔性需要不同的胶粉。

5）正确地选择填充材料也是解决腻子粉开裂的一个很主要的方法。柔性的填充料有海泡石粉、滑石粉、云母粉、硅灰石。这些填充料都可以增加柔性，减少开裂，这是降低腻子的生产成本最有效的方法，乳胶粉越多，越能抗裂。

（1）腻子膜开裂的现象有几种情况

① 腻子批刮干燥后即大面积开裂；

② 腻子批刮后一段时间没有及时涂装涂料，腻子膜开裂；

③ 批刮同一面墙，有的地方开裂，有的地方不开裂。造成这些开裂的原因不同，应该分别对待。

（2）出现腻子开裂问题的原因

① 腻子批刮干燥后即开裂，是因为腻子本身的质量差，这时如果行照行业标准 JG/T 157—2009 检测，其初期干燥抗裂性可能不合格。

② 腻子批刮后一段时间没有及时涂装涂料，腻子膜出现微细裂纹，其原因是由可再分散聚合物树脂粉末和无机胶结材料共同作为基料。若批刮后不能够及时涂装涂料，则由于腻子膜干燥，其中的无机胶结材料不能够进一步水化而提高强度，体积收缩，基料的粘结力低，不能够克服体积收缩应力。若腻子批刮后及时涂装涂料，涂装的涂料能够进一步向腻子膜中的无机胶结材料提供水分，促使其继续水化，强度继续增长，使腻子膜具有足够的物理力学性能。

③ 批刮同一面墙，有的地方开裂，有的地方不开裂，其原因是腻子批涂得太厚或者批涂得厚薄不均匀所致。

（3）防治措施

属于第一种情况时，应提高腻子的质量，即提高配方中有机胶结料的用量。腻子中的可再分散聚合物树脂粉末或聚乙烯醇微粉的用量不能太低。腻子膜的初期干燥抗裂性主要靠有机胶结料提供；因为无机胶结料的粘结强度本来就低，在批刮后的短时间内强度不能够迅速增长。此外，填料的细度不能太高，高细度的填料既需要更多的胶结料来粘结，又会造成更大的干燥收缩，这都是引起腻子膜开裂的不利因素。一般情况下不必使用细填料；属于第二种情况时，应在腻子批刮后及时涂装涂料；第三种情况则要求批涂时一道不能够批涂得太厚，并应注意批涂均匀，以保持腻子膜的厚薄均匀。

2. 腻子膜的耐水性差

出现问题的原因，一是配比不当，腻子组成材料中无机胶结料的含量低；二是建筑石膏的质量差。

3. 腻子的施工性能差

好的腻子应该有良好的批刮性，刮涂轻松，无黏滞感。施工性能差则有两种现象，一种情况是腻子的干燥速度快；二是腻子批刮时手感太重，发黏。

1）出现问题的原因

第一种情况是由于保水剂的用量低，第二种情况是腻子中胶粉类的用量偏高。当配方中没有使用适当的触变性增稠材料时，会使情况变得更为严重。

2）防治或解决措施

腻子干燥过快时应当增加纤维素醚类保水剂的用量；太黏滞时应降低胶粉的用量。同时，也不能够忽视增稠剂的使用。例如在同样的配方中只要适当使用淀粉醚或膨润土，就能够使原有手感黏滞的腻子的施工性能变好。但是，增稠剂没有保水性能，不能够解决因为保水剂用量低时干燥快的问题。

4. 腻子膜粗糙

虽然腻子表面还需要涂装涂料，但腻子膜也不能够太粗糙，否则会影响涂料的装饰效果或者增加涂料的用量。好的腻子膜仍然需要光洁、平滑，质感细腻。

1）出现问题的原因

造成腻子膜粗糙问题的原因可能是因为填料的细度太低或者保水剂的使用不当。虽然在前面的有关内容中都提到腻子不需要使用高细度的填料，但同时也不能够使用细度太低的填料，即填料的细度应适当，即一般在 280～360 目左右的细度即可。实际上，随着现代外墙涂装技术的提高和要求严格，现在已经对腻子的功能进行细化，仅仅对辅助涂装的普通功能腻子（相对于弹性、抗裂和装饰等功能而言），就分成头道腻子（找平腻子）、滑爽腻子和抛光腻子等。显然，这些腻子的作用与使用目的不同，其组成材料必然不同。仅从填料的细度和品种来说，就存在着重要差别。头道腻子以找平为目的，要能够批刮得厚，因而只要 240 目左右的重质碳酸钙或其他惰性填料即可，有的甚至在头道找平腻子中使用 80 目石英砂（粒径在 0.1～0.2mm），以增加其填充性和提高腻子膜的强度。滑爽腻子则需要使用细度高的填料。抛光腻子则需要使用细度在 420 目以上的石英砂类材料作为填料。

就保水剂的使用来说，不能够使用羧甲基纤维素作为保水剂，羧甲基纤维素虽然也有一定的保水作用，但这类产品的质量不稳定，有些产品的常温水溶性尤其是速溶性差，没有充分溶解的成分留在涂料中，使涂膜变得粗糙。

2）防治措施

生产腻子时使用的填料细度要适当，不能使用羧甲基纤维素作为保水剂。施工选用腻子时，应根据不同的目的选用不同的腻子，决不要将已经分类为找平腻子的产品应用于面层。应选用质量合格的腻子，对于使用羧甲基纤维素作为保水剂的腻子，因其性能差，应避免使用。

5. 腻子膜脱粉

这里的腻子膜脱粉指的是有些商品房，在销售时只批刮腻子，不再涂装涂料，并要求腻子膜能够在半年左右的时间内不脱粉。这种情况下使用的腻子，因为要求低，成本也低，多数情况下在三个月的时间内表面即会干擦脱粉。

出现问题的原因：实际上这类问题不属于技术问题，主要是使用的腻子的质量太差，腻子中的胶结料少，大量地使用重质碳酸钙，没有胶结性。实际上，以这种展示为目的使用的腻子，其质量应当更高，而不是像目前这样使用劣质的腻子。因为所批涂的腻子膜既需要在不涂装涂料的情况下经历一定的时间（有的可达一年），又要在其后涂装涂料时成为新涂装涂料的基层。如果使用劣质腻子，在业主装修时可能不会予以铲除而是直接涂装涂料，则造成的问题会更多、更严重。

6. 腻子膜的打磨性差

一般来说，腻子膜的打磨性和其物理力学性能是一对矛盾，即腻子膜的打磨性好，其物理力学性能就差。例如，通常胶结料用量很少的情况下，打磨性很好。但是，通过优化材料组成，能够相应地缓解这种矛盾的性能。

1）出现问题的原因

施工反应的腻子膜的打磨性差可能是因为腻子组成材料的问题，也可能是因为施工时打磨时间掌握不好的原因。

2）防治措施

如果是腻子组成材料的问题时，应对腻子的配方进行调整。在组成材料中，腻子批刮的一定时间内，石膏等无机材料由于其强度还没有充分增长，比较易于打磨；可再分散聚合物树脂粉末也需要一定的成膜时间才能具有充分的强度；而聚乙烯醇类材料的成膜时间最短，在很短的时间内就能够达到最终强度，因而最容易造成打磨性不良的问题，在高质量的腻子中应当少用或不用。属于施工打磨时间掌握不好的，应当在腻子批刮的表干而没有实干的时间段内及时打磨。但具体到不同的腻子，其最佳打磨时间又不相同，有的要求批刮后 4～8h 内必须进行打磨，有的商品则称在 48h 内具有良好的打磨性。

7. 腻子的干燥时间过长

腻子在批刮后长时间不能干燥，影响下一道工序的进行，在冬季还会因为长时间得不到干燥而影响腻子膜的抗冻性能，使腻子膜的物理力学性能受到影响。

1）出现问题的原因

（1）腻子配方中的甲基纤维素醚的用量太高；

（2）缓凝剂的用量过大；

（3）施工调拌腻子时的用水量太大。

2）防治措施

降低腻子中的甲基纤维素醚和缓凝剂的用量，在施工时正确加水调拌。

8. 腻子黏稠

腻子在施工调拌时黏度很高，不易拌制和施工。

1）出现问题的原因

腻子配方中的甲基纤维素醚的用量太高。

2）防治措施

降低腻子中的甲基纤维素醚的用量。

第六节　刮墙腻子的施工工法

1. 涂装系统施工对新鲜基层的要求

1）对新抹灰浆的基层在通风良好的环境下，夏季应干燥 14d，冬季应干燥 21 d 以上。

2）面层坚实、颜色基本一致，所有的缺陷（如裂缝、坑洞、空穴、凹陷等）已经预先进行了处理。

3）面层无油脂及其他松脱物；无霉菌生长。

4）墙体含水率小于 10%；6<pH 值<10，无泛碱发花现象。其中，墙体含水率可用专用测湿仪进行测试，测试方法是将测湿仪的探针插入墙体直接读数即可；墙体 pH 值可用广泛 pH 试验测试，测试方法是先将墙体及试纸用纯水润湿，再将试纸贴于墙体表面，根据试纸颜色的变化，与样板颜色比较就可得出墙体的 pH 值。

2. 混凝土面层常见的处理方法

1）较大的凹陷使用聚合物砂浆抹平，并待其干燥；较小的裂缝、孔洞使用弹性腻子修补。

2）使用高压水枪冲洗。

3）使用铲刀、钢丝刷和砂纸等进行处理。

4）使用洗涤剂清洗油脂和模板隔离剂等。

5）使用杀霉菌水溶液或漂白粉清除霉菌。

6）若基层出现泛碱发花时，应使用 5% 的草酸水溶液刷洗，再用清水冲洗干净，干燥后，使用抗碱封闭底漆进行封闭处理。

7）打磨旧涂膜并检验相容性。

8）使用界面剂处理表面，然后再用砂浆找平。

9）对基层原有的缺陷应根据具体情况区别对待：疏松、起壳、脆裂的旧涂膜应进行彻底铲除；黏附牢固的旧涂膜使用砂纸打磨。

3. 基面处理不当可能给涂装系统带来的问题

当基面处理不当时可能给涂装带来质量问题，常见处理不当及其可能带来的涂装质量问题见表 12-4。

表 12-4　基面处理不当可能给涂装系统带来的问题

基面存在问题	可能带来的涂装问题
含水率高，可能是由于养护期短，或者养护期处于雨季潮湿天气或者有漏水等原因所造成	造成涂膜起泡、脱落等

续表

基面存在问题	可能带来的涂装问题
裂缝未做处理	涂膜沿裂缝出现较多的泛碱、色差等
碱性高或者泛碱	涂膜光泽不均匀
基层较疏松	涂膜难以牢固地附着于基面
存在油脂或模板隔离剂	涂膜附着不牢甚至脱落

4. 腻子的施工

1）腻子的批刮

腻子通常采用刮涂法施工，即采用抹子、刮刀或油灰刀等刮涂腻子。刮涂的要点是实、平和光。即腻子与基层结合紧密，粘结牢固，表面平整光滑。刮涂腻子时应注意以下一些问题：

（1）当基层的吸水性大时，应采用封闭底漆进行基层封闭，然后再批刮，以免腻子中的水分和胶粘剂过多地被基层吸收，影响腻子的性能；

（2）掌握好刮涂时的倾斜度，刮涂时用力要均匀，保证腻子膜饱满；

（3）为了避免腻子膜收缩过大，出现开裂，一次刮涂不可太厚，根据不同腻子的特点，一次刮涂的腻子膜厚度以 0.5～1.5mm 左右为宜；

（4）不要过多次地往返刮涂，以避免出现卷落、或者将腻子中的胶粘剂挤出至表面并封闭表面等情况，使腻子膜的干燥较慢；

（5）根据涂料的性能和基层状况选择适当的腻子及刮涂工具，使用油灰刀填补基层孔洞、缝隙时，食指压紧刀片，用力将腻子压进缺陷内，要填满、压实，并在结束时将四周的腻子收刮干净，消除腻子痕迹。

2）腻子的打磨

打磨是使用研磨材料对被涂物面进行研磨的过程。打磨对涂膜的平整光滑、附着和基层棱角都有较大影响。要达到打磨的预期目的，必须根据不同工序的质量要求，选择适当的打磨方法和工具。腻子打磨时应注意以下一些问题：

（1）打磨必须在基层或腻子膜干燥后进行，以免黏附砂纸影响操作；

（2）石膏的基层和腻子膜不能湿磨；

（3）根据被打磨表面的硬度选择砂纸的粗细，当选用的砂纸太粗时，会在被打磨面上留下砂痕，影响涂膜的最终装饰效果；

（4）打磨后应清除表面的浮灰，然后才能进行下一道工序；

（5）手工打磨应将砂纸（布）包在打磨垫上，往复用力推动垫块，不能只用一两个手指压着砂纸打磨，以免影响打磨的平整度。机械打磨常用电动打磨机，将砂纸（布）夹紧于打磨机的砂轮上，轻轻在基层表面推动，严禁用力按压，以免电机过载受损；

（6）检查基层的平整度，在侧面光照下无明显凹凸和批刮痕迹、无粗糙感觉、表面光滑为合格。

腻子膜经过批刮并打磨合格后，即可进行下道工序，即涂料的涂装。

3）压光

除了按照上面的施工工序施工外，通常还应相应地多施工一道，即对面层进行精施工。

因为作为面层装饰的腻子膜和作为涂料基层的腻子膜的平整度、光洁度和细腻程度等的要求是不一样的。

第七节　工　程　验　收

1）保证项目

（1）材料的品种。质量必须符合本规程要求，有近期的检验报告及合格证。其保质期大于三个月。

（2）基本项目

2）腻子层应洁净、表面平整、无凹凸、漏刮、错台等缺陷，若腻子作为最终装饰层时，应颜色一致、手感细腻光滑，符合内墙装饰质量标准要求。

装饰线条顺直，无污染等现象。

3）石膏腻子面层允许偏差应符合表 12-5 的规定。

表 12-5　石膏腻子面层允许偏差

序号	项　目	允许偏差/mm		检验方法
		中级	高级	
1	表面平整	3	2	用 2m 靠尺和塞尺检查
2	立面垂直	3	2	用 2m 靠尺和塞尺检查
3	阴阳角垂直	3	2	用 2m 托线板检查
4	阴阳角方正	3	2	用方尺和塞尺检查

注：以上各项在刮腻子之前必须检查基层表面的质量。

4）土建、水电各工种应密切配合，合理安排施工顺序，不得颠倒工序作业。

5）腻子刮完后，应采取有效可靠的措施保护已完成成品，防止损坏和污染。

第十三章　嵌 缝 石 膏

石膏嵌缝腻子，又名石膏接缝腻子（简称嵌缝腻子），是一种用于石膏板与板间接缝、嵌填、找平、粘结，使其成为一个完整、牢固的整体的必备施工配套材料。是由石膏与无机或有机胶凝材料、填料以及多种化学外加剂，经一定的生产工艺制成的混合材料。

第一节　组 成 材 料

混合材料的成品以其状态分类，市场上有两种：一种是粉状称为嵌缝石膏粉，另一种是膏状称为石膏板嵌缝膏（简称嵌缝膏）。其中嵌缝石膏粉按使用方法不同可分为两种产品：一种与接缝带配合使用，适用于楔形棱边的纸面石膏板及其他类型的石膏板与板间接缝的嵌缝处理，也适用于其他轻质墙体的板间接缝处理，称为石膏嵌缝腻子；另一种可不用接缝带，直接用于半圆形棱边的纸面石膏板与板间接缝处理，称为无带石膏嵌缝腻子，也可与接缝带配合用于楔形棱边的纸面石膏板及其他类型石膏板与板间接缝处理。

嵌缝石膏粉是一种由建筑石膏、缓凝剂、胶粘剂、保水剂、增稠剂、表面活性剂等多种材料组成，按一定的生产工艺加工而成的预混合粉状材料。其主要组成材料是具有遇水能迅速发挥其应有作用的粉状材料。主要有以下材料组成：

一、建筑石膏

建筑石膏是以 β-半水石膏（$CaSO_4 \cdot 1/2H_2O$）为主要成分，具有凝结快、可塑性好、硬化体不收缩等特性，具有良好的粘结性和强度，是一种适合石膏板与板间嵌缝的理想胶凝材料。

二、外加剂

1. 缓凝剂

缓凝剂的作用是延长石膏的凝结时间，使嵌缝腻子有足够的可使用时间。其种类很多，通常单独采用一种缓凝剂，为了达到足够的凝结时间，就需加大掺量。某些无机盐类在加大掺量时，产生泌水，石膏强度明显下降，以至于发生粉化、表面涂层脱离、空鼓、脱皮、剥落等弊病。因此，需选用适当的缓凝剂复合使用，如选用高蛋白质缓凝剂等。

其主要技术性能满足下列要求：易溶于水，掺少量即能使石膏腻子初凝时间延长至45min 以上，并使石膏腻子的强度试验符合标准要求。

2. 胶粘剂

胶粘剂的作用是改善石膏的粘结性能，提高嵌缝腻子对纸面石膏板的面纸及接缝带等被粘物的粘结性能。

嵌缝石膏用的胶粘剂应该是水溶性或水溶膨胀型的粉状胶粘剂，其种类有动、植物胶（可溶性淀粉、骨胶等）、有机高分子化合物（聚醋酸乙烯类、可再分散胶粉料）和两者共混或改性的产品。一般动植物类胶粘剂容易霉变，影响腻子性能，而有机高分子类胶粘剂虽价格较昂贵，但遇水溶解快、搅拌不结团，可提高石膏的塑性，改善脆性和抗裂性，使嵌缝腻子有足够的粘结强度。

其主要技术性能满足下列要求：在水中能分散、不结团的粘结材料，使石膏腻子与接缝带的粘结试验符合标准要求。

3. 保水剂（增稠剂）

保水剂（增稠剂）与水形成胶体溶液，使水不易挥发或被基层吸收，保证了石膏水化所需的水分，起到保水的作用。同时调整石膏腻子的黏稠度，使腻子在嵌填板缝时不会因下垂而嵌填不饱满，不易产生裂缝。但这类产品的掺入有可能会降低石膏的强度和延缓石膏的水化过程，为了保持腻子综合性能良好，保水剂（增稠剂）的选择及掺量必须合适。常用的有水溶性纤维素衍生物、改性淀粉、瓜尔豆胶等。

其主要技术性能满足下列要求：适量掺入可使石膏腻子不下垂，保水率达95%以上，并使石膏腻子的强度试验符合标准要求。

4. 表面活性剂

表面活性剂能降低水的表面张力，对嵌缝腻子的各组分之间起到浸润、分散作用。

表面活性剂种类很多，一般根据表面活性剂在水中能够产生表面活性的基团的性质划分，是阳离子的称为阳离子型表面活性剂（烷基三甲基氯化铵等有机叔胺盐或季铵盐），是阴离子的称为阴离子型表面活性剂（如烷基磺钠等有机羧酸盐或磺酸盐），是水溶性分子的称为非离子型表面活性剂（如高级醇环氧乙醇成物等聚氧乙烯型和多元醇型）。嵌缝石膏粉宜采用阴离子型表面活性剂，它的适应性强，货源充足，价格便宜。其主要技术性能满足下列要求：易溶于水，控制掺入量，掺量以不过多降低强度为宜，配制的嵌缝腻子易拌合，不结块。

第二节　性能特点

一、嵌缝石膏

1. 进行嵌填，找平接缝处理时的特点

进行嵌填、找平等接缝处理，硬化后使石膏板板面成为一体。具有和易性好、黏稠度合适、易涂刮、有足够的可使用时间、干硬快、不收缩，属于干粉型腻子，能充分嵌填饱满不同厚度的板间缝隙，不裂纹。由于嵌填饱满有利于提高墙面的隔声指数和耐火性能，具有合适粘结性能，使嵌缝腻子与石膏板的纸面、石膏芯材以及接缝带等均能粘结牢固，耐火性能及强度均优于纸面石膏板，是一种适合各种类型石膏板等板材接缝用的通用型接缝腻子。

2. 用于石膏板与板间接缝的特点

这种石膏腻子用于石膏板与板间接缝的特点是能饱满的嵌填于接缝间隙中，不收缩裂缝，隔声和耐火效果好；填平楔形板面，粘结面大，中间埋置一层与腻子结合牢固的接缝带增强。当板面受荷载作用时，应力被约束在单块石膏板面上，不易开裂，能形成一个整体性强、粘结牢固、平整的板面。

二、嵌缝膏

嵌缝膏是以聚合物乳液为基料，加入特有的化学外加剂及填料，经混合制成膏状材料。在现场打开包装桶即可使用。

嵌缝膏用于石膏板板间缝隙连接的特点是板边之间自然靠拢，嵌缝膏直接填平楔形板面，中间埋置一层与腻子结合牢固的接缝带增强。此接缝为柔性连接，当板面受荷载作用时，应力分布在整个板面上，不易开裂，形成一个刚柔结合的整体板面。

第三节 技 术 要 求

表 13-1 石膏板嵌缝膏主要技术性能指标

序号	项　目		指标
1	细度/%		≤1.0
2	凝结时间[a]/min	初凝	≥40
3		终凝	≤120
4	施工性		刮抹无障碍、不打卷
5	保水率/%		≥90
6	抗拉强度/MPa		≥0.60
7	打磨性/g		0.2~1.0
8	抗裂性		无裂
9	抗腐化性		无色变、无霉变、无是异味

a 凝结时间也可由供需双方商定。

一、试验方法

引用 JC/T 2075—2011《嵌缝石膏》标准，重要性能指标检测如下：

1. 试验仪器

1）天平：感量为 0.01g。

2）方孔筛：网孔尺寸为 0.2mm，符合 GB/T 6003.1—2012 的规定。

3）电子秤：感量为 1g。

4）电热鼓风干燥箱：控温器灵敏度为±1℃。

5）拉力试验机：最大拉力为 20000N，精度一级。

6）打磨试验机：压头质量为（460±20）g，压头尺寸为 90mm×40mm，纵向往复，磨耗面长度为 380mm。

7）初期干燥抗裂性试验仪。

8）高压锅：最大蒸汽压力为 0.14MPa。

9）调温调湿箱：控温器灵敏度为±1℃。

2. 实验室标准试验条件

标准试验条件应满足温度为（25±5）℃、相对湿度为（50+5）%。

3. 试验用辅助材料

试验应采用符合 GB/T 9775—2008 规定的普通纸面石膏板。

4. 试样处理

试样在 6.2 规定的标准试验条件下放置 24h，然后在该标准试验条件下进行测定。

5. 试验步骤

1）细度

用天平称取试样 50.0g，采用符合 6.1.2 规定的方孔筛，按照 GB/T 17669.5—1999 中第 5 章的规定进行测定。

2）凝结时间

（1）标准扩散度用水量的测定

用电子秤称取试样 600g，按照 GB/T 28627—2012 中 7.4.2 的规定对标准扩散度用水量进行测定。

（2）凝结时间的测定

按照 GB/T 17669.4—1999 中的规定进行测定，但测定的时间间隔为 5min。

3）施工性

准备尺寸为 300mm×150mm、棱边形状为楔形的纸面石膏板四块，且楔形棱边在纵向。把两块纸面石膏扳的楔形棱边相向拼接，并予以固定。称取试样 200g；将标准扩散度用水量的水倒入搅拌容器中，把试样在 30s 内均匀地撒入水中，静置 3min；用手握住搅拌器，搅拌 2min 后，倒到两块纸面石膏板的楔形棱边拼接面；采用宽度为 200mm 的抹刀，架于两块纸面石膏板上，以与纸面石膏板成 45°的角度，沿楔形棱边纵向来回刮抹膏状试样两次。

记录刮抹过程有无障碍、料浆是否打卷等情况。测定共进行两次，以两次测定中较差情况作为施工性的结果。

4）保水

按照 GB/T 28627—2012 中的规定进行测定。

5）抗拉强度

按照 JG/T 298—2010 中 6.12 的规定制作六个试件。把试件平放置于台面，在标准试验条件下放置 24h 后，移入温度为（40±2）℃的电热鼓风干燥箱。在干燥箱中静置 48h 后取出，用环氧树脂把抗拉夹具粘在小砂芝块上。在标准试验条件下静置 24h。用拉力试验机以 0.3mm/s 速率拉伸试件，直至破坏。

记录六个试件的拉力值，按公式（13-1）计算抗拉强度。以六个试件抗拉强度平均值作为试样的抗拉强度，精确至 0.01MPa。若单个值与平均值的相对误差大于 15%，则剔除该值后，重新计算平均值。若两个以上的值与平均值的相对误差大于 15%，应重做试验。

$$S = F/A \tag{13-1}$$

式中　S——抗拉强度，单位为兆帕（MPa）；

　　　F——拉力值，单位为牛顿（N）；

　　　A——抗拉面积，即 40mm×40mm，单位为平方毫米（mm²）。

6）打磨性

准备尺寸为 430mm×170mm×12mm 的纸面石膏板两块、尺寸为 430mm×170mm×2mm 的橡胶垫一块。在橡胶垫的中央开一个尺寸为 410mm×80mm 的窗口，并把橡胶垫放置于纸面石膏板上。称取试样 200g；采用标准扩散度用水量把试样调制成均匀的膏状试样，将其倒入橡胶垫的窗口中；用抹刀架于橡胶垫上，并与橡胶垫成 45°的角度，沿纵向抹平膏状试样；在标准试验条件下放置 3h 后，去掉橡胶垫，移入温度为（40±2）℃的电热鼓风干燥箱中，干燥 24h；试件从干燥箱取出后，在标准试验条件下放置 2h；称取试件磨前质量。把试件放置于打磨试验机上，固定纸面石膏板；在打磨试验机的压头上安装 60 目（2 号）

干磨砂纸；开启打磨试验机，使压头在试件上往复打磨五次；取下纸面石膏板，用软毛刷轻轻刷去试件表面粉粒后，称量试件磨后质量。试件的磨前质量与磨后质量之差即为磨耗量。每次测定都应新换干磨砂纸。

测定共进行两次，以两次测定的磨耗量平均值作为试样的打磨性结果，精确至 0.1g。

7）抗裂性

准备尺寸为 300mm×200mm 的纸面石膏板三块。准备直径为 3mm、长度为 200mm 的直圆棒一根。称泵试样 100g；采用标准扩散度用水量把试样调制成均匀的膏状，将其倒在纸面石膏板上；在纸面石膏板沿平行于纵向、距一边约 50mm 处放置直圆棒；采用宽度为 120mm 的抹刀，一角架在直圆棒上，一角接触纸面石膏板，以与纸面石膏板成 45°的角度，沿纵向把膏状试样刮抹在纸面石膏板上；来回刮抹几次后，使膏状试样表面平整，且膏状试件呈一边高、一边低的楔形体，尺寸为 140mm×90mm，如图 13-1 所示。成型后，小心缓慢地沿纵向拉出直圆棒，立即将粘有膏状试样的纸面石膏板放置于初期干燥抗裂性试验仪中。在标准试验条件下以（2.0±0.3）m/s 的风速纵向对试样吹风 16h 后，观察试件的裂缝状况。

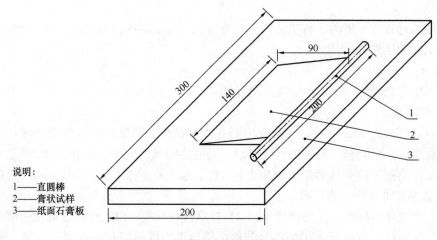

说明：
1——直圆棒
2——膏状试样
3——纸面石膏板

图 13-1　抗裂性试件图（单位为 mm）

测定共进行三次，以三次测定中较差情况作为抗裂性结果。

8）抗腐化性

将培养皿、搅拌锅、搅拌棒、料勺等将与试样相接触的物品放在高压锅中煮沸灭菌 30min。

称取试样 100g；使用煮沸后冷却至标准试验条件下的水把试样采用标准扩散度用水量调制成均匀的膏状；把试样放入培养皿中，盖上培养皿盖，放置于温度为（28±2）℃、相对湿度为（90±3）%的调温调湿箱中 4d，每 24h 观察一次。记录试样抗腐化情况。

测定共进行三次，以三次测定中最差情况作为抗腐化性结果。

二、嵌缝石膏的应用性能

判断嵌缝石膏粉是否好用，除了材料性能符合要求外，还必须具有良好的应用性能。

嵌缝石膏的细度，直接影响到腻子层表面的光滑程度。特别是最后一道腻子层，如果通过 0.2mm 筛余物里有不溶于水的大颗粒，表面就可能刮出道痕而影响表面平整。

嵌缝腻子凝结时间，初凝时间不能太快，以 40min 以上为宜，便于操作；终凝时间也不宜太长，一般在 90min 左右，时间太长则会延长接缝处理完成的周期。

当嵌缝腻子嵌填在石膏板与板间接缝处，板间的腻子厚度（与板的厚度一致）会厚一些，在楔形倒角内的腻子就薄一些。因此，嵌缝腻子层不论是厚处还是薄处均不应有裂缝产生，这就要求嵌缝腻子的裂缝试验合格。同时嵌缝腻子与石膏板的面纸、接缝带粘结也要良好，在凝固后，有足够的抵御外界负荷影响的能力。

嵌缝腻子不能发霉，在使用中发霉，会使终饰面上出现霉点，影响使用效果。

第四节　参 考 配 方

石膏基嵌缝材料的参考配方如表 13-2 所示。

表 13-2　石膏基嵌缝材料的参考配方

组成	规格型号	质量百分比/%	组成	规格型号	质量百分比/%
建筑石膏	＜0.1mm	60.00～90.00	木质纤维		0.20～0.50
石灰石粉	＜0.1mm	10.00～40.00	可再分乳胶粉	≤0.4mm	1.00～2.00
缓凝剂		0.03～0.20			
甲基纤维素醚	Tylose®MH60010P$_4$	0.40～0.60	其他功能添加剂		0.50～5.00

第五节　影 响 因 素

1. 缓凝剂种类及掺量对嵌缝石膏性能的影响

建筑石膏因遇水后的凝结时间较短，一般初凝时间十几分钟或几分钟，为便于施工操作，必须选择合适的缓凝剂来调节凝结时间。选用常用的柠檬酸钠和蛋白质衍生物进行实验研究，见表 13-3、表 13-4。

表 13-3　柠檬酸钠掺量对嵌缝石膏性能的影响

试件编号	柠檬酸钠掺量/%	初凝时间/min	终凝时间/min	抗压强度/MPa
1#	0	11	15	18.6
2#	0.04	39	47	14.6
3#	0.08	65	75	11.5
4#	0.12	108	121	9.5

表 13-4　蛋白类衍生物掺量对嵌缝石膏性能的影响

试件编号	蛋白类衍生物/%	初凝时间/min	终凝时间/min	抗压强度/MPa
1#	0	11	15	18.6
2#	0.04	35	42	16.6
3#	0.08	61	68	15.7
4#	0.12	104	117	14.9

从表 13-3、表 13-4 可以看出，柠檬酸钠对嵌缝石膏的强度影响较大，掺量 0.12％时强度损失达到 49％；同样掺量的蛋白类衍生物缓凝剂的嵌缝石膏强度损失仅为 20％，而两者的凝结时间仅相差 4min。由于蛋白类缓凝剂的缓凝作用来源于其蛋白胶体的吸附和胶体保护作用，故对石膏晶体的形貌影响相对较小，强度损失较小。

2. 保水剂掺量对嵌缝石膏性能的影响

为避免嵌缝石膏在施工过程中因失水而影响充分水化，降低粘结强度，导致裂缝的出现，因此需加入合适的外加剂改善其保水性能。保水剂种类较多，包括纤维素醚、淀粉醚、改性矿物保水稠化剂等。选择羟丙基甲基纤维素醚作为保水剂，并进行保水性能、强度及抗裂性能试验，试验结果见表 13-5。

表 13-5　保水剂掺量对嵌缝石膏性能的影响

试件编号	保水剂/％	保水率/％	粘结强度/MPa	抗压强度/MPa	裂缝试验
1#	0	87.6	0.35	18.6	有
2#	0.1	94.3	0.46	17.8	有
3#	0.2	98.9	0.51	15.9	无
4#	0.3	99.7	0.55	13.1	无

注：配方试验掺加缓凝剂用量 0.08％，可再分散乳胶粉用量 1.2％。

由表 13-5 可见，随保水剂掺量增加，嵌缝石膏的保水率、粘结强度逐渐增大，抗裂性能增强（保水剂掺量达 0.2％时无裂缝现象）。这是因为加入纤维素醚后，保水性能提高，砂浆具有良好的可塑性和柔韧性，使得砂浆能够很好地适应基材的收缩变形，从而提高了料浆的粘结强度与抗裂性能。由表 13-5 可以看出，随保水剂掺量增加，抗压强度逐渐降低。因此，综合考虑嵌缝石膏的抗压强度、保水、粘结强度及抗裂性能，确定保水剂的掺量为 0.2％。

3. 可再分散乳胶粉掺量对嵌缝石膏性能的影响

为避免嵌缝石膏因脆性而导致其在施工及使用过程中出现裂缝，向石膏中加入有机聚合物是提高石膏柔韧性的一条有效技术途径。掺入可再分散性乳胶粉，其不同掺量对嵌缝石膏的粘结强度、抗折强度及其压折比的影响见表 13-6。

表 13-6　可再分散乳胶粉掺量对嵌缝石膏性能的影响

实件编号	乳胶粉掺量/％	粘结强度/MPa	抗折强度/MPa	抗压强度/MPa	压折比	裂缝试验
1	0	0.35	5.24	18.6	3.55	有
2	0.4	0.41	5.36	17.9	3.34	有
3	0.8	0.44	5.36	16.7	3.12	有
4	1.2	0.51	5.49	15.9	2.90	无
5	1.6	0.64	5.58	15.8	2.83	无

注：配方试验掺加缓凝剂掺量 0.08％，保水剂掺量 0.2％。

由表 13-6 可见，随可再分散乳胶粉掺量增加，粘结强度逐渐提高，压折比逐渐减小，表明柔韧性和抗裂性提高。抗裂试验表明，当掺量大于 1.2％时，无裂缝出现。根据试验可再分散乳胶粉掺量为 1.2％～1.6％。

可再分散性乳胶粉颗粒遇水形成乳液，经搅拌可分散于石膏浆体中，其乳液中的聚合物均匀地沉积在二水石膏晶体表面。随着浆体中水分的减少，乳胶粉颗粒相互靠拢，当掺量足够时，可形成连续的聚合物膜，与交错的石膏晶体互相交联。由于胶粉的加入，石膏硬化体中可见起填充和连接作用的聚合物胶膜层，形成了较为致密的网络结构。由于聚合物膜弹性模量较低，当石膏本体受力时，可有效地吸收和传递能量，抑制裂纹的形成和扩展，从而提高了硬化嵌缝石膏的抗拉强度和柔韧性。

4. 触变剂对嵌缝石膏的影响

为使嵌缝石膏具有很好的触变性能，保证其具有良好工作性，并不产生流挂现象，触变剂是嵌缝石膏中不可缺少的组分。可选用海泡石类触变剂，海泡石是一种水合硅酸镁，属于层状硅酸盐一类。海泡石的结构由 2 层四面体二氧化硅单元组成，通过 1 个中心氧原子和 1 层不连续的镁原子八面体连接组成，层状的硅酸盐矿物材料在水性系统中能够形成一种称为"卡屋式"的结构，这种结构能够提高体系的基础黏度。但在外部剪切力超过某一极限能量（屈服点）时，该结构很容易被破坏，屈服值的形成可提高系统的抗流挂性。在嵌缝石膏中掺加触变剂后，其触变性能使得嵌缝石膏在施工时既有合适的黏度，又可防止流挂现象的发生。

试验表明，海泡石类触变剂的掺量为 0.3％～0.5％时，当厚度超过 10cm 时，能保持石膏无流挂现象。

5. 配合比

通过实验制得嵌缝石膏的配合比为：m（石膏）∶m（缓凝剂）∶m（保水剂）∶m（可再分散乳胶粉）∶m（触变剂）＝1000∶（0.8～1.2）∶2∶（12～16）∶（3～5）。实际生产中可根据使用要求对配合比进行相应调整（此配比只做参考）。

第六节　应 用 技 术

一、对纸面石膏墙板嵌缝腻子材料，应有如下方面的基本要求：

1）嵌缝腻子应能与纸面石膏板以及接缝纸带牢固粘结，相互间的结合强度（抗剥强度）较高。用嵌缝腻子与接缝纸带处理过的墙面应密封严实，在长期使用后不致由于膨胀或收缩造成开裂。

2）腻子具有一定的抗压及抗折强度，以便承受可能遇到的外力作用。

3）嵌缝腻子在潮湿条件下使用时，不致发霉腐败，腻子材料应该无毒、不燃。

4）搅拌和易性好、涂抹施工时黏稠柔韧、不致凝结过快，以便于施工操作、有足够长的可使用时间。初凝时间应超过 25min，终凝时间也不宜太长。

5）腻子粉末的颗粒不宜太粗，以免嵌缝时在墙表面上划出条痕。

6）腻子配制工艺简单、便于大量生产、成品价格低廉。但是也应该指出，这并不是保证墙面嵌缝质量的唯一条件，要最终得到胶结良好的整体墙面，除了需要有适当的嵌缝腻子以外；还必须在墙体设计、材料生产和现场施工等方面采取一系列措施，其中主要有：

（1）设计时正确选择接头的构造形式和几何尺寸，特别是房屋结构要有足够的刚度；

（2）生产时保证石膏薄板、龙骨和多孔纸带的质量；

（3）施工时做到龙骨安装牢固、石膏板粘贴结实；

（4）嵌缝前对接缝表面要经过认真处理，清除一切灰尘污物；

（5）嵌缝施工中要符合工艺要求，例如，腻子在拌好后不能超过可使用时间，缝内腻子经过嵌实，及时粘贴多孔纸带，不随便使用其他材料代替粘贴带等。也就是说，只有在嵌缝腻子满足施工规定的要求、而且其他必要的条件也都能做到的情况下，嵌缝才能取得圆满的成功。如果其中某一项未能做到，都必然会对嵌缝质量产生某种不利的影响。

脱硫建筑石膏质量的不同，直接影响嵌缝腻子的性能，所以脱硫建筑石膏中二水含量不能＞1.5％，细度要进一步粉磨，以便改变其比表面积，有利于对腻子后期收缩值的影响。

二、嵌缝石膏与传统工艺的对比

传统工艺为石膏加胶水加水搅拌均匀后使用，其存在以下问题：

1）石膏为市售，质量稳定性差；

2）胶水掺量无法准确控制，现场使用仅凭经验，性能无法保证；

3）石膏凝结硬化快，可操作时间短；

4）有的胶水中含有甲醛等有害物质，影响室内环境。

嵌缝石膏产品经大量试验优选各种原材料，配合比稳定，加水搅拌后直接使用。使用方便且质量可靠，不含有害物质，为绿色环保建材。虽然嵌缝石膏的价格相对传统工艺稍高，但使用嵌缝石膏可减少接缝带等辅材，人工成本低、综合性价比更好。

三、嵌缝石膏的施工应用

1. 石膏板接缝与找平

纸面石膏板的接缝处理是石膏板装饰工程中一道比较重要的工序。由于板缝处理不合理时会直接影响到施工质量，出现板面不平整、板缝开裂等现象。

施工步骤如下：

1）粉水比为 1：（0.4～0.5），在容器内先加入一定量的水，再加入嵌缝石膏粉，充分搅拌均匀，放置 3min 后再搅拌 1 次，即可使用。

2）施工前检查缝宽是否＞3mm，缝宽不足应重新开缝。施工时用毛刷蘸清水将板缝处理干净，用工具将配制好的嵌缝石膏填满接缝，并向裂缝两边薄刮 3～4cm 宽。待干燥后粘贴玻纤网格带或牛皮纸接缝带，再刮 1 层嵌缝石膏，干燥后磨平即可做其他装饰。

3）满刮时底层须洒水，保证在底层潮湿的情况下施工。

2. 墙孔及应力裂缝的修补

嵌缝石膏可以用于修补纸面石膏板墙面的孔洞、排线的开槽、墙体的孔洞。修补的方式取决于孔洞尺寸的大小。对于钉子眼及小的裂缝或洼陷可使用嵌缝石膏进行填缝批刮处理，大孔需要用纸带或网格带加强。

应力裂缝通常发生在门或窗处，主要因结构的移动所引起。修复应力裂缝时，应先在裂缝处开出 V 型槽，填补嵌缝膏，然后使用网格带。用 2～3 次嵌缝膏，直到使其平整，然后使用柔性材料进行面层处理。

3. 嵌缝石膏应用注意事项

1）使用嵌缝石膏前应先对基层进行检查清理，基层应坚实无疏松，无油污、浮灰。

2）一次配制量不应过多，配制好的嵌缝石膏应在初凝前用完，超过初凝时间（大约

60min）将固化报废。

3）修补找平过厚的部位应分次批刮，并使用网格带等材料进行辅助处理。

第七节 施 工 技 术

一、施工应用

配套材料石膏腻子的主要配套材料是增强用的接缝带，是由加强材料制成的狭带，它埋置于石膏腻子内部，以加强石膏板接缝强度。

接缝带有两种，一种由能够满足增强接缝用的特殊纸，经过电火花或机械打孔处理，切割成一定宽度的接缝纸带。其具有透气好的、与嵌缝腻子粘结良好的特点；另一种是由一定规格的玻璃纤维网格布表面涂有特制被覆胶粘材，经过适当的加工工艺制成的接缝带，其具有抗拉强度高、尺寸稳定性好，能与嵌缝腻子粘结良好的特点。以上两种接缝带，在我国、美国、德国、加拿大等都有应用。

接缝带的主要技术性能指标是参考我国行业标准 JC/T 2076—2011《接缝纸带》

表 13-7 接缝带主要技术性能指标

项　　目		指标
宽度/mm		50.0±3.0
厚度/mm		≤0.30
长度偏差/（mm/m）		±20
湿膨胀率/%	纵向	≤0.4
	横向	≤2.5
粘结强度/MPa		≥0.30
横向抗拉强度/（N/mm）		≥4.0

二、施工工艺

1. 施工准备

1）材料复验与贮存

（1）认真做好材料进场的复验工作。按工程设计要求检查进场的石膏板配套材料的品种、规格、外观质量并核实出厂证明、合格证、检验（试验）报告等是否符合设计要求；

（2）按进场批次抽样复验，复验合格后方可使用；

（3）要按不同材料存放要求放置，不得造成变质，不应影响现场施工操作。

2）施工机具

搅拌锅及搅拌铲（或料桶及搅拌机）；

腻子刀：小、中、大，宽度分别为 50mm、60～80mm 和 100mm；

刮板：宽度为 120～200mm；

毛刷：宽度为 25mm、50mm 等；

剪刀及壁纸刀；

砂纸（150 号）。

3）基层

（1）石膏板安装平整，牢固，无松动。

采用嵌缝膏的要求：板与板之间自然靠拢，不允许紧紧挤挤在一起；

采用嵌缝石膏粉的要求：板间一般留有 3～5mm 的缝隙。

（2）石膏板安装后，应经 14d 以上稳定后，方可接缝处理。

（3）对于缺面纸的石膏外露部分，需用水性胶粘剂密封，防止掉粉、粘结不牢。

（4）石膏板损坏部分，要除去松动的石膏，用水性胶粘剂涂一遍后，用石膏嵌缝腻子填满刮平。当破损面积大于 50mm×50mm 时，用石膏嵌缝腻子填满后，铺贴一层比损坏面积大的涂胶玻纤网布，将底层腻子挤出、刮平。石膏嵌缝腻子初凝后，也可用嵌缝膏或腻子薄薄刮一层，将玻纤网布埋置、找平。

（5）墙面宽度超过 10m、墙面板的左右及上方三边、吊顶的东南西北四边，要留伸缩缝，此缝需采用弹性密封膏封闭或安装装饰性压条等方法处理。

4）工作环境

材料及室内温度：干燥型腻子室温应大于 18℃，凝固型腻子室温应在 7℃ 以上。最佳工作条件是在 22～29℃，一般温度保持在 15～18℃。

室内应在良好的通风（但不允许有对流风）和低湿度环境下。

5）操作人员

石膏板施工的技术负责人及主要操作人员必须经过专门培训，取得上岗证后，方可承担；

作业时向操作人员交底、示范和对施工质量进行控制。

2. 操作要点

1）拌制嵌缝腻子

（1）将一重量分的净水注入搅拌锅，取二重量分的嵌缝石膏粉慢慢撒入水中，充分搅拌均匀（可根据情况添加少量水或嵌缝石膏粉，调至施工所需稠度）。每次拌出的腻子不宜太多，以在初凝时间前用完为佳；

（2）嵌缝膏包装桶开盖后，搅拌均匀即可使用，不用另加水或胶料。

2）板间缝隙

用小腻子刀将拌好的嵌缝腻子嵌入板间的缝隙，必须嵌填饱满，并把钉孔填平。

（1）不用接缝带增强处理时

① 当无带嵌缝腻子用于半圆形棱边纸面石膏板板间嵌缝处理时，可不用接缝带增强。

② 将嵌填腻子刮平。待凝固后（40～50min），沿接缝再刮一层比第一层宽的腻子层，与板面找平。

（2）用玻纤接缝带增强处理时

① 沿接缝上平铺玻纤接缝带；

② 将腻子刀与石膏板呈 45°角，自上而下将接缝带压入嵌填用的嵌缝腻子中，把多余的嵌缝腻子从网孔挤出刮平。

③ 待凝固后（40～50min），在接缝带上再刮一层比第一层宽 50mm 的嵌缝腻子，将接缝带埋置刮平；待第二层腻子凝固后，再用比第二层腻子宽的嵌缝腻子将接缝处与板面找平。

（3）用接缝纸带增强处理时

① 将嵌填用的嵌缝腻子刮平，待其凝固后，沿接缝处刮上一层薄薄的嵌缝腻子（或嵌缝膏），平铺粘贴接缝纸带，将腻子刀与石膏板呈 45°角，刮压纸带，自上而下把多余的嵌缝腻子挤出，把纸带下的气泡排出，然后，在接缝带上再刮一层 50～60mm 宽的嵌缝腻子，将接缝带埋置刮平；

② 待第一层嵌缝腻子初凝后，用中腻子刀，在接缝和钉孔上刮第二层嵌缝腻子，宽度大于第一层 50mm；

③ 待第二层嵌缝腻子初凝后，用大腻子刀或刮板，在接缝和钉孔上刮第三层嵌缝腻子，宽度大于第二层 50mm；

④ 待嵌缝腻子完全干固后，当表面平整度不符合设计要求时，可用 150 号砂纸打磨成光滑的表面；

⑤ 当无带石膏嵌缝腻子用于石膏板板墙阴阳角、其他类型的石膏板或与其他墙体材料的板面接缝处理时，仍需使用接缝带加强，操作要点同上。

3）阴角

阴角部位一般要求角缝平整正直。操作时先将腻子分别在阴角的两边薄刮一层，用中间预先折痕的纸带或 80～100mm 玻纤接缝带沿角缝粘贴，分别沿角的两边将腻子刀与石膏板呈 45°角，刮压接缝带，自上而下把多余的嵌缝腻子挤出，把纸带下的气泡排出刮压平整，待初凝后在接缝带上刮一层腻子，并找平。

4）阳角

阳角部位除了要求角缝平整正直外，还应增强保护承受外力的冲击，应采用金属护角条或宽的玻纤接缝带，加腻子找平，方法同阴角操作过程。最后用腻子刀或用阳角抹子将腻子刮成角形口。

5）门窗框角

通常门窗框角采用刀把形石膏板，不留通缝，板边用金属护角条保护，拐角处用一长为 300mm 左右的宽玻纤接缝带增强；再用腻子将接缝带粘贴、埋置。待第一层接缝带上刮的腻子初凝后，粘贴第 2 层接缝带，再用腻子找平。

三、质量通病及防治方法

1. 嵌缝石膏粉与接缝带处理接缝时

1）接缝处理的质量要求

（1）石膏板板体必须结实、牢固，板面平整、无裂缝、无划痕、无空鼓、无翘曲；

（2）用嵌缝腻子与接缝带处理过的石膏板面密封严实，腻子与接缝带、石膏板面纸粘结成一体，在长期使用中不致产生裂缝；

（3）板面刮完罩面腻子，喷浆后，板缝没有明显的痕迹。

2）质量通病及原因分析

（1）接缝处开裂。

① 受到超过能承受的外界负荷影响，如龙骨的变形和板材没有牢固固定在基材上等；

② 板材在运输和贮存过程中发生不应有的翘曲变形，安装后石膏板存在内应力；

③ 石膏板与其他墙体之间的接缝，因材性不同、变形也不同而引起；

④ 板面跨度过大，而增加了石膏板的变形；

⑤ 石膏板安装时，板间没有留有应有的缝隙，腻子很难挤入缝隙充满，减少了粘结面

积；或因板面拼接时挤得太紧，石膏板受潮膨胀而起拱；

⑥ 板间缝隙中的嵌缝腻子没有嵌填饱满，缝间硬化后的腻子不能对板面承受的负荷起到约束作用。当受外力影响时，不能把外应力约束在石膏板上，通过石膏板的蠕变来吸收接缝处的应力；

⑦ 石膏板板面未作防潮处理，在过分潮湿或遇水情况下，石膏板吸水变形比硬化后的嵌缝腻子吸水变形大得多；

⑧ 用了不合格的嵌缝腻子及其配套材料；

a. 接缝带的抗拉强度不够，起不到增强作用的。或未采用专用接缝带，如采用报纸、纱布、无纺布、牛皮纸、包装袋纸以及绸、绫等等。

b. 接缝带与嵌缝膏粘结不好，边缘出现裂缝。

c. 嵌缝腻子搅拌不匀，表面出现粗颗粒痕迹，造成颗粒周围放射裂缝。

d. 用螺丝固定石膏板时，螺帽压破了石膏板纸面，而产生松动裂缝。

e. 用了非专用石膏嵌缝腻子，如干缩大、保水性差的填缝材料，应用一些水性胶、羧甲基纤维素钠水溶液等拌合水泥（石膏）等。

f. 接缝带的孔小，透气性差，不能将带下的气泡排出。

g. 用了与嵌缝腻子粘结不牢的接缝带。如某些国产纸带太硬、表面太光，不易粘牢；玻纤接缝带的玻璃纤维网布上没有涂覆特殊的保护胶层，使嵌缝腻子与玻璃纤维之间的握裹力减小。

h. 没有用嵌缝腻子来粘贴接缝带，而是用一些水性胶来粘贴接缝带，再在接缝带面上用腻子找平，使接缝带上下两面所受的应力不同。

⑨ 纸面石膏板板间接缝处，棱边包裹的纸已经破损，石膏芯材暴露，没有用水溶性胶封边，使嵌缝腻子嵌填此处时，一方面腻子中的水分会大量被基层吸走，半水石膏会因缺少水而水化不充分；另一方面暴露的石膏芯材表面比较疏松，与嵌缝腻子粘结不好；

⑩ 嵌缝作业时大气炎热、干燥、风大，使嵌缝膏中水分过快失去，产生裂缝。

（2）板面不平整，接缝处喷浆后出现明显的痕迹。

① 石膏板棱边没有标准的楔形倒角，不能形成一条平缓的楔形接缝，接缝材料不能嵌入、找平。如直角棱边的板间嵌缝处理时，三层腻子的宽度，不是一层比一层宽或第三层（最上面一层）没有足够宽，使接缝处出现一道明显的痕迹。

② 空鼓，是因为没有将接缝带下的气泡刮掉或遇到石膏暴露部分表面粉化、粘结不牢。

③ 嵌缝腻子的细度不合格，在刮平中粗颗粒产生划痕。

④ 接缝纸带的尺寸稳定差、受潮变形大，再采用含水量大的胶粘剂粘贴纸带时，会因受潮而带着腻子一起起皱。

⑤ 采用弹性密封膏等一类弹性或弹塑性材料嵌缝处理，与罩面腻子材性不同。

（3）板面隔声差，除了与板体的结构有关以外，板间缝隙没有嵌填密实。据资料得知，勾不勾缝、接缝嵌填饱不饱满，隔声量可相差 $5\sim7dB$。

（4）凹坑一般是打磨后暴露出来的，是因为过分搅拌腻子或腻子太稀引起的气泡造成。如果是少量气泡，则在腻子没凝固前轻压刮平；如果是大量气泡时，则用抹子将气泡赶完为止，如果在涂层上发现，打磨平整后再刷涂料。

3）防治方法

（1）预防

① 必须采用合格的接缝材料、嵌缝腻子。

接缝带必须有出厂合格证。进场后，对主要技术性能要进行复检，合格后方可使用。嵌缝石膏必须防潮存放，保质期为 6 个月，必须在保质期内使用完；过期没有使用完的产品必须再进行主要性能测试，合格后方可再用。

② 严格按嵌缝作业操作规程进行，按正确的施工工艺和标准图集操作。对于非楔形棱边的石膏板接缝处理时，嵌缝腻子应分多次抹刮，最后总宽度大于 600mm，基本上看不出痕迹。

③ 嵌缝作业时注意气候。在炎热、干燥、风大时进行要关好门窗，减少通风或在地上喷一些水，以提高湿度。冬天注意保温，作业温度宜在 18～30℃。

④ 建立健全质量保证体系，严格过程的质量监督。

（2）治理

① 空鼓。将空鼓的腻子层铲除后，重新进行接缝处理。

② 不平。用砂纸打磨或用腻子找平。

③ 裂缝。将裂缝部分剔出一条"V"形缝，固定板面后，用水性胶在缝上涂一遍，按接缝处理方法重新操作。

2. 嵌缝膏与接缝带处理接缝时

1）质量通病及原因分析

嵌缝膏处理石膏板接缝是属于薄层腻子加接缝带增强板面接缝，是一种柔性连接，因此对嵌缝膏和接缝带的性能有特殊要求。嵌缝膏应具有柔性，接缝带有足够的抗拉强度。否则会造成板间缝隙处理的质量通病。

（1）空鼓。是因为没有将接缝带下的气泡排掉或遇到石膏暴露部分表面粉化、粘结不牢；

（2）不平。石膏板板面对接，没有形成平缓的楔形接缝，因此贴上接缝带加上所刮腻子的厚度，又没有将腻子刮到足够的宽度，造成明显的痕迹；

（3）裂缝

① 接缝带的抗拉强度不够或接缝带没有覆盖在接缝上，在接缝处裂缝；

② 接缝带与嵌缝膏粘结不好，边缘出现裂缝；

③ 嵌缝膏长期存放，使用时搅拌不匀，表面出现粗颗粒痕迹，造成颗粒周围裂缝；

④ 用螺丝固定石膏板时，螺帽压破了石膏板纸面，而产生松动裂缝；

⑤ 嵌缝作业时天气炎热、干燥、风大，使嵌缝膏中水分过快失去，产生裂缝。

2）防治方法

参考嵌缝石膏与接缝带处理时的防治方法，另外预防措施有：

（1）纸面石膏板棱边必须自然靠近，不得紧密挤压；

（2）嵌缝膏中不得随意加水使用，打开后尽快用完，防止水分蒸发过多，影响使用质量；

（3）一次涂刮不能厚，一般在 0.5～1.0mm 左右，或按厂商提供的说明操作；

（4）嵌缝膏的存贮温度为 5～40℃，注意禁止太阳直射，防冻。

第十四章　石膏基自流平材料

第一节　概　述

自流平材料是在不平的基底上使用，形成一个合适的、平整光滑的、坚固的铺垫基底，以架设各种地板材料，例如木地板、PVC、瓷砖等精找平材料。自流平材料按胶凝材料的不同，可以分为石膏基自流平材料与水泥基自流平材料。自流平材料最大的好处是能够在很短的时间内大面积地精找平地面，对一些工程的材料应用有很大的帮助。目前低弹性模量的薄饰面材料（如 PVC 地板、橡胶地板等）得到越来越广泛的应用，但是地面施工的质量要求往往都达不到这类对地面要求非常严格的饰面材料的标准，往往地面饰面材料开始施工的时候，也是工程竣工日接近的时候，用缓慢的水泥砂浆修补或打磨平整已不能在短期内达到要求，从而使得自流平材料的应用越来越广泛。

由于石膏的耐水性较差，因而使用范围受到限制。要想使石膏基自流平材料有较广的应用就必须提高石膏的耐水性。任何工业副产石膏都必须处理具有水化性能的熟石膏，目前最为常见的是把石膏处理成半水石膏。半水石膏是配制石膏基自流平材料的主要成分和胶凝相。半水石膏水化的理论水膏比为 18.6％，但其实际用水量却高达 65％～80％，即使 α-半水石膏也在 40％左右，如此高的水膏比必然恶化石膏基材料的孔结构，导致强度大幅降低。许多工业副产石膏的纯度比天然石膏还要高，但是也含有少量的杂质，这些杂质对石膏的性能有非常大的影响，要想有效地把这些杂质在不造成二次污染的条件下除去是相当困难的。并且由于不同的企业采用不同的脱水工艺，使得产生的工业副产石膏性能有很大的区别，因此对于不同企业（甚至同一企业不同生产阶段）的工业副产石膏，都应采用不同的处理工艺来进行处理。

由于聚合物价格远远高于石膏的价格，而且用普通工艺配制的石膏基自流平材料中聚合物的掺量又偏高，导致了造价昂贵，使其推广应用受到了很大限制。为了降低聚合物掺量，可以将分次投料工艺引入到石膏基自流平材料配制中。在骨料表面包裹一层聚合物，这样可以使少量的聚合物在骨料-石膏相界面处发挥最充分的作用，改善骨料与石膏水化产物之间的界面粘结，从而在低聚合物掺量下获得与较高聚合物掺量下相当甚至更好的结果，使石膏自流平材料的力学性能与单位价格可以满足人们的要求。也可以采用几种聚合物或无机物共同作用来改性石膏基自流平材料，混合改性可以显著改善砂浆的微观结构，提高砂浆的密实性、抗压与抗折强度，并且混合改性砂浆的成本显著低于聚合物改性砂浆。

目前对工业副产石膏的利用主要在建筑石膏、水泥生产等领域。这些领域的应用仍然不能消纳日益增加的工业副产石膏产量，必须通过其他途径来解决。用工业副产石膏配制石膏基自流平材料的研究是符合国家政策和社会发展要求的。

随着我国经济的快速增长，人们对质量的要求越来越高，特别是随着人们居住水平的不断提高，普遍要求提高材料的功能、性能、装饰效果等。因而，建筑材料作为生产资料的属性日益强化。石膏基自流平材料具有良好的流动性、稳定性；凝结硬化前，不发生离析、分层及泌水等不良现象；在自重或轻微外力的作用下能自动流平；与基层粘结牢固，施工速度快，省时、省力等特点。该材料可广泛应用于地面自流找平，以及旧地面、起砂地面和施工不合格地面的修补。工业副产石膏基自流平材料作为一种环保、节能的新型地面材料，未来会得到越来越广泛的应用。

自流平材料由无机胶结料、填料、骨料、聚合物和各种外加剂组成，胶结料以石膏形成的体系为主导地位。

第二节 材料组成

自流平石膏根据所用原料分为Ⅱ型硬石膏和α-半水石膏两种。

一、Ⅱ型硬石膏

用于自流平石膏的Ⅱ型硬石膏应选用煅烧温度在750～800℃之间的石膏，并在激发剂作用下进行水化。

二、α-半水石膏

α-半水石膏生产技术主要有蒸压法生产工艺和水热法生产工艺。

适宜配制自流平石膏的α-半水石膏性能见表14-1。

表14-1 α-半水石膏性能

细度/%	标准稠度/%	初凝时间/min	终凝时间/min	绝干抗压强度/MPa	绝干抗折强度/MPa
全部通过80目筛	≤40	>10	≤20	≥40.0	≥12.0

三、水泥

在配制自流平石膏时，可掺入少量水泥（硅酸盐水泥和高铝水泥）。

1）掺入42.5R硅酸盐水泥的主要作用是：

（1）为某些外加剂提供碱性环境；

（2）提高石膏硬化体软化系数；

（3）提高料浆流动度；

（4）调节Ⅱ型硬石膏型自流平石膏的凝结时间。水泥掺入量不允许超过12%。

2）早期使用的胶结料是硅酸盐水泥。现今胶结料以高铝水泥和石膏形成的体系为主导地位，主要原因如下：

（1）添加高铝水泥可加快硬化进程，在温度10℃时经十几小时硬化后便可行走；如果温度为15～20℃，2d后就能承载。

（2）高铝水泥和石膏配合，在水化后生成钙矾石水化产物。该混合体系不像高铝水泥会产生氟转变。另外钙矾石结晶能使自流平材料的干燥收缩非常小。

（3）高铝水泥和石膏的胶结体系碱度较低，pH值为11.5，对地面的侵蚀性较小。

四、外加剂

1. 凝结时间调节剂

石膏的凝结时间调节剂分为缓凝剂和促凝剂。在自流平石膏中，Ⅱ型硬石膏配制的自流平石膏应使用促凝剂（实为激发剂）。半水石膏凝结硬化很快，往往不能满足石膏基材料施工的需要，选择适宜的缓凝剂及其掺量，可实现对石膏基材料凝结时间的大范围任意调节，满足自流平施工工艺的要求。因此 α-半水石膏配制的自流平石膏一般都采用缓凝剂。

1）促凝剂

由各种硫酸盐及其复盐构成，如硫酸钙、硫酸氨、硫酸钾、硫酸钠及各种矾类，如白矾（硫酸铝钾）、红矾（重铬酸钾）、胆矾（硫酸铜）等。

2）缓凝剂

缓凝剂的作用机理：

（1）降低半水石膏的溶解度；

（2）减缓半水石膏的溶解速度；

（3）把离子吸附在正在成长的二水石膏晶体的表面，并把它们结合到晶格内；

（4）形成络合物，限制离子向二水石膏晶体附近扩散。

常用的石膏缓凝剂有碱性磷酸盐和磷酸铵、有机酸及其可溶性盐、已破坏的高蛋白质，或者是复合型的石膏缓凝剂。例如，酒石酸（JSS）、硼砂（PS）、骨胶（GJ）、柠檬酸（NMS）、蛋白高效缓凝剂等。

其中柠檬酸或柠檬酸三钠是常用的石膏缓凝剂，其特点是易溶于水、缓凝效果明显、价格低，但也会造成石膏硬化体强度的降低。其他可以使用的石膏缓凝剂有：胶水、酪蛋白胶、淀粉渣、畜产品水解物等。

近年来国内研究单位先后研制出许多种石膏缓凝剂，这些缓凝剂既有较好的缓凝效果，石膏硬化体强度降低也较少。

2. 减水剂

1）自流平石膏的流动度大小是一个关键问题。欲获得流动度很好的石膏浆体，单靠加大用水量必然不行，会引起石膏硬化体强度的降低，甚至出现泌水现象，而使表层松软、掉粉、无法使用。因此，必须引入石膏减水剂，以加大石膏浆体的流动性。

2）半水石膏水化成为二水石膏，其理论用水量仅为石膏的 18.6%，而实际上，为了使石膏能充分水化及满足施工操作上的要求，水与石膏比一般为 $0.45\sim0.55$。相对来讲，用水量大，水化速度较快，但硬化后晶体较粗，孔隙率大，强度较低；用水量小，则石膏浆体的流动性差，影响施工操作，而且导致部分石膏得不到充分水化，使强度降低。采用减水剂可以减少拌合用水量或者提高石膏的强度。因而和水泥类自流平地坪材料一样，配制石膏基自流平地坪材料也需要使用减水剂或者高效减水剂。

3. 保水剂

自流平石膏料浆自行流平时，由于基底吸水，导致料浆流动度降低。欲获得理想的自流平石膏料浆，除本身的流动性要满足要求外，料浆还必须具有较好的保水性。又由于基料中的石膏、水泥的细度及比重差距较大，料浆在流动和静止硬化过程中，易出现分层现象。为避免上述现象的出现，掺入少量保水剂是必要的。保水剂一般采用纤维素类物质，如甲基纤维素和羧丙基纤维素等。

4. 改性聚合物

使用乙酸乙烯酯共聚物和丙烯酸酯基聚合物，对于工业用地面聚合物含量是胶结料用量的 20% 左右。聚合物是自流平材料中较昂贵的组分，当需要较厚的地面厚度时，应考虑采用双层构造。一般仅在面层结构中使用高含量的聚合物，下层则使用较低含量的聚合物材料。

5. 塑化剂

为了获得石膏自流平性能，20世纪80年代初曾大量使用干酪素，当其变质时，会放出氨和胺、污染木材、散发臭味，导致使人体不适的建筑综合征，因而不再使用干酪素，而用三聚氰胺基或聚羧酸类的超塑化剂取代。

6. 消泡剂

自流平石膏料浆在高速搅拌下，极易出现气泡，从而造成硬化体内部结构的缺陷，导致强度降低，表面出现凹坑。为此加入适量的消泡剂是必不可少的。消泡剂可以采用市售磷酸三丁酯。

五、填料、细集料

1. 填料

为避免石膏自流平材料组分离析而用，以便有较好的流动性。可以使用的填料有白云石、碳酸钙、磨细粉煤灰、磨细的水淬矿渣等，通常使用细砂，最大粒级为0.5～1mm。

2. 细集料

掺入细集料的目的是减少自流平石膏硬化体的干燥收缩，增加硬化体表面强度和耐磨性能。一般采用石英砂。

第三节　技术要求

一、性能要求

1. 外观

石膏基自流平砂浆外观为干粉状物，应均匀、无结块、无杂物。

2. 物理力学性能

石膏基自流平砂浆物理力学性能应符合表14-2的规定（行业标准JC/T 1023—2007）。

表14-2　物理力学性能

项　　目		性能指标
30min 流动度损失/mm ≤		3
凝结时间/h	初凝 ≥	1
	终凝 ≤	6
强度/MPa	24h抗折 ≥	2.5
	24h抗压 ≥	6.0
	绝干抗折 ≥	7.5
	绝干抗压 ≥	20.0
	绝干拉伸粘结 ≥	1.0
收缩率/% ≤		0.05

二、试验方法

引用 JC/T 1023—2007《石膏基自流平砂浆》标准，重要性能指标检测如下：

1. 试验仪器与设备

1）电子秤

量程 5kg，称量精度为 1g；量程 2kg，称量精度为 0.1g。

2）搅拌机

符合 JC/T 681—2005 的规定。

3）流动度试模和测试板

符合 JC/T 985—2005 中 6.4.3 的规定。

4）凝结时间测定仪

符合 JC/T 727—2005 的规定，其中试针只用初凝针。

5）电热鼓风干燥箱

温控器灵敏度为±1℃。

6）强度试模

符合 JC/T 726—2005 的规定。

7）抗折试验机

符合 JC/T 724—2005 的规定。

8）抗压夹具及抗压试验机

抗压夹具应符合 JC/T 683—2005 的规定。

抗压试验机的最大量程为 50kN，示值相对误差不大于 1%。

9）收缩模具

符合 JC/T 985—2005 中 6.4.11 的规定。

10）收缩仪和收缩钉头

符合 JGJ/T 70—2009 中 10.0.2 的规定。

（1）拉伸粘结强度用测试仪器

符合 JC/T 547—2005 中 7.3.1.1 的规定。

（2）拉伸粘结强度成型框

符合 JC/T 985—2005 中 6.4.5 的规定。

（3）拉拔接头

符合 JC/T 547—2005 中 7.3.2.4 的规定。

（4）拉伸粘结强度用混凝土基板

符合 JC/T 547—2005 中附录 A 的规定，尺寸为 400mm×200mm×50mm。

2. 标准试验条件

试验室温度为（23±2）℃，空气相对湿度为（50±5）%。试验前，试样、拌合水及试模等应在标准试验条件下放置 24h。

3. 外观

目测。

4. 初始流动度用水量

称取（300±0.1）g 试样，量取估计加水量倒入搅拌锅中，将试样在 30s 内均匀地撒入水中，湿润后用料勺搅拌 1min，然后用搅拌机慢速搅拌 2min，得到均匀的料浆。

将流动度试模水平放置在测试板中央，测试板表面平整光洁、无水滴。把制备好的料浆灌满流动度试模后，开始计时。在 2s 内将其垂直向上提升 50～100mm，保持 10～15s，使料浆自由流动。待流动停止 4min 后，用直尺测量两个垂直方向的直径，取两个直径的平均值，精确至 1mm，如流动度在（145±5）mm 内，则此流动度为该试样的初始流动度（Φ_0）。若流动度不在（145±5）mm 内，则应调整加水量按上述步骤重新试验，直至流动度在（145±5）mm 内为止。该水量（W_1）与试样量（W_0）的比即为初始流动度用水量。初始流动度用水量（P）按式（14-1）计算：

$$P = \frac{W_1}{W_0} \times 100 \tag{14-1}$$

式中 W_1——用水量，单位为克（g）；

$\quad W_0$——试样量，单位为克（g）；

$\quad\ P$——初始流动度用水量，单位为质量百分数（%）。

计算结果精确至 0.1%。

5. 30min 流动度损失

将符合初始流动度的料浆在搅拌器内静置（30±0.5）min，然后慢速搅拌 1min，重新测试流动度（Φ_{30}）。30min 流动度损失按式（14-2）计算：

$$\Delta\Phi = \Phi_0 - \Phi_{30} \tag{14-2}$$

式中 $\Delta\Phi$——流动度损失，单位为毫米（mm）；

$\quad \Delta\Phi_0$——初始流动度，单位为毫米（mm）；

$\quad \Delta\Phi_{30}$——30min 流动度，单位为毫米（mm）。

计算结果精确至 1mm。

6. 凝结时间

称取（300±0.1）g 试样，按初始流动度用水量加水，按"4. 初始流动度用水量"制备料浆。将制备好的料浆倒入环形试模中，按 JC/T 17669.4—1999 中第 7 章的规定进行测定，时间间隔为 5min。

7. 强度

1）抗折强度

称取（3000±1）g 试样，按初始流动度用水量加水，按"4. 初始流动度用水量"制备料浆。将料浆灌入预先涂有一层脱模剂的强度试模内，料浆充满后用刮平刀刮平，待试件终凝后 1h 内脱模，同时制备两组试件。试件在标准试验条件下静置（24±0.5）h，其中一组按 GB/T 17669.3—1999 中第 5 章的规定进行 24h 抗折强度试验；另一组移至烘箱，在（40±2）℃电热鼓风干燥箱中烘干至恒量（24h 试件质量减少不大于 1g 即为恒量），烘干后的试件应在标准试验条件下冷却至室温，按 GB/T 17669.3—1999 中第 5 章的规定进行绝干抗折强度测定。

2）抗压强度

用抗折试验后的试件按 GB/T 17669.3—1999 中第 6 章的规定进行抗压强度测定，其中承压面积为 40.0mm×40.0mm。抗压强度按式（14-3）计算：

$$R_c = \frac{P}{S_c} \tag{14-3}$$

式中 R_c——抗压强度，单位为兆帕（MPa）；

P——破坏荷载，单位为牛顿（N）；

S_c——等于 1600，承压面积，单位为平方毫米（mm²）。

计算结果精确至 0.1MPa。

3）拉伸粘结强度

称取（500±0.1）g 试样，按初始流动度用水量加水，按"4. 初始流动度用水量"制备料浆。将成型框放在混凝土板成型面上，把制备好的料浆倒入成型框中，抹平，放置（24±0.5）h 后出模，10 个试件为一组。试件脱模后在（40±2）℃电热鼓风干燥箱中烘干 48h。烘干后的试件用 260 号砂纸打磨掉表面的浮浆，然后用适宜的高强粘结剂将拉拔接头粘结在试件成型面上，在标准试验条件下继续放置 24h，用拉伸粘结强度试验机进行测定。拉伸粘结强度按式（14-4）计算：

$$P = \frac{F}{S} \tag{14-4}$$

式中 P——拉伸粘结强度，单位为兆帕（MPa）；

F——最大破坏荷载，单位为牛顿（N）；

S——等于 2500，粘结面积，单位为平方毫米（mm²）。

计算结果精确至 0.01MPa。

计算 10 个数据的平均值，舍弃超出平均值±20％范围的数据。若仍有 5 个或更多数据被保留，求新的平均值；若保留数据少于 5 个则重新试验。若有 1 个以上的破坏模式为高强粘结剂与拉拔头之间界面破坏，应重新进行测定。

8. 收缩率

在收缩模具内表面涂一薄层脱模剂，将收缩头固定在试模两端面的孔洞中，使收缩头露出试件端面（8±1）mm。

称取（500±0.1）g 试样，按初始流动度用水量加水，按"4. 初始流动度用水量"制备料浆。将料浆倒入收缩试模内，无需振动，用金属刮刀清除多余料浆，使料浆完全充满模具并使表面平整，3 个试件为一组。试件在标准试验条件下放置（24±0.5）h 拆模，编号，标明测试方向。脱模后 30min 内按标明的方向测定试件长度，即为试件的初始长度（L_0）。测定前，用标准杆调整收缩仪的百分表原点。

试件测完初始长度后，放入（40±2）℃电热鼓风干燥箱中干燥至恒量（24h 质量变化小于 0.2g 视为恒量），将恒量后的试件在试验室条件下冷却至室温，按标明的方向测定试件长度，即为干燥后长度（L_1）。

试件收缩率应表述为试件干燥后相对于试件刚脱模时基准长度的变化，用百分数表示，收缩率（ε）按式（14-5）计算：

$$\varepsilon = \frac{L_1 - L_0}{L - L_d} \times 100 \tag{14-5}$$

式中 ε——收缩率，单位为百分数（％）；

L_0——试件成型后 24h 的长度，即初始长度，单位为毫米（mm）；

L_1——试件干燥后的长度，单位为毫米（mm）；

L——试件长度 160，单位为毫米（mm）；

L_d——两个收缩头埋入料浆中的长度之和，即（20±2）mm，单位为毫米（mm）。

收缩率按 3 个试件的算术平均值来确定。若有个别数值与平均值偏差大于 20%，应剔除，但一组至少有两个数据计算平均值；否则，试验需重新进行。试验结果精确至 0.01%。

第四节　石膏基自流平砂浆性能特征

一、石膏基自流平砂浆性能特征

1. 可泵送：极高的施工效率，节省时间及人工。
2. 自流平：避免昂贵的找平及抹光工作。
3. 快硬：施工 24h 后即可上人。
4. 光滑表面：做地面装饰的理想基层，不需要抹光。
5. 绿色环保：无任何辐射及气体污染。
6. 有弹性：脚感好，与水泥基自流平相比更舒适。

因具有上述特点，石膏基自流平砂浆在地坪构造中有很好的应用前景。

二、石膏基自流平砂浆与水泥基自流平砂浆性能特征的对比

石膏基自流平地坪材料与水泥类相比有着完全不同的组成与性能。首先，前者组成中通常不含有砂，而只含有一定的细骨料（填料），而石膏胶凝材料的含量较高（一般以质量分数计大于 50%）；其次，石膏基材料的强度低，耐水性差，但不收缩、不开裂，耐酸、碱的腐蚀性好；第三，石膏基自流平地坪材料一般只能用于地坪的底层，由于强度低、耐磨性差，而不能用于结构面层。下面以使用发电厂的脱硫石膏制得的 α-半水石膏配制的石膏基自流平砂浆为例，介绍自流平砂浆与水泥基自流平砂浆相比较的一些性能特征。

1. 拌合物和基本性能

表 14-3 是用 α-半水石膏配制的石膏基自流平砂浆与水泥基自流平地坪砂浆除了物理力学性能之外的几种基本性能指标的比较。可以看出，就所比较的性能指标来说，两种砂浆性能十分相近。

表 14-3　自流平砂浆的技术性能指标

项　　目	自流平地坪砂浆种类	
	石膏基自流平砂浆	水泥基自流平砂浆
密度/（kg/cm³）	1.2	1.4
需水量/%	22～26	22～24
流动性/cm	25～28	24～27
可施工时间/min	40～60	30～40
初凝时间/min	20～80	60～90
可上人时间/h	约 3	约 4
可贴砖时间/h	（与厚度有关）	约 4
材料用量/[kg/(m²·mm)]	约 1.6	约 1.4

2. 收缩

石膏基材料的性能优异之处是其不像水泥基材料那样出现干燥收缩或者硬化收缩。图

14-1 中示出两种自流平砂浆收缩率的比较，可以看出，石膏基自流平砂浆的收缩率远低于水泥基自流平砂浆，到 28d，水泥基自流平砂浆的收缩率约为 1.17mm/m。随着时间的延续，水泥基自流平砂浆的收缩率在 3 个月达到约 1.31mm/m，但石膏基自流平砂浆仍保持在－0.19mm/m 左右。也就是说，在水泥基自流平砂浆中，由于过高的收缩率极有可能导致自流平砂浆的裂缝，所以在实际施工过程中应对水泥基自流平砂浆采取必要的养护处理措施，以保证工程质量。

3. 强度

石膏基自流平砂浆的强度增长与砂浆本身的干燥程度有很大的关系，除了形成二水石膏所需的水外，多余的水分会蒸发逸散，进而形成强度，即石膏基自流平砂浆的强度增长与其干燥速率成正比。石膏基自流平砂浆除了早期强度较高外，后期强度增长也很快，28d 可达到 20MPa 以上。如图 14-2 所示。

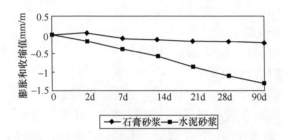

图 14-1　石膏基自流平砂浆与水泥基
自流平砂浆的收缩率

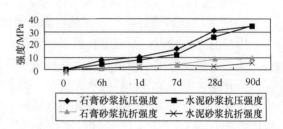

图 14-2　水泥基/石膏基自流
平砂浆的强度发展

为了评判石膏基自流平砂浆内在强度的发展与砂浆本身干燥程度的关系，试验室在不同的干燥周期（1d，2d，7d）对石膏基自流平砂浆的粘结强度进行了测试，即在石膏基自流平砂浆干燥 1d、2d 和 7d 后，再贴上瓷砖来检测其相应的粘结强度。相应结果见图 14-3 和图 14-4。

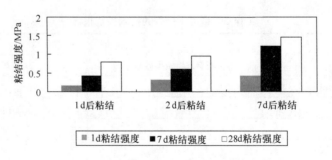

图 14-3　石膏基自流平砂浆的粘结强度

图 14-3 为石膏基自流平砂浆在不同的干燥周期（1d、2d 和 7d）的粘结强度，从图中可以清楚看到，随着石膏基自流平砂浆干燥周期的延长，其相应的粘结强度迅速增加，如粘结强度 0.8MPa（1d 后粘结），提高到了 1.4MPa（7d 后粘结），增长量为 35％左右。

也就是说，对石膏基自流平砂浆而言，干燥时间的延长将有助于石膏基自流平砂浆本身的强度发展；而在同等条件下，水泥基自流平砂浆的早期粘结强度的发展则明显优于石膏基自流平砂浆（图 14-4）。

4. 热力学性能

在地暖系统中应用是石膏基自流平砂浆的重要用途之一，因而耐热性也是其重要性能。表 14-4 是将石膏基自流平砂浆置于 50℃的热环境中不同时间后性能的变化，表 14-4 的数据表明，石膏基自流平砂浆在低于 50℃的条件下，基本上保持稳定，也即不再有太大的变化。如 28d 和 194d 的收缩值及抗压强度几乎保持一致，说明石膏基自流平砂浆适合于地暖系统应用。

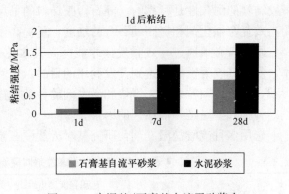

图 14-4　水泥基/石膏基自流平砂浆在干燥 1d 后的粘结强度

表 14-4　石膏基自流平砂浆的热力学性能

性　能	受热时间/d		
	7	28	194
收缩/（mm/m）	−0.24	−0.27	−0.27
质量损失/％	12.6	12.6	12.6
抗折强度/MPa	—	10.8	10.8
抗压强度/MPa	—	36.3	38.2

注：所有试块（40mm×40mm×160mm）首先在标准养护条件（20℃，65％相对空气湿度）下养护 7d，然后直接置入 50℃的干燥箱内进行试验。

第五节　石膏基自流平砂浆的研制

一、硬石膏自流平砂浆的研制

在董兵等人的试验中，对天然硬石膏自流平砂浆的研制做了描述。

1. 天然硬石膏基自流平材料制备

以天然硬石膏为胶凝材料，按配合比加入激发剂、减水剂、胶粉等外加剂和细砂，混匀后加入一定量的水，在搅拌器内搅匀。用搅匀的自流平材料进行性能的测试与试件的成型。对天然硬石膏的组成分析取样后进行 X 射线衍射分析，表明其物相组成为硬石膏与微量白云石、二水石膏等矿物，白度为 71.3。试验所用天然硬石膏的化学成分（质量分数％）为：CaO，37.4；MgO，1.13；Fe_2O_3，0.01；Al_2O_3，0.03；TiO_2，微量；SO_3，48.5；酸不溶物，0.52；烧失量，3.51。该硬石膏矿中酸不溶物、MgO、Al_2O_3 等杂质含量较少，石膏纯度高达 82.5％，属于一级品位。

2. 天然硬石膏激发剂

天然硬石膏不同于普通的建筑石膏，在没有激发的条件下，其水化速度十分缓慢，达不到开发利用的要求。在应用天然硬石膏时，必须首先考虑天然硬石膏的激发和天然硬石膏硬化体的耐久性两个问题。两个问题同时也是有机统一的，若早期水化率超过 70％，则硬石膏胶结料的耐久性是可靠的。硬石膏胶结料的早期水化率低是其耐久性差的主要原因，而采用高效复合催化剂和提高硬石膏的细度，是提高硬石膏水化率的有效方法。

硬石膏必须通过有效激发，才能提高其水化速度和水化程度，尤其是提高早期的水化率，发挥其胶凝性能，达到开发利用的目的。天然硬石膏水化硬化活性激发的效果与其颗粒形貌、细度、颗粒级配、煅烧和激发剂的种类和掺量等条件及因素有很大关系。其中，激发剂的种类和掺量是影响最大的因素。

选用多种硫酸盐激发剂，研究其对天然硬石膏水化硬化性能的影响，结果见表14-5。

表 14-5 硫酸盐类激发剂对硬石膏水化硬化性能的影响

| 激发剂种类 | 掺量 /% | 抗压强度/MPa | | 水化速率/% | | | 软化系数 |
		7d	28d	3d	7d	28d	28d
—	—	2.07	4.61	13.35	27.37	37.48	0.57
煅烧明矾石	1	10.72	18.49	27.23	43.15	54.81	0.62
	3	14.97	22.97	43.4	60.26	76.92	0.67
	5	15.37	23.63	49.24	70.74	76.47	0.64
	7	6.82	10.75	67.65	75.13	77.18	0.62
	10	5.13	8.64	66.57	74.68	78.51	0.60
工业无水硫酸钠	0.5	7.4	10.20	23.69	38.44	57.06	0.60
	1	8.04	11.5	33.02	43.64	60.62	0.61
	1.5	8.6	12.33	38.29	50.39	65.83	0.61
	2.5	10.32	15.43	42.79	54.01	67.11	0.64
工业无水硫酸钾	1	5.88	8.85	18.33	29.42	46.8	0.37
	1.5	5.07	8.24	18.8	31.66	49.64	0.32
	2	4.92	7.13	21.55	30.38	49.92	0.31
	2.5	4.8	6.85	18.72	32.05	48.49	0.26
工业硫酸铝	1.5	6.54	6.83	23.26	44.41	56.2	0.41
	2	6.92	7.75	30.41	58.87	60.65	0.39
	2.5	6.42	8.17	27.47	63.08	65.89	0.43
自制复合激发剂 CA	10%	16.5	25	50.32	69.65	78.24	0.61

从表14-5可以得出：各种激发剂的加入，显著提高了天然硬石膏的水化率和强度。各种激发剂单独作用时，煅烧明矾石对天然硬石膏的激发效果最明显，3d的水化率最大能够达到60%以上，28d的干抗压强度达到23.63MPa左右。煅烧明矾石的主要成分是活性氧化铝和硫酸钾，故煅烧明矾石的加入相当于是硫酸铝和三氧化二铝对天然硬石膏活性的双重激发。硫酸盐类的激发剂激发效果不如煅烧明矾石，其中以硫酸钠的激发效果最显著。而硫酸钾和硫酸铝虽然对天然硬石膏的水化率和强度均有有利影响，但效果比起煅烧明矾石和硫酸钠差得多。

硫酸铝的加入会使天然硬石膏产生膨胀，且随着掺量增大，膨胀也越来越明显，分析原因主要是因为天然硬石膏中含有少量的白云石和方解石等碳酸盐类，在硫酸铝的强酸性作用下产生了二氧化碳气体所致。

3. 减水剂的影响

自流平砂浆，顾名思义，应当具有优异的流动性能。要想使石膏浆体获得优异的流动性能，不是单靠多加拌合水就能达到目的，很可能出现泌水、离析沉降等现象而导致失败，最轻的影响也要使石膏硬化体强度大幅度降低，从而达不到地面砂浆的强度要求。减水剂可在不增加拌合用水量条件下，大幅度提高砂浆浆体的流动度。试验采用 6 种减水剂，其他配比相同，改变减水剂的掺量，按 JC/T 1023—2007《石膏基自流平砂浆》中规定的方法，测试自流平砂浆的基本性能，测试结果见表 14-6。

表 14-6　减水剂对石膏基自流平砂浆基本性能的影响

减水剂种类	加水量/%	掺量/%	流动度/mm	抗折强度/MPa		抗压强度/MPa	
				1d	28d	1d	28d
—	30	0	无流动性	0.2	6.1	0.68	19.3
SP1	25	0.8	155	2.6	12.5	8.0	39.5
SP2	25	0.8	150	2.45	11.3	7.5	28.6
SP3	25	0.8	140	2.55	11.8	8.5	31.2
SP4	25	0.8	170	1.51	8.4	5.0	25.7
SP5	25	0.8	不流动	1.05	7.4	3.8	20.2
SP6	25	0.8	170	1.23	6.5	3.4	19.7
SP1	24	1.0	160	2.8	12.8	9.9	40.1
	24	0.8	155	2.82	12.7	10.7	41.0
	25	0.6	150	2.6	11.8	9.2	38.5
	25	0.5	135	2.54	11.2	8.9	35.7

从表 14-6 可以看出：各种减水剂在不泌水的条件下，不同程度上减少了配方材料的用水量，增加了材料的流动性，并能显著提高材料硬化体各龄期的抗压强度和抗折强度。其中，第一种减水剂的综合性能最好，其掺量为 0.8% 时效果最好。

4. 胶粉

可再分散乳胶粉具有能够显著提高干粉砂浆材料物理力学性能的特点，但其在石膏基材料中的作用效果，尤其是对石膏基材料的强度、粘结抗拉强度等性能的影响还需进一步试验。表 14-7 为其他配方组分相同、改变可再分散乳胶粉的掺量所测得的材料的力学性能数据。

表 14-7　胶粉对石膏基自流平砂浆力学性能的影响

胶粉掺量/‰	1d 抗折强度/MPa	1d 抗压强度/MPa	压折比	28d 抗折强度/MPa	28d 抗压强度/MPa	压折比	粘结强度/MPa
0	1.56	8.54	5.47	6.35	39.7	6.25	0.62
0.5	2.05	8.13	3.97	8.61	38.1	4.49	0.72
1.0	2.39	7.58	3.17	9.74	35.9	3.69	0.83
2.0	2.55	6.95	2.72	10.60	32.8	3.09	1.10
3.0	2.62	6.35	2.42	11.43	31.5	2.76	1.21
4.0	3.15	5.58	1.77	12.5	28.5	2.28	1.34

表 14-7 表明，胶粉的掺入，降低了材料各龄期的抗压强度，提高了材料各龄期的抗折强度，在胶粉掺量从 0～4％的范围内，随着胶粉掺量的增加，抗压强度呈降低趋势，相反的，抗折强度呈升高趋势，因此材料的压折比不断下降。一般来说，压折比越小，开裂发生的可能性就越小，压折比不断下降，意味着材料的抗裂性不断提高；同时，随着胶粉掺量的增加，材料与基底的粘结强度也在逐渐增加。

5. 保水剂

由于自流平材料的特点，其在地面基层上施工以后，一方面，基层为商品混凝土等材料，极易吸水；另一方面，自流平材料在干燥空气中，更易在浆体硬化之前失去水分。这些原因很可能使自流平材料因为失水过快而导致材料水化不充分、强度降低、表面脱粉、干裂等。因此，自流平材料的配方中必须有保水剂的成分。保水剂本身具有增稠增黏的作用，对于自流平砂浆的流动度会产生一定的不利影响，因此保水剂种类和掺量应严格控制。选用羟丙基甲基纤维素，其适宜掺量为 0.05％。

6. 掺和料

自流平材料中可加入粉煤灰、矿渣等活性掺和料。

第一，可以调节材料的颗粒级配，改善流动性；

第二，由于粉煤灰中含有大量的空心或实心玻璃微珠，这些玻璃微珠粒形圆整、表面光滑，掺入材料中可产生一定的滚珠效应，减少用水量，提高流动度；

第三，粉煤灰和矿渣在硫酸盐和硬石膏等的激发下，可以水化硬化生成水硬性胶凝材料，同时其水化产物对天然硬石膏的水化也有一定的促进作用，既增加了强度，又提高了耐水性；

第四，粉煤灰和矿渣的加入可起到降低成本的作用，其适宜掺量为 10％左右。

7. 骨料

加入细河砂作骨料可以大幅提高石膏硬体的耐磨性，降低尺寸变化率，从而在一定程度上减低裂纹的产生，还可降低材料的整体成本。选用 0.3mm 细砂，适宜掺量在 30％左右。

8. 消泡剂

自流平砂浆配方中加有减水剂、胶粉及保水剂等有机高分子外加剂，又加上在使用时需要高速搅拌，浆体中极易产生大量气泡且不易破裂，如果气泡不能在搅拌早期消除的话，一方面会在材料表面产生火山口状的孔洞，影响表面观感；另一方面会造成石膏硬化体强度大幅下降，加入微量消泡剂可抑制气泡的生成。

9. 纤维和减缩剂

目前，改善砂浆开裂的方法主要有加入纤维和减缩剂。纤维和减缩剂的加入极大地改善了天然硬石膏自流平砂浆的抗裂性，其裂缝系数降低 90％。

硬石膏自流平地面材料的基本配方为：天然硬石膏，55；复合激发剂，10；细砂，30；粉煤灰，5；减水剂，0.6；胶粉，1.0；保水剂，0.04；消泡剂，0.1；纤维，0.05；减缩剂，0.5（其中前 4 项为基本配料，其余助剂和配料的数据是该基础上所占的质量百分数）。

二、用高强石膏配置石膏基自流平材料

为了探索石膏用量、水泥用量、抗沉淀剂用量、可再分散乳胶粉用量和减水剂用量对石膏基自流平材料物理力学性能的影响，根据石膏基自流平材料的技术要求进行试验，试验设计如表 14-8 所示。

表 14-8　试验设计

序号	A/kg	B/kg	C/kg	D/kg	E/kg
	石膏	普硅水泥	抗沉淀剂	胶粉	减水剂
1	375	5	0.25	0	1.3
2	400	10	0.5	5	1.4
3	425	15	0.75	10	1.5
4	450	20	1.0	15	1.6

试验配合比和试验结果如表 14-9 和表 14-10 所示，表中配合比总重量为 1000g。

表 14-9　试验配合比

序号	A/kg	B/kg	C/kg	D/kg	E/kg	河砂	重钙/kg	消泡剂/kg	缓凝剂/kg
L1	375	5	0.25	0	1.3	余量	200	1.0	0.1
L2	375	10	0.5	5	1.4	余量	200	1.0	0.1
L3	375	15	0.75	10	1.5	余量	200	1.0	0.1
L4	375	20	1.0	15	1.6	余量	200	1.0	0.1
L5	400	5	0.5	10	1.5	余量	200	1.0	0.1
L6	400	10	0.25	15	1.5	余量	200	1.0	0.1
L7	400	15	1.0	0	1.4	余量	200	1.0	0.1
L8	400	20	0.75	5	1.3	余量	200	1.0	0.1
L9	425	5	0.75	15	1.4	余量	200	1.0	0.1
L10	425	10	1.0	10	1.3	余量	200	1.0	0.1
L11	425	15	0.25	5	1.6	余量	200	1.0	0.1
L12	425	20	0.5	0	1.5	余量	200	1.0	0.1
L13	450	5	1.0	5	1.5	余量	200	1.0	0.1
L14	450	10	0.75	0	1.6	余量	200	1.0	0.1
L15	450	15	0.5	15	1.3	余量	200	1.0	0.1
L16	450	20	0.25	10	1.4	余量	200	1.0	0.1

表 14-10　试验结果

序号	用水量/%	流动度/mm 初始	流动度/mm 30min	是否泌水	是否沉底	初凝/min	24h强度/MPa 抗折	24h强度/MPa 抗压	绝干强度/MPa 抗折	绝干强度/MPa 抗压	粘结强度/MPa	收缩率/%
L1	24	145	145	中等	有	90	3.61	9.7	7.69	19.2	0.66	−0.009
L2	24	147	150	少量	有	81	3.21	9.4	7.83	21.7	0.77	0.004
L3	25	145	145	无	有	83	3.30	9.0	7.34	15.0	1.03	−0.003
L4	26	145	144	无	无	79	3.02	7.8	6.16	12.3	1.14	−0.004
L5	25	148	148	中等	有	118	2.77	8.2	8.93	18.4	0.85	−0.006
L6	22	146	147	无	有	89	3.42	11.7	8.50	21.6	1.19	−0.009
L7	27	146	144	少量	有	69	3.89	9.4	6.47	18.7	0.70	−0.009
L8	26	146	147	无	有	61	3.96	10.6	7.20	22.4	0.81	−0.006

续表

序号	用水量/%	流动度/mm		是否泌水	是否沉底	初凝/min	24h强度/MPa		绝干强度/MPa		粘结强度/MPa	收缩率/%
		初始	30min				抗折	抗压	抗折	抗压		
L9	28	147	151	少量	有	111	2.74	7.0	5.84	19.6	1.36	−0.004
L10	28	144	150	无	有	84	3.56	8.7	9.16	19.9	1.07	−0.017
L11	23	148	146	无	无	63	3.89	13.0	8.09	22.6	0.84	−0.008
L12	25	148	148	无	无	62	4.03	13.1	8.91	24.1	0.74	−0.004
L13	28	144	150	少量	有	82	3.47	8.7	7.97	19.5	1.07	−0.015
L14	26	147	146	无	无	94	4.76	12.5	10.10	24.7	0.86	−0.016
L15	26	147	147	无	有	63	4.43	11.2	8.67	20.1	1.37	−0.009
L16	23	147	140	无	假凝	57	6.07	15.4	10.40	25.4	1.27	−0.003

1. 初凝时间的极差分析

初凝时间极大地影响了自流平砂浆的施工时间，合理的凝结时间对自流平砂浆尤为重要，表 14-11 为初凝时间极差分析。根据初凝时间的极差分析结果可以看出，在缓凝剂掺量相同的情况下，普硅水泥（B）对浆体的初凝时间影响最大，水泥用量越多，浆体初凝时间越短。说明普硅水泥对石膏有促凝作用。

表 14-11　初凝时间极差分析

项目	A/min	B/min	C/min	D/min	E/min
K1	83.250	100.250	74.750	78.750	74.500
K2	84.250	87.000	81.000	71.750	79.500
K3	80.000	69.500	87.250	85.500	79.000
K4	74.000	64.750	78.500	85.500	88.500
R	10.250	35.500	12.500	13.750	14.000

2. 用水量的极差分析

砂浆的用水量直接影响自流平砂浆的强度，用水量的极差分析见表 14-12。从表 14-12 可以看出，对流动度用水量影响最大的因素是抗沉淀剂（C）的用量，其用量越大，稠度越大，流动度越小，要达到相同流动度的用水量就越多。通过大量的试验发现，抗沉淀剂用量控制在 0.025%～0.075% 时，自流平砂浆的性能最优。

表 14-12　用水量极差分析

项目	A/%	B/%	C/%	D/%	E/%
K1	24.750	26.250	23.000	25.500	26.000
K2	25.000	25.000	25.000	25.250	25.500
K3	26.000	25.250	26.250	25.250	25.000
K4	25.750	25.000	27.250	25.500	25.000
R	1.250	1.250	4.250	0.250	1.000

3. 24h 强度分析

24h 抗折强度和抗压强度分析见表 14-13 和表 14-14。由表 14-13 可以看出，石膏（A）

用量越多，试件 24h 抗折强度越好；普硅水泥（B）的掺入对试件 24h 抗折强度也非常有利；抗沉淀剂（C）用量越多，24h 抗折强度越低，主要原因是抗沉淀剂用量大会增大浆体的用水量，使水胶比增加，降低了强度；可再分散乳胶粉（E）对 24h 抗折强度影响较小。影响 24h 抗压强度的主要因素是抗沉淀剂（C）的用量（表 14-14），其用量越少，强度越高。这是因为在流动度相同的情况下，抗沉淀剂的用量越大，所需的用水量就越大，水胶比就越大，砂浆的强度就越低。影响 24h 抗压强度的次要因素是水泥和石膏的用量，即胶凝材料的用量，用量越多，强度越好。

表 14-13　24h 抗折强度的分析

项目	A	B	C	D	E
Kl	3.285	3.148	4.248	4.072	3.640
K2	3.510	3.487	3.610	3.633	3.978
K3	3.305	3.877	3.690	3.675	3.555
K4	4.683	4.270	3.235	3.402	3.610
R	1.398	1.122	1.013	0.670	0.432

表 14-14　24h 抗压强度的分析

项目	A	B	C	D	E
Kl	8.975	8.400	12.450	11.175	10.050
K2	9.975	10.575	10.475	10.425	10.300
K3	10.450	10.650	9.775	10.325	10.625
K4	11.950	11.725	8.650	9.425	10.375
R	2.975	3.325	3.800	1.750	0.575

4. 绝干强度分析

绝干抗折强度和绝干抗压强度分析见表 14-15 和表 14-16。由表 14-15 可以看出，石膏（A）的用量对试件绝干抗折强度影响很大，这和 24h 抗折强度的影响有点不同，强度的影响表现为先增大，再减小，再增大。由表 14-16 可以看出，对绝干抗压强度影响最大的主要是石膏，其次是抗沉淀剂。所以石膏用量越大，强度越高，抗沉淀剂用量越多，强度越低。

在产品中普硅水泥（B）对绝干抗折强度的影响表现为先增大，再减小，再增大。

表 14-15　绝干抗折强度的分析

项目	A	B	C	D	E
Kl	7.255	7.607	7.920	8.293	8.180
K2	7.025	8.148	8.585	7.772	7.635
K3	8.000	7.643	7.620	8.957	7.430
K4	9.285	8.168	7.440	6.543	81320
R	2.260	0.561	1.145	2.414	0.890

表 14-16　绝干抗压强度的分析

项目	A	B	C	D	E
K1	17.050	19.175	22.200	21.675	20.400
K2	20.275	21.975	21.075	21.550	21.350
K3	2.550	19.100	20.425	19.675	20.050
K4	22.425	21.050	17.600	18.400	19.500
R	5.375	2.875	4.600	3.275	1.850

　　粘结强度见表14-17。由表14-17可以看出，对粘结强度影响最大的是可再分散乳胶粉的用量，其次是石膏用量。说明可再分散乳胶粉可以大大提高砂浆的粘结强度。

表 14-17　粘结强度分析

项目	A	B	C	D	E
K1	0.900	0.985	0.990	0.740	0.978
K2	0.888	0.973	0.933	0.873	1.025
K3	1.002	0.985	1.015	1.055	1.008
K4	1.143	0.990	0.995	1.265	0.922
R	0.255	0.017	0.082	0.525	0.103

5. 收缩率分析

　　从表14-10的实验结果来看，各试验组的收缩率都比较小，石膏基自流平砂浆不同配比之间收缩率的差异也很小，这是因为作为主要胶凝材料的石膏在硬化之后体积会产生微膨胀，而且尺寸稳定，使得石膏基自流平的体积稳定性很好。

　　石膏、普硅水泥、抗沉淀剂、可再分散乳胶粉的不同用量对石膏基自流平砂浆的初凝时间、用水量、强度以及粘结强度均有较大影响，通过对比，结合标准JC/T 1023—2007中对石膏基自流平砂浆性能指标（砂浆的绝干粘结强度≥1.0MPa，绝干抗折强度≥7.5MPa，绝干抗压强度≥20.0MPa）的要求，石膏基自流平砂浆的较优配比为：石膏，400；普硅水泥，10；抗沉淀剂，0.25；可再分散乳胶粉，15；减水剂，1.5。

三、用脱硫石膏生产石膏自流平砂浆

1）缓凝剂种类与掺量对脱硫石膏自流平材料性能的影响

　　石膏基自流平材料的胶凝材料是脱硫石膏，脱硫石膏的强度主要来源于二水石膏晶体之间的相互交叉连生，按结晶理论，二水石膏晶体的形成包括半水石膏的溶解、二水石膏晶核的形成以及二水石膏晶体的生长。通过改变任一过程参数，可获得不同的微观结构，最终导致石膏硬化体强度的变化。为了调整脱硫石膏基自流平材料的硬化时间，以满足施工要求，必须加入缓凝剂。尽管缓凝剂的作用机理说法不一，但有一点已被证实，缓凝剂可以改变二水石膏晶体形貌，使晶体普遍粗化，从而显著降低石膏硬化体强度，从而影响石膏基自流平材料的强度。柠檬酸钠、酒石酸和柠檬酸等缓凝剂掺量对石膏基自流平材料性能的影响，试验结果见表14-18。

表 14-18　缓凝剂种类对脱硫石膏自流平材料的流动性与力学性能的影响

缓凝剂种类	流动度/mm	20min 流动度/mm	抗折强度/MPa		抗压强度/MPa	
			1d	28d	1d	28d
柠檬酸钠（0.1%）	113	104	1.52	2.78	7.2	10.2
酒石酸（0.1%）	123	118	1.46	4.68	6.1	14.6
柠檬酸（0.1%）	123	115	1.52	3.19	6.7	10.6

在脱硫石膏基自流平材料加入不同的缓凝剂对其性能有很大的影响。从表 14-18 中可以看出：在脱硫石膏基自流平材料加入 0.1% 的酒石酸对其流动性与力学性能都是最优的。缓凝剂通过强烈抑制石膏晶体长轴方向的生长，改变了晶体各个晶面的相对生长速率，来达到其缓凝的效果。缓凝剂的作用是延缓石膏凝结硬化时间，保证脱硫石膏基自流平材料具有足够的施工时间。

柠檬酸在自流平材料中掺量的不同对其流动性能与力学性能的影响。试验结果见表 14-19。

表 14-19　柠檬酸掺量对脱硫石膏自流平材料的流动性与力学性能的影响

柠檬酸掺量（%）	初始流动度/mm	20min 流动度/mm	抗折强度/MPa		抗压强度/MPa	
			1d	28d	1d	28d
0	115	85	2.21	4.16	7.3	10.0
0.05	110	125	2.01	3.97	6.3	10.5
0.1	123	115	1.52	3.19	6.7	10.6
0.2	75	85	1.27	3.67	3.9	7.9

柠檬酸对半水石膏的溶解度影响不大，其影响主要表现在抑制二水石膏晶核的形成与生长方面。柠檬酸通过络合作用吸附在新生成的二水石膏晶胚上，降低晶胚的表面能，增加成核势垒，晶胚达到临界成核尺寸时间延长，石膏的诱导期相应地延迟。同时，由于吸附作用，二水石膏成核几率和数量减少，离子在各晶面的叠合速率降低，晶体生长延缓，晶核有充分的时间和空间发育生长，因此晶体尺寸明显粗化。

从表中可以看出：在不掺缓凝剂的情况下，石膏自流平材料的 20min 流动度降低很大，并且当缓凝剂的掺量达到 0.2% 时，20min 流动度与初始流动度相比，流动度值有一定的增加，但是与标准 JC/T 1023—2007《石膏基自流平砂浆》的要求相比，还有很大的差距，缓凝剂的掺量过高或是过低都不利于石膏自流平材料流动性能的提高。随着柠檬酸掺量的增加，石膏自流平材料的力学性能呈下降趋势。当柠檬酸的掺量为 0.05% 时，石膏自流平材料同时具有较好的流动性能与力学性能。

2）减水剂种类对石膏自流平材料性能的影响

减水剂的功能是在不减少用水量的情况下，改善新拌砂浆的工作性能，提高砂浆的流动性；在保持一定工作性能下，减少水泥用水量，提高砂浆的强度；在保持一定强度情况下，减少单位体积砂浆的水泥用量，节约水泥，改善砂浆拌合物的流动性以及砂浆的其他物理力学性能。当砂浆中掺入高效减水剂后，可以显著降低水灰比，并且保持砂浆较好的流动性。目前，一般认为减水剂能够产生减水作用主要是由于减水剂的吸附和分散作用。采用三种常用的减水剂：萘系、羧酸系和三聚氢胺，试验结果见表 14-20。

表 14-20　减水剂种类对自流平材料的流动性与力学性能的影响

减水剂种类	初始流动度/mm	20min 流动度/mm	抗折强度/MPa		抗压强度/MPa	
			1d	28d	1d	28d
萘系	148	148	2.06	4.09	6.3	13.0
羧酸系	179	148	1.40	3.18	6.2	9.3
三聚氰胺	110	125	2.01	3.97	6.3	10.5

加入减水剂可显著改善石膏基自流平材料的力学性能。强度的提高是拌合用水量减少的结果。各种减水剂增强作用的顺序与其减水效果顺序基本一致，依次是萘系＞三聚氰胺＞羧酸系。硬化体中二水石膏为针状晶体，硬化体强度依赖于针状晶体的胶织搭接，减水剂对二水石膏晶体形貌影响较小，但使晶体尺寸有所减小，晶体之间的搭接密实程度明显增加，结晶接触点增多，晶体之间的孔洞减少。

由于在自流平材料中掺入的高效减水剂属于阴离子表面活性剂，石膏颗粒在水化初期时其表面带有正电荷（Ca^{2+}），减水剂分子中的负离子 SO_4^{2-} 就会吸附于石膏颗粒上，形成吸附双电层（ξ），相互接近的石膏颗粒会同时受到粒子间的静电斥力和范德华引力的作用。随着 ξ 电位绝对值的增大，颗粒间逐渐以斥力为主，从而防止了粒子间的凝聚，与此同时，静电斥力还可以把石膏颗粒内部包裹的水释放出来，使体系处于良好而稳定的分散状态。随着水化的进行，吸附在石膏颗粒表面的高效减水剂的量减少，ξ 电位绝对值随之降低，体系不稳定，从而发生了凝聚。

羧酸是高效减水剂，结构呈梳形，主链带有多个活性基团，并且极性较强，侧链也带有亲水性的活性基团，当这些活性基团吸附在石膏颗粒表层后，可以在石膏表面上形成较厚的立体包层，使石膏达到较好的分散效果，从而使掺入羧酸系高效减水剂的石膏基自流平材料具有较好流动性能。

3）水泥掺量对石膏自流平性能的影响

（1）水泥掺量对石膏自流平材料力学性能与流动性能的影响

水泥在石膏自流平材料中掺量不同，对其流动性能与力学性能的影响也不同。试验结果见表 14-21。

表 14-21　水泥掺量对自流平材料的流动性与力学性能的影响

水泥掺量/%	初始流动度/mm	20min 流动度/mm	抗折强度/MPa		抗压强度/MPa	
			1d	28d	1d	28d
3	110	125	2.01	3.97	6.3	10.5
8	145	144	2.63	6.94	10.2	22.5
13	88	—	1.18	6.54	3.8	19.5
18	110	—	1.31	6.55	4.5	21.2

从表 14-21 中可以看出：当水泥的掺量为 8％时，配制出的石膏自流平材料的流动度性能与力学性能都达到了最优，并且能够满足标准 JC/T 1023—2007《石膏基自流平砂浆》的要求。当水泥含量在 8％时，石膏自流平材料的流动性非常好，并且在测其流动性时发现其

具有较好的保水性，没有发生泌水现象。

（2）水泥掺量对石膏自流平材料尺寸变化的影响

自流平材料的尺寸变化率影响着它与地面的粘结力、表面变形、中层空洞和裂缝等，所以对自流平材料的尺寸变化率的研究是非常重要和有意义的。从表 14-22 中可以看出：掺入不同量的水泥的自流平材料的收缩变化率都能够满足标准 JC/T 1023—2007《石膏基自流平砂浆》的要求，并且随着水泥掺量的增加，自流平材料表现出逐渐收缩的性能。随水泥用量的增加，在其硬化过程中，水分蒸发产生的干燥收缩和化学收缩引起的自生收缩，造成了构件宏观体积的收缩。

表 14-22　水泥掺量对石膏自流平材料的尺寸变化率的影响　　　（％）

水泥掺量	3d	7d	14d	21d	28d
3	0.09	−0.02	0.02	0.02	0.06
8	0.12	0.06	0.03	0.02	−0.01
13	0.12	0.07	−0.04	−0.03	−0.04
18	−0.08	−0.07	−0.09	−0.11	−0.14

（3）水泥掺量对石膏自流平材料微观结构的影响

从图 14-5 可以看出：当水泥掺量为 3％与 8％时，石膏自流平材料的胶凝主体是短柱状的二水石膏，随着水泥掺量的增加，自流平材料的微观结构由原来短柱结构变为絮状二水石膏与水化硅酸钙的混合体，内部固相间逐渐变得密实。因此在石膏自流平材料中掺入一定量的水泥有利于提高其力学性能，一方面水泥中的铝酸三钙与石膏发生反应生成具有胶凝性的三硫型水化硫铝酸钙，水泥本身含有的硅酸三钙与硅酸二钙发生水化反应，生成具有凝胶性

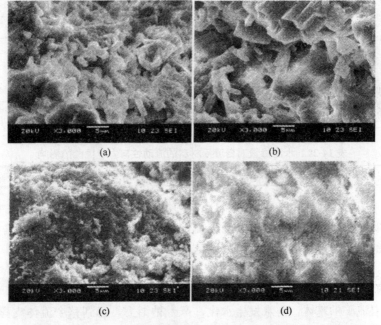

图 14-5　水泥掺量变化水化样的 SEM 照片
（a）3％的水泥掺量；（b）8％的水泥掺量；（c）13％的水泥掺量；（d）18％的水泥掺量

能的 C—S—H（水化硅酸钙凝胶）；另一方面水泥水化生成氢氧化钙，氢氧化钙可以改变无水石膏溶解度与溶解速度，硬石膏水化硬化能力增加。因而掺有水泥熟料的脱硫石膏是具有气硬性与水硬性双重性质的胶凝材料，使其强度有较大的提高。并且掺入到石膏中的可再分散乳胶粉使石膏晶体相连接，也可以提高硬化体的强度。

（4）水泥掺量对石膏自流平材料孔结构的影响

从表 14-23 可知，石膏基自流平材料硬化体的孔主要以大孔（>100nm）的形式存在。随着水泥掺量的增加，孔径细化趋势明显：大于 500nm 的孔逐渐增加，当水泥掺量为 3%、8%、13% 和 18% 时，100～500nm 的孔体积分别占总孔体 5.9346%、13.9870%、24.4028%、37.5693%，而大于 500nm 的孔体积分别占总孔体积的 92.9754%、85.1330%、68.3417%、52.6853%。由于水泥掺入到石膏基自流平材中对其孔径分布的影响不是简单的通过物理作用，而是由于水泥本身的水化以及水泥与石膏反应来改变石膏基自流平材料的孔径分布的。由于石膏基自流平材料硬化体的孔大都大于 100nm，Mehta 教授提出的"孔径 $d<20$nm 为无害孔、d 在 20～50nm 为少害孔、d 在 50～100nm 为有害孔、$d>100$nm 为多害孔"的结论不适合解释石膏基自流平材料孔径分布的规律对其宏观性能的影响。

表 14-23　水泥掺量变化对自流平材料孔径分布的影响

组别	总孔体积 /cm³/g	孔隙率 /%	孔径 /nm	孔径分布孔体积 /cm³/g	百分率 /%
水泥掺量为 3%	0.1941	29.1114	>500	0.1805	92.9754
			100～500	0.0115	5.9346
			<100	0.0021	1.0900
水泥掺量为 8%	0.1414	21.4723	>500	0.1204	85.1330
			100～500	0.0198	13.9870
			<100	0.0012	0.8800
水泥掺量为 13%	0.2119	25.2634	>500	0.1437	68.3417
			100～500	0.0528	24.4028
			<100	0.0154	7.2555
水泥掺量为 18%	0.1841	23.4960	>500	0.0969	52.6853
			100～500	0.0692	37.5693
			<100	0.0180	9.7454

由图 14-6 可以直观地看出：随着水泥掺量的增加，石膏自流平材料的主要孔径分布向左偏移，即说明随着水泥掺量的增加，孔径细化。从强度角度来考虑，石膏基自流平材料和孔结构有很好的相关性，孔隙率越低，孔径越小，强度就越高，说明在石膏基自流平材料掺入一定的水泥，有利于硬化体强度的提高。

4）石膏掺量对自流平材料性能的影响

石膏作为自流平的基体，与水发生水化，产生粘结力，起到整个流体支撑骨架的作用，是石膏基自流平材料的主要胶凝材料，石膏掺量对其性能的影响有着非常重要的意义。对石膏在自流平材料中的掺量进行试验，试验结果见表 14-24。

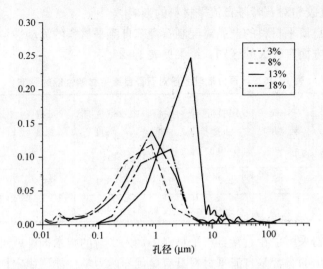

图 14-6　水泥掺量变化对自流平材料孔径分布的影响

表 14-24　石膏掺量对自流平材料的流动性与力学性能的影响

石膏掺量 /%	初始流动度 /mm	20min 流动度 /mm	抗折强度/MPa		抗压强度/MPa	
			1d	28d	1d	28d
44	140	135	2.08	5.46	8.7	17.6
54	145	144	2.63	6.94	10.2	22.5
64	135	144	2.84	6.08	10.7	24.3
72	117	74	2.64	5.60	10.2	22.1

可以看出，当石膏的比例达到 64% 时，石膏不管从流动度还是从力学性能方面都有着很好的参数，也都超过了 JC/T 1023—2007《石膏基自流平砂浆》对强度的要求。

同样的，α-半水石膏作为在石膏基自流平材料中最重要的水化胶凝成分，其对自流平材料的各种性能起着最重要的作用，所以它在模型的尺寸变化上也起着最重要的作用，故有必要对几种不同的石膏掺量的配合进行尺寸变化率的研究，试验结果如表 14-25 所示。

表 14-25　石膏掺量对自流平材料尺寸变化率的影响　　　　　（%）

石膏掺量	3d	7d	14d	21d	28d
44	0.01	−0.03	−0.03	−0.02	−0.02
54	0.12	0.06	0.03	0.02	−0.01
64	0.09	−0.02	0.01	0.01	0.01
72	0.08	0.04	0.03	0.04	0.02

根据标准 JC/T 1023—2007《石膏基自流平砂浆》的要求，自流平材料的 28d 尺寸变化率必须在 −0.05% 的范围内，从表 14-25 中可以看出：在不同石膏掺量的情况下，石膏基自流平材料的 28d 尺寸变化率都能符合这个标准，并且在整个的水化过程中，样品的收缩变化没有太大的波动，尺寸结构比较稳定。

5) 可再分散乳胶粉对石膏基自流平材料的影响

专门用来配制自流平材料的产品对配制石膏基自流平材料的流动性、保水性、抗离析能力以及力学性能等方面有较大的区别，结果见表 14-26。

表 14-26 可再分散乳胶粉对石膏自流平材料性能的影响

序号	流动度/mm	20min流动度/mm	1d抗折强度/MPa	1d抗压强度/MPa	28d抗折强度/MPa	28d抗压强度/MPa	28d尺寸变化率/%	粘结强度/MPa
FL32	133	130	2.75	9.20	5.6	20.0	0.06	1.6
FL51	145	137	3.20	9.60	8.3	24.7	0.03	2.1

可再分散乳胶粉采用了在石膏自流平材料中加入少量的减水剂，就可以保证其有足够的流动性。因此配制出的石膏基自流平材料具有更优异的力学性能、稳定性能与粘结性能。

第六节　参　考　配　方

1) 石膏基自流平地坪材料作为粉状材料，其生产工艺和技术与水泥基相同，不同的是配方构成。下面介绍这类材料的配方。

（1）天然无水石膏基地面自流平材料

中国专利 CN1693269 是一种天然无水石膏基地面自流平材料，所述自流平地坪材料的构成（质量分数%）为：天然无水石膏粉 80～90；碱性激发剂 l0～20；酸性激发剂 0.5～1.5；保水剂 0.03～0.1；减水剂 0.5～1.5；消泡剂 0.1～0.5；粒径在 0.125mm 以下的细河砂 0～100。

配方中的碱性激发剂和酸性激发剂，是为了提高天然无水石膏胶凝材料的早期强度、后期强度以及凝结硬化性能。而必须使用的石膏改性材料，如果对于 α-高强石膏，则不需要使用这类激发剂组分，但随之而来的是缓凝剂的使用。

（2）日本典型的石膏基自流平浆体配方（质量）

α-高强石膏 70kg；水泥 15kg；石英砂 15kg；增稠剂（纤维素）0.5kg；缓凝剂（胺酸类）0.02kg；消泡剂（有机硅油）0.02kg；水 40kg。

2) 石膏作为掺合料的自流平砂浆

（1）抗龟裂性自流平砂浆参考配方（质量分数）

高炉矿渣水泥	100	膨胀材：	
分散剂（蜜胺甲醛缩合物磺酸盐）	1.4	石灰系	6
高温 II 型无水石膏	12	保水剂（甲基纤维素）	0.3
集料	100	水	50
防裂剂（硅油）	0.1	消泡剂	0.3

该自流平材料抗裂性好，当基层面凹凸不平时，均不发生骨料离析、下沉、表面尺寸精度好、极平整美观；28d 龄期时长度变化为 -0.03%～$+0.03\%$。该自流平砂浆的性能详见表 14-27。

表 14-27　掺防裂剂的自流平砖浆性能

流动值/mm		长度变化/%	抗压强度/MPa	外观		
刚搅拌后	搅拌 60min	28d	28d	裂纹	骨料分离	表面情况
211	205	−0.029	33.61	无	无	美观

（2）高耐磨自流平材料参考配方

该自流平材料是由水泥、粉煤灰、硅砂及高分子材料组成，其配方如下（质量分数/%）：

水泥	20~30	尿素	0.3~3
粉煤灰	35~45	高分子乳液（醋酸乙烯）	0.1~5
硅砂	25~50	半水石膏（0.59~0.21mm 占 80% 以上）	2~15
水	30		

该材料有高流动性，可泵送，自流平性能好，耐磨性好。

（3）硬化收缩极小的自流平材料参考配方

为降低自流平材料的干燥收缩，人们发现掺加酰胺化合物极为有效。即在 100 份（质量份）的水硬性材料（90%~95% 水泥和 1.0%~5% 石膏组成）中，掺加酰胺化合物或氰氨化钙 0.2~5 份，蛋白质系增黏剂 0.1~5 份，水溶性高分子材料 0.01~2 份。此外，还可根据需要在上述组成中掺加骨料，诸如硅砂、碳酸钙、粉煤灰、高炉矿渣等，既能改善耐磨性能，降低收缩，又能提高经济效益。一般掺量可为配方中水硬性材料的一倍。该自流平材料可泵送，硬化后干燥收缩极小，不龟裂，耐磨性好，可用于车辆出入的路面。

（4）流动性高的自流平材料参考配方

在一般的水泥灰浆组成物中掺加些有机茚化合物，加水拌和后呈现优异的流动性（流动值可高达 19cm 以上），且能得到所需的初期强度。

对该水泥灰浆组分无特别要求，如硅酸盐水泥 100 份（质量份）、粉煤灰 5~45 份、二水石膏 1~44 份构成的组成。另外可根据要求掺加骨料、分散剂、保水剂、消泡剂等。茚化合物的加入对提高流动性和早期强度极为重要。其掺量越多，发挥作用越好，一般掺量是灰浆组成的 0.5%~4%（质量分数），最好是 0.1%~2%。

当在水泥 100 份（质量份）、粉煤灰 20 份、二水石膏 2 份、甲基纤维素 0.001 份、硅砂 160 份构成的组成中，分别掺加 0.4%（质量分数）的分散剂 A（高缩合吲嗪系化合物）、分散剂三聚氰胺磺酸盐系复合物或与 0.01%（质量分数）茚化合物（八氯化甲桥茚）相组合配制成各种水泥系自流平材料，结果其性能如表 14-28 所示。

表 14-28　自流平砂浆的流动度与抗压强度　　　　　　　　　（MPa）

龄期	流动度 /mm	抗压强度				
		无分散剂	A	B	A+茚化合物	B+茚化合物
1d	170	1.21	3.28	95	3.27	3.30
	190		1.89	2.59	2.45	2.76
	210	0.44	1.50	1.83	1.63	2.21
2d	170		11.31	8.16	13.59	9.52
	190		9.02	3.99	10.55	7.50
	210		6.72	6.72	7.52	5.19

由上表可知，茚化合物的掺加对提高自流平材料的流动值和初期强度均起到重要的作用。这种高流动值的自流平材料易于泵送施工，适用于大面积地面施工。

第七节 应用技术

自流平地坪材料因具有良好的流动性和稳定性，最终地面所能达到的平整度是人工所无法做到的，而且施工速度快、劳动强度低、地面强度高、流平层的厚度易于控制，不龟裂、表面光洁度和亮度均较高，装饰效果好，易于和有机地坪涂料复合制得耐酸、耐碱和耐化学腐蚀等功能性地面，非常适合宾馆、医院等地面。同时，还可以制造非结构性的高平整度地面，利于表面铺面材料，例如地毯、合成革地面等材料的铺覆和保持使用过程中的平整。由于具有这些特征，使得该类材料的发展受到重视，目前正处于快速扩大应用的起步阶段。

石膏基自流平地坪材料在地板采暖系统中的应用如下所述：

用石膏基自流平地坪材料施工地板采暖系统，以房间的整个地面作为散热面，均匀地向室内辐射热量，具有很好的蓄热能力。

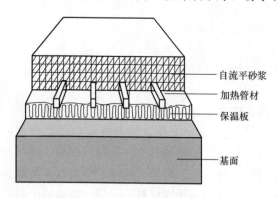

自流平砂浆
加热管材
保温板
基面

图 14-7 石膏基自流平地坪材料
地板采暖系统构造示意图

相对于空调、暖气片、壁炉等采暖方式，具有热感舒适、热量均衡稳定、节能、免维修等特点，其采暖系统的热源可以是热水，也可以是电热丝。石膏基自流平地坪材料地板采暖系统结构如图 14-7 所示。

表 14-29 中比较了石膏基自流平砂浆地板采暖系统（水热源和电热源）和普通细石混凝土地板采暖系统的特征。

表 14-29 石膏基自流平砂浆地板采暖系统和普通细石混凝土系统的特征

比较项目	自流平砂浆	细石混凝土
产品质量	工厂化生产的干混砂浆配方科学，计量准确，混合均匀	工地现场配料，原材料的计量/配比难以保证
施工	干混砂浆（袋装/散装）在工地易于堆放。有利于文明施工。在工地只需按相应的加水量搅拌均匀或直接用机械搅拌施工。砂浆有很好的流动性，能凭借自身的流动性均匀地分布流入地暖管间的空隙中	工地现场堆放水泥、砂石易造成粉尘污染等脏乱现象。水泥、砂石的搅拌难以保证均匀。流动性差，靠施工人员将砂浆平摊到地暖管间隙中
施工速度	采用机械施工时能大大提高工程进度，正常情况下，采用机械施工可达 $50\sim80m^2/h$。一次施工的厚度在 $4\sim60mm$ 左右，由于其内应力低，即使较大的厚度也不会产生裂缝	由于采用现场搅拌，施工速度较慢。如果所铺砂浆厚度过大，养护不好，易形成表面裂纹

比较项目	自流平砂浆	细石混凝土
致密性与采暖效果	由于自流平砂浆具有很好的抗离析能力，故硬化后砂浆分布均匀，具有致密的砂浆结构。这种致密的砂浆结构有利于热量均匀地向上传导，从而保证最大的热效应。此外，自流平砂浆与热水管具有很好的握裹力，特别适合与 PB 管配合使用	由于施工不当，易造成离析，即粗骨料易分布在底层，细骨料和粉料则分布在上层。由于骨料的颗粒匹配未能最佳化，砂浆中含有较多的气孔，不利于热传导，易造成热损失。由于掺加了部分的粗骨料，个别锋利的边角可能对热水管造成挤压甚至破坏
表面质量	由于具有自流平的优点。故表面平整、光洁	砂浆层的均匀性及表面平整性难以得到保证
早期强度	早期强度高，通常情况下 1～2d 即可上人，其相应的抗折强度可达到 5～10N/mm²，抗压强度 15～30N/mm²	早期强度较低

第八节　施　工　方　法

石膏基自流平地坪材料作为一种经济环保型建筑材料，由于凝结硬化快、强度增长迅速、热稳定性好以及不开裂等诸多优点，可广泛应用于室内地面的找平处理和地板采暖地坪系统。石膏基自流平地坪材料的施工和水泥基地坪类似。但是，同水泥基地坪不同的是，其一次性施工厚度可以达到约 60mm（具体厚度与石膏基自流平地坪材料的配方有关），并且干燥快，在其表层可直接铺设地毯、PVC 地板、木地板等地面材料。下面介绍其施工技术。

1. 施工准备

1）材料准备。按照工程应用量预先准备好石膏基自流平地坪砂浆以及配套的界面处理剂，并按照合同要求检查材料的数量、包装；检查随产品配带的软件材料，如产品检测报告、使用说明书和施工与验收规程或者施工操作细则等；材料堆置应防潮、防雨。

2）工具准备。水准仪或聚乙烯透明软管、标高螺钉等；扫帚、拖把、水桶、铁皮桶等；毛刷或辊筒、搅拌工具如手提式电动搅拌器或者小型搅拌机等；齿形刮板和针辊筒以及钉鞋等。

2. 施工条件和基层处理

1）施工条件。石膏基自流平地坪材料一般不能用于室外地坪，应当在高于 0℃ 温度的环境条件下施工。施工前应对基层地面进行平整度、强度和湿度等情况的检查，并确认地面平整度、强度满足设计要求，无裂缝等。

2）基层处理。将地面的破碎处、水泥灰渣、易剥离的抹灰层及浮土、脏物和残油等彻底清理干净，破碎的混凝土层要重新修补，并事先修补大的孔洞、裂纹、裂缝等。

3. 标高控制与界面处理

1）标高控制。用水准仪或聚乙烯透明软管测定需施工自流平地坪材料的标高与厚度，用标高螺钉将基层的标高标出。一般要求石膏基自流平地坪砂浆的施工厚度不小于 25mm。

2）界面处理。用辊筒或者毛刷将配套界面剂在基层上涂刷 1～2 遍。正常情况下涂刷一遍即可。如遇到基层过于潮湿，或者在第一遍涂刷后出现有类似火山口的气孔时，需涂刷第二遍。界面剂涂刷后，应保持室内通风，以利于干燥。

4. 施工

1）料浆调拌。料浆调拌应采用机械搅拌。按照施工加水调配比例把粉料倒入装有清水的桶内，用手持式搅拌机对桶内粉料进行充分搅拌，搅拌 5min 后，静置 3min，再对其进行充分的搅拌后即可施工。

2）施工。把调拌好的浆料按照由内到外的顺序喷倒在施工区域内。当石膏基自流平地坪材料自动流平后，再用针辊筒来回滚砂浆表面，以消除砂浆中的气泡。对局部没有自动流平的，可用齿形刮板清除浇筑泡沫并适当摊铺，辅助流平。石膏基自流平地坪材料的施工时间可以通过合适的添加剂来调节，以适应施工要求。

施工时的浇筑宽度通常不应超过 12m，较宽时可用橡胶条分隔后施工；调拌好的浆料最好在 30min 内施工完；施工机具停用时应及时清洗干净；施工完毕后注意养护。

上述这类靠人工的手工操作施工，主要用于小面积的室内地面找平工作。此外，石膏基自流平地坪材料也可以采用机械施工，用料仓供货，连接气力输送设备，同时采用机械搅拌及输送管道，适用于大面积地面的找平处理。

5. 施工质量通病及防治办法

1）表面出现火山口类气孔，或者开裂、空鼓、脱落等现象。可能是因为基层密封不严所致，应注意底层密封完好，对于过于粗糙的地面，应涂刷两遍界面剂；或者是自流平砂浆中缺少消泡剂，或者消泡剂用量不足，或者使用品种不当，可同材料供应商联系，在料浆调配前酌量加入消泡剂。

2）施工后的自流平地面表面有小的团块凸起。可能是自流平砂浆调配时搅拌不充分所致。应检查粉料是否有结块、成团等现象，结块的粉料不能进行使用。

3）表面有少量泛霜。是由于地面封闭施工时没有充分封闭，或者空气相对湿度过大。可在 3d 后用扫帚清理；并要注意石膏原料中杂质含量，如石膏原料中杂质含量超标，则不能用于石膏自流平砂浆的使用。

4）局部尤其是施工面接触处平整度差。地面基层未进行充分的预处理或者预处理质量差，高差过大，用料不足或者施工过慢，未遵守操作时间等，应严格按照施工规程施工。

6. 注意事项

1）石膏基自流平地坪砂浆不宜用于室外，或者室内经常有明水接触的结构部位（如厨房、卫生间等）。

2）料浆调配时应严格按照说明书推荐的加水量范围加水调配，应在施工前先进行少量预调配，不能随意增减用水量，并且在调配时不能随意添加集料。

3）施工后 48h 内的自流平地面禁止上人。

4）石膏基自流平地坪砂浆在运输和储存过程中应注意防潮、防雨。

参 考 文 献

[1] 陈燕，岳文海，董若兰. 石膏建筑材料[M]，北京：中国建材工业出版社，2003.
[2] 朱希江. 混合相型粉刷石膏的研制[J]. 房材与应用，1999(4)：13-15.
[3] 叶蓓红，杨波. 单相型粉刷石膏[J]. 石膏建材，2002，06：16-18.
[4] 向才旺. 建筑石膏及其制品[M]，北京：中国建材工业出版社，1998：4-11.
[5] 李东旭. 工业副产石膏资源化综合利用及相关技术[M]. 北京：中国建筑工业出版社，2013.
[6] 王波. 改性膨润土在石膏中的应用[J]. 石膏建材，2007，03.
[7] 邱峰. K12引气剂对粉刷石膏的综合性能影响[J]. 石膏建材，2011，01.
[8] 叶蓓红. 聚乙烯醇在石膏外墙内保温体系中的应用[J]. 石膏建材，2011，01.
[9] 马丽莉. 不同保水剂对石膏性能的影响[J]. 石膏建材，2015，01.
[10] 李汝奕. 氟石膏废渣改性生产粉刷石膏研究[J]. 石膏建材，2008，04.
[11] 向振宇. 硬石膏粉刷材料的研究与开发[J]. 石膏建材，2013，02.
[12] 吴彻平. 新型脱硫石膏基保温砂浆的配置及性能研究[J]. 石膏建材，2013，03.
[13] 叶蓓红. 影响粉刷石膏性能的因素[J]. 石膏建材，2005，06.
[14] 徐志雄等. 石膏建材材料标准汇编2014版. 中国建筑材料联合会石膏建材分会.
[15] 王栋民，张琳. 干混砂浆原理与配方指南[M]. 北京：化学工业出版社.
[16] 李向涛等. 石膏粘结剂及其应用. 广东省建材工业科研所等.
[17] 李红业. 内外墙腻子粉裂缝(纹)的产生与防治. 发展论坛.
[18] 董兵，张永泰等. 天然硬石膏自流平抗裂砂浆的研制[J]. 非金属矿.
[19] 黄向东，曹青等. 用高强石膏配置石膏基自流平材料. 第七届全国石膏技术交流大会暨展览会论文集.
[20] 汪峻峰. 石膏基自流平砂浆的简介. 2008年中国节能减排与资源综合利用论坛工业副产石膏综合利用分论坛；
[21] 王祁青，石膏基建材与应用[M]. 北京：化学工业出版社. 2008.
[22] 郭银玲等. 室内抹灰产品性价比选. 第八届全国石膏技术交流大会暨展览会论文集.
[23] 李新龙等. 预拌砂浆喷涂机械常见问题的产生原因. 建筑节能技术论坛.
[24] 杜翠霞等. 图解抹灰工实用操作技能[M]. 长沙：湖南大学出版社.
[25] 王春堂等. 装饰抹灰工程[M]. 北京：化学工业出版社.
[26] 杜逸玲等. 图解抹灰工基本技术[M]. 北京：中国电力出版社.
[27] 张秀芳等. 建筑砂浆技术解读470问[M]. 北京：中国建材工业出版社.
[28] 刘元珍等. 玻化微珠永久性保温墙模复合剪力墙体系的研究[M]. 北京：北京邮电大学出版社.
[29] 江飞飞，彭家惠. 脱硫石膏基无机保温砂浆的配制研究[J]. 石膏建材.
[30] 韩灵翠. 过热蒸汽用于煅烧脱硫石膏热耗的分析. 石膏建材.
[31] 李林. 常压盐溶液法制备 α-半水石膏的工艺条件研究. 化工时刊.
[32] 王瑞麟，赵云龙. 利用化学石膏制作 α-超硬石膏基在有关领域中的应用.
[33] 郑建国. α-半水石膏的研制[J]. 石膏与石膏制品文集
[34] 傅德海等. 干粉砂浆应用指南[J]. 中国建材工业出版社.
[35] 王新民等. 干粉砂浆添加剂的选用[J]. 中国建筑工业出版社.
[36] 沈春林等. 商品砂浆[M]. 中国标准出版社.
[37] 尤大晋，徐永红等. 预拌砂浆实用技术[M]. 化学工业出版社.